高等学校电子信息类专业"十二五"规划教材

Linux 原理与结构

郭玉东　尹青　董卫宇　编著

西安电子科技大学出版社

内 容 简 介

本书概述了 Linux 的发展历史，探讨了 Linux 的设计哲学，综述了 Intel 平台以及 Linux 的主要开发工具和几种常用的数据结构，而后从 Linux 的引导和初始化入手，详细论述了 Linux 各主要组成部分的设计原理、管理结构和技术演变，包括中断处理、时钟管理、物理内存管理、进程管理、虚拟内存管理、互斥与同步、进程间通信、虚拟文件系统、物理文件系统等，并深入探讨了 Linux 各组成部分之间的组织关系。

本书内容取材于作者长期的教学和科研实践，涵盖了 Linux 发展过程中的多个版本，逻辑性强，抽象层次高，可作为硕士研究生与高年级本科生的教材或教学参考书，也可供 Linux 研究和开发人员参考使用。

图书在版编目（CIP）数据

Linux 原理与结构 / 郭玉东，尹青，董卫宇编著. —西安：西安电子科技大学出版社，2012.3
高等学校电子信息类专业"十二五"规划教材
ISBN 978–7–5606–2746–5

Ⅰ. ① L…　Ⅱ. ① 郭…　② 尹…　③ 董…　Ⅲ. ① Linux 操作系统—高等学校—教材

Ⅳ. ① TP316.89

中国版本图书馆 CIP 数据核字（2012）第 009122 号

策　　划　云立实
责任编辑　云立实　刘　佳
出版发行　西安电子科技大学出版社(西安市太白南路 2 号)
电　　话　(029)88242885　88201467　　　邮　　编　710071
网　　址　www.xduph.com　　　　　电子邮箱　xdupfxb001@163.com
经　　销　新华书店
印刷单位　陕西华沐印刷科技有限责任公司
版　　次　2012 年 3 月第 1 版　　2012 年 3 月第 1 次印刷
开　　本　787 毫米×1092 毫米　1/16　印　张　22
字　　数　520 千字
印　　数　1～3000 册
定　　价　38.00 元

ISBN 978–7–5606–2746–5/TP · 1328

XDUP 3038001–1

如有印装问题可调换

前　言

在计算机科学与技术学科中，操作系统是一个独具特色的课程群，其中的课程大致可分成三个层次。第一层次以"操作系统"为核心，适用于低年级的本科生，主要介绍操作系统的基本概念、原理、方法等，辅助以验证性的实验，目的是使学员建立起操作系统的整体概念，并能用操作系统提供的系统功能设计出高水平的应用程序。第二层次以"操作系统结构分析"为核心，适用于高年级的本科生或硕士研究生，主要介绍某个主流操作系统的组成结构和设计技术，辅助以源代码分析、算法改进和驱动程序设计，目的是将抽象的操作系统概念、原理、方法等落到实处，加深学员对操作系统概念和原理的理解，提高学员的系统程序设计能力。第三层次以"高级操作系统"为核心，适用于硕士研究生，主要介绍分布式、高性能、实时、嵌入式等操作系统的设计理念与技术，辅助以实际操作系统的案例分析，目的是扩展学员的知识面，提升学员的操作系统设计水平。如果把操作系统教学看成是一次旅游的话，那么第一层次的教学仅仅是对着景区模型介绍景点，属于纸上谈兵；第二层次的教学才是进入主景区，逐个参观景点；第三层次的教学相当于进入一些主题公园，深入考察某些专题。三个层次的课程相辅相成，共同构成了完整的操作系统课程群。

在操作系统课程群的三个层次中，"操作系统结构分析"处于承上启下的位置，肩负着特殊的使命。为了使课程更具吸引力和实用价值，所选择的分析对象应该是主流的操作系统，其组成结构和实现技术应该是成熟的、先进的，而且该种操作系统的文档资料应该是充分的，最好能够拥有它的源代码。在操作系统结构分析课程的发展过程中，可用做分析对象的操作系统有很多个，如 DOS、Unix、Minix、Windows 等，目前最好的选择是 Linux。

Linux 操作系统诞生于 1991 年，目前已相当成熟。在巨型机和服务器市场中，Linux 占有着绝对的市场份额。在桌面环境中，Linux 是仅次于 Windows 的操作系统。在嵌入式产品中，Linux 的身影随处可见。可以毫不夸张地说，Linux 是目前主流的操作系统，它的结构是合理的，实现技术是成熟的、先进的。更重要的是，Linux 是开源的，任何人都可以免费从网上获得 Linux 的最新源代码。Linux 的这些优势是其它操作系统无法比拟的，也使它成为了最佳的分析对象。

信息工程大学一直在为研究生和部分高年级本科生开设"操作系统结构分析"课程，所选教材是西安电子科技大学出版社于 2002 年出版的《Linux 操作系统结构分析》。该教材以 Linux 2.2 为主要分析对象，详细分析了 Linux 的内存管理、进程管理、文件系统、设备驱动等子系统的管理结构和管理方法，在教学工作中发挥了积极的作用，多次被评为优秀教材。然而该教材抽象层次不高，内容过多、过细且已陈旧，无法再满足现代教学的需要。自 2009 年暑假开始，课程组总结了多年的教学工作经验，查阅了大量的文档资料，分析了多个版本的 Linux 内核源代码，历时两年多，对《Linux 操作系统结构分析》进行了重写，其结果就是这本《Linux 原理与结构》。

本书由十二章组成。第一章 Linux 概述，简单介绍了 Linux 操作系统的发展历史，概括了 Linux 内核的组成结构，探讨了 Unix 和 Linux 的设计哲学。

第二章平台与工具，从操作系统开发者的角度概述了 Intel 处理器的体系结构，简介了 GNU 的 C 语言、汇编语言和链接脚本，并讨论了 Linux 内核常用的几种数据结构，如通用链表、红黑树等。

第三章引导与初始化，介绍了 Linux 内核的引导协议，分析了 Linux 的引导和初始化过程，并对该过程中遇到的主要问题进行了广泛而深入的探讨。

第四章中断处理，概述了 Linux 的中断处理流程和异常处理方法，深入探讨了外部中断的硬处理和软处理机制，分析了系统调用的处理流程和实现技术。

第五章时钟管理，概述了时钟管理系统的组成结构，讨论了 Linux 的时钟设备管理、周期性时钟中断处理、单发式时钟中断处理和变频式周期性时钟中断处理的实现机制。

第六章物理内存管理，概述了 Linux 的内存管理结构，分析了 Linux 的物理内存管理子系统，包括伙伴内存管理器、逻辑内存管理器和三种不同的对象内存管理器。

第七章进程管理，概述了 Linux 的进程管理结构，讨论了 Linux 的进程创建和终止方法，重点分析了 Linux 的进程调度算法。

第八章虚拟内存管理，概述了 Linux 的虚拟内存管理结构，讨论了 Linux 的虚拟内存区域管理方法、虚拟地址空间建立方法、页故障处理方法和页面回收算法。

第九章互斥与同步，概述了与互斥和同步相关的基础操作，分析了 Linux 中锁和 RCU 的实现机制，讨论了信号量和信号量集合的实现方法。

第十章进程间通信，讨论了 Linux 的信号、管道、信息队列和共享内存的实现机制。

第十一章虚拟文件系统，概述了 Linux 的虚拟文件系统管理结构，讨论了 Linux 的文件系统管理、文件管理、文件 I/O 操作和文件缓存管理的实现机制。

第十二章物理文件系统，概述了 Linux 的块设备管理机制，讨论了 EXT 系列文件系统的实现技术。

本书内容取材于作者长期的教学和科研实践，涵盖了 Linux 发展过程中的多个版本，逻辑性强，抽象层次高，可作为硕士研究生与高年级本科生的教材或教学参考书，也可供 Linux 研究和开发人员参考使用。

在本书的写作过程中，得到了信息工程大学信息工程学院和系、教研室领导的支持，也得到了课程组、实验室同行的帮助，在此一并表示感谢。

Linux 是一个十分优秀的操作系统，其中的许多结构都极为精巧，许多技术都极具创新性。但由于本书篇幅的限制，很多方面没有讨论到或没有论述清楚，敬请读者谅解。由于作者水平有限，书中难免有错误和不当之处，敬请读者批评指正。

联系地址：ydguo621@163.com。

郭玉东

2011 年 12 月 22 日

于信息工程大学信息工程学院

目　　录

第一章　Linux 概述 1

1.1　操作系统内核 1

1.2　Linus 与 Linux 3

1.3　Linux 内核结构 6

1.4　Linux 发布 10

1.5　Unix 与 Linux 哲学 12

　　思考题 21

第二章　平台与工具 22

2.1　硬件平台 22

2.2　Intel 处理器体系结构 23

　　2.2.1　处理器操作模式 23

　　2.2.2　段页式内存管理 24

　　2.2.3　内存管理的变化与扩展 28

　　2.2.4　内存保护 29

　　2.2.5　进程管理 30

　　2.2.6　中断处理 31

　　2.2.7　APIC 33

　　2.2.8　处理器初始化 34

　　2.2.9　寄存器与特权指令 35

2.3　GNU C 语言 36

2.4　GNU 汇编语言 38

　　2.4.1　GNU 汇编格式 38

　　2.4.2　AT&T 指令语法 40

　　2.4.3　GNU 内嵌汇编 41

2.5　GNU 链接脚本 43

2.6　常用数据结构 45

　　2.6.1　通用链表 45

　　2.6.2　红黑树 46

　　思考题 48

第三章　引导与初始化 49

3.1　内核引导 49

3.2　实模式初始化 51

3.3　内核解压缩 52

3.4 内核预初始化 53

3.5 第 0 级初始化 56

3.6 第 1 级初始化 74

3.7 AP 初始化 81

思考题 82

第四章 中断处理 83

4.1 中断处理流程 83

4.2 异常处理 85

4.2.1 异常处理流程 86

4.2.2 内核异常捕捉 86

4.3 外部中断处理 88

4.3.1 硬处理管理结构 88

4.3.2 设备中断硬处理管理接口 92

4.3.3 外部中断硬处理 94

4.3.4 外部中断软处理 97

4.4 系统调用 101

4.4.1 系统调用表 102

4.4.2 标准函数库 103

4.4.3 系统调用处理 104

4.4.4 快速系统调用 105

思考题 107

第五章 时钟管理 108

5.1 时钟管理系统组成结构 108

5.2 时钟设备管理 109

5.2.1 时钟设备管理结构 109

5.2.2 PIT 设备 110

5.2.3 HPET 设备 111

5.2.4 Local APIC 设备 112

5.2.5 当前时钟设备 113

5.3 计时器管理 114

5.4 周期性时钟中断 115

5.4.1 周期性时钟中断处理 115

5.4.2 时间管理 116

5.4.3 定时管理 118

5.5 单发式时钟中断 127

5.5.1 高精度单发中断模式 127

5.5.2 高精度单发式时钟中断处理 128

5.5.3 高精度周期性时钟中断仿真 129

5.5.4 低精度单发中断模式 130

5.6　变频式周期性时钟中断 131

　　5.6.1　变频管理结构 131

　　5.6.2　高精度周期性时钟中断暂停 132

　　5.6.3　低精度周期性时钟中断暂停 133

　　思考题 134

第六章　物理内存管理 135

6.1　内存管理系统组成结构 135

6.2　伙伴内存管理 136

　　6.2.1　伙伴内存管理结构 137

　　6.2.2　伙伴内存初始化 141

　　6.2.3　物理页块分配 144

　　6.2.4　内核线性地址分配 146

　　6.2.5　物理页块释放 148

6.3　逻辑内存管理 149

6.4　对象内存管理 151

　　6.4.1　Slab 管理器 151

　　6.4.2　Slub 管理器 157

　　6.4.3　Slob 管理器 160

　　思考题 162

第七章　进程管理 164

7.1　进程管理结构 164

7.2　进程创建 172

7.3　进程调度 175

　　7.3.1　Linux 调度器的演变 175

　　7.3.2　普通进程调度类 179

　　7.3.3　实时进程调度类 181

　　7.3.4　空闲进程调度类 183

　　7.3.5　通用调度器 184

　　7.3.6　Linux 调度器的增强 188

7.4　进程终止 190

　　7.4.1　子进程退出操作 exit 190

　　7.4.2　父进程回收操作 wait 191

　　思考题 192

第八章　虚拟内存管理 193

8.1　虚拟内存管理结构 193

8.2　虚拟内存区域管理 198

　　8.2.1　虚拟地址空间布局 199

　　8.2.2　虚拟内存区域操作 200

8.3　虚拟地址空间建立 202

8.3.1 可执行文件 202

8.3.2 加载函数 204

8.3.3 ELF 文件加载 205

8.3.4 动态链接器初始化 208

8.3.5 ELF 格式动态链接 208

8.4 页故障处理 210

8.4.1 页故障异常处理流程 210

8.4.2 非法访问页故障处理 211

8.4.3 有效用户页故障处理 212

8.4.4 有效内核页故障处理 215

8.5 页面回收 216

8.5.1 页面换出位置 216

8.5.2 页面淘汰算法 219

8.5.3 页面回收流程 221

8.5.4 优化措施 223

思考题 224

第九章 互斥与同步 225

9.1 基础操作 225

9.1.1 格栅操作 225

9.1.2 原子操作 226

9.1.3 抢占屏蔽操作 227

9.1.4 睡眠与等待操作 228

9.2 自旋锁 229

9.2.1 自旋锁的概念 229

9.2.2 经典自旋锁 230

9.2.3 带中断屏蔽的自旋锁 231

9.2.4 读写自旋锁 232

9.3 序号锁 234

9.4 RCU 机制 235

9.4.1 RCU 实现思路 235

9.4.2 RCU 管理结构 237

9.4.3 宽限期启动 241

9.4.4 宽限期终止 242

9.5 信号量 243

9.5.1 经典信号量 244

9.5.2 互斥信号量 245

9.5.3 读写信号量 246

9.6 信号量集合 248

9.6.1 管理结构 249

9.6.2　信号量操作 252

思考题 253

第十章　进程间通信 254

10.1　信号 254

　10.1.1　信号定义 254

　10.1.2　信号管理结构 256

　10.1.3　信号处理程序注册 257

　10.1.4　信号发送 258

　10.1.5　信号处理 260

　10.1.6　信号接收 263

10.2　管道 263

　10.2.1　管道的意义 264

　10.2.2　匿名管道 264

　10.2.3　命名管道 266

10.3　消息队列 267

　10.3.1　System V 消息队列 267

　10.3.2　POSIX 消息队列 270

10.4　共享内存 274

　10.4.1　共享文件映射 274

　10.4.2　POSIX 共享内存 276

　10.4.3　System V 共享内存 279

思考题 280

第十一章　虚拟文件系统 282

11.1　虚拟文件系统管理结构 282

　11.1.1　虚拟文件系统框架 283

　11.1.2　超级块结构 284

　11.1.3　索引节点结构 284

　11.1.4　目录项结构 287

11.2　文件系统管理 288

　11.2.1　文件系统注册 288

　11.2.2　文件系统安装 289

　11.2.3　文件系统卸载 293

11.3　文件管理 293

　11.3.1　路径名解析 294

　11.3.2　文件管理操作 297

11.4　文件 I/O 操作 299

　11.4.1　文件描述符表 299

　11.4.2　文件打开与关闭 302

　11.4.3　文件内容读写 304

11.5　文件缓存管理 305

　　11.5.1　缓存管理基数树 305

　　11.5.2　文件地址空间 307

　　11.5.3　缓存管理机制 308

　　11.5.4　文件读写操作 310

　思考题 311

第十二章　物理文件系统 312

12.1　块设备管理 312

　　12.1.1　块设备的用户表示 313

　　12.1.2　块设备的物理表示 313

　　12.1.3　块设备的逻辑表示 315

　　12.1.4　请求队列 317

　　12.1.5　请求递交 320

　　12.1.6　请求处理 321

12.2　EXT 文件系统 321

　　12.2.1　EXT 文件系统布局 322

　　12.2.2　EXT 管理结构 323

　　12.2.3　EXT 逻辑块管理 330

　　12.2.4　EXT inode 管理 333

　　12.2.5　EXT 文件系统类型 335

　　12.2.6　EXT 超级块操作集 335

　　12.2.7　EXT inode 操作集 336

　　12.2.8　EXT 文件操作集 338

　　12.2.9　EXT 地址空间操作集 338

　思考题 340

参考文献 341

第一章　Linux 概　述

操作系统掌控计算机的运行，是一个有生命、会呼吸的实体。操作系统为计算机带来了生命，赋予了计算机以人格特征，是计算机系统的灵魂。操作系统是人类工程的产物，是计算机系统中最基础、最核心、最复杂的软件。在几十年的发展过程中，人们设计了数以百计的操作系统，其中不乏优秀之作，如 Multics、MVS、VMS、Unix、Linux、DOS、Windows NT 等。这些操作系统的设计理念不同，设计方法各异，其内部结构和外部表现千差万别，但每种操作系统都有自己的特色，都能管理特定的硬件平台并为特定的用户提供服务，也就是说，每种操作系统都能满足一些特定用户的需求。随着计算机硬件平台的不断演化，人们对操作系统的需求在不断变化，赋予操作系统的任务在不断增加，而且新的操作系统设计理念与实现技术也在不断出现，因而可以预期新的操作系统还会不断涌现。

毫无疑问，操作系统是十分复杂的软件，操作系统设计是十分庞大的工程。面对艰巨的操作系统设计任务，人们最常问的问题可能就是"别的操作系统是如何设计的？""我能从中获得哪些启示？"等等。事实上，设计操作系统的第一步通常是考察、分析已有的操作系统。作为一个开源的、生机勃勃的操作系统，Linux 正是这第一步的首选。

1.1　操作系统内核

操作系统是用户和计算机硬件之间的接口，是一组软件工具，也是用户的操作界面。用户通过操作系统提供的这些软件工具来操作和使用计算机，如开发程序、运行程序、使用设备、管理文件等，而不用理会计算机硬件的结构和外部设备的细节。因而，操作系统是服务的提供者。

操作系统是计算机资源的管理者。计算机系统中的资源包括硬件资源(如 CPU、内存、外存及各种外部设备)和软件资源(如暂存在内存中的程序和数据，存放在磁盘中的文件、程序、数据等)。操作系统负责这些资源的登记、分配、使用、回收，并通过对资源的管理协调各程序的运行，保证对资源的安全、有序、合理使用。

操作系统是虚拟机，它建立在计算机硬件平台之上，屏蔽了硬件平台的差异，统一了硬件平台的特征，增强了硬件平台的功能。

广义上说，操作系统包括内核(Kernel)和运行在内核之上的所有工具软件，如浏览器、资源管理器、编辑器等。狭义上说，操作系统就是内核，其余软件都是应用程序。对操作系统内核来说，应用程序是它的用户，内核支持应用程序的运行。一个操作系统可以拥有许许多多的应用程序，但却只有一个内核。操作系统的核心管理工作是在内核中实现的，核心服务也是由内核提供的，内核是操作系统的灵魂。因此，要考察一个操作系统，其核心工作是分析它的内核。

为了管理资源、提供服务，在内核中需要实现许多程序，如各种中断的处理程序、各种服务请求的处理程序、各种资源的管理程序、各种设备的驱动程序等。为了实现这些程序，在内核中还需要定义多种数据结构，如段描述符表(GDT、LDT、IDT)、页目录、页表、中断管理结构、进程控制块(PCB)、内存管理结构、文件管理结构、设备管理结构、网络协议等。为了讨论方便，人们通常按功能将操作系统内核分解成几个子系统，如：

(1) 进程管理，包括进程的创建、加载、调度、终止、通信和同步等。

(2) 内存管理，包括物理内存管理、虚拟内存管理等。

(3) 文件系统，即外存管理，包括虚拟文件系统和物理文件系统等。

(4) 设备管理，包括设备管理模型和设备驱动程序等。

(5) 网络协议，包括网络设备管理和各种网络协议。

(6) 系统安全，包括安全服务器、安全监控器等。

显然，其中的每个子系统都十分复杂，还可以将其进一步分解，如可以将内存管理进一步分解成伙伴内存管理、对象内存管理、逻辑内存管理、虚拟内存管理、用户内存管理等。操作系统内核的每一子系统都负责一块相对独立的管理工作，都有自己独特的组织结构和实现方法。进一步的，每一个操作系统内核都有自己独特的结构框架和实现方法，用于将它的各个子系统组织成一个有机的整体。

由于操作系统内核完成的都是核心管理工作，因而内核本身必须被严格地保护起来，以免被破坏。另外，操作系统内核和应用程序的能力也应该有所区别，有些工作只能在内核中做，不应由应用程序来实现。为此，处理器通常定义几种不同的运行状态，如核心态和用户态。操作系统内核自己运行在核心态，而强制应用程序运行在用户态。当处理器运行在核心态时，它可以执行所有的指令、使用所有的资源，也就是说，内核拥有所有的特权；但当处理器运行在用户态时，它只能执行有限的指令、使用有限的资源，或者说只能在内核的监督和帮助下使用资源。

在划分出用户态和核心态之后，整个计算机系统就呈现出了一种层次结构。操作系统内核直接运行在计算机硬件平台之上，而应用程序又运行在操作系统内核之上。操作系统内核介于应用程序和计算机硬件之间，它将应用程序和硬件完全隔开。内核管理硬件资源并为应用程序提供服务，应用程序只有通过内核才能使用计算机硬件资源。内核本身是封闭的，受保护的，应用程序只能通过内核提供的系统调用接口请求内核服务。

由此可见，操作系统内核虽然管理着计算机系统的所有资源，掌控着计算机系统的运行，但却是极为神秘的，它躲在幕后，难得一见。Linus Torvalds 说："关于解释操作系统内核的麻烦是，你永远不可能看到它，因为没有人真正使用一个操作系统内核。人们在计算机上使用程序，操作系统内核的唯一任务就是帮助这些程序运行。所以操作系统内核本身从来没有主动做任何事，它仅仅是等待应用程序请求某些资源或者请求硬盘上的某些文件或者请求程序把它们连接到外部世界等等，然后操作系统内核来了，它干预并且试图让人们更容易地运行程序。"

1.2 Linus 与 Linux

Linux 操作系统内核是由 Linus Torvalds 开发并维护的。

Linus Torvalds 于 1969 年 12 月 28 日出生于芬兰的赫尔辛基，长相普通。据 Linus 本人描述，自己"长得像海狸，小矮个、棕色头发、蓝眼睛、大龅牙、大鼻子，稍有点近视，于是戴副无伤大雅的眼镜"，如图 1.1 所示。

Linus Torvalds   Richard Stallman

图 1.1 Linus Torvalds 与 Richard Stallman

Linus 说自己具有"书呆子的所有特点：比如数学极好，物理也非常棒，但社交能力却差得一塌糊涂"。他十一岁左右开始在外公的一台 Commodore VIC-20 计算机上编写程序，从此对计算机非常着迷。"当赫尔辛基的孩子们都和他们的父母在树林子里玩曲棍球和滑雪时，我却在琢磨一台电脑在怎样工作。"Linus 的中学时代"基本上是坐在电脑面前度过的"。16 岁那年，Linus 购买了自己的第一台计算机 Sinclair QL(M68008 CPU、Q-DOS 操作系统)，并在其上开发了软盘驱动程序、汇编程序、编辑器和若干游戏程序。

1988 年，Linus 带着他的 Sinclair QL 计算机进入了赫尔辛基大学。他选择计算机作为主修课，物理和数学为辅修课。

1989 年，Linus 在芬兰军中服兵役，职位是陆军预备役的一名少尉。

1990 年 5 月 7 日，Linus 服完兵役，返回赫尔辛基大学。他利用整个夏天自学完了 A.Tanenbaum 的名著《操作系统：设计与实现》(Linus 认为这是改变他一生的书籍，是他的圣经)。在新学期中，Linus 选修了"C 语言和 Unix"课程，第一次接触了 Unix 操作系统，并被它的设计理念深深吸引。

1991 年 1 月 5 日，Linus 以分期付款方式购买了自己的第二台电脑，一台杂牌的 PC 机 (Intel 386 CPU、4 MB 内存、DOS 操作系统)。Linus 不喜欢 DOS，所以定购了 Minix 操作系统。Minix 是由 A.Tanenbaum 开发的教学操作系统，采用微内核思想设计，是 Unix 的一种变体。Linus 使用 Minix 的最初目的是将自己的 PC 机仿真成远程终端，以便与学校的 Unix 工作站(运行 ULTRIX 操作系统的 DEC MicroVAX)连接。但他很快发现 Minix 的终端仿真程序性能很差，于是自己开发了一个可以直接在 BIOS 上运行的终端仿真程序。Linus 的仿真程序由两个进程组成：一个接收键盘命令并将其通过调制解调器发送出去，另一个接收来自调制解调器的应答并将其显示在屏幕上。仿真程序的开发使 Linus 拥有了自己的进程调度程序和终端驱动程序。为了用终端仿真程序下载和上传文档，Linus 又设计了磁盘驱动程序和与 Minix 兼容的文件系统。随着工作的进行，Linus 逐渐转变了观点，不再把自己的程序看成一个终端仿真器，而开始将其看做是一个操作系统。随后，他根据 Sun 服务器的 Unix 手册和 Minix 教科书实现了一组类 POSIX 的系统调用，使自己的操作系统内核可以支持 Bash(一个 Shell 程序)和其它一些 GNU 工具软件(如 GCC)的运行，并新设计了若干程序。于是，Linus 设计出了一个新的操作系统。

值得注意的是，在此之前，由 Richard Stallman 领导的 GNU 计划已开发出了许多软件工具，但却一直没有完成操作系统内核(即 HURD)的开发。Linus 开发出了操作系统内核，却没有软件工具。Linus 选择 POSIX 作为自己操作系统内核的接口标准，神奇地使两者结合了起来。

1991 年 8 月 25 日，Linus 在 comp.os.minix 新闻组中宣布自己开发了一个新的操作系统。

1991 年 9 月 17 日，Linus 将操作系统的最初版本(0.01 版)放在了网上。FTP 管理员将其改名为 Linux，即 Linux 0.01。"操作系统狂热者看到了火花"，他们向 Linus 提出了许多建议和补丁程序。10 月份，Linux 0.02 发布。11 月份，Linux 0.03 发布。至此，Linus 认为自己的工作已圆满完成，准备"洗手不干"。但随后出现了一个偶然的失误，Linus 无意中毁掉了自己机器上的 Minix，失去了用于开发 Linux 的环境。这次失误给 Linus 带来了新的挑战，重新鼓起了他的勇气，他遂决定直接在 Linux 环境上开发 Linux。这一决定的意义十分重大，它使 Linux 彻底摆脱了 Minix，成为了一个能够自我包容的操作系统。11 月底，新发布的 Linux 被命名为 Linux 0.10。从此，"开始有人使用这个系统并可以用它来做一些事了"。

1992 年 1 月 16 日，Linux 0.12 发布。新版本中增加了虚拟内存管理。这一新功能使 Linux 脱颖而出，吸引了成百上千的用户，也吸引了众多黑客的参与。在 Linux 0.12 中，Linus 第一次采用了 GPL 许可，允许用户出售程序拷贝，包括 Linux 内核，从中赢利，但必须公开源代码。这一转变促进了 Linux 的发展。Linus 本人也认为"使 Linux 转向 GPL 是我一生中所做过的最漂亮的一件事"。

Linux 的迅速崛起引起了 A.Tanenbaum 的不满，他与 Linus 发生了论战。

一个名叫 Orest Zborowski 的黑客将 X Window 移植到了 Linux 上，Linux 有了自己的图形系统。Linus 感觉 Linux 操作系统已接近完成，因而在 1992 年 3 月 8 日发布新版本时，直接将其命名为 Linux 0.95。

但很快 Linus 就发现自己过于乐观了。在 Linux 0.95 发布以后，Linus 等人用了约 2 年的时间，经历了 136 次修订，才为 Linux 添加了网络功能(TCP/IP 协议等)，并修正了其中的诸多瑕疵，使 Linux 逐步走向成熟。其间，Linux 团队不断壮大，有了自己的名为 comp.os.linux 的新闻组，而且人气激增。Linus 成了 Linux 团队的领袖。在 Transmeta 公司工作的 Peter Anvin 组织了一次在线募捐活动，筹得了 3000 美元善款，帮助 Linus 还清了购买第二台计算机的欠款。

1992 年秋天，Linus 成了赫尔辛基大学一名用瑞典语讲授计算机基础课的助教。

1993 年秋天，Linus 认识了他班上的女学生 Tove。经过几个月的约会后，Tove 成了 Linus 的妻子。

1993 年圣诞节，Linus 将自己的计算机升级成了 PC 486 DX266。

1994 年 3 月 13 日，在赫尔辛基大学计算机科学系的礼堂里，Linux 1.0 公开发布，受到了多家媒体的报道和广大公众的关注。赫尔辛基大学给 Linus 提供了很多支持，但并没有试图获得 Linux 的所有权，这也是 Linux 得以自由发展的原因之一。

1994 年 4 月 6 日，启动了 Linux 1.1 的开发工作。在随后的 1 年多时间里，Linus 对 Linux 1.1 进行了 95 次修订。

此后，Linux 的开发进入正轨，版本的编号也约定俗成，即 A.B.C。其中 A 是主版本号，B 是次版本号，C 是修订次数。偶数 B 表示稳定版本，奇数 B 表示开发中的版本。通常情况下，在发布稳定版本后不久即会启动新版本的开发，当然开发工作由 Linus 主持。在开发新版本的同时，稳定版也被很好地维护，稳定版本的修订版也在不断发布。

1994 年 8 月，受 Novell 公司之邀，Linus 第一次踏上了美国的领土。一年之后，Linus 重访美国，参加数字用户集团(Digital's User Group)的 DECUS(Digital Equipment Corporation User Society)会议，获得了一台 Alpha 工作站。为了在其上运行 Linux，Linus 对自己的操作系统内核进行了修改，使之更便于移植。此后，Linux 被移植到了几乎所有的硬件平台上。

1995 年 3 月 7 日，Linux 1.2 发布。

1995 年 6 月 12 日，启动 Linux 1.3 的开发工作。在随后的 1 年内，Linus 团队对 Linux 1.3 进行了 100 次修订。在这一年里，Linus 由助教升为了助理研究员；Linux 的各种发布版本不断涌现，商业性的 Linux 软件公司吸引了更多的追随者；Linux Journal 杂志发行了 10 万册；Linus 也成了 Linux 注册商标的所有人，并选定了企鹅作为 Linux 的形象标识，如图 1.2 所示。

图 1.2 Linux 标识和 GNU 标识

1996 年 6 月 9 日，Linux 1.3 的开发工作完成，新发布的版本被定为 Linux 2.0。

1996 年 9 月 30 日，启动了 Linux 2.1 的开发工作。

1996 年，Linus 获得了硕士学位(他的硕士论文题目是"Linux: A Portable Operating System")，并有了自己的第一个女儿。

1997 年初，Linus 离开赫尔辛基，来到了美国硅谷，加盟一家不知名的计算机公司 Transmeta，一边工作(编写与维护 x86 解释程序)，一边继续领导 Linux 的开发。

1998 年，Linus 有了自己的第二个女儿并获得了 EFF 先驱奖。同年，IBM、Sun、Intel、Oracle、Sybase、Informix 等大公司宣布支持 Linux，一个开发小组开始开发 KDE，"Linux 征服了整个世界"。

1999 年 1 月 25 日，经过 132 次修订之后，发布了 Linux 2.2。

1999 年 5 月 11 日，启动 Linux 2.3 的开发工作，一个小组开始开发另一个图形环境

GNOME。1999 年 8 月 11 日，第一只 Linux 股票 Red Hat 上市，Linus 一夜之间成了百万富翁。1999 年 12 月 6 日(芬兰独立日)，Linus 受邀回芬兰参加了总统舞会。

2001 年 1 月 4 日，Linux 2.4 发布。2001 年 11 月 23 日，启动了 Linux 2.5 的开发工作。

2002 年，Linus 开始使用 BitMover 公司的非自由软件 BitKeeper 来管理 Linux 的源代码，此举受到广泛指责。

2003 年 12 月 17 日，Linux 2.6 发布。在这一年中，Linus 离开了 Transmeta 公司，进入 Open Source Development Labs(OSDL)，专职从事 Linux 内核的开发。

2004 年，Linus 全家移居美国俄勒冈州的波特兰，邻近微软总部西雅图。

2005 年 3 月 2 日，Linux 2.6.11 发布。此后，Linux 改变了其开发与发布模式，开始实行基于时间的发布方式，即每 2 到 3 个月发布一个稳定版。这样做的好处是，Linux 发布版的生产厂商(如 RedHat)可以尽快使用 Linux 内核的新特征。与此同时，Linux 内核的版本编号也发生了改变。开发版的标识变成了 A.B.C-rcx，其中 C 是次版本号，rc 的意思是 release candidate，x 是发布前的修订次数。稳定版的标识变成了 A.B.C.D，其中 D 变成了修订号。在开发新版本的同时，最新的稳定版本也有专人负责维护，维护者对稳定版的修订由 D 标识。因此，Linux 2.7 的开发工作从未启动。

同年，BitMover 公司宣布不再支持 Linux 开发团队。Linus 等人在两个月内新开发了一个源码控制系统，用于管理 Linux 的源代码，该系统称为 Git。

2007 年 1 月 22 日，OSDL 与 Free Standards Group 合并为 Linux Foundation，工作焦点为改进 Linux 操作系统以便与 Windows 竞争。Linus 目前在该基金会工作。

2009 年 7 月，Microsoft 为 Linux 贡献了 20000 行的 Hyper-V 驱动程序代码，用于改善运行在 Windows 环境中的虚拟 Linux 客户机的性能。

2011 年 5 月 19 日，Linux 2.6.39 发布。

2011 年 7 月 22 日，为庆祝 Linux 二十岁生日，发布了 Linux 3.0。

……

目前，Linux 已成为当今世界上最大的开源项目，为 Linux 内核贡献代码的个人和公司逐日增多。最近的统计表明，平均每小时约有 3 个补丁被接受并被打在 Linux 内核源代码树上，平均每天约有 3621 行代码被加入 Linux 内核、1550 行代码被从 Linux 内核中删除、1425 行代码被修改，Linux 内核正以无与伦比的速度在迅速演化着、成长着。

确实，Linux 内核的成长速度是惊人的。Linux 0.01 的大小不到 62 KB，约 1 万行代码。Linux 1.0 的大小是 992 KB，约 3 万行代码。Linux 1.2 的大小是 1.7 MB，约 31 万行代码。Linux 2.2 的大小是 10 MB，约 180 万行代码。Linux 2.4 的大小是 19 MB，约 337 万行代码。Linux 2.6.0 的大小是 167 MB，约 593 万行代码。Linux 2.6.30 的大小已经突破了 1000 万行，达到了 1163 万行代码。

1.3　Linux 内核结构

最初的 Linux 内核仅仅是 Linus Torvalds 在自己卧室内开发的习作。经过近 20 余年的发展，Linux 已变成了当今世界最具竞争力的操作系统。在不断演化的过程中，Linux 内核的结构也在不断发生着变化。

概括起来，可将操作系统内核的结构大致分成四种，即单块式结构、层次式结构、微内核结构和虚拟机结构。

单块式结构(Monolithic)是最简单的一种结构，实际上等于无结构。在单块式结构中，整个操作系统内核就是一堆模块的集合。模块间的调用关系不受任何约束，内核中的一个模块可以在需要时调用其它任意一个模块。单块结构的优点是简单、高效。设计者可以根据自己的需要任意安排模块之间的调用关系，从而简化设计，缩短调用路径。单块结构的问题是维护困难，往往会出现牵一发而动全局的情况。

层次式结构(Layered)适当地组织了操作系统内核中的模块，将它们按调用关系分成了若干个层次，并规定了各层之间的调用关系，即只允许上层模块调用下层模块，不允许下层模块调用上层模块。层次结构增加了对设计者的限制，其优点是结构清晰，实现与维护简单(对一个层次的修改不会影响其它层次)，问题是层次划分比较困难，而且系统的性能不高(调用路径长，数据传递路径也长)。

微内核结构(Microkernel)采用客户/服务器思想，尽可能地把应由内核提供的服务(如文件系统、虚拟内存管理等)转移到用户空间，以服务器进程的形式向其它用户进程提供服务，从而极大地缩小了内核的规模，使其变成了微内核。微内核结构的优点是容易扩展、容易移植、安全与可靠性高。微内核结构的主要问题是性能低下。

虚拟机结构(Virtual Machine)建立在虚拟机监控器(Virtual Machine Monitor，VMM)之上。VMM 是直接运行在硬件平台之上的一个软件抽象层，用于将一台物理的计算机转化成多台虚拟的计算机，使每台虚拟机中都可以运行一个独立的操作系统而互不影响。虚拟机结构的优点是资源利用率高，缺点是实现困难、性能不高。目前，在处理器和芯片组中已提供了对虚拟化的支持，虚拟机的实现已经比较容易，性能也有所提高。

在 Linux 内核中可以看到层次和微内核的影子。借助于 KVM 和 QEMU 的帮助，最新的 Linux 内核可将自己转化成一个 VMM，从而支持虚拟机结构。总的来说，Linux 内核是单块式的，如图 1.3 所示。

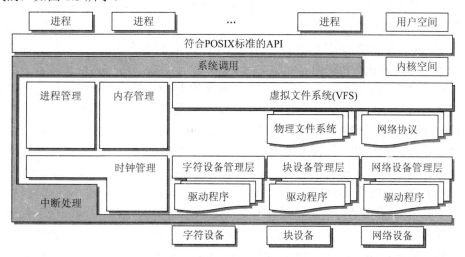

图 1.3 Linux 内核的结构

Linux 之所以会采用单块式的内核结构，自然有它的原因。其一是历史原因。Linux 内核由 Linus 的习作演变而成，而 Linus 最初的目标并不是设计操作系统内核，因而没有对其进行周密的规划，单块式结构是最简单、最直接的选择。其二是主观原因。Linus 说"微内核的理论是，如果把内核分为 50 份，那么每一份都只有 1/50 的复杂性。但是每个人都忽视了一个事实，即各部分之间的联系事实上比原系统更加复杂，而且那些个别部分也不是那么简单。"因此，微内核的做法是很愚蠢的。

虽然 Linux 内核比较复杂，而且是单块式的结构，但仍然可以将其大致分成进程管理、内存管理、文件系统、设备管理、网络协议、时钟管理、中断处理等子系统。其中进程管理子系统负责进程的创建、终止、加载、调度、同步、互斥、通信等，所管理的资源是计算机中的处理器。内存管理子系统负责内存空间的分配、回收等，并试图用有限的物理内存为每个进程模拟出几乎无限的虚拟内存，所管理的资源是计算机中的内存。文件系统负责外存空间的分配、回收等，并负责用户文件的创建、删除、读写、查找等，所管理的资源是计算机中的外存。网络协议子系统负责数据包的发送、接收等，所管理的资源是计算机中的网络设备。设备管理子系统负责设备及其拓扑结构的描述、设备驱动程序与内核其余部分的接口等，所管理的资源是计算机中的外部设备。时钟管理子系统负责管理计算机中的时钟设备、计时器设备等，为系统提供时间和定时服务。中断处理子系统负责内核与外界的交互。运行在用户空间的进程通过陷入指令请求内核服务，各种外部设备通过硬中断请求内核服务。

Linux 的子系统可以再进一步地划分成模块。如内存管理子系统可被划分为伙伴内存管理器、对象内存管理器、逻辑内存管理器、虚拟内存管理器等模块，进程管理子系统又可被划分为进程创建、执行映像加载、进程调度、互斥与同步、进程间通信等模块。当然，模块还可以被进一步划分，如可以将伙伴内存管理器进一步划分成物理页的分配、释放、回收等子模块。

在 Linux 中，虚拟文件系统是所有输入/输出的最上层接口，也可以说是所有输入/输出的总接口。物理文件系统和网络协议等都是对虚拟文件系统的实现，位于虚拟文件系统之下，为虚拟文件系统提供服务。设备驱动程序又位于物理文件系统和网络协议之下，负责驱动物理设备，为物理文件系统和网络协议提供服务。

不管 Linux 的子系统或模块如何划分、如何组织，它们都不是完全独立的，各子系统之间存在着千丝万缕的联系和制约。一般情况下，一个子系统的运行离不开其它子系统的支持，如进程管理子系统离不开内存管理和文件系统的支持(虚拟内存管理为进程提供虚拟地址空间、进程所运行的程序来源于可执行文件)，内存管理子系统也需要进程管理和文件系统的支持(内存管理子系统利用文件系统实现按需调页、利用专门的守护进程回收物理页)，文件系统的运行离不开设备管理子系统和内存管理子系统的支持，分布式文件系统甚至还需要网络协议的支持。子模块、模块、子系统相互关联、相互制约，构成了一个有机的整体。在 Linux 中，模块之间的关联方式大致可分为以下几种：

(1) 请求。Linux 中的每个子系统都定义了较为清晰的服务接口。当一个子系统需要其它子系统提供服务时，可以直接调用那些子系统的接口函数。如对象内存管理器提供了内存分配函数 kmem_cache_alloc()和内存释放函数 kmem_cache_free()，内核中的每个模块都可以直接调用这两个函数申请和释放物理内存对象。

(2) 通告。Linux 中的每个子系统都可以定义一些全局变量或查询函数，以便其它子系统查询自己的状态。对一个子系统感兴趣的模块或子系统可以通过这些全局变量或查询函数来了解子系统的状态变化。如伙伴内存管理器在全局变量 totalram_pages 中记录着系统中的物理内存总量，其它模块可以通过该变量直接了解物理内存的变化。

(3) 通知。Linux 的每个子系统都可以定义一到多个回调函数队列，以便让对自己感兴趣的其它子系统注册回调函数。当子系统的状态发生改变时，它会逐个调用回调函数队列中的函数，及时地将自己的变化通知给预定的子系统。Linux 的这种通知机制称为 notification，已被集成在它的各子系统中。

Linux 的这些请求、通告、通知机制就像人体的神经系统一样，将各个子系统组合成了一个有机的整体，如图 1.4 所示。

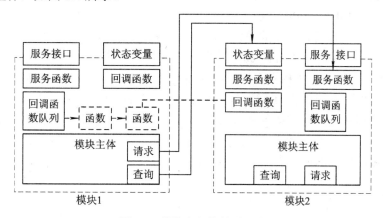

图 1.4　模块之间的关联方式

Linux 的模块划分与组织方式就是 Linux 内核的结构。图 1.3 大致概括了 Linux 内核中子系统级的组织关系，也就是子系统级的组织结构。就每个子系统而言，由于功能不同，其内部组织结构也会有所差别。事实上，每个子系统，甚至每个模块都有自己独特的组织结构。Linux 内核在设计模块组织结构时，采用的是最实用的设计方法。也就是说，针对具体问题，采用最直接、最有效的设计方法，并不把自己限制在某种特定方法之上。Linux 采用的设计方法包括以下几种：

(1) 模块(Module)方法。将接口和实现分离开来，在不改变接口的情况下可改变模块的实现细节。模块之间可以自由调用。Linux 内核的大部分子系统采用的都是模块设计方法。

(2) 层次(Layer)方法。如果内核中的某些模块本身就具有层次结构，如 TCP/IP 协议栈等，那么就直接采用层次设计方法。

(3) 对象(Object)方法。Linux 内核大量采用了对象设计思想，如在结构中封装属性和操作集等，但未使用面向对象的程序设计语言，如 C++等。

Linux 内核的结构是在长期发展过程中逐步演化而成的，它具有许多特点，此处仅概括几个：

(1) 符合 POSIX 标准。POSIX 是基于 Unix 的第一个操作系统国际标准，它规定了操作系统内核与应用程序之间的接口规范。Linux 从设计之初就遵循 POSIX 标准，这使得 Unix 上的许多应用程序，尤其是 GNU 应用程序，可以很容易地移植到 Linux 之上，从而为 Linux

带来了丰富的应用软件。

(2) 扩展性好。虽然 Linux 内核是单块式结构，但它提供了极为灵活的内核模块机制(LKM)，从而大大提升了其扩展性。新的文件系统、网络协议、驱动程序、可执行文件格式等都可以被设计成内核模块，并在需要时动态插入内核。从这一角度来看，Linux 内核实际是一个大的框架，它提供了多种内部插槽，如文件系统插槽、网络协议插槽、驱动程序插槽等，允许在其中插入符合规范的内核组件(内核模块)，并可以通过插入、拔出、更换、重组内核模块的方式对其进行动态配置，柔性重构。

(3) 兼容性好。Linux 内核的结构具有良好的兼容性。Linux 内核通过虚拟文件系统(VFS)接口屏蔽了各种物理文件系统的差别，使得 Linux 用户可以用统一的方式访问几乎所有的文件系统，包括 EXT2/3/4、NTFS、FAT、Minix、UFS 等；Linux 内核通过 VFS 和 Socket 接口屏蔽了各种网络协议的差别，使得 Linux 可以兼容多种网络协议，如 TCP/IP、IPX/SPX、AppleTalk、X.25、ISDN、PPP、SLIP 和 PLIP 等；Linux 内核通过驱动程序接口和各种设备的驱动程序屏蔽了硬件设备之间的差别，使其可以兼容多种物理硬件设备；Linux 兼容多种可执行文件格式，如 ELF、A.out、Java 及各种格式的脚本等。

(4) 伸缩性好。Linux 内核具有较好的伸缩性，可以让其仅提供一些最必须的功能以限制其规模，也可以让其提供极为丰富的功能以支持广泛的应用。Linux 内核中包含一个嵌入式的内核，使其可以方便地支持各种嵌入式设备；Linux 内核源代码开放，可以对其进行裁剪、重构，以满足不同系统的需求；Linux 是高性能计算机(HPC)中使用最多的操作系统内核。总之，Linux 内核可以支持从嵌入式设备、个人计算机、服务器到巨型机等各个层次的应用，是目前世界上伸缩性最好的操作系统。

(5) 可靠性和安全性高。Linux 内核结构本身具有较高的可靠性和安全性。在新的 Linux 内核源代码中，包含了一个经过安全增强的 SELinux 内核，利用它可以构建具有较高安全级别的操作系统。除此之外，由于 Linux 内核源代码开放，用户可以方便地改造或重建其安全保障体系，以满足自己的可靠性和安全性需求，而且不必担心内核中会预留什么"后门"和"陷阱"。另外，由于每天都有成千上万的爱好者对 Linux 内核进行测试和改良，其故障可以很快被排除，"如果有百万双眼睛来共同参与的话，则所有软件的缺陷都将消失"。

(6) 可移植性好。Linux 内核的结构对移植性的支持非常好，与硬件相关的部分被很好地隔离了开来。Linux 内核中的绝大部分代码都采用 C 语言编写，只有很小一部分使用汇编代码，这使得 Linux 内核的移植变得十分简单。经过多年的努力，目前的 Linux 已可以支持几乎所有的 CPU，包括 X86、IA64、MIPS、M68K、PPC、ARM、ALPHA、SPARC 等。

(7) 性能高。Linux 内核设计思路清晰，实现算法直观、简洁，充分利用了底层硬件的特征，而且经过了适当的优化，具有较高的性能。

1.4　Linux 发布

不管 Linux 内核的功能有多么强大，它毕竟只是一个操作系统内核，无法直接为用户提供服务。事实上，用户都是通过应用程序或软件工具使用操作系统内核并进而使用计算机的。用户当然可以开发自己的应用程序，但开发工作本身也需要工具软件(如命令解释器、编辑器、编译器、调试器等)的支持。因而，在一个实用操作系统中，除了内核之外还必须包含一些工具软件。以 Linux 内核为基础构建的操作系统统称为 Linux 发布，所以，它实际上等于 Linux 内核+函数库+工具软件。

在 Linux 内核上可以使用的工具软件非常多，而且新的软件还在不断涌现，其中最常用的是 GNU 的工具软件。事实上，在 Linus 发布的最初版本中，就包含了 GNU 的 BASH、GCC 等工具软件。由于这一原因，有些 Linux 发布又被称为 GNU/Linux，Richard Stallman 甚至称 Linux 发布为 Lignux。但由于 Linux 内核是整个发布的核心，具有代表性，因而大部分的发布仍简单地称为 Linux 操作系统。为了避免混淆，在本书中，"Linux"将特指 Linux 内核。

最早的 Linux 用户都是 Unix 操作系统的专家，他们知道需要哪些库和可执行程序才能将该操作系统引导和运行起来，而且知道这些库和可执行程序的存放位置及配置方法。这些用户的主要兴趣是开发操作系统本身而不是应用程序、用户接口或方便的工具软件包。随着 Linux 的发展，其用户群逐渐超越了这一专家群体，扩展到了普通用户。普通用户的兴趣主要是在 Linux 上开发应用程序，需要专家们为其提供一个配置好的开发环境，于是产生了 Linux 发布。

最初的 Linux 发布有如下几个：

(1) Boot-root，仅包含 Linux 内核和最少的启动工具。

(2) MCC Interim Linux，由 Manchester 大学开发，1992 年初即通过 FTP 公开下载。

(3) Yggdrasil Linux/GNU/X，第一个基于 CD-ROM 的 Linux 分布。

(4) SLS，即 Softlanding Linux System。SLS 未被很好维护。1993 年，Patrick Volkerding 在 SLS 的基础上开发了 Slackware。Slackware 是至今仍在使用的最古老的 Linux 发布。

此后，Linux 发布层出不穷，各具特色。据统计，目前已产生了 600 多个 Linux 发布，处于活跃状态，被不断维护的发布仍有 300 多个。下面是最受欢迎的几个 Linux 发布：

(1) Ubuntu，自 2004 年 12 月第一次发布以来，受到广泛欢迎，已成为目前用户最多、最易使用的桌面 Linux 发布。Ubuntu 发布的基础是 Debian，它的许多软件包直接来源于 Debian。

(2) Fedora，前身是 Red Hat Linux，于 1995 年发布。2003 年，Red Hat 将其产品分为企业版和业余版，并将业余版更名为 Fedora。虽然 Fedora 受 Red Hat 控制，但它仍是当今最具创新精神的 Linux 发布。

(3) Linux Mint，2006 年首次发布，是对 Ubuntu 的改进。开发者早期从事 Linux 网站的维护，旨在为 Linux 的初学者提供帮助，因而比较了解用户的需求，其发布的可用性较好。

(4) openSUSE，由德国的 Linux 爱好者开发，发布的基础是 Slackware，早期的名称为 SUSE，是比较早的 Linux 的发布。2003 年，SUSE 被 Novell 收购，并被更名为 openSUSE。

(5) PCLinuxOS，2003 年首次发布，是对 Mandrake Linux 的改进。该发布的创始人曾开发 Texstar，一款用于创建最新 RPM 包的软件工具。PCLinuxOS 主要面向初学者。

(6) Debian GNU/Linux，1993 年首次发布，是完全由志愿者开发的非商业项目，也是最大的 Linux 发布(超过 20 000 个包)，是其它许多发布(如 Ubuntu)的基础。

典型的 Linux 发布包括 Linux 内核、GNU 工具和函数库、文档、图形系统、安装工具和其它应用软件等。集成到一个发布中的软件可以是自由软件、开放源码软件，也可以是私有软件。Linux 发布的开发者需要收集、修改、编译、测试这些软件，而后将其集成在一起，并提供安装界面，以方便用户安装和配置。发布中的软件可以是编译好的二进制代码，也可以是未编译的源代码。Linux 发布中的软件包括开发工具(如 gcc)、数据库管理系统(如 PostgreSQL、MySQL)、Web 服务器(如 Apache)、X Window(现在称为 x.org)、桌面环境(如 GNOME 和 KDE)、办公软件(如 OpenOffice.org)、脚本语言(如 Perl、PHP 和 Python)、浏览器(如 FireFox)等等。

一个 Linux 发布中肯定会包含许多软件，为了便于管理，通常将它们按功能组织成软件包(package)。在一个软件包中，除包含程序代码之外，通常还带有一些管理信息，如包的说明、版本、依赖关系等。在 Linux 发布中通常都带有软件包管理工具，用于包的安装、删除、升级、查询等，好的包管理工具能够自动解决包的依赖性问题。软件包管理工具为发布的制作提供了极大的灵活性，用户可以在安装完系统之后再安装或更新应用软件，甚至可以下载并安装未包含在发布中的软件。常用的软件包格式有 DEB、RPM、TGZ、SRC 等，软件包管理工具有 APT、YaST、YUM、URPMI、pkgtools、Portage 等。

传统的 Linux 用户一般都自己安装并设置操作系统,他们往往比其他操作系统的用户更有经验。这些用户有时被称作"黑客"或是"极客"(geek)。然而随着 Linux 的流行，越来越多的原始设备制造商(OEM)开始在其销售的计算机上预装 Linux，Linux 正在慢慢抢占个人计算机操作系统的市场。Linux 在嵌入式消费电子市场上拥有较大优势，低成本的特性使 Linux 深受用户欢迎。许多上网本预装了 Linux 操作系统，许多款手机产品也采用了 Linux 系统。Linux 也是最受欢迎的服务器操作系统之一。在超级计算机排行榜 Top 500 中，1998 年只有 1 台采用 Linux 操作系统，2009 年已有 447 台采用 Linux 操作系统，所占比例达到了 89.4%。可以预计，随着开放式系统的接受程度越来越高和虚拟化技术的进一步发展，上述趋势还将继续。

1.5　Unix 与 Linux 哲学

开放源代码运动和黑客文化的第一理论家 Eric S. Raymond 在其名著《The Art of Unix Programming》一书中说："工程和设计的每个分支都有自己的技术文化。在大多数工程领域中，就一个专业人员的素养组成来说，有些不成文的行业素养具有与标准手册及教科书同等重要的地位，甚至比书本更重要。"在软件工程领域中，"确有极少数软件技术被证明经久耐用，足以演进为强势的技术文化、有鲜明特色的艺术和世代相传的设计哲学"。

毫无疑问，操作系统是人造的软件，是人类软件工程的产物。与其它人类工程作品相同，在一个操作系统中也隐含了设计者的理念，体现了设计者的哲学。

作为操作系统的杰出代表，在 Unix 和 Linux 设计、成长与发展的漫长过程中，也形成了自己的文化、艺术和设计哲学。大致可以将其概括为如下几条：

1. 开放

开放的意思有几个，包括开发团队是开放的，开发方法是开放的，开发成果(源代码)也是开放的。

　　早期的 Unix 是源码开放的，很多公司、高校、政府机构获得了 Unix 的源代码并对其进行了研究、修改和完善。源码开放导致了 Unix 的迅速成熟和普及，也培养了一大批黑客，形成了著名的"黑客文化"。Eric S. Raymond 说："在 Unix 的历史中，最大的规律是距离开源越近就越繁荣，任何将 Unix 专有化的企图都只能使其陷入停滞和衰败。"

　　在 Linux 的成长过程中，一直遵循着开放的原则。任何对 Linux 感兴趣的人都可以免费从网上获得 Linux 内核的源代码，可以按照需要自由地对其进行修改、复制和发布，唯一的要求是必须开放自己改动和改进的成果。

　　Linux 是源码开放的最大受益者。远在 Linus 开发 Linux 内核之前的 1983 年，自由软件基金会的 Richard M. Stallman 就启动了 GNU(GNU's Not Unix)计划，目的是创建一个类 Unix 的操作系统。GNU 的开发策略是先工具软件再内核。经过数年的努力，GNU 开发出了编辑器(Emacs)、编译器(GCC)、调试器(GDB)、图形系统和几乎所有的工具软件，唯独没有开发出它的内核(Hurd)。Linux 的适时出现恰好填补了 GNU 的这一空白。GNU 找到了一个稳定的内核，而 Linux 得到了全套的工具软件。

　　开放为 Linux 带来了大批的志愿开发者，包括 GNU 的开发团队，带来了众多的好主意和好代码，使 Linux 得以迅速成长、成熟。

　　开放给 Linux 带来了高水平的用户，包括大批黑客。这些用户的参与极大地提高了 Linux 的改进速度，缩短了 Linux 的调试时间。"如果有足够多的眼睛，所有的错误都是浅显的(群众的眼睛是雪亮的)"。Raymond 将这一现象称为 Linus 定律。

　　开放是 Linux 最好的宣传广告。Linux 社区的人们坚信：即使是世界上最好的软件，如果人们未认识到它的真正价值的话，也不会被采用。开放给人们提供了充分认识 Linux 的机会，使得 Linux 迅速被移植到多种平台上，应用于多种环境中，促进了 Linux 的流动和普及。Linux 带给人们的一个观念是：开放的软件总是比私有的软件好。

　　开放给 Linux 带来了持久的活力。Linux 源代码激发了很多人的想象，产生了一系列的技术革新，带来了一系列的新应用，推动了信息技术的发展。这些新技术和新应用反过来又成了 Linux 演变的动力。

　　开放为 Linux 提供了更多的技术支持，大量的文档、书籍、论坛，大量的技术人员，可以迅速解决用户遇到的技术难题。

　　开放使 Linux 避免了版权之争，也避免了 Linux 的分裂。即使态度不友好的代理者也能得到同样的源代码，也能互相利用彼此的成果。"有了 Linux 以及其它一些公开源代码项目，人们就可以做出它们自己的版本，按它们自己的意愿来加以改变"，没有必要窃取 Linux 的版权或另搞一套。

　　开放有利于缩减项目开发的成本。"公开源代码是利用外部资源的最佳方式，项目的开放使公司有可能缩减自己的资源，外部资源使得公司成为一个更加便宜、更加完善和更加平衡的系统。当然，这一系统不再仅仅将公司需求考虑进去，它实际上还考虑了顾客的需求。"

　　开放还是激励开发者的一种手段。源代码提供者的大名与事迹被列在 Linux 贡献者列表中，使他们更容易获得同行们的认可与尊重，给开发者带来了荣誉、满足感、工作机会甚至财富，也带来了问题与建议，这些都是激励开发者继续工作下去的动力。

　　Linus 认为 Linux 操作系统是由无数程序员们共同创造的成果，它与这些创造者(程序员)

之间有着无法切断的密切联系，是创造者不可剥夺的一部分，它是如此珍贵，以至于不可能将其出售。但与此同时，它又是世界上每一个人都应当分享的成果，因为它不是某个人的私有财产，它属于全人类。

Linus 说："我总是将开放源代码视作一种使世界更趋美好的途径。但仅有这一点还远远不够，除此之外我还将它视作带来快乐的途径。"

2. 协作

Linux 是目前世界上最大、最成功的一个协作开发项目，它创造了一种新型的软件开发模式。Eric S. Raymond 说："实际上，我认为 Linus 最聪明最了不起的工作不是创建了 Linux 内核本身，而是发明了 Linux 开发模式。"Raymond 认为 Linux 是第一个有意识地成功利用整个世界作为它的头脑库的项目，Linus 是第一个学会怎样利用 Internet 新规则的人。Raymond 将 Linus 的开发风格概括为：尽早尽多的发布、委托所有可以委托的事、对所有的改动和融合开放。

自最初的 Linux 发布之后，围绕 Linux 内核迅速形成了一个极为活跃的、虚拟的社团，社团成员独立而又协调地工作，共同推动了 Linux 内核的发展。经过多年的磨合，在 Linux 社团中形成了一种自然而灵活的组织结构。Linus 本人是这一团队中当之无愧的最高领导，掌控着 Linux 的发展方向。在 Linus 下还有多个项目主管，每个主管负责管理一到多个在内核发展进程中自然形成的热点项目(Project)，如 Ingo Molnar 负责进程调度算法，Christoph Lameter 负责虚拟内存，Miklos Szeredit 负责 VFS，Theodore Y. Ts'o 负责 EXT4 文件系统，Jiri Kosina 负责内核模块，James Bottomley 负责 SCSI，Avi Kivity、Marcelo Tosatti、Amit Shah 等负责虚拟化(KVM)，Jeff Garzik 负责网络驱动等。社团中的其余成员可以随意参与到某个项目中，通过电子邮件提交补丁。当然，Linux 内核的开发者都是志愿者，各项目的主管也是志愿者。随着时间的推移，Linux 社团的成员在变，项目在变，主管也在变。

Linux 内核社团已形成了一整套的开发风格、准则、标准和流程。如在 Linux 2.6 的开发中，Linus 负责维护 2.6.x 内核树，即最新版本的 Linux 内核，他接受比较大型的、相对成熟的补丁，并定期发布 rc 版本，直到内核被认为稳定后将其正式发布，而后再启动 2.6.(x+1) 内核树的开发；Greg Kroah-Hartman、Chris Wright 等负责维护 2.6.x.y -stable 内核树，即 Linux 内核的稳定版；Andrew Morton 负责维护 2.6.x –mm 内核树，在其中试验、集成各种最新的功能与特征，并将被证明有价值的补丁提交给 Linus；其他项目主管们分别维护各自负责的项目子树。Linus 维护的内核树是系统的主流(mainline)，是其它所有工作的基础。

Linus 管理开发团队的方法有其独到之处。事实上，Linus 从不强迫开发人员做任何工作，"我更愿意让人们自愿自觉地承担工作，而不是预先委派任务给他们。"为此，Linus 经常做的一件事是"在项目中培养兴趣直到它可以自己发展下去"，另一件事是将已发展起来的工作"授权给其他人"管理。同时，Linus 还非常乐意接受其他人的好主意，采纳他人的好建议。因而，在 Linux 社团中，每个成员都可以根据自己的需求和兴趣分析代码、讨论问题、提出建议、报告故障、提交补丁、测试系统、编写文档等，并可以建立新项目、开发新系统。Linus 的管理策略使社团成员总是在做自己最需要和最有兴趣的工作，从而保证了社团的活跃、开发的高效、选题的准确和代码的质量，也保证了 Linux 总是以最自然、最合理的方式演化。

在谈到社团管理时 Linus 说："我有时赞成、有时反对他们的作法，但大多数时候我都无为而治。当两个人对同一件事有不同看法时，我对两个人的意见都接受，看哪一个可行。有时两者都加以采用，融合为一种新的方法。如果两个人之间存在着尖锐分歧，各行其道，互不相让时，我便不接受任何一方的意见。如果某个开发者失去了兴趣，想退出开发，我会像所罗门王所做的那样悉听尊便。"

另外，Linux 社团与 GNU 和许多大的公司也有着密切的协作关系。统计表明，在对 Linux 内核贡献最多的公司中，Red Hat、Novell、IBM、Intel、Linux Foundation、SGI、MIPS、Oracle、Google、HP、Cisco 等大公司名列前茅，其贡献量超过了 50%。个中原因是这些公司发现，帮助改进 Linux 内核可以增加它们在市场上的竞争力。

3. 兴趣

Unix 起源于 Ken Thompson 的"星际旅行"游戏。此后，Unix 在一个个玩家手中逐渐成长、壮大。趣味性在 Unix 早期的历史中开启了一个良性循环。正因为人们喜爱 Unix，所以编制了更多的程序让它用起来更好。Eric S. Raymond 说："同 Unix 打交道，搞开发就是好玩：现在是，且一向如是。"

有人曾问 Linus "生命的意义何在？"，他的回答是"第一是生存，第二是社会秩序，第三是娱乐。生活中所有的事情都是按这个顺序发展的。娱乐之后便一无所有。因此从某种意义上说，这意味着生活的意义就是要达到第三个阶段。你一旦达到了第三个阶段，就算成功了。但首先要越过前两个阶段。"

事实上，Linux 的起源是 Linus 开发的终端仿真器。Linus 开发仿真器的目的一方面是出于探索新机器的兴趣，另一方面也是为了生存(为了在自己家中使用大学的 Unix 工作站)。随着 Linux 的不断发布，Linux 社团逐渐形成，成员之间一封封的电子邮件构成了友谊和社会的纽带，也给 Linux 社团带来了秩序，"Linux 的社会层面是非常非常重要的"。至此 Linux 达到了它的第二个阶段。Linux 社团的壮大不断地给 Linux 带来新的问题、方案与挑战，而新的挑战又带来了新的乐趣，促使 Linux 不断发展，"Linux 的开发是一个全球性团队的体育项目"。最后，Linux 走上了娱乐，"这种娱乐是金钱很难买到的"。

Linus 说："众所周知，当人们是为爱好和热情所驱使着的时候，往往能够将工作做得最好。对于剧作家、雕塑家和企业家是如此，对于软件工程师也是如此。公开源代码模式给人们提供了依靠兴趣与热情生活的机会。享有乐趣以及与世界上最好的程序员一起工作，而不是与那些恰巧为他们的公司所雇佣的少数几个程序员一起工作，是一种无与伦比的享受。公开源代码开发者努力工作着以赢得他们同行的尊敬，那当然是一种高度有效的激励。"

Linus 认为："编程是世界上最有趣的事。它比下棋之类的游戏有乐趣得多，因为它可以由你自己来制订游戏规则。""创造操作系统，就是去创造一个所有应用程序赖以运行的基础环境，从根本上来说，就是在制定规则：什么可以接受，什么可以做，什么不可以做。"在计算机世界中，程序员就是上帝，能从中获得创造一个新世界的体验，而这种体验是无与伦比的，"感觉就像上帝创世纪那样，执掌一切地说：'让那里有光'，那里就真的有了光。在此之前，的确是一无所有。"

正是这种巨大的乐趣，驱动着 Linus 和他的团队夜以继日地工作，催生了 Linux 内核和众多的 Linux 应用程序，才有了今天的 Linux 操作系统。Linus 说"我喜欢有这么多的人给我从事这个事业的动力，我曾认为自己已接近于完成它了，但我一直没有真正做到这一点。人们始终给我更多继续的理由，以及更多困扰的、棘手的难题，这使得继续完善 Linux 变得更为有趣。否则，我可能早就干其它事情去了。但我没有，因为这是我喜欢的工作，做这件事充满乐趣。"

4. 实用

众所周知，每个新项目如果都从刀耕火种开始干起肯定是极端的浪费。和其它耗费在软件开发上的花费比起来，时间无疑是最宝贵和最有价值的，所以应该将时间用在解决新问题上。一旦发现某个问题已被解决，就直接拿来利用，不要因为骄傲或偏见而去重新做一遍。因而，Unix 传统上强调"不要重新发明轮子"。Henry Spencer 说："重新发明轮子之所以糟糕不仅因为浪费时间，还因为它浪费的时间往往是平方级的。"Eric S. Raymond 说："避免重新发明轮子的最有效方法是借用别人的设计和实现。换句话说，重用代码。"借用而不是重新发明正是实用主义的精髓。

Unix 的一个设计理念是：好的程序员写好的软件，伟大的程序员借用伟大的软件。这一理念被 Linux 发扬光大。在 Linux 中，几乎没有任何设计是从头做出来的，几乎所有的程序都建立在已有的代码和概念之上，因而，Linux 始终站在前人的肩膀上。

Raymond 认为，"Linus 并不是惊人的原始设计者，但他显示了发现好的设计并把它集成到 Linux 内核中的强大决窍。""Linus 不是(至少还不曾是)像 Richard Stallman 或 James Gosling 一样的创新天才，在我看来，Linus 更像一个工程天才，具有避免错误和失败的第六感觉，掌握了发现从 A 点到 B 点代价最小的路径的诀窍。"

确实，在 Linux 操作系统中处处体现着实用主义的思想。Linux 不强调创新，不追求最新，也极少标新立异，不把自己限制在某种特定的技术或方法上。哪个概念最清晰，哪种算法最有效、最可靠，哪种方法最自然，哪种结构最简洁、最优雅，Linux 就会选用哪一种。Linux 借用已经成熟的概念、结构、算法，借用一切可以借用的东西，而后用最直观、简洁的方法实现它们，用最自然、灵活的方式将它们组织在一起。

Linux 社团赞赏好的主意，但要求人们以代码而不是需求或规格说明的形式提交好主意。Linux 社团采用自底向上的、非形式化的设计与开发方法，不要求详细的项目计划和设计文档。Linux 是在理想和实用主义的驱动下自然成长的。

Linux 在总体上采用的是单块式的结构，它不先进，但简洁、高效、实用。Linux 采用的概念，如进程、调度、锁、信号、信号量、文件、目录等，都直接来源于操作系统教科书，这使得 Linux 更容易被理解，也更便于讨论和交流。Linux 的用户接口采用的是 POSIX 标准，这使得广大的 Unix 程序员可以直接在 Linux 上编程，也使 Linux 在创建之初就拥有了众多的软件工具和应用程序。Linux 的使用方法、目录结构、配置文件格式、命令行开关等都符合 Unix 的传统惯例，这使得 Linux 更容易被接受和使用。Linux 采用的算法大多是经过实践验证的成熟算法，如物理内存管理中的伙伴算法和 Slab 算法、虚拟内存管理中的二次机会页面淘汰算法和按需调页算法等，这使得 Linux 的内核更加稳定、可靠、高效。

Linux 实用性的另一个表现是源码开放，允许任何人对其进行修改和重构，以便更好地满足用户的需求。Linux 借用了别人的成果，也允许甚至鼓励别人借用它的成果。在一次次的修改和重构中，Linux 也在被一次次地清洗，剩下的都是最实用的精华。

《Linux and the Unix Philosophy》一书的作者 Mike Gancarz 说："好的软件不是建造出来的，而是不断长出来的。"

由于 Linux 采用了实用主义哲学，所以，虽然"Linux 并不是一个令人敬畏的概念上的飞跃"，但它极为成功。

5. 优雅

在 Linux 操作系统的设计过程中，设计者们追求的不光是实用，实际上还有美妙与优雅。

自然，优雅是设计者的一种感觉，是一种难以用语言描述的美感，但这种感觉会给设计者以享受，因而是设计者追求的一个主要目标，是对系统进行不断改良、优化的标准与动力。与其它工程项目一样，好的软件设计应该不但实用而且优雅、美妙。

David Gelernter 在《机器美学：优雅和技术本质》一书中说"美在计算科学中的地位要比在其它任何技术中的地位都重要，因为软件太复杂了。美是抵御复杂的终极武器。"

对优雅的评价标准有很多，但对软件设计来说，简洁应该是一个公认的标准。Unix 的设计者认为，优雅的设计是小巧、精干、简洁的设计，"小的就是美的"。Unix 管道的发明人 Doug McIlroy 说："'错综复杂的美妙事物'听起来就自相矛盾。Unix 程序员相互比的是谁能够做到'简洁而漂亮'，并以此为荣。" Linus 说："Unix 的理念是越小越漂亮。一小堆简单基本的建筑材料，结合起来就能创造出无限的复杂表述。"Eric S. Raymond 说："优雅是力量与简洁的结合。优雅的代码事半功倍；优雅的代码不仅正确，而且显然正确；优雅的代码不仅将算法传达给计算机，同时也将见解和信心传递给阅读代码的人。优雅的代码既透明又可显。通过追求代码的优雅，我们能够编写更好的代码。"

易经上说："乾以易知，坤以简能。易则易知，简则易从。易知则有亲，易从则有功。有亲则可久，有功则可大。"充分说明了简与易的可贵。

Albert Einstein 说："Everything should be made as simple as possible, but no simpler."

但简洁并不意味着容易。简洁需要特别的设计和很高的品味。图灵奖获得者 C. A. R. Hoare 说："软件设计有两种方法：一种是设计得极为简洁，没有看得到的缺陷；另一种是设计得极为复杂，有缺陷也看不出来。第一种方式的难度要大得多。"

Linux 的设计者遵守 Unix 的小巧、简洁原则，努力使 Linux 优雅而美妙。Linus 说："在编程中，实用的考虑往往被置于有意思、美妙或有震撼力的考虑之后。"

在 Unix 和 Linux 中，存在着数以百计的小巧而灵活的工具软件，如 ls、ps、more、find、grep、wc 等，每一个都仅做一件事，然而一旦通过管道和脚本语言将它们组合在一起，就可以做几乎所有的事情。

在 Linux 内核中，通常将复杂的大模块划分成若干接口清晰、功能单一的简单子模块，如将物理内存管理模块划分成物理页分配、释放、回收等子模块。由于每个子模块都很小，因而其数据结构和实现算法就可以做得简洁、优雅。另外，模块划分也使得代码重用成为可能，如 Linux 的三种不同系统调用 fork、vfork 和 clone 实际上是用一个 do_fork 模块实现的。代码重用使系统更加简洁、优雅。

Linux 内核的数据结构也设计得非常简洁、清晰，其设计原则是"无垃圾、无混淆"。无垃圾使数据结构最小化，无混淆使数据结构清晰、明了。简洁、清晰的数据结构又导致了简洁、清晰的算法，增加了系统的透明性，降低了系统的复杂性，提高了系统的可靠性。

相对于操作系统内核的复杂性而言，Linux 内核源代码是相当优雅、透明的，其中没有阴暗的角落和隐藏的陷阱。正因为如此，Linux 才能被全世界无数的程序员理解和掌握，才能在它的周围聚集起活跃的开发团队，才能在这些程序员手中快速演化、完善。很难想象晦涩的代码能够被如此多的人理解。

6. 虚拟

　　在计算机技术的语汇中，虚拟意味着"虽然是无形或非正式的，但在功能上相当于……。"简明牛津英语辞典为虚拟下的定义是："计算机用语，并非实体存在的，但由软件产生，在程序或用户看来确实能起作用的。"概括起来说，虚拟的意思不是"虚假"或"虚构"，而是"事实上存在的"或"名义上是虚的，实质上是实的。"

　　虚拟是 Linux 操作系统设计哲学中的基础与核心。如果没有虚拟技术，Linux 操作系统将无法以现在的形式完成其管理使命，至少 Linux 操作系统不会是现在这个样子。换句话说，没有虚拟技术，就没有现在的 Linux。

　　Linux 是在虚拟社团中成长、壮大起来的操作系统。当 Linus 开发出 Linux 的最初版本并将其发布到互联网上之后，围绕 Linux 内核迅速形成了一个虚拟社团。虽然社团成员很少有机会见面，但他们却不断地为 Linux 内核开发代码、测试功能、发现并修补漏洞、开发各类应用程序和软件工具、生成不同版本的发布、编写文档、提供技术服务、发起各类活动等等，可以说，正是 Linux 虚拟社团在推动着 Linux 的发展。

　　Linux 操作系统将其管理的每台计算机都转变成了一个人造的虚拟社会，其中进程是这个虚拟社会的主体，处理器、内存、外存、外部设备等是这个虚拟社会的客体。主体发起操作，在 Linux 内核的协调与管理下，利用客体完成操作。Linux 是虚拟社会的构造者。它发现各客体的存在情况，检测各客体的特性和工作模式，抽象出各客体的描述结构和它们之间的相互关系，从而构造出虚拟社会的客观环境。它根据需要动态地创建或撤销主体，为主体指派具体工作并赋予主体必要的特性，建立主体与主体之间、主体与客体之间的相互关系，从而构造出虚拟社会的主观环境。Linux 同时还是虚拟社会的管理者。它为虚拟社会制订宪法和各种相应的法律、法规，并以此为准绳管理各客体的使用，监督各主体的行为，协调各主体的动作。当然，Linux 所构造和管理的虚拟社会是一个理想化的现实社会，它从现实社会中借鉴了许多管理思路与管理手段，如基本概念、组织结构、行为模式、管理手段等都可以在现实社会中找到原型。

　　在 Linux 内核的设计中，大量采用了虚拟技术。虚拟的本质是改变事物的原始属性，包括将少的变多、多的变少，小的变大、大的变小，远的变近、近的变远，慢的变快、快的变慢，离散的变连续、连续的变离散，坏的变好等，虚拟还能改变事物的形态，甚至无中生有。处理器管理能用一个物理处理器模拟出多个逻辑处理器，使每个进程都认为自己独占一个 CPU(少变多)；虚拟文件系统(VFS)能将多种不同的物理文件系统组织在一棵目录树中，从而屏蔽它们之间的差别，统一它们的使用(多变少)；虚拟内存管理能利用有限的物理内存为每个进程构造出几乎无限的虚拟内存(小变大)；虚拟设备技术可以将远程的设备(如打印机)转化成本地的设备(远变近)；通过缓存、延迟写、预读等技术可以有效减少读写磁盘的次数，提高磁盘访问的速度(慢变快)；虚拟内存管理可以将物理上离散的内存页转化成逻辑上连续的虚拟内存空间，文件系统可以将一组物理上离散的存储块转化成一个逻辑上连续的文件(离散变连续)；网络协议可提高网络传输的质量，文件系统可提高磁盘服务的质量，操作系统可提高整个计算机系统服务的质量(坏变好)；处理器仿真技术(如 Qemu)可以将一种类型的处理器转变成另外一种类型的处理器(改变形态)；虚拟磁盘技术可以利用远程的文件为本机虚拟出标准的磁盘(无中生有)等等。

随着硬件和软件技术的进步，虚拟化技术也在逐渐完善，由部件级虚拟化(虚拟 CPU、虚拟内存、虚拟设备、虚拟文件系统等)逐步演变成了平台级虚拟化，可将一台物理的计算机转化成多台虚拟的计算机(称为虚拟机)。Linux 通过 KVM 内核模块可以将自己转化成一个虚拟机监控器(VMM)，从而支持平台级的虚拟化。

虚拟化的好处很多，如将独占资源转变成共享资源，以提高资源的利用率；统一资源的类型、距离、速度等特性，实现资源的统一管理；让多个应用同时运行，以提高系统的整体性能和服务质量；将大型系统分解成多个协作进程，降低设计复杂性；将集中式的管理工作分散到多个协作的系统中，通过系统间的相互隔离、监督、迁移等提升系统的整体可靠性和安全性等等。

7. 懒惰

有人说，这个世界是由懒惰的人推动的，Linux 的成功也证明了这一点。Linus 说："我基本上是一个懒惰的人，依靠他人的工作来获取成绩。"据统计，Linus 本人所开发的代码仅占 Linux 总代码的 2%左右。Eric S. Raymond 评价 Linus 时说他："象狐狸一样懒惰，或者说，太懒了而不会失败。"

虽然 Linus 是 Linux 社团的最高管理者，但他采用的管理策略却是"无为而治"。Linux 的开发工作都是志愿者根据自己的兴趣、爱好和需要自愿完成的，Linus 很少对他们指手画脚。Linus 认为："最好的领导者不是让手下做他要求他们做的事情，而是让手下做他们自己想要做的事。同时，最好的领导者也明白，当手下犯错时，要让他们自己有能力纠正而不要总是自己出面纠正。最佳的领导者是能够让手下自作主张的人。"正因为 Linus 采用了这种看似懒散实则精明的管理方法，才使 Linux 避免了简单决策带来的种种错误，Linux 才会沿着最实用、最有效的道路迅速发展壮大。

在 Linux 内核的设计中，懒惰哲学也得到了充分的体现，基本思想是：尽可能地将工作向后推迟，除非万不得已、不得不做，否则坚决不做。懒惰哲学可能与现实生活中对人的评价标准相悖，但它却有自己的合理性，原因是无法预测未来。由于情况变化太快和未来无法预知，现实生活中也经常会出现将前期工作全部报废的现象，这自然是一种巨大的浪费。事实上，如果能够向后推迟一段时间，很多工作会自然消失，无需再做。因而，懒惰常常会带来资源的节约和效率的提高。

在 Linux 中，创建进程的系统调用是 fork。根据 Unix 语义，当父进程通过 fork 创建出子进程后，新的子进程应与父进程拥有完全相同的地址空间，具有完全相同的行为。为了做到这一点，需要在 fork 调用中将父进程地址空间的内容全部复制到子进程中，这显然是一个很耗时的工作。当子进程开始执行后，它很可能会立刻加载新的程序。新程序加载的系统调用是 exec，该系统调用会将进程当前的地址空间全部清除，而后再用新程序为其重建一个地址空间。由此可见，在 fork 中复制地址空间显得过于积极了。Linux 的做法是：在 fork 调用中让父、子进程共享同一个地址空间，但并不复制，只是将该地址空间设为只读的。

如果此后父、子进程都未写它们的地址空间，那么它们将一直共享下去。如果子进程要加载新程序，它只需将地址空间还给父进程，自己再新建一个即可。这两种情况都避免了复制。只有当父进程或子进程需要写地址空间时，Linux 内核才会真正复制它，但也仅复制需要写的那一页。该技术称为写时复制或 Lazy Copy，它将复制工作推迟到不得不做时，从而大大加快了 fork 执行的速度。

为进程加载新程序的系统调用是 exec，它的主要作用是让进程执行新程序。积极的做法是在 exec 调用中将程序内容全部读入进程的地址空间，而后从头开始执行。这一工作同样十分耗时而且会浪费资源，因为读入内存的很多代码根本就不会被执行。Linux 的做法是：在 exec 调用中建立地址空间与程序文件的映射关系，但不读入任何程序就直接开始执行。在进程执行过程中，它会访问地址空间，由于程序不在内存，因而会导致缺页异常。在缺页异常处理中 Linux 才将程序真正读入内存，但也仅读入需要的那一页。显然，这种懒惰的加载技术将加载工作推迟到了不得不做时，它只会加载执行到的程序页，未执行到的程序永远都不会被加载。因而懒惰加载技术节约了内存空间，也大大加快了 exec 的执行速度。

Linux 在进行页面淘汰时，也使用了懒惰技术。在决定淘汰页面时，Linux 并不会立刻回收被选中的淘汰页，而是先将其加入页缓存。如果被淘汰的页很快又被使用到，可以从页缓存中找到并直接使用它。只有当淘汰页很久都未被使用时，Linux 才真正将其回收。这一懒惰的页面淘汰方式称为二次机会算法，它可有效减少淘汰算法失误所造成的负面影响。

另外，在中断处理、磁盘调度、换入换出、模块加载等许多子系统的实现中，Linux 都采用了懒惰哲学。

8. 优化

Linux 内核的执行效率很高，但其高效率主要是通过清晰的结构、实用的算法、懒惰的技术等手段达到的，Linux 并未对内核进行过分的优化。

C. A. R. Hoare 说："过早优化乃万恶之源。"

还不知道瓶颈所在就匆忙进行优化，只能导致畸形的代码和杂乱无章的数据结构，从而滋生出更多的 Bug。靠牺牲透明性和简洁性所换来的性能提升和空间节省往往是得不偿失的，因为后期的排错和维护代价会将优化的效果抵消。

经常令人不安的是，过早的局部优化实际上会妨碍全局优化，从而降低系统的整体性能。在整体设计中可以带来更多效益的修改常常会受到过早局部优化的干扰，导致最终的产品既性能低劣又过度复杂。

在 Unix 世界里，有一个非常明确的悠久传统：先制作模型，再精雕细琢。优化之前先确保能用。"极限编程"宗师 Kent Beck 从另一个角度将其表述为：先求运行，再求正确，最后求快。

大师们建议：最聪明、最便宜、常常也是最迅速的性能提升方法就是等上几个月，期望硬件的性能更好。也就是说，最好的优化是面向未来，着眼变化，总是把系统的可移植性、可扩展性和灵活性放在效率之上。

如果确实需要对代码进行优化，Unix 和 Linux 大师们建议：在优化之前一定要对其进行充分的估量，以明确瓶颈所在。不要相信直觉，因为瓶颈经常出现在意想不到的地方。在对代码进行估量时，还要考虑到工具的误差和外部的延迟。而最有效的代码优化方法是保持代码的短小、简洁。

Unix 的经验告诉我们最主要的是如何知道何时不去优化。其次，最有效的优化往往是优化之外的其它事情，如清晰干净的设计。

9. 其他

当然，Unix 和 Linux 的哲学不只这些，还有其他一些著名的哲学思想，如：

机制与策略分离。实践证明，策略和机制是按照不同的时间尺度变化的，策略的变化要远远快于机制。把策略和机制揉在一起固然能简化初始的设计，但也会使策略变得死板，难以适应用户需求的改变。一旦要改变策略，往往还需要同时改变机制，这会给系统的维护带来极大困难。因而，正确的做法是将策略与机制分离，让操作系统只提供机制，而由用户制定策略。事实上，在 Linux 内核实现中，很多算法都被参数化了，用户可以通过系统调用、proc 文件系统等手段查看、修改内核参数，从而改变操作系统的行为。内核参数就是策略。在 Linux 应用程序设计中也经常使用策略与机制分离的设计思想，如将一个系统分成前后端进程，后端实现机制，前端实现策略。

可移植。评价一个操作系统是否成功的重要指标是它可以在多少种硬件平台上运行。按照这一指标，Linux 无疑是成功的操作系统，因为它几乎可以运行在所有的硬件平台上。有人说"可移植的软件要比高效的软件更有价值"。Linux 提供了很多手段用于增加应用程序的可移植性，如 POSIX 标准、动态链接库、Shell 语言等。另外，可移植性还包括数据的可移植。不能移植或不能流动的数据是死数据，其价值要大打折扣。为了便于数据的移植，Linux 提供了对绝大多数文件系统的支持，而且大多采用平板式的文件格式存储数据，使 Linux 可以方便地使用其它系统的文件，并可方便地将自己的数据转化成与其它系统兼容的格式。

思 考 题

1. 开发操作系统的主要困难在哪里？
2. 目前操作系统的主要问题有哪些？预计将来的操作系统会是什么样子？
3. 你从 Linux 操作系统的发展中获得了哪些启示？

第二章　平台与工具

如果不考虑虚拟机监控器(VMM)，操作系统内核就是最底层的系统软件。操作系统内核直接运行在计算机硬件平台之上，其设计技术与实现方法都与硬件平台有着十分密切的关系。离开了硬件平台的支持，操作系统内核的许多管理工作都难以开展。事实上，计算机硬件平台中的许多功能也是专门为操作系统内核设计的，只有操作系统内核才会使用它们。要了解操作系统内核的原理与结构，就必须了解计算机的硬件平台。

在复杂的计算机硬件平台中，最核心的是处理器，与内核设计关系最密切的也是处理器。虽然 Linux 内核可以运行在多种处理器之上，但 Intel 系列的处理器是 Linux 支持的第一种处理器，也是目前最常见的处理器，更是本书的讨论基础。

Linux 内核是用 C 和汇编语言写成的，然而它所用的 C 语言经过了 GNU 的扩展，所用的汇编语言采用的是 AT&T 的格式。Linux 内核的实现充分利用了 GNU C 和 AT&T 汇编的扩展特性，与这两种语言的结合极为紧密。GNU C 和 AT&T 格式的汇编是 Linux 的核心开发工具，也是理解 Linux 内核源代码的基础。

另外，在 Linux 内核的诸多数据结构中，最常见的是链表和树。链表和树的实现方式很多，为了避免重复，Linux 设计了通用链表和红黑树。当需要将某种结构组织成链表或红黑树时，Linux 就会在其中嵌入一个通用链表节点或红黑树节点。

2.1　硬　件　平　台

操作系统所管理的计算机硬件平台大致由 CPU、内存、外存和其它外部设备组成，它们之间通过总线连接在一起。图 2.1 是一种抽象的计算机硬件平台的组织结构。

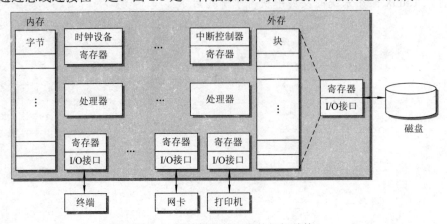

图 2.1　计算机硬件平台的组织结构

　　处理器又叫 CPU，是整个计算机系统的大脑，它负责执行由指令构成的程序，并通过程序的执行来控制整个计算机系统。一个计算机系统中可以有一个或多个处理器，一个处理器中又可以有一个或多个核(Core)。为方便起见，可以将一个核看成一个独立的处理器。一个以多核处理器为核心的计算机系统等价于一个多处理器(SMP)系统。

　　内存是处理器执行程序、加工数据的场所，是处理器可以直接访问的存储空间。内存通常被抽象成一个字节数组，其中的每个字节都有一个地址。处理器可通过地址随机地访问内存中的任意一个字节。为了加快内存的访问速度，计算机系统中通常都提供了一些高速缓存(Cache)。Cache 通常由硬件管理。

　　I/O 设备通常由 I/O 控制器和物理设备组成。处理器通过 I/O 控制器管理物理设备。对内核来说，I/O 控制器主要由控制与状态寄存器(CSR)和数据寄存器组成。处理器通过读 CSR 获得设备的状态、通过写 CSR 来控制设备的动作、通过读写数据寄存器与 I/O 设备交换数据。因而，内核通常将一个 I/O 设备抽象成一组寄存器，并给每个寄存器一个 I/O 地址。处理器通过 I/O 地址访问所有的 I/O 寄存器。有些处理器还提供了 I/O 指令，专门用于访问 I/O 寄存器，如 Intel 的 in、out 指令。

　　现代计算机系统中的许多设备寄存器可被映射到物理地址空间中。此时，每个设备寄存器都有一个物理内存地址，处理器可以像访问物理内存一样访问设备的寄存器。这种方式的 I/O 称为内存映射 I/O(MMIO)，它的使用更加方便，但会消耗物理地址。

　　在所有的 I/O 设备中，对系统影响最大的是外部存储设备，如硬盘、光盘等。操作系统、应用程序、数据文件等都存储在外部存储设备(如磁盘)上。为了便于管理，通常把外存抽象成一个数据块的数组，每个数据块都有一个序号。处理器可以通过序号随机地读、写外存中的任何一个数据块。对外存的操作以块为单位，因此又称外存为块设备。对应地，其它 I/O 设备称为字符设备。

　　总线负责将处理器、内存、I/O 控制器等连接起来，组合成一个完整的计算机系统。常用的总线有 ISA、PCI、PCI-E、AGP、ATA、SCSI 等。总线除负责计算机系统中各部件之间的通信之外，还负责检测、枚举连接在其上的设备，报告它们的信息。

2.2　Intel 处理器体系结构

　　在众多的处理器中，最常见的是 Intel 处理器。Intel 处理器是一个大家族，包括多个系列的产品，如 80386、80486、Pentium、Pentium II、Pentium III、Pentium 4、Xeon、CoreTM Duo、CoreTM Solo 等。若按处理器的体系结构划分，可将主流的 Intel 处理器分为两大类，即 IA-32 和 Intel 64。其中，IA-32 提供 32 位编程环境，Intel 64 提供 64 位编程环境。Intel 64 与 IA-32 是兼容的。

　　Intel 处理器为操作系统内核的设计提供了多种支持机制，包括操作模式、内存管理机制、进程管理机制、中断处理机制、保护机制、专用寄存器和指令等。

2.2.1　处理器操作模式

　　定义操作模式的目的主要是为了兼容。在设计 8086 处理器时，Intel 并没有定义操作模式，此时的处理器使用 20 位的物理地址，最多可访问 1 MB 的物理内存，也未对操作系统进行任何保护。当 80386 出现时，处理器开始使用 32 位的逻辑地址，而且提供了程序间的隔离与保护，于是引入了保护模式以区分前期的实模式。为了在保护模式中能够运行实模式的程序，又引入了虚拟 8086 模式。当 Intel 64 出现之后，处理器开始使用 64 位地址，于是又引入了 64 位模式以区别于前期的保护模式。为了在 64 位模式中运行保护模式的程序，又引入了兼容模式。

IA-32 体系结构提供了 3 种操作模式和 1 种准操作模式。实模式是与 8086 兼容的操作模式，但有一些扩展。保护模式是处理器的一种最基本的操作模式，在这种模式中，处理器的所有指令以及体系结构的所有特色都是可用的，并且能够达到最高的性能。系统管理模式是一种特殊的操作模式，是提供给操作系统的一种透明管理机制，用于实现电源管理等特殊操作。虚拟 8086 模式是一个准操作模式，允许处理器在保护模式中执行实模式的程序。

Intel 64 体系结构又新增了一种 IA-32e 操作模式，该操作模式又包含两种子模式，即兼容模式和 64 位模式。当处理器运行在兼容模式时，它可以不加修改地运行大多数 IA-32 体系结构的程序。当处理器运行在 64 位模式时，它可以使用 64 位的线性地址空间和一些新增加的特性。IA-32e 不再支持虚拟 8086 模式。

处理器加电或 Reset 后的默认操作模式是实模式。操作系统内核的初始化部分负责将处理器由实模式切换到其它模式。实模式和保护模式之间的转换由控制寄存器 CR0 中的 PE 位控制；保护模式与 IA-32e 模式之间的转换由 IA32_EFER 寄存器中的 LME 和 CR0 中的 PG 位控制；兼容模式与 64 位模式之间的转换由代码段寄存器 CS 中的 L 位控制；保护模式和虚拟 8086 模式之间的转换由标志寄存器 EFLAGS 中的 VM 位控制。

进入系统管理模式的唯一途径是 SMI 中断。在系统管理模式中执行指令 RSM 会将处理器切换回原来的操作模式。操作模式之间的转换关系如图 2.2 所示。

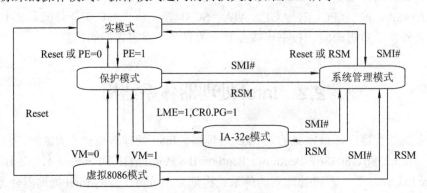

图 2.2　处理器操作模式之间的转换

2.2.2　段页式内存管理

IA-32 体系结构提供了极为复杂的段页式内存管理机制，即先分段，再分页。其中段式管理是默认、必须的，页式管理是可选的。保留段式是为了兼容，提供页式是为了支持虚拟内存。

在段式管理中，处理器可寻址的线性内存空间被划分成了若干个大小不等的段。一个段就是线性地址空间中的一个连续的区间。段中可保存代码、数据、堆栈或其它系统级的数据结构。段的属性信息由与之对应的段描述符描述。段描述符是一个数据结构，其一般格式如图 2.3 所示。

图 2.3　段描述符结构

描述符中的第 2、3、4、7 字节组成了段的基地址(Base address)，用于定义段在线性地址空间中的开始位置。基地址可以在 0～4 GB 之间浮动。

描述符中的第 0、1 字节和 6 字节的低 4 位(共 20 位)组成了段界限(Segment limit)，用于定义段的长度。长度的单位由粒度(G)位表示。当 G 为 0 时，段以字节为单位，最大段长为 1 MB；当 G 为 1 时，段以页(4 KB)为单位，最大段长为 4 GB。

DPL 是段的特权级，其值在 0～3 之间。

S 是系统标志，用于区分段的类别，0 表示系统段，1 表示用户段。

Type 是段的类型。对系统段，类型域由 4 位组成，可表示 16 个系统段类型之一，如 2 表示 LDT、9 表示 32 位有效 TSS、B 表示 32 位忙 TSS、E 表示中断门、F 表示陷阱门等。对用户段，类型域中的 4 位(0～3，3 为高位)被重新解释如下：

(1) 第 3 位为 0 表示数据段。此时，第 2 位表示地址扩展方向(0 表示向大方向扩展，1 表示向小方向扩展)，第 1 位表示段是否可写(0 表示不能写，1 表示可写)。

(2) 第 3 位为 1 表示代码段。此时，第 2 位是相容标志(0 表示非相容，1 表示相容)，第 1 位是可读位(表示代码段是否允许读，1 表示允许，0 表示不允许)。保护模式的代码段不允许写。

(3) 第 0 位是存取位，0 表示段尚未被存取过，1 表示段已被存取过。

D/B 标志表示有效地址和操作数的长度。

L 标志仅出现在 IA-32e 模式的代码段描述符中，用于表示执行该段代码时处理器的操作子模式，1 表示 64 位模式，0 表示兼容模式。

堆栈段通常是向下扩展的、可读写的数据段。

按照 Intel 的设想，每个进程(Intel 称任务)都可以定义自己的代码段、数据段等，而每个段都需要描述符，因而系统中会有许多描述符。为了便于管理，Intel 用段描述符表来组织系统中的描述符。段描述符表是一个段描述符的数组，大小可变，最大可达 64 KB，最多可保存 8192 个 8 字节的段描述符。段描述符表又分为两大类，即全局描述符表和局部描述符表。

全局描述符表(GDT)中的描述符是全局共用的，其中的第 0 个描述符保留不用(全为 0)。在系统进入保护模式之前必须为其定义一个 GDT。由于 GDT 本身仅是线性地址空间中的一个数据结构，没有对应的描述符，因而 IA-32 体系结构专门定义了 GDTR 寄存器来存放当前 GDT 的信息。

与 GDT 不同，局部描述符表(LDT)是系统段，其中可存放局部的段描述符，如进程自己的代码段、数据段等。定义 LDT 的描述符叫 LDT 描述符，出现在 GDT 中。IA-32 体系结构专门提供了一个 LDTR 寄存器，用于保存当前使用的 LDT 的信息。

有了描述符表之后，可以用描述符在 GDT 或 LDT 中的索引来标识它，这种标识称为段选择符。段选择符是 16 位的标识符，它的第 3～15 位是索引，表示描述符在 GDT 或 LDT 中的位置；第 2 位是指示器(TI)，表示索引所对应的描述符表(0 表示 GDT，1 表示 LDT)；第 0、1 两位是请求特权级 RPL。

一个段选择符加上一个偏移量可以唯一地标识一个逻辑地址。逻辑地址是程序中使用的地址，不是线性地址，也不是物理地址，在使用之前必须对其进行转换。转换的过程是：以段选择符为索引查描述符表，获得段的描述符，从中取出段的基地址，将其加上偏移量即可得到与之对应的线性地址，如图 2.4 所示。

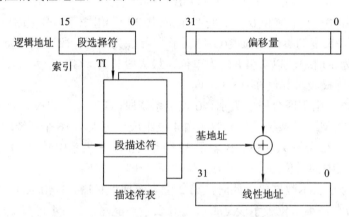

图 2.4　逻辑地址到线性地址的转换

如果没有启动分页机制，经过段描述符转换后的线性地址就是物理地址。

逻辑地址的转换极为频繁，应该将最近使用的描述符缓存起来，以加快地址转换的速度。为此，IA-32 体系结构提供了 6 个段寄存器，即 CS、SS、DS、ES、FS 和 GS，每个段寄存器中可以缓存一个段描述符。有了段寄存器后，在使用一个段之前，可以先将它的描述符装入到一个段寄存器中。如此以来，逻辑地址就变成了段寄存器+偏移量，逻辑地址到线性地址的转换可以在处理器中完成，不需要再查描述符表。

虽然以段为单位可以进行内存管理，但这种方法比较笨拙，而且与现代虚拟内存管理的思想不符，因而 IA-32 体系结构允许对段内的内存进行再分页，即在段式管理的基础上再增加一套页式管理，也就是段页式管理。

在段页式管理中，段内的线性地址空间被分割成大小相等的线性页(4 KB、4 MB 或 2 MB 等)，物理内存空间也被分成同样大小的物理页。操作系统内核维护一个页表，用于管理线性页到物理页的映射。在页表中，一个线性页可以有对应的物理页，此时利用页表可以完成线性地址到物理地址的转换。一个线性页也可以没有对应的物理页，此时的线性地址无法直接转换成物理地址，处理器会产生一个 page-fault 异常。操作系统内核在处理这种异常时，可以临时为线性页分配物理页并在其中填入适当的内容。异常处理之后，线性地址即可以转换成物理地址。

页表可能很大，因而又被分成多级，如 IA-32 体系结构将它的页表分成两级，即页目录和页表。页目录是一个数组，其元素叫页目录项(PDE)，每个页目录项描述一个页表。页目录的大小为一页(4 KB)，页目录项的大小为 4 字节，所以一个页目录中有 1024 个页目录项，最多可描述 1024 个页表。页表也是一个数组，其元素叫页表项(PTE)，每个页表项描述一个线性页。页表大小为一页(4 KB)，页表项的大小为 4 字节，所以一个页表最多可描述 1024 个线性页。

由于物理页是预先划分好的，其开始位置一定在 4 KB 的边界上，因而页目录和页表项的低 12 位肯定是 0，可以用它们存储页表或页的管理控制信息，如是否有对应的物理页、是否可写等。页目录项与页表项的结构基本相同。图 2.5 是页表项的结构。

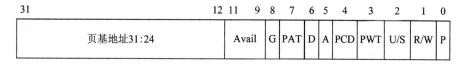

图 2.5 页表项的结构

在页表项结构中，P 是存在位，表示它所描述的页表或页目前是否在物理内存中，1 表示在内存，0 表示不在内存；R/W 是读写标志位，表示页表或页是否允许写，0 表示只读，1 表示可读可写；U/S 是用户标志位，表示页表或页的特权级，0 表示超级用户(特权级为 0、1、2)，1 表示普通用户(特权级为 3)；A 是存取标志位，表示页表或页有没有被存取(读、写)过，当页表或页被存取时，处理器自动设置该标志；D 是脏标志位，表示页是否被修改过，当页被修改时，处理器自动设置该标志。

在页目录项中，PAT 标志变成了 PS 标志，表示物理页的尺寸。

线性地址到物理地址转换的过程是：按照页表层次将线性地址划分成多个片段；从最高片段开始，以片段值为索引逐个查对应的页表，获得下一级页表的位置；查最后一级页表，获得物理页的位置；将物理页的开始地址加上最后一个片段的值(偏移量)得到的就是线性地址对应的物理地址。图 2.6 是利用二级页表进行地址转换的过程。

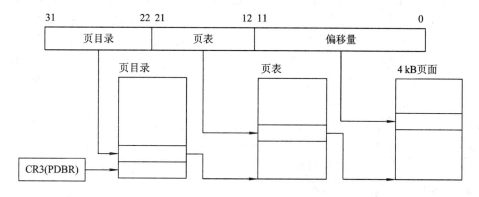

图 2.6 线性地址到物理地址的转换(4 KB 页)

在做线性地址到物理地址的转换时，必须知道所用页目录的位置。IA-32 体系结构专门提供了一个 CR3 寄存器，用于存放当前使用的页目录的物理地址，因此 CR3 又叫页目录基地址寄存器(PDBR)。在启动分页机制之前，必须定义好页目录并将其基地址装入到 CR3 寄存器中。只要进程在活动，它的页目录就应该一直驻留在内存。

当然，页目录项也可以直接指向物理页，此时的页大小是 4 MB。采用 4 MB 页可加快地址转换的速度，因而通常将操作系统内核所占用的页设为 4 MB 页。当页目录项的 PS 位为 1 时，它所描述的是一个 4 MB 页而不再是一个页表。

页式管理机制是由操作系统内核启动的，启动的方法是将 CR0 中的 PG 标志置 1。启动分页机制之后，每个线性地址都需要经过页目录和页表的转换，这显然会大大降低内存访问的速度。为解决这一问题，IA-32 体系结构在其处理器芯片中增加了一个高速缓存 TLB(Translation Lookaside Buffers)，在其中存储最近使用的页目录和页表项。地址转换时，首先查 TLB，如其中有缓存的页表项，可立刻进行地址转换；只有当 TLB 中没有对应的页表项时，才会访问页目录和页表。新访问的页表项会被自动加入 TLB。

TLB 的内容必须经常刷新以保持与页目录和页表的一致。刷新工作由操作系统内核负责。当页目录或页表项改变时，内核必须立刻使 TLB 中的相应项失效。特别地，当 CR3 改变时，TLB 中的所有内容(Global 页除外)会自动失效。INVLPG 指令可以将 TLB 中的指定项设为无效。

2.2.3 内存管理的变化与扩展

段页式内存管理是 Intel 处理器提供的最基础的内存管理机制，在此基础上，Intel 还提供了许多变化与扩展。

(1) 基本平板式内存管理。基本思路是屏蔽掉段式管理，完全采用页式管理。做法是定义一个代码段、一个数据段，两个段的基地址都是 0，大小都是 4 GB。如此以来，逻辑地址就是线性地址，段式管理的作用被屏蔽。对段内内存(实际是所有内存)的管理完全依靠分页机制。

(2) 保护平板式内存管理。基本思路是屏蔽掉段式管理，但保留一些保护特征，主要采用页式管理。一种典型的做法是定义四个段，即内核代码段、内核数据段、用户代码段、用户数据段，四个段的基地址都是 0，大小都是 4 GB，不同的是内核段的特权级是 0，用户段的特权级是 3。将操作系统内核的代码和数据都放在内核段中，将所有用户的代码和数据都放在用户段中(不做区分)。进程执行用户代码时使用用户段，执行内核代码时使用内核段。段的地址转化作用被屏蔽，但基于特权级的保护特征被保留，如用户代码不能访问内核数据等。段内内存用页式管理。一般情况下，每个进程都会用到四个段，因而需要为每个进程定义四套页目录/页表。但对同一个进程来说，由于它对四个段的使用绝对不会重叠，因而可以将四个段叠加起来，看成是进程的平板地址空间，同时也可将四套页目录/页表合并为一套。在合并后的页目录/页表中，页表项可能代表不同段中的页。页表项中的 U/S 标志用于区分用户页和内核页。如果操作系统内核能保证各进程的页目录/页表中没有重叠的表项，就可以保证进程之间的相互隔离。

(3) 多段式内存管理。基本思路是完全采用段式管理，屏蔽掉页式管理。

(4) 基于物理地址扩展的页式内存管理。从 Pentium Pro 开始，IA-32 体系结构引入了物理地址扩展(PAE)机制以支持 36 位物理地址。在该管理模式中，处理器可访问的物理地址空间被扩充到了 64 GB，但线性地址空间仍然为 4 GB，然而一个线性页可以映射到任意一个物理页。为做到这一点，页目录和页表项被扩充到了 64 位，因而一个页目录或页表中的项数变成了 512，一个页目录仅能描述 1 GB 的线性地址空间，4 GB 的线性地址空间需要 4 个页目录描述。新引入一个仅有 4 个表项的页目录指针表 PDP(Page-Directory-Pointer Table)，其中的每个表项指向一个页目录(一个 PDP 可以描述 4 GB 的空间)，CR3 指向 PDP。地址转换机制被修改，以便将 32 位线性地址翻译成 36 位物理地址。当页目录项中的 PS 位被置 1 时，它描述的页变成了 2 MB 页。

(5) 64 位平板内存管理。在 64 位模式中，段通常被关闭，虽然不是完全关闭。处理器将 CS、DS、ES、SS 的基地址统统看成 0，而且不再做段界限检查，因而逻辑地址就是线性地址。但 FS 和 GS 的基地址可以不是 0。如果 FS、GS 的基地址不是 0，在将逻辑地址转换成线性地址时要加上 FS、GS 的基地址。值得注意的是，FS、GS 的基地址是 64 位地址(兼容模式只用它的低 32 位)，记录在 MSR 中。

在 64 位模式中，对内存的管理完全依靠分页机制。Intel 64 体系结构扩展了 PAE 机制，使之能支持 64 位线性地址和 52 位物理地址。主要的扩展包括：页目录指针表(PDP)被扩充到了 512 项；新引入一个第四级页映射表 PML4(Page Map Level 4 Table)，它的每个表项可指向一个 PDP；所有四级页表的表项都被扩充到了 64 位(PAE 必须使能)；页目录项中的 PS 标志用于控制 4 KB 和 2 MB 页；CR3 指向 PML4；在所有页表项的第 63 位上新增了一个执行禁止标志 EXB(Execute-Disable Bit)，如果该标志被置 1，它对应的页只能用做数据页，不能用做代码页，即其上的代码被禁止执行。

2.2.4　内存保护

一旦保护机制被启动，处理器就会对每一次内存访问进行保护性检查，以确保所有的访问都满足保护策略。当发现违反内存保护约定的内存访问时，处理器会产生异常。由于保护检查和地址转换是并行进行的，因而检查本身并不会带来额外的开销。

保护检查包括段级检查和页级检查两种，检查的依据是段描述符、页目录和页表，检查的顺序是先段后页，检查的基础是特权级。

特权级是 Intel 为实现保护而定义的特权编号，从 0 到 3，其中 0 是最高特权级，3 是最低特权级。系统中每个段(代码段、数据段、堆栈段等)都有特权级，因而系统中所有的程序与所有的数据也都有特权级。

段一级的检查包括段界限检查、段类型检查、特权级检查、长指针检查等。段一级检查的原则是：

(1) 低特权级的代码不能访问高特权级的数据。

(2) 高特权级的代码可以访问低特权级的数据。

(3) 代码只能使用与其特权级相同的堆栈，当特权级切换时，堆栈也要随之切换。

(4) 只能向具有相同特权级的非相容代码段转移控制(长 JMP 和长 CALL)。

(5) 可以向具有同等或较高特权级的相容代码段转移控制，但不能向具有较低特权级的相容代码段转移控制(长 JMP 和长 CALL)。

(6) 即使使用调用门、中断门或陷阱门，也不能从高特权级向低特权级转移控制。

(7) 不允许用长 RET 向高特权级转移控制。

页一级的检查包括特权级检查和读写检查，相关的标志是页目录/页表项中的 U/S 和

R/W 位。U/S 为 0 的页是超级页，U/S 为 1 的页是用户页。一般情况下，超级页中的代码可以访问所有的页(不管 R/W 标志)，用户页中的代码只能访问用户页。当 CR0.WP 被置 1 时，超级页中的代码也不能写只读的用户页。

在 Intel 64 体系结构中，新引入了执行禁止标志 NXB，用于防止缓冲区溢出之类的攻击。将 IA32_EFER.NXE 置 1 可使能页级执行检查，此后 NXB 被置 1 的页仅能用作数据页，试图执行数据页中的指令会引起处理器异常。

2.2.5　进程管理

当处理器运行在保护模式时，它的所有工作都是在任务进程中完成的，因而至少需定义一个任务。任务由执行空间和任务状态段组成。执行空间由代码段、堆栈段和数据段表示，它们的描述符可直接放在 GDT 或任务的 LDT 中。任务状态段(TSS)用于记录任务的状态，如通用寄存器及 EFAGS、EIP、CR3、LDTR、TR 寄存器的状态，0、1、2 级堆栈的栈底指针等。一个 TSS 可唯一地描述一个任务，如图 2.7 所示。

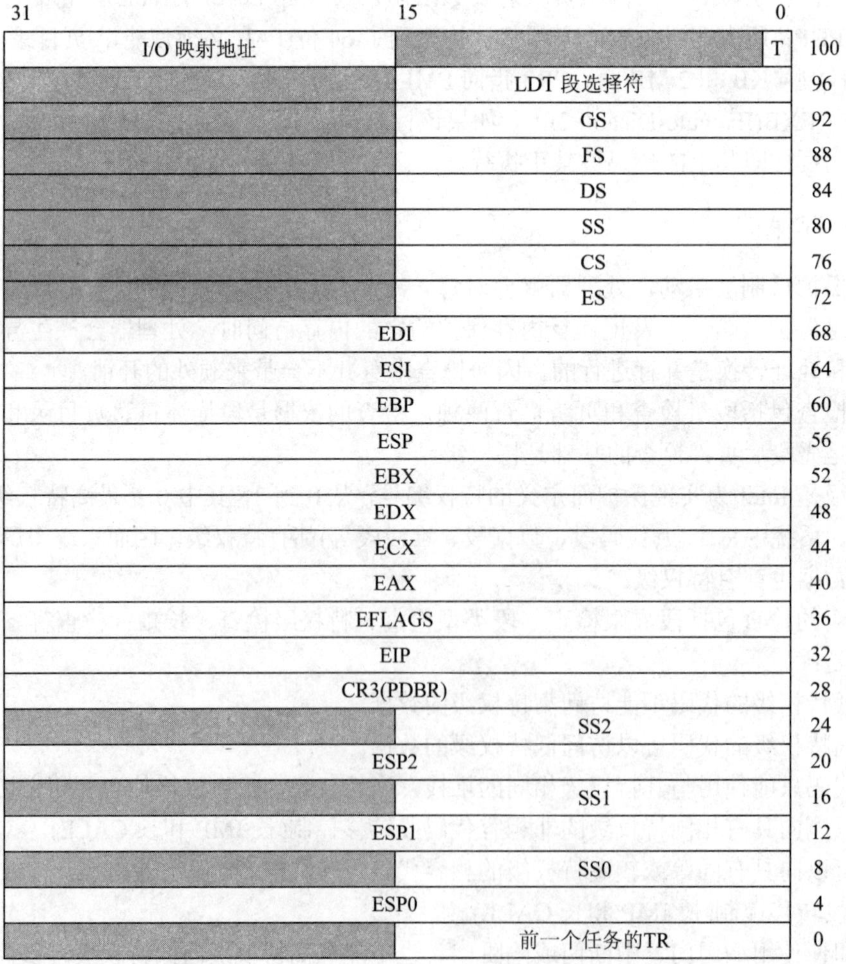

31	15	0	
I/O 映射地址		T	100
	LDT 段选择符		96
	GS		92
	FS		88
	DS		84
	SS		80
	CS		76
	ES		72
EDI			68
ESI			64
EBP			60
ESP			56
EBX			52
EDX			48
ECX			44
EAX			40
EFLAGS			36
EIP			32
CR3(PDBR)			28
	SS2		24
ESP2			20
	SS1		16
ESP1			12
	SS0		8
ESP0			4
	前一个任务的TR		0

图 2.7　32 位任务状态段(TSS)

在 IA-32e 模式中，TSS 被大大精简，仅剩余了三个栈底指针和一个 I/O 许可位图，但新增加了一个中断栈表(7 个栈指针)。

任务状态段由专门的 TSS 描述符描述。当前任务的 TSS 描述符被记录在专门的任务寄存器(TR)中。通过 TSS 描述符或任务门，利用 CALL、JMP 等指令可自动完成任务切换，但代价很高。现代操作系统内核都选用代价更低的切换方法，如通过指令保存和恢复必要的寄存器从而完成任务切换。64 位模式已不再支持自动任务切换。

由于 CR3 在 TSS 中，因而当进程切换时，页目录也会随着切换，也就是说，每个进程都可以有自己独立的线性地址空间。但为了系统能够正常运行，在任何时候处理器都应该能够访问到所有进程的 TSS，即应该将 TSS 保存在所有进程都可访问到的共享地址空间中。进一步地，GDT、IDT、操作系统内核代码和系统管理信息等都应该保存在共享地址空间中。事实上，在所有进程的页目录中，确实存在着共用的页表，这些共用的页表描述的就是进程间共享的线性地址空间。

2.2.6 中断处理

Intel 的中断是外部中断、异常和陷入的统称。外部中断来自处理器之外的硬件，如外设，是随机的；异常来自于处理器内部，表示在处理器执行指令的过程中检测到了某种错误条件(如被 0 除、段越界等)；陷入来自程序，由 INT n、INTO 等指令产生。外部中断可以被屏蔽，但陷入和异常不能被屏蔽。屏蔽中断的方法是清除 EFLAGS 寄存器中的 IF 标志。

中断的产生表示系统中出现了某种必须引起处理器关注的事件，处理器需要立刻离开当前的工作转去处理这些事件。处理中断的程序称为中断处理器程序，处理异常的程序称为异常处理程序，处理陷入的程序称为系统调用服务程序。处理程序可位于内核空间的任意位置，且可有不同的特权级，因而需要专门的数据结构来描述它们。Intel 处理器称处理程序的入口为门(Gate)。可用的门有三类，分别是中断门、陷阱门和任务门(Linux 只用到了中断门和陷阱门)。中断门和陷阱门是进入中断和异常处理程序的门户，分别由中断门和陷阱门描述符定义。中断门描述符的格式如图 2.8 所示。

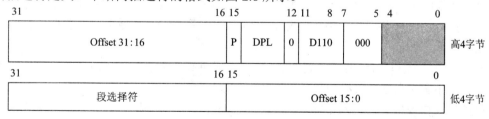

图 2.8 中断门描述符

陷阱门描述符与中断门描述符的格式基本一致，所不同的是陷阱门描述符中的类型是"D111"。类型中的 D 表示位数，0 为 16 位，1 为 32 位。在两种门描述符中，选择符与偏移量合起来定义了一个处理器程序的入口地址，DPL 定义了门的特权级。

中断门与陷阱门的功能也基本一致，都定义了一个处理程序的入口地址，所不同的是处理 IF 标志的方式。当通过中断门进入处理程序时，IF 标志被清掉(中断被关闭)；当通过陷阱门进入处理程序时，IF 标志保持不变。

为了处理中断，Intel 处理器给它的每个中断和异常都赋予了一个中断向量号，并定义一个中断描述符表(IDT)用于建立中断向量号和门之间的对应关系。

Intel 处理器定义的中断向量号共 256 个，其中 0~31 被处理器保留，主要用于异常和不可屏蔽中断(NMI)，32~255 可由操作系统内核自由使用，如赋给外设等。

IDT 是一个描述符数组，由一组门描述符组成，每一个中断向量号对应其中的一个门描述符。因为只有 256 个中断和异常，所以 IDT 只有 256 项。与 GDT 相同，IDT 也不是一个段，没有对应的段描述符。IDT 可以驻留在线性地址空间的任何位置。Intel 处理器专门提供了一个 IDTR 寄存器来记录 IDT 的基地址和界限信息。当中断或异常发生时，处理器以中断向量号为索引查 IDT 可得到与之对应的门描述符，从而可得到处理程序的入口地址。图 2.9 是 IDTR 和 IDT 之间关系。

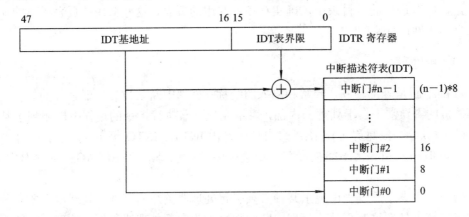

图 2.9　IDTR 与 IDT 之间的关系

外部中断被处理完后，处理器会接着执行被中断指令的下一条指令。陷入指令被处理完后，处理器会接着执行陷入指令的下一条指令。异常处理程序被执行完后，处理器的返回位置依赖于异常的类型。Intel 处理器目前定义了三类共 20 个异常。故障(Fault)类异常是可以更正的，当故障类异常被处理完后，处理器会重新执行产生故障的指令。陷阱(Trap)类异常是由特殊的陷入指令(INT 3、INTO)引发的，当陷阱类异常被处理完后，处理器会接着执行陷入指令的下一条指令。中止(Abort)类异常是严重的错误，处理器无法保证程序能够继续正常执行。

Intel 规定，通过中断门或陷阱门只能向同级或更高特权级的代码段转移控制，因而通常将处理程序定义在 0 特权级的代码段(内核代码段)中。

通过陷入指令也可以进入中断或异常处理程序，但要进行特权级检查，要求进入前的特权级(CPL)必须小于或等于门描述符的特权级(DPL)。中断或陷阱门的 DPL 通常被设为 0，因而用户程序无法通过 INT n 指令直接进入中断或异常处理程序。

中断或异常处理程序运行在当前进程的上下文中，但可能使用不同的堆栈。如果中断或异常发生时处理器在第 0 特权级上(在执行内核)，则处理程序可直接使用当前进程的系统堆栈，不用切换堆栈。如果中断或异常发生时处理器在第 3 特权级上(在执行用户程序)，则需要切换堆栈，即从当前进程的用户堆栈切换到它的系统堆栈。TR 中记录着当前进程的TSS，其中包含当前进程的系统堆栈的栈底。

中断或异常发生时，处理器会自动在栈顶压入一些参数，其中 EFLAGS 是中断或异常发生前的系统状态，SS:ESP 是中断或异常发生前的用户堆栈栈顶，CS:EIP 是中断或异常的返回地址。只有发生堆栈切换时，才会在栈顶压入 SS:ESP。

仅有一些特殊的异常会在栈顶压入 error-code(见表 3.3)，外部中断和陷入不会自动在栈顶压入 error-code。为了使堆栈保持平衡，对不自动压入 error-code 的中断和异常，处理程序应在栈顶压入一个值，如 Linux 的外部中断处理程序会压入中断向量号、无 error-code 的异常处理程序会压入 0 或-1。图 2.10 是中断发生时堆栈的变化情况。

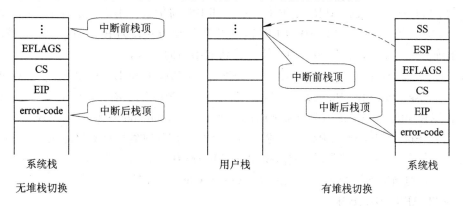

图 2.10　中断或异常发生时的堆栈变化

在 64 位模式中，中断和异常的处理方式有所改变，如处理程序必须在 64 位代码段中，因而中断和陷阱门描述符被扩充到了 16 字节，其中的偏移量被扩充到了 64 位；IDT 中仅有新格式的门描述符；堆栈宽度变成了 64 位，而且当中断发生时，会无条件地压入栈指针(SS:RSP)；当需要切换堆栈时，新的 SS 被强制设为 NULL；新增加了的中断堆栈表(IST)机制，允许为特定的中断或异常指定专门的堆栈。

2.2.7　APIC

高级可编程中断控制器(Advanced Programmable Interrupt Controller，APIC)是老式 8259 中断控制器(PIC)的升级产品，APIC 本身的升级版分别叫做 xAPIC 和 x2APIC。

APIC 采用分布式体系结构，由 Local APIC 和 I/O APIC 通过专用总线或系统总线互连构成，如图 2.11 所示。

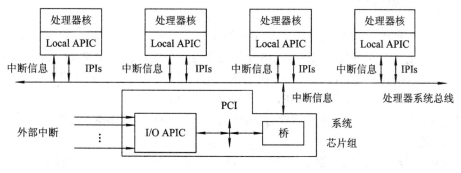

图 2.11　APIC 结构

I/O APIC 接收来自设备的中断，把它们传递给选定的一个或一组 Local APIC。Local APIC 可以接收外部的(来自 I/O APIC 或 8259A)、内部的(来自 Local APIC 的内部时钟等)或来自其它处理器的(IPI)中断，并把它们传递给处理器核。Local APIC 通常被集成在处理器核中。每个 Local APIC 有一个唯一的标识符(ID)，用于标识 Local APIC，也用于标识与之关联的处理器核。

Local APIC 的内部中断通常有 5～6 个，包括 Local APIC 定时器、温度传感器、性能计数器、内部错误、LINT0 和 LINT1 等，其中 LINT0 和 LINT1 是两个管脚，用于连接其它中断源，如 8259 PIC。Local APIC 提供了一个局部中断向量表，用于设定各个内部中断的向量号、递交方式等。可以将 LINT0 或 LINT1 的中断递交方式设为 ExtINT，此时处理器认为该管脚上连接的是 PIC，会按通常的应答方式获取中断向量号。

对操作系统内核来说，Local APIC 由一组寄存器构成，包括 Local APIC ID、Local APIC Version、Task Priority Register(TPR)、Processor Priority Register(PPR)、In-Service Register(ISR)、Interrupt Request Register(IRR)、Interrupt Command Register(ICR)、Local Vector Table(LVT)、End of Interrupt Register 等。这些寄存器被映射到处理器物理地址空间中的一个 4 KB 大小的区域内，缺省的起始地址为 0xFEE00000。操作系统内核可以将 APIC 的寄存器重新映射到物理地址空间的其它区域。Local APIC 的状态和寄存器基地址记录在 MSR 寄存器 IA32_APIC_BASE 中。

多核处理器系统中有多个 Local APIC，它们的寄存器都被映射到相同的位置。每一个逻辑处理器都可以访问该映射页，但访问的结果各不相同。当逻辑处理器读写 Local APIC 映射页时，它实际上访问的是自己的 Local APIC。

I/O APIC 也由一组寄存器组成，包括 I/O APIC ID、I/O APIC VER、I/O APIC ARB、I/O REDTBL 等。其中 I/O REDTBL 是一个中断重定向表，用于确定各外部中断的递交目的地、向量号、递交模式等。与 Local APIC 的寄存器不同，I/O APIC 中的寄存器只能用间接方法访问，方法是先将要访问寄存器的偏移量写入选择寄存器 IOREGSEL，而后再读或写数据寄存器 IOWIN。

每一个 I/O APIC 都有一个物理基地址 ioapicaddr，这一地址实际就是该 I/O APIC 中寄存器 IOREGSEL 的物理地址，寄存器 IOWIN 的物理地址是 ioapicaddr+0x10。缺省情况下，ioapicaddr 是 0xFEC00000。查 ACPI 或 MP 表可获得各 I/O APIC 的基地址。

2.2.8　处理器初始化

从 P6 系列开始，在 IA-32 体系结构中增加了一个多处理器初始化协议(MP)，用于规定多处理器系统的初始化过程。MP 协议将处理器分为自举处理器 BSP(Bootstrap Processor)和应用处理器 AP(Application Processor)。在系统加电或 Reset 之后，多处理器系统中的系统硬件会动态地选举出一个处理器为 BSP，其余处理器为 AP。

MP 协议仅在加电或 Reset 之后执行一次，此后的 INIT 不会再执行 MP 协议。MP 协议规定的处理器初始化过程如下：

(1) 根据系统拓扑结构，给系统总线上的每一个逻辑处理器一个唯一的 8 位 APIC ID。该 ID 号被写入处理器的局部 APIC ID 寄存器中。

(2) 根据 APIC ID 为每个逻辑处理器赋予一个唯一的仲裁优先级。

(3) 各逻辑处理器同时执行自己的内建自检代码 BIST。

(4) BIST 执行完毕之后，系统总线上的各逻辑处理器利用硬件定义的选择机制选举出 BSP 和 AP。而后，BSP 开始执行 BIOS 代码，各 AP 进入等待状态。

(5) BSP 创建一个 ACPI 表和一个 MP 表，并将它自己的 APIC ID 填入其中。

(6) 在自举程序执行完后，BSP 将处理器计数器设置为 1，而后向所有的 AP 广播 SISP 消息。SISP 消息中包含一个向量，指出各 AP 开始执行的初始化代码的位置。

(7) AP 申请初始化信号量，在获得信号量后开始执行初始化代码，将自己的 APIC ID 填入 ACPI 表和 MP 表，将处理器计数器加 1。在初始化代码执行完毕之后，AP 执行 CLI 和 HLT 指令进入停止状态。

(8) 在所有 AP 都执行完初始化代码之后，BSP 通过处理器计数器获得连接在系统总线上的逻辑处理器数，而后执行进一步的自举和启动代码，如内核初始化代码等。

(9) 在 BSP 执行内核初始化代码期间，各 AP 一直处于停止状态，等待被 BSP 的处理器间中断信号 IPI 唤醒。

2.2.9　寄存器与特权指令

IA-32 体系结构提供了 8 个 32 位的通用寄存器，分别称为 EAX、EBX、ECX、EDX、ESI、EDI、ESP、EBP。Intel 64 体系结构将这 8 个通用寄存器扩充到了 64 位，分别称为 RAX、RBX、RCX、RDX、RSI、RDI、RSP、RBP，并另外引入了 8 个通用寄存器，分别称为 R8、R9、R10、R11、R12、R13、R14、R15。

IA-32 体系结构提供了 6 个段寄存器，即 CS、DS、SS、ES、FS、GS。在 64 模式中，DS、ES、SS 已不再使用，FS、GS 用于段重载(影响段的基地址)，CS 用于控制 64 位模式与兼容模式的切换。

在 IA-32 体系结构中，指令寄存器是 EIP，长度为 32 位，记录下一条要执行的指令地址。在 Intel 64 体系结构中，指令寄存器被扩充到了 64 位，称为 RIP。

IA-32 体系结构提供了一个 32 位的标志寄存器 EFLAGS，用于存放处理器的状态信息(如 ZF、CF、OF 等)和一些系统控制信息(如 IF、IOPL、VM 等)。在 64 位模式中，标志寄存器被扩充到了 64 位，称为 RFLAGS，但内容并未扩展。

IA-32 体系结构提供了 4 个内存管理寄存器，分别称为 GDTR、LDTR、IDTR、TR。Intel 64 体系结构将它们的基地址部分扩充到了 64 位。

IA-32 体系结构提供了 5 个 32 位的控制寄存器，分别称为 CR0、CR1、CR2、CR3、CR4。其中 CR0 中包含系统控制标志，用于控制处理器的操作模式和状态，如是否启用分页机制等；CR1 保留未用；CR2 用于暂存引起页故障异常(page-fault)的线性地址；CR3 中暂存当前使用的页目录的物理基地址；CR4 中包含一组体系结构扩展标志，如 PAE、PSE 等。Intel 64 体系结构将控制寄存器扩充到了 64 位，新增加了两个标志位，并引入了一个新的控制寄存器 CR8，用于记录任务的优先级。

Intel 处理器中还提供了一组专门给操作系统内核使用的、与处理器型号相关的专用寄存器(MSR)，用来控制处理器的 debug 扩展、性能监视、机器检查结构、内存类型范围等。

在不同的处理器中，MSR 寄存器的个数和功能可能会有所变化。

Intel 处理器还提供了 8 个调试寄存器(DR0-DR7)，用于帮助 Debug 程序设置断点。

除了上述寄存器之外，Intel 处理器还专门提供了一组系统指令，用来处理系统级的工作。如装入系统寄存器、管理 Cache、管理中断、设置 Debug 寄存器等。有些系统指令只能由操作系统内核执行(要求特权级为 0)，另一些系统指令可在任意特权级下执行。表 2.1 中是常用的几条系统指令。

表 2.1   常用的系统指令

指 令	说 明	应用程序是否可用
LGDT	加载 GDTR 寄存器	否
LLDT	加载 LDTR 寄存器	否
LTR	加载 TR 寄存器	否
LIDT	加载 IDTR 寄存器	否
LMSW	加载机器状态字(CR0 的最低 4 位)	否
MOV CRn	加载或保存控制寄存器	否
MOV DRn	加载或保存 Debug 寄存器	否
INVD	使缓存失效，无写回	否
WBINVD	使缓存失效，带写回	否
INVLPG	使 TLB 项失效(刷新 TLB)	否
HLT	使处理器停止工作	否
LOCK 前缀	总线锁定	是
RDMSR	读 MSR 寄存器	否
WRMSR	写 MSR 寄存器	否
RDPMC	读性能监控计数器	否
RDTSC	读时间戳计数器	否

2.3　GNU C 语言

GNU 的 C 语言是对标准 C 语言的扩展，其编译器称为 GCC。GCC 是 Richard Stallman 于 1984 年发起的一个项目，最初的目的是开发一个免费的 C 编译器，因而早期的意思是 GNU C Compiler。由于 GCC 具有灵活的架构并采取了开源策略，因而发布之后迅速被接受、移植、扩充，目前已可支持 C、C++、Objective-C、Objective-C++、Java、Fortran、Ada 等多种语言，支持 30 多种处理器家族，可在超过 60 种平台上运行。现在 GCC 的意思变成了 GNU Compiler Collection。

GCC 中的 C 编译器是 Linux 的基础，Linux 内核源代码只能用 GCC 编译。GCC 支持 C 语言标准 C89、C90、C94、C95、C99 等，并有自己的扩展，如：

(1) 允许将一个复合语句括在一对圆括号内作为一个表达式使用，如：

```
#define maxint(a,b)   ({int _a = (a), _b = (b); _a > _b ? _a : _b; })
```

(2) 允许在一个函数内部定义嵌入式函数，如：

```
foo (double a, double b) {
        double    square (double z) { return z * z; }
        return    square (a) + square (b);
}
```

(3) 可以直接将 typeof 作数据类型使用，如：

```
typeof (*x)   y[4];              //指针数组，指针所指类型是参数 x 的类型
typedef    typeof(expr)   T;     //T 是 expr 的类型
```

(4) 可以忽略条件表达式的中间项。如 x ? : y 等价于 x ? x : y。

(5) 允许用 long long int 声明 64 位长整数，用 unsigned long long int 声明 64 位无符号长整数。后缀 LL 表示 64 位整常量，ULL 表示 64 位无符号整常量。

(6) 允许声明长度为 0 的数组。0 长度数组通常作为结构的最后一个成员，用于表示一组变长的对象。0 长度数组不占用结构的空间，如：

```
struct line {
        int    length;
        char   contents[0];
};
```

(7) 允许在宏定义中使用可变数目的参数，如：

```
#define debug(format, args...)    fprintf (stderr, format, args)
```

(8) 允许在数组、结构、联合等类型变量的声明中使用指示初始化，如：

```
struct point p= { .y = yvalue, .x = xvalue };
```

仅给 x 和 y 成员初值，未明确声明成员的初值是 0。

(9) 在定义函数时，允许用关键字_attribute_声明属性。可以声明的属性包括对齐要求 (aligned)、即将过时 (deprecated)、快速调用 (fastcall)、无返回 (noreturn)、两次返回 (returns_twice)、函数所在节(section)、用寄存器传递参数的个数(regparm)等。如：

```
void fatal ()          _attribute_ ((noreturn));
#define _init           _attribute_ ((_section_ (".init.text")))
#define asmlinkage     _attribute_((regparm(0)))
```

第一个声明表示函数 fatal 不返回，宏_ini 表示将函数代码放在.init.text 节中，宏 asmlinkage 表示函数不用寄存器传递参数，所有的参数都在堆栈中传递。

C 语言函数之间通常用寄存器传递参数，regparm(n)表示用寄存器传递 n 个参数，前三个分别在 EAX、EBX、ECX 寄存器中。

(10) 在定义结构或联合类型时，可以通过关键字_attribute_声明相关的属性。在声明变量或结构成员时，可以通过关键字_attribute_声明相关的属性，如对齐要求、存放变量的节等。

(11) 在内嵌式汇编程序中，允许用 C 语言表达式做指令的操作数，不用关心数据的存储位置(见 2.4.3 节)。

(12) 提供了数百个内建函数(多以_builtin_开头)，用于实现内存原子存取、对象大小检查、程序优化等，如：

```
#define likely(x)        _builtin_expect(!!(x), 1)      //x 的预期值是真
#define unlikely(x)      _builtin_expect(!!(x), 0)      //x 的预期值是假
```

语句 if(unlikely(exp){…}　　表示 exp 很少为真，编译器可据此进行优化。

2.4　GNU 汇编语言

　　Linux 内核中的绝大部分代码是用 GNU 的 C 语言写成的，但也包含一些汇编程序。Linux 中的汇编程序可以以.S 文件的形式单独出现，也可以嵌入在 C 代码中。Linux 中的汇编程序采用 GNU 的汇编格式，语法上符合 AT&T 规范。

2.4.1　GNU 汇编格式

　　GNU 汇编程序由汇编指令、汇编指示、符号、常量、表达式、注释等组成。为了便于管理和链接，通常将目标程序中的代码、数据等组织成不同的节(section)。节是具有相同属性(如只读)的一段连续的地址区间(在节中使用相对地址)。汇编器根据源程序中的汇编指示将源程序转变成由若干个节组成的目标文件，链接器负责将所有目标文件中相同节的内容拼接起来形成可执行文件。

　　一般情况下，汇编器生成的目标文件中至少包含三个节，分别是.text(只读的程序代码节)、.data(可读写的带初值的变量节)和.bss(可读写的未初始化的变量节)。用户可以通过汇编指示.section 声明其它的节，以便细化管理。如在 Linux 源代码中经常会看到下列格式的程序片段：

```
1:    asm instruction          // 该指令在.text 节中，它的执行可能会出错
      .section _ex_table,"a"    // 切换到_ex_table 节，在其中增加一对数据
      .align 4                  // 4 对齐
      .long 1b,syscall_fault    // 异常处理表项，意思是当 1 处的指令出错时，转 syscall_fault
      .previous                 // 切换回.text 节
```

　　另外，在节中还可以再定义子节，以便更好地组织分散在不同源程序中的、属于同一个节的代码和数据。子节的标识是节名后加一个数字编号，如.text.2，编号可以从 0 到 8191。在目标文件中，一个节的内容就是它的各子节内容的总和(按编号排序)，但已没有子节的概念。链接器只能看到节，已看不到子节。如未为节定义子节，汇编器会假定其中只有一个编号为 0 的子节。可以用汇编指示.subsection 切换子节，也可以用子节的标识符切换子节。

　　在 GNU 汇编程序中，常量是一个数字，其值是已知的，可直接使用。常量包括字符、字符串、整数(二进制、八进制、十进制、十六进制等)、大整数(超过 32 位)和浮点数。符号是由字母、数字、'_'、'.'、'$' 等组成的字符串，必须以字母开头，大小写有区别。符号用来给汇编程序中的对象命名，如标号、常量等。符号有两个属性，分别是 value 和 type。可以用 '=' 或 ".set" 改变符号的值。'.' 是一个特殊的符号，表示当前地址。表达式是由操作符和括号连接起来的一组符号和常量，其结果是一个地址或一个数值。GNU 汇编的表

达式与 C 语言表达式基本一致。

GNU 的汇编指示(Assembler Directives)又称伪操作(Pseudo Ops),是汇编程序提供给汇编器的指示或命令,用于声明目标文件的生成方法。所有的汇编指示都以'.'开头。GNU汇编提供了 100 多个指示,在 Linux 源代码中用到的有以下几种:

(1) .align *abs-expr1*, *abs-expr2*, *abs-expr3*:用第 2 个表达式的值填充目标文件中的当前节,使下一个可用位置是第 1 表达式的倍数允许跳过的最大字节数由第 3 个表达式决定。第 2、3 表达式都是可选的。

(2) .balign[wl] *abs-expr1*, *abs-expr2*, *abs-expr3*:.balign 与.align 的意思相同。变体.balignw表示填充值是 2 字节的字, .balignl 表示填充值是 4 字节的长字。

(3) .p2align[wl] *abs-expr1*, *abs-expr2*, *abs-expr3*:.p2align[wl]与.align[wl]相似,不同之处在于下一个可用位置是 $2^{abs-expr1}$ 的倍数。

(4) .org *new-lc*, *fill*:从 *new-lc* 标识的新位置开始存放下面的代码或数据,空出来的空间用 *fill* 填充。新位置是在同一节中的偏移量。

(5) .ascii "*string*"...:定义一到多个字符串。字符串后不自动加 0 结尾。

(6) .asciz "*string*"...:定义一到多个字符串。字符串后自动以 0 结尾。

(7) .string "*str*":将字符串拷贝到目标文件中,串以 0 结尾。

(8) .byte *expressions*:定义一到多个字节类型(1 字节)的表达式。

(9) .word *expressions*:定义一到多个字类型(2 字节)的表达式。

(10) .long *expressions*:定义一到多个长整数(4 字节)类型的表达式。

(11) .quad *bignums*:定义一到多个 8 字节的长整数。

(12) .fill *repeat*, *size*, *value*:将 *value* 值拷贝 *repeat* 次,其中每个 *value* 占用 *size* 字节。如 ".fill 1024,4,0" 会产生一个全 0 的页。

(13) .space *size*, *fill* 和.skip *size*, *fill*:在目标文件的当前位置处留出 *size* 字节的空间,并在其中填入值 *fill*,如未指定 *fill*,则填入 0。

(14) .rept *count* 和.endr:将.rept 和.endr 之间的行重复 *count* 次。

(15) .set *symbol*, *expression*:将符号 *symbol* 的值设为 *expression*。

(16) .type *name*, @*type*:将符号 *name* 的 type 属性设为 *type*。其中 *type* 可以是 function(符号 name 是一个函数名)或 object(符号 name 是一个数据对象)。

(17) .size *name*, *expression*:将符号 *name* 所占空间设为 *expression*。

(18) .global *symbol* 或.globl *symbol*:使符号 *symbol* 成为全局的,即使该符号对链接程序是可见的。

(19) .section *name* [, "*flags*"[, @*type*[,*flag_specific_arguments*]]]:切换当前节,即将下面的代码或数据汇编到 *name* 节中。其中 *flags* 可以是 a(节是可分配的)、w(节是可写的)、x(节是可执行的); *type* 可以是@progbits(节中包含数据)、@nobits(节中不含数据,只是占位空间)、@note(节中包含注释信息,不是程序)。

(20) .subsection *num*:切换当前子节,即将下面的代码或数据放在由 *num* 指定的子节中,节保持不变。

(21) .text *subsection*:切换当前子节,即将下面的程序汇编到.text 节的编号为 *subsection* 的子节中。如未提供 *subsection*,其缺省值为 0。

(22) .data *subsection*：切换当前子节，即将下面的数据汇编到.data 节的编号为 *subsection* 的子节中。如未提供 *subsection*，其缺省值为 0。

(23) .previous：将当前节换回到前一个节与子节，即将下面的指令或数据汇编到当前节之前使用的节与子节中，如：

```
.section A
    .subsection 1
        .word 0x1234
    .subsection 2
        .word 0x5678          // 0x5678 放在 subsection 2 中
    .previous
        .word 0x9abc          // 0x1234 与 0x9abc 放在 subsection 1 中
```

(24) .code16：将下面的程序汇编成 16 位代码(实模式或保护模式)。

(25) .code32：将下面的程序汇编成 32 位代码。

2.4.2　AT&T 指令语法

与 Intel 指令相比，AT&T 格式的指令有如下特点：

(1) 指令操作数的顺序是先源后目的，与 Intel 指令的先目的后源的顺序相反。

(2) 寄存器操作数前加前缀%，立即数前加前缀$。

(3) 操作码带后缀以指明操作数的长度。后缀有 b(8 位)、w(16 位)、l(32 位)、q(64 位)。在新版本的 GUN 汇编中，可以不带后缀。如：

```
moww %bx, %ax              // 将 bx 寄存器的内容拷贝到 ax 寄存器中
movw $1, %ax               // 将 ax 寄存器的值设为常数 1
movl X, %eax               // 将变量 X 的值传递到 eax 寄存器中
```

(4) 符号常数直接引用，如：

```
value: .long 0x12345678    // 定义一个双字类型的符号常量 value
movl value, %ebx           // ebx 的值是 0x12345678
```

引用符号常量的地址时，要在符号常量前加$，如：

```
movl $value, %ebx          // 将符号 value 的地址装入 ebx
```

(5) 大部分指令的操作码都与 Intel 指令相同，但也有几个例外，如：

```
lcall $S,$O                // 长调用，Intel 的表示是 call far S:O
ljmp $S,$O                 // 长跳转，Intel 的表示是 jmp far S:O
lret $V                    // 长返回，Intel 的表示是 ret far V
```

(6) 内存间接寻址的写法是 disp(base, index, scale)，其意思是地址[base + disp + index*scale]，如：

```
movl 4(%ebp), %eax         // 从地址[ebp+4]中取 1 个长字给 eax
movl ary(,%eax,4), %eax    // 从地址[4*eax+ary]中取 1 个长字给 eax
movw ary(%ebx,%eax,4), %cx // 从地址[ebx+4*eax+ary]中取 1 个字给 cx
```

(7) call 和 jmp 的操作数前可以加"*"，以表示绝对地址，未加"*"表示相对地址(相对于 EIP)。如 call *%edi。

(8) 允许使用局部标号(数字标号)，而且允许重复定义局部标号。在以局部标号为目的的转移指令上，标号要带上后缀，b 表示向后(已执行过的部分)，f 表示向前(未执行过的部分)。如：

```
1:      jmp 1f          //跳到第 3 行
2:      jmp 1b          //跳到第 1 行
1:      jmp 2f          //跳到第 4 行
2:      jmp 1b          //跳到第 3 行
```

2.4.3 GNU 内嵌汇编

GCC 允许在 C 语言代码中嵌入汇编代码，以实现 C 语言语法无法实现或不便实现的基础操作，如读写系统寄存器等。内嵌汇编的格式也是 AT&T 的，如下：

```
_asm_ _volatile_(
        asm statements
        : outputs
        : inputs
        : registers-modified
);
```

各部分的意义如下：

(1) _asm_是一个宏，用于声明一个内嵌的汇编表达式，是必不可少的关键字。

(2) _volatile_是一个宏，用于声明"不要优化该段内嵌汇编，让它们保持原样"。_volatile_是可选的。

(3) asm statements 部分是一组 AT&T 格式的汇编语句，可以为空。一般情况下，在一行上应只写一个汇编语句。如果需要在一行上写多个语句，它们之间要用分号或 "\n"(换行)隔开。所有的语句都要括在双引号内，可以用一对双引号，也可以用多对双引号。寄存器前面要加两个%做前缀。支持局部标号，且可以使用数字标号。

(4) inputs 部分指明内嵌汇编程序的输入参数。每个输入参数都括在一对圆括号内，各参数间用逗号分开。每个输入参数前都要加一到多个用双引号括起来的约束标志，用于向编译器声明该参数的输入位置(寄存器)及其相关信息。

(5) outputs 部分指明内嵌汇编程序的输出参数。每个输出变量都括在一对圆括号内，各个输出参数间用逗号隔开。每个输出参数前都要加一到多个用双引号括起来的约束标志，以告诉编译器从何处输出该参数及其相关信息。输出约束标志与输入约束标志相同，但前面还要多加一个 "="。输出参数应该是左值，而且必须是可写的。如果一个参数既做输出又做输入，可以在其前面加入 "+" 约束，也可以将它分成两个，一个写在 outputs 部分为只写参数，一个写在 inputs 部分为只读参数。

(6) 输入和输出参数从 0 开始统一编号。一个编号可以唯一标识一个参数。在 asm statements 部分可以通过标识号(加前缀%)来引用参数。在 inputs 部分，可以用标识号做输入约束标志(括在双引号内)，告诉编译器将该输入参数与标识号所标识的输出参数放在同一个寄存器中。

(7) registers-modified 告诉编译器内嵌汇编程序将要修改的寄存器。每个寄存器都用双引号括起来，各寄存器间用逗号隔开。如果内嵌汇编程序中引用了某个特定的硬件寄存器，就应该在此处列出该寄存器，以告诉编译器这些寄存器的值被改变了。如果汇编程序中用某种不可预测的方式修改了内存，应该在此处加上"memory"。

内嵌汇编中常用的约束标志有下列几种：

"g"：让编译器决定将参数装入哪个寄存器。

"a"：将参数装入到 ax/eax，或从 ax/eax 输出。

"b"：将参数装入到 bx/ebx，或从 bx/ebx 输出。

"c"：将参数装入到 cx/ecx，或从 cx/ecx 输出。

"d"：将参数装入到 dx/edx，或从 dx/edx 输出。

"D"：将参数装入到 di/edi，或从 di/edi 输出。

"S"：将参数装入到 si/esi，或从 si/esi 输出。

"q"：可以将参数装入到 ax/eax、bx/ebx、cx/ecx 或 dx/edx 寄存器中。

"r"：可以将参数装入到任一通用寄存器中。

"i"：整型立即数。

"m"：内存参数。

"p"：有效内存地址。

"="：输出，参数是只写的左值。

"+"：既是输入参数又是输出参数。

"&"：一般情况下，GCC 将把输出参数和一个不相干的输入参数分配在同一个寄存器中，因为它假设在输出产生之前，所有的输入都已被消耗掉了。但如果内嵌的汇编程序有多条指令，这种假设就不再正确。在输出参数之前加入"&"，可以保证输出参数不会覆盖掉输入参数。此时，GCC 将为该输出参数分配一个输入参数还没有使用到的寄存器，除非特殊声明(如用数字 0~9)。

"0~9"：称为匹配约束标志，用于约束一个既做输入又做输出的参数，表示输入参数和输出参数占据同一个寄存器。数字约束标志只能出现在输入参数中，是与其共用同一位置的输出参数的编号。

inputs、outputs 和 registers-modified 部分都可有可无。如有，顺序不能变；如无，应保留"："，除非不引起二义性。

例：

```
#define load_gdt(dtr) _asm_ _volatile("lgdt %0"::"m" (*dtr))
#define switch_to(prev,next,last) do {                              \
    unsigned long esi,edi;                                         \
    asm volatile( "pushl %%ebp\n\t"                               \
                  "movl %%esp,%0\n\t"      /* save ESP */          \
                  "movl %5,%%esp\n\t"      /* restore ESP */       \
                  "movl $1f,%1\n\t"        /* save EIP */          \
                  "pushl %6\n\t"           /* restore EIP */       \
                  "jmp _switch_to\n"                              \
            "1:\t"                                                 \
```

```
                    "popl %%ebp\n\t"                                          \
            :"=m" (prev->thread.esp),"=m" (prev->thread.eip),                \
             "=a" (last),"=S" (esi),"=D" (edi)                               \
            :"m" (next->thread.esp),"m" (next->thread.eip),                  \
             "2" (prev), "d" (next));                                        \
        } while (0)
```

2.5　GNU 链接脚本

　　链接器负责将多个目标文件链接在一起，组合成一个可执行文件，称为执行映像。链接器的工作需要链接脚本的指示。如用户未定义链接脚本，链接器会使用自带的缺省脚本。链接脚本是由链接器命令语言(Linker Command Language)写成的文本文件，是提供给链接器的指示或命令，主要用于控制链接器的链接方式，如如何将输入文件中的节链接成输出文件中的节，如何将输出节组合成加载段(一个加载段表示可执行文件中的一段代码或数据，由一个程序头描述)，如何定义输出文件的内存布局等。

　　链接器命令语言中有许多命令，在 Linux 链接脚本中主要使用如下命令：

　　(1)　OUTPUT_FORMAT(*default*, *big*, *little*)。表示链接后的可执行文件格式。如 OUTPUT_FORMAT("elf32-i386", "elf32-i386", "elf32-i386") 表示链接后的可执行文件是 32 位的 ELF 格式。

　　(2)　OUTPUT_ARCH(bfdarch)。表示将要运行该可执行文件的处理器结构。如 OUTPUT_ARCH(i386) 表示链接后的可执行文件将要运行在 IA-32 系列处理器上。

　　(3)　ENTRY(symbol)。表示可执行程序的入口点，即第一条指令的地址。如 ENTRY(startup_32) 表示可执行程序的入口点是 startup_32(一个标号)。

　　(4)　符号定义与赋值命令。格式为 symbol = expression，用于定义符号 symbol 并将该符号的值设为表达式 expression。在链接脚本中定义的符号可以在源程序中使用。最特殊的符号是 '.'，它表示输出节中的当前逻辑地址(或者说是线性地址)。如：

```
. = _KERNEL_START;              // 当前逻辑地址是_KERNEL_START
_text = .;                      // 在符号_text 中记录当前逻辑地址
```

　　(5)　SECTIONS。告诉链接器如何将输入节链接到输出节以及如何在内存中摆放输出节。SECTIONS 命令是链接脚本的主体部分，其格式如下：

```
SECTIONS
{
    sections-command
    sections-command
    ...
}
```

　　其中的 *sections-command* 可以是 ENTRY 命令、符号赋值、输出节描述等。常用的输出节描述命令的格式如下：

```
output-section-name: AT(lma)
{
        output-section-command
        output-section-command
        ...
}[:phdr :phdr ...] [=fillexp]
```

其中 AT(lma)声明输出节的装入地址为 lma，如一个物理地址。

输出节描述的主体部分是 *output-section-command*，这些命令可以是符号赋值、输入节描述等。

常见的输入节描述的格式是：*(input-section-name)*，意思是将所有输入文件中名为 *input-section-name* 的输入节的内容全部拼接在一起，而后输出到输出文件的 *output-section-name* 节中。

:*phdr* 表示该节所属的加载段，由 PHDRS 命令定义。

=*fillexp* 表示节中的填充值，其中的 *fillexp* 是一个表达式。

(6) PHDRS。用于定义可执行文件中的程序头。一个程序头描述可执行文件中的一段程序或数据。PHDRS 命令的格式如下：

```
PHDRS
{
        name type [ FLAGS ( flags ) ] ;
}
```

其中 *name* 是加载段的名称，*type* 是加载段的类型(如 PT_LOAD 是需要加载的段、PT_NOTE 是注释信息段)，FLAGS 是加载段的标志(可读、可写、可执行)。

一个加载段中可以包含多个节。通常情况下，只读的节被组织在.text 段中，可读可写的节被组织在.data 段中，符号表、串表、Debug 信息等节不需要加载，因而不在任何段中。

(7) 内建函数 ADDR(*secname*)的返回值是节 *secname* 的绝对地址，也就是它的开始逻辑地址。

(8) 内建函数 ALIGN(*align*)的返回值是当前逻辑地址的向上规约值，是 *align* 的倍数。

下面是某链接脚本文件的一个片段：

```
SECTIONS
{
    . = 0xC0000000 + 0x100000;                      // 开始逻辑地址
    _start = .;                                      // 程序的开始地址
    .text : AT(ADDR(.text) - 0xC0000000) {          // 输出代码节，装入到 0x100000
        *(.text)                                     // 整合所有输入文件中的.text 节
    }
    . = ALIGN(32);                                   // 将地址调整为 32 的倍数
    .data : AT(ADDR(.data) - 0xC0000000) {          // 输出数据节
        *(.data)                                     // 整合所有输入文件中的.data 节
    }
    _end = . ;                                        // 程序的终止地址
}
```

在源程序中可以使用上述链接脚本中的符号_start、_end 等确定可执行程序在逻辑地址空间或线性地址空间中的位置。

2.6　常用数据结构

Linux 内核中包含很多数据结构，如链表、树等。Linux 使用的链表有很多种，较常用的是双向循环链表。Linux 以 list_head 为基础来构造、管理自己的双向循环链表，称为通用链表。Linux 使用的树也有很多种，较为常用的是红黑树。

2.6.1　通用链表

在早期的系统中，Linux 通过嵌入在数据结构中的指针来构造链表，不同的数据结构使用不同的指针，因而不同的数据结构需要不同的链表管理程序。后来的 Linux 定义了 list_head 结构和一套通用管理程序(如表 2.2 所示)，只要在数据结构中嵌入 list_head，利用通用的链表管理程序即可方便地构造、管理该结构的链表。

表 2.2　通用链表的常用管理函数

函　　　数	意　　义
void list_add(struct list_head *new, struct list_head *head)	将节点 new 插入到节点 head 之后
void list_add_tail(struct list_head *new, struct list_head *head)	将节点 new 插入到节点 head 之前
void list_del(struct list_head *entry)	从链表中删除节点 entry
void list_replace(struct list_head *old, struct list_head *new)	用节点 new 替换节点 old
int list_empty(const struct list_head *head)	链表是否为空，1：空，0：非空

结构 list_head 中包含两个指针，一个前指针，一个后指针。一个 list_head 结构描述链表中的一个节点。空节点的前后指针都指向自身。结构 list_head 的定义如下：

```
struct list_head {
    struct list_head    *next, *prev;
};
```

通用链表的插入、删除都比较快，较慢的是搜索操作，时间复杂度为 $O(n)$。

结构 list_head 通常作为一个成员被嵌入在其它数据结构中，这些结构被 list_head 链接成链表。假如结构 type 中包含名为 member 的 list_head，ptr 是指向 member 的指针，则结构 type 是一个含有 list_head 的容器，函数 container_of(ptr, type, member)得到的是指向容器 type 的指针，如图 2.12 所示。

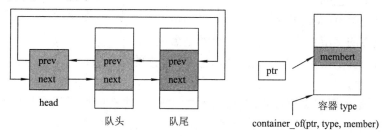

图 2.12　list_head 与包含它的结构

事实上,定义容器类型或者说在容器结构中嵌入另一种通用的结构是目前 Linux 常用的数据结构定义方法,类似于 C++中的类继承。被嵌入在容器结构中的通用结构相当于基类,容器类继承基类并对其进行必要的扩展。各容器中的基类按照自己的方式组织在一起,同时也将包含它们的容器类组织在一起。通过 container_of()函数可以方便地将基类指针转化为包含它的容器结构的指针。函数 container_of()的定义如下:

```
#define offsetof(TYPE, MEMBER)            ((size_t) &((TYPE *)0)->MEMBER)
#define container_of(ptr, type, member) ({                              \
        const typeof(((type *)0)->member)    *_mptr = (ptr);           \
        (type *)((char *)_mptr - offsetof(type, member)); })
```

　　结构 list_head 的一个变种是通常用在 Hash 表中的 hlist_head 和 hlist_node 结构。这种结构所构造的是单向链表,hlist_head 指向表头。使用 pprev 的目的是便于节点的删除,通常让 hlist_node 中的 pprev 指向前一个节点的 next。

```
struct hlist_head {
        struct hlist_node *first;
};
struct hlist_node {
        struct hlist_node *next, **pprev;
}
```

2.6.2　红黑树

　　二叉搜索树或者是一棵空树,或者是具有下列性质的二叉树:

　　(1) 若它的左子树不空,则左子树上的所有节点的值均小于它的根节点的值;

　　(2) 若它的右子树不空,则右子树上所有节点的值均大于或等于它的根节点的值;

　　(3) 它的左、右子树也分别是二叉搜索树。

　　平衡二叉树又称 AVL 树,它或者是一棵空树,或者是具有下列性质的二叉树:左、右子树都是平衡二叉树,且左、右子树的深度差的绝对值不超过 1。

　　红黑树是一种自平衡的二叉搜索树,由 Rudolf Bayer 发明。红黑树有着良好的最坏情况复杂性,其统计性能优于平衡二叉树,并在实践中被证明是高效的。在红黑树上,$O(\log n)$时间内可完成节点的查找、插入和删除操作(n 是树中节点的个数)。

　　红黑树中的每个节点都带有颜色,要么红色,要么黑色。除了具有二叉搜索树的所有性质之外,红黑树还具有以下 4 种性质:

　　(1) 根节点是黑色的。

　　(2) 空节点是黑色的(红黑树中,所有叶节点的左、右孩子都指向一个定义好的空节点)。

　　(3) 红色节点的父点和左、右子节点都是黑色的。

　　(4) 在任何一棵子树中,从根节点向下走到空节点的每一条路径上都包含相同数量的黑色节点。

　　红黑树并不是平衡二叉树,它的平衡是大致的。红黑树的性质保证从根节点到叶节点的最长路径长度不会超过最短路径长度的两倍。由于放松了平衡二叉树的一些要求,允许一定限度的“不平衡”,红黑树的性能得到了提升。图 2.13 是一棵红黑树。

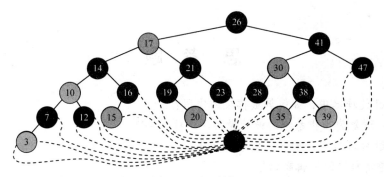

图 2.13 红黑树

在红黑树中插入节点的操作分为三步：一是按搜索树的要求将新节点插入到树中；二是将新节点标注成红色；三是调整树的结构，使其满足红黑树的性质。

在红黑树中删除节点的操作分为两步，一是按搜索树的要求删除指定的节点；二是调整树的结构，使其满足红黑树的性质。

按左、中、右的顺序遍历红黑树，可得到节点的有序序列。在红黑树中，最左边的节点是第一个节点，最右边的节点是最后一个节点。

Linux 用下面两个结构描述红黑树：

```
#define     RB_RED          0
#define     RB_BLACK        1
struct rb_node {                              // 红黑树节点结构
    unsigned long      rb_parent_color;       // 父节点
    struct rb_node *rb_right;                 // 右孩子
    struct rb_node *rb_left;                  // 左孩子
} _attribute_((aligned(sizeof(long))));       // 4 字节对齐，保证最低两位是 0
struct rb_root {                              // 红黑树的根节点
    struct rb_node *rb_node;
};
```

在 rb_node 结构中，rb_parent_color 实际是指向父节点的指针，但它的最低两位被复用成了节点的颜色。

与 list_head 类似，结构 rb_node 也常作为一个成员被嵌入在其它数据结构中，这些结构被 rb_node 连接成红黑树。表 2.3 是 Linux 实现的红黑树操作函数和宏。

表 2.3 红黑树操作

函 数 或 宏	意　　义
rb_entry(ptr, type, member)	ptr 所指的 type 类型的容器结构
void rb_insert_color(struct rb_node *, struct rb_root *)	在树中插入一个新节点
void rb_erase(struct rb_node *, struct rb_root *)	删除树中的一个节点
struct rb_node *rb_first(const struct rb_root *)	红黑树中的第一个节点
struct rb_node *rb_last(const struct rb_root *)	红黑树中的最后一个节点
struct rb_node *rb_next(const struct rb_node *)	红黑树中的下一个节点
struct rb_node *rb_prev(const struct rb_node *)	红黑树中的前一个节点

思　考　题

1. 在 Intel 处理器中，如何屏蔽掉段的作用？
2. Intel 处理器为操作系统的设计提供了哪些支持？
3. 在 Intel 处理器中，如何管理地址转化？
4. 如何指定程序的逻辑起始地址？
5. 为什么需要在程序中定义节(section)？
6. 在什么情况下用链表更有效？在什么情况下用红黑树更有效？

第三章　引导与初始化

与其它所有软件一样，Linux 内核也是从入口点开始执行的。Linux 内核的入口点程序又称为初始化程序，其任务是为 Linux 操作系统的运行做好必要的准备，如将内核映像在物理内存的适当位置展开、获取计算机各组成部分的配置参数、建立各种管理用的数据结构、启动各类守护进程、建立人机交互环境等。

然而，Linux 内核是一个驻留在外存(如硬盘、光盘等)中的程序，在运行之前必须先将其读入物理内存。将 Linux 内核由外存读入内存的工作称为引导，完成引导工作的程序称为引导程序。引导程序也是驻留在外存的程序，在运行之前需要先将其读入物理内存。将引导程序读入内存的工作由 BIOS(Basic Input Output System)完成。BIOS 驻留在非易失性内存(如 Rom、Flash Memory)中，不需要再被引导。

引导程序在将 Linux 内核读入物理内存之后，将控制权交给内核头部的实模式初始化程序。实模式初始化程序先完成实模式状态下的初始化工作，再将处理器切换到保护模式，而后转入解压缩程序。解压缩程序将内核映像解压到物理内存的预定位置，而后将处理器的控制权交给内核的首部程序。内核首部程序完成内核的正式初始化，引领内核进入正常工作状态。

引导与初始化过程是操作系统中各种管理制度的创建过程，是运行环境的建立过程，是理解操作系统的关键，也是分析操作系统的切入点。

3.1　内　核　引　导

当计算机被加电或 Reset 时，Intel 处理器和系统芯片组会完成一系列内建的自检和初始化工作，如将处理器的操作模式设为实模式并关闭其分页机制，将 CS 中的选择符设为 0xF000、基地址设为 0xFFFF0000，将 EIP 的初值设为 0x0000FFF0 等。硬件初始化完成之后，处理器开始执行指令，第一条指令的地址由 CS 和 EIP 决定，为 0xFFFFFFF0。根据芯片组的初始约定，地址 0xFFFFFFF0 位于一块 Flash Memory 中，是 BIOS 的入口。因此，系统开机以后，处理器最先执行的是 BIOS 程序。

BIOS 检测整个计算机系统，收集系统的基本配置信息并将其记录在内存的 BIOS 数据区中(如在物理内存最低 4 KB 处的基本数据、ACPI 描述表、MP 表等)；而后根据系统的软硬件配置信息，选择引导设备(如硬盘、光盘、U 盘等)，并将其第一扇区中的内容读入到物理内存的 0x7C00 处；最后跳转到 0x7C00，开始执行第一扇区上的程序。由于 BIOS 只能读入一个扇区的内容，因而它无法担负起引导操作系统的重任。

引导设备的第一扇区可能是硬盘的主引导记录 MBR(Master Boot Record)，也可能是引导程序(如 GRUB)的首部。MBR 会检查硬盘的分区表，找到活动分区，而后读入活动分区的第一扇区(Boot Sector)，再由该扇区上的程序读入活动分区上的引导程序；引导程序首部会将自己的剩余部分读入内存。总之，由于系统配置的不同，引导程序的读入过程会有所不同，但从 BIOS 读入的第一扇区开始，肯定能够将完整的引导程序读入到物理内存。

引导程序的核心工作是将 Linux 内核从外存读入到内存，并将其摆放在内存的适当位置。被编译、连接后的 Linux 内核是一个大的可执行文件，由三部分组成：

(1) 主体部分是将要在保护模式或 64 位模式中运行的内核映像，已被压缩。

(2) 在压缩的内核映像之前有一段解压缩程序，用于解压内核映像。

(3) 文件头部是一段实模式初始化程序，用于将处理器切换到保护模式。

由于处理器最初运行在实模式中，能够直接访问的内存空间只有 1 MB，因而引导程序必须将内核的实模式初始化程序放在基本内存(低 640 KB)中，但却应将内核映像放置在 1 MB 以上的位置。

为了缩减内核规模，增加系统的灵活性和适应性，Linux 通常将其内核分成基本部分和扩展部分。基本内核实现 Linux 内核中最基本的管理功能，不随计算机配置的变化而变化；扩展内核则由一些独立的内核模块(如设备驱动程序、文件系统等)组成，用于扩展基本内核的功能，会随着计算机配置的不同而变化。扩展内核及初始工具软件被组织在独立的 initrd 或 Ramdisk 映像文件中，需要引导程序将其一并读入内存。

另外，在引导期间，引导程序还应能与用户交互，接受用户提供的命令行参数(如显示模式、内存大小、initrd 文件名等)并将它们传递给内核，以指导内核的初始化。

早期的 Linux 自己实现引导程序，如 Bootsect。目前的 Linux 使用独立的第三方引导程序，如 GRUB。为了完成引导过程中的复杂交互，Linux 专门定义了一个引导协议。引导程序根据引导协议的要求将内核映像摆放在内存中的指定位置，并向内核传递必要的信息；Linux 内核根据引导协议和引导程序传递过来的信息，确定内核各部分在内存中的位置。随着 Linux 的演化，它的引导协议也在不断变化，最新版本(2.10)的引导协议所规定的内存布局如图 3.1 所示，其中的 X 值由引导程序决定，但应尽可能小。

0x100000	保护模式内核	
0xA0000	I/O 内存空洞	
	BIOS 预留	需留下足够多的未用空间
X+0x10000	命令行参数	也可以低于X+10000
X+0x8000	栈/堆	内核实模式代码使用的栈和堆
X	实模式代码	内核实模式代码
0x1000	引导程序	引导程序的入口地址在0x7C00
0x800	MBR/BIOS 预留	
0x600	MBR 使用	
0	BIOS 使用	

图 3.1   引导后的内存布局

Linux 引导协议由一组参数组成，位于实模式初始化程序中，读入内存后的位置在 X+0x1F1 处，其中各主要参数的意义如表 3.1 所示。在表 3.1 中，Offset 是相对于 X 的偏移量，是各协议参数的存储位置。

表 3.1 Linux 引导协议参数区

偏移量	长度/字节	名称	意　　义
0x1F1	1	setup_sects	实模式初始化程序的大小，单位为扇区
0x1F4	4	syssize	内核主体部分的大小，以 16 字节为单位
0x1FC	2	root_dev	缺省根块设备的设备号
0x210	1	type_of_loader	引导程序类型
0x211	1	loadflags	可选的引导标志，如是否将内核放在 1MB 之上
0x214	4	code32_start	内核主体部分的入口地址
0x218	4	Ramdisk_image	initrd 映像的装入位置
0x21C	4	Ramdisk_size	initrd 映像的大小
0x228	4	cmd_line_ptr	命令行参数的装入位置
0x234	1	relocatable_kernel	内核重定位许可标志
0x238	4	cmdline_size	命令行参数的最大允许长度
0x23C	4	hardware_subarch	底层体系结构类型，如 X86、Xen 等
0x250	8	setup_data	setup_data 结构链表的表头，用于定义扩展的引导参数
0x258	8	pref_address	内核的首选装入位置

参数表中的有些参数是 Linux 内核提供给引导程序的信息，如 setup_sects 是实模式初始化部分的大小、syssize 是内核主体部分的大小、loadflags 告诉引导程序是否要将内核放在 1 MB 之上、relocatable_kernel 表示是否允许重定位内核的位置等；有些参数是引导程序提供给 Linux 内核的信息，如 cmd_line_ptr 是命令行参数的位置、Ramdisk_image 是 initrd 映像的位置、type_of_loader 是引导程序的类型等；另一些参数是 Linux 内核建议但最终是由引导程序确定的信息，如 code32_start 中的内核主体部分入口地址等。

试图引导 Linux 的引导程序都必须遵循 Linux 的引导协议。事实上，很多引导程序都可以引导 Linux 内核，如 Bootsect(软盘引导程序)、Lilo(早期的硬盘引导程序)、GRUB(又称 GNU GRUB 2，是一种通用的引导程序)、Xen 等。

引导程序根据自己的配置信息和 Linux 引导协议的约定，将 Linux 内核映像和 initrd 映像一起读入内存，而后跳转到 X+0x200，开始执行实模式初始化程序。

3.2 实模式初始化

当处理器离开引导程序时，它仍然处于实模式，因而内核的实模式初始化程序运行在实模式中。内核实模式初始化程序大致需要完成如下三项工作：

1. 收集系统参数

BIOS 已经对整个计算机系统进行了全面检测，并已将收集到的系统配置信息记录在其数据区中。通过 BIOS 服务可获得大部分的系统配置信息。由于 BIOS 服务只能在实模式中使用，所以应该在内核的实模式初始化部分收集或转存这些信息。

需要收集的信息包括引导协议参数、CPU 型号、计算机物理内存的布局、显示器的显示模式、APM(高级电源管理)、EDD(Enhanced Disk Device)等。在早期的版本中，收集到的信息被暂存在实模式代码(Bootsect 和 setup)中。新版本在实模式和保护模式代码中各定义了一个结构 boot_params，用于暂存收集到的系统参数。

在上述参数中，比较重要的是物理内存的布局信息。目前的 BIOS 大都提供了多个系统服务，用于查询系统物理内存的配置信息。其中，通过 int 0x15 的 0xe820 功能可以获得一个描述物理内存布局的结构数组，该数组中的一个结构描述系统中的一段物理内存，包括它的类型(常规内存、预留内存、不可用内存等)、起始地址和大小等。

2. 设置基本工作环境

为使初始化程序能正常工作，实模式初始化程序需设置基本的工作环境，包括实模式初始化程序将要使用的堆栈、计算机键盘的重复频率、显示器的显示模式、老式的中断控制器(即 8259A)、A20 门、协处理器(FPU)等。

设置中断控制器的目的是为了关闭中断。在内核初始化的初期，系统无法正常处理中断，因而只能将其关闭。关闭中断的方法包括两种，一是让处理器不响应中断(CLI)，二是让控制器不产生中断。不可屏蔽中断(NMI)也要一并关闭。

使用 A20 门的目的是为了能够正确地访问所有的物理地址空间。

3. 切换处理器操作模式

实模式初始化部分最重要的工作是将处理器由实模式切换到保护模式。当然，在模式切换之前需要建立一个 GDT 表。系统最终使用的 GDT 表定义在内核的主体部分，但现在还无法使用，因而只能先建立一个临时的 GDT 表。临时的 GDT 表中至少应该有一个代码段描述符和一个数据段描述符。代码段应是可读、可执行的，其基地址为 0，大小为 4 GB。数据段应是可读、可写的，其基地址为 0，大小为 4 GB。如果需要，还可以设置其它的描述符，如 TSS 描述符等。

将 GDT 表的基地址和大小装入 GDTR 寄存器，将 IDTR 的基地址和界限都设为 0，将 CR0 寄存器中的 PE 位置 1，即可将处理器切换到保护模式。如果必要，还可以设置 LDTR 和 TR 寄存器。

进入保护模式后，应立刻跳转到解压缩程序的入口，开始内核映像的解压缩工作。

3.3　内核解压缩

Linux 内核可被任何一种算法压缩，常用的有 gzip、bzip2、lzma 等。

解压缩程序的主要工作是将压缩后的内核映像解开并摆放在物理内存的适当位置。老版本 Linux 要求将解压后的内核摆放在物理内存的 0x100000(1 MB)处，新版本 Linux 要求将解压后的内核摆放在物理内存的 0x1000000(16 MB)处。这一改变可以节省 16 MB 以下的物理内存，以便为 DMA 腾出更大的自由空间。如果引导协议允许，解压缩程序可以根据实际情况重新选择解压后的内核摆放位置。

解压缩后的内核结构如图 3.2 所示。随着 Linux 内核的演化，其中的节越分越多、越分越细，目前已达 100 多个。需加载的节已被链接器整合在两个大的加载段(data 和 text)中，每个段中都包含若干个节。

	堆数据(页表)
data 加载段 可读、可写、可执行	BSS数据
	SMP 锁
	内核初始化代码和数据
	内核主体数据
text 加载段 可读、可执行但不可写	只读数据
	异常列表
	警告与注释
	内核主体代码
	内核头部

图 3.2　内核代码与数据的组成格式

在图 3.2 中，内核头部是定义在".text.head"节中的代码，负责内核的预初始化工作；内核主体代码主要定义在".text"节中，是内核代码的主体部分；异常列表定义在"__ex_table"节中，用于记录各内核预留异常的发生位置及处理程序入口地址；只读数据是内核不再修改的数据，如内核参数等；内核主体数据是内核定义的带初值的全局或静态变量，可读、可写，包括 init_task 进程(第 0 号进程)的管理结构、IDT 表等；内核初始化代码和数据仅在内核初始化期间使用，在初始化工作完成之后可被释放；BSS 数据定义在".bss"节中，是内核使用的、未指定初值的全局和静态变量；堆数据中包含初始的页表。

在完成解压工作之后，系统跳转到解压后的内核头部，开始内核的预初始化工作。

3.4　内核预初始化

内核头部仍然是一段汇编程序，负责内核的预初始化工作，包括切换 GDT 表、启动分页机制、切换系统堆栈等。按照 C 语言的约定，BSS 节中各变量的初值应该是 0，因而应先将内核的 BSS 节全部清 0。

1. 转移系统参数

实模式初始化部分收集到的系统参数被暂存在实模式的 boot_params 结构中，需要将其拷贝到内核的 boot_params 结构中备用。如果引导程序传递了命令行参数，应将其拷贝到字符数组 boot_command_line 中。

2. 确定处理器的型号

Intel 处理器有多种型号，如 386、486、Pentium 等，不同型号的处理器之间有一些差别。Linux 需要知道它正在使用的处理器(BSP)的型号，包括协处理器的型号。486 以后的处理器提供了一条 CPUID 指令，可用于查询有关处理器的信息。初始化程序将获得的处理器信息记录在一个专门的结构 cpuinfo_x86 中，并根据处理器型号，设置 CR0 寄存器中的 AM、WP、NE、MP、ET、EM 等标志。

3. 启动分页机制

按照链接脚本(文件 vmlinux.lds.S)的约定，Linux 内核的起始逻辑地址被定义在 LOAD_OFFSET+LOAD_PHYSICAL_ADDR。由于处理器所用代码段和数据段的基地址都是 0，因而逻辑地址等于线性地址，与物理地址之间相差 LOAD_OFFSET(在 32 位机器上为 0xC0000000)。地址之间的这一差别给程序的执行和数据的访问都带来了困难，经常需要进行手工地址转换，因而应尽快启动分页机制。

在启动分页机制之前需要先建立页目录和页表。由于目前的 Intel 处理器可以支持二级(32 位)、三级(36 位)和四级(64 位)页表，因此页目录、页表的建立方式有很大区别。由于预初始化程序还未分析内存的配置情况，所以无法建立完整的页目录和页表。事实上，目前建立的页目录、页表仅用于执行内核程序、访问内核数据，因而只要涵盖内核当前所用的线性地址空间即可。Linux 2.2，仅预建了 1 个页表，可用于访问最低端的 4 MB 内存；Linux 2.4，预建了 2 个页表，可用于访问最低端的 8 MB 内存；Linux 2.6，预建了 1 个页目录，但可根据内核所在位置及大小动态地建立多个页表，可用于访问低端的 64 MB、128 MB 或 1 GB 的内存。图 3.3 是缺省情况下 Linux 为普通 32 位处理器所建立的二级页表，其页目录称为 swapper_pg_dir。

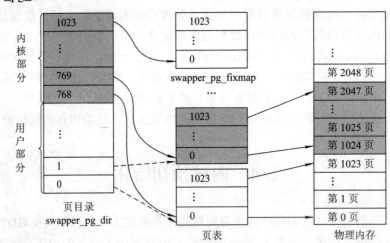

图 3.3　Linux 建立的二级页表

由图 3.3 可以看出，在 4 GB 的逻辑(或虚拟)地址空间中，内核占用了高端的 1 GB(对应页目录中的 768～1023)，为用户保留了低端的 3 GB。图 3.3 中的页目录页表可在线性地址区间[0xC0000000, 0xFFFFFFFF]与物理地址区间[0, 0x3FFFFFFF]之间建立一一对应的映射关系，相当于自动地将线性地址减去 0xC0000000。

在 64 位处理器上，目前可用的地址空间有 256 TB，内核与用户各占 128 TB，内核的起始逻辑地址被定义在 0xffffffff80000000+ LOAD_PHYSICAL_ADDR 处。

将页目录 swapper_pg_dir 的物理地址加载进 CR3 寄存器、将 CR0 寄存器中的 PG 位置 1 即可启动分页机制。如有必要，还应设置 CR4 寄存器中的某些标志位，如 PSE、PAE 等。如需启动执行禁止机制，还应设置 EFER 寄存器。

4. 更换系统堆栈

预初始化程序使用的是解压缩程序的堆栈，即将被释放，因而需要为系统更换一个堆栈。虽然可以再创建一个临时的堆栈，但也可以一步到位，直接使用 init_task 进程的系统堆栈。事实上，Linux 为每个进程都创建了一个系统堆栈，其大小是 8 KB(或 4 KB)。进程的系统堆栈都是动态创建的，只有 init_task 进程的系统堆栈是静态建立的，位于一个专门的节(.data.init_task)中，其前部的 thread_info 结构也已被初始化。

5. 重置 GDT、IDT、LDT

在进入正常工作之前，需为各处理器创建永久性的 GDT、IDT 和 LDT。

在 Linux 发展过程中，虽然 GDT 表的格式在不断变化，但最基本的 4 个段始终保留，即内核代码与数据段和用户代码与数据段。在 32 位处理器上，这 4 个段的基地址都是 0，大小都是 4 GB，可用于实现保护平板式内存管理机制。当处理器在内核空间运行时，它的 CS 为内核代码段、SS 为内核数据段，DS 和 ES 为用户数据段。当处理器在用户空间运行时，它的 CS 为用户代码段，SS、DS、ES 为用户数据段。早期的 Linux 在 GDT 中为每个进程预留一个 TSS 和一个 LDT 描述符。系统每创建一个进程都要在 GDT 中填写两个描述符，因而 GDT 的大小限制了进程的个数。2.4 版之后的 Linux 修正了这一做法，仅在 GDT 表中保留一个 TSS 和一个 LDT 描述符，用于描述当前进程。在进程切换时，不再切换 TR，而是修改 TSS 段的内容。这一修正消除了 GDT 对进程个数的限制。Linux 为 32 位处理器定义的 GDT 如表 3.2 所示。

表 3.2　GDT 的结构及初值

序号	名　　称	初　　值	意　　义
0-5	reserved	0	保留未用，第 0 个必须为空
6-8	TLS 段	0	线程局部存储，进程自定义
9-11	reserved	0	保留未用
12	内核 32 位代码段	0x00cf9a000000ffff	基值为 0，大小为 4 GB，DPL=0
13	内核 32 位数据段	0x00cf92000000ffff	基值为 0，大小为 4 GB，DPL=0
14	用户 32 位代码段	0x00cffa000000ffff	基值为 0，大小为 4 GB，DPL=3
15	用户 32 位数据段	0x00cff2000000ffff	基值为 0，大小为 4 GB，DPL=3
16	TSS	0	当前进程的任务状态段
17	LDT	0	当前进程的 LDT 段，进程自定义
18	PNPBIOS 32 位代码段	0x00409a000000ffff	64 KB 段，用于调用 PNPBOIS
19	PNPBIOS 16 位代码段	0x00009a000000ffff	64 KB 段，用于调用 PNPBOIS
20-22	PNPBIOS 16 位数据段	0x000092000000ffff	64 KB 段，用于调用 PNPBOIS
23	APMBIOS 32 位代码段	0x00409a000000ffff	64 KB 段，用于调用 APMBOIS
24	APMBIOS 16 位代码段	0x00009a000000ffff	64 KB 段，用于调用 APMBOIS
25	APMBIOS 32 位数据段	0x004092000000ffff	64 KB 段，用于调用 APMBOIS
26	ESPFIX small SS	0x00cf92000000ffff	4 GB 段，DPL=0
27	per-cpu 数据段	0x00cf92000000ffff	4 GB 段，DPL=0
28	stack_canary-20	0x0040900000000018	24 B 段，不可写
29-30	unused	0	未用
31	特殊 TSS	0	用于双故障异常处理

上述 GDT 表定义在 PERCPU 数据区中，每个处理器一个，其初值都一样。AP 处理器启动之后，将使用自己的 GDT 表，且可根据需要对其进行修改。段描述符 per_cpu 是用来定位 PERCPU 数据区的，段描述符 stack_canary-20 是用来做堆栈保护的。在不同处理器所使用的 GDT 表中，这两个段描述符的定义是不同的。

缺省的 IDT 表(idt_table)定义在专门的节 ".data.idt" 中。IDT 表已被初始化，其中的 256 个描述符已被设置成同一个缺省的中断门。缺省中断门指向程序 ignore_int，该程序并不处理中断，仅向用户报告说"收到一个不可知的中断或异常"。

目前的 Linux 不再使用 LDT。

6. 预留内存空间

在进入真正的初始化程序之前，需将已占用的物理内存区间记录下来，以免再被它用。预初始化程序将已占用的物理内存区间记录在数组 early_res 中，包括 BIOS 数据区、扩展 BIOS 数据区(EBDA)、内核代码、内核数据、initrd 映像、跳板程序 trampoline、直接映射页表、Bootmem 页位图、BAD RAM、堆(BRK)等。

在多处理器环境中，当 BSP 进行内核预初始化时，各 AP 都停止在实模式中。当 AP 被唤醒时，它们只能执行实模式程序，因此需要在基本物理内存(<=640 KB)中为 AP 准备一个跳板，即预留一段实模式初始化程序。

3.5　第 0 级初始化

真正的内核初始化工作十分繁杂，涉及到系统的方方面面，需要分步实施。初始化工作应该在进程中完成，不应独立于进程之外。为此，Linux 创建了两个进程，用于完成真正的系统初始化工作。第 0 号进程(即 init_task)是静态建立的，它完成最基本的内核初始化工作，称为第 0 级初始化。第 1 号进程是由第 0 号进程动态创建的，完成剩余的内核初始化工作，而后将自己转变成系统中的第一个用户态进程，进而完成用户态的初始化工作。第 1 号进程完成的初始化称为第 1 级初始化。

第 0 级初始化完成的主要工作包括获取系统配置信息、设置 IDT 表、启动内存管理器、启动第 0 号进程、创建第 1 号进程等。

1. 建立处理器管理结构

在多处理器环境中，需要为每个逻辑处理器建立一个 cpuinfo_x86 结构，用于记录处理器的厂家、型号、处理能力、已知 Bug 等信息。除此之外，还需要定义其它几个结构用以描述各逻辑处理器的配置情况，包括：

位图 cpu_possible_map，描述各逻辑处理器的存在情况(系统中有哪些处理器)。

位图 cpu_present_map，描述各逻辑处理器的使能情况(哪些处理器可用)。

位图 cpu_online_map，描述各逻辑处理器的在线情况(哪些处理器可用于调度)。

位图 cpu_active_map，描述各逻辑处理器的活动情况(哪些处理器可用于迁移)。

另外，结构 cpu_dev 用于描述处理器家族信息，其中记录着处理器的厂家、标识、家族及家族中所有产品的型号，还包含四个函数，用于实现处理器的预初始化和初始化操作。

Linux 已为各厂家(如 Intel、AMD、Cyrix、Transmeta 等)的处理器预定义了 cpu_dev 结构，它们的初值被集中在 ".x86_cpu_dev.init" 节中。根据当前处理器的标识信息确定它所属的家族，为其选择一个 cpu_dev 结构，将其称为 this_cpu。

2. 获取物理内存配置信息

由于历史的原因，在 Intel 系列的计算机系统中，物理内存空间中 640 KB～1 MB 之间的一段已被占用，其中包含影子 BIOS、设备扩展 ROM、显示缓存等。在随后的发展中，BIOS 在物理内存空间中预留的信息越来越多，如 ACPI 描述表、MP 表等，进一步加剧了物理内存空间的碎化。为了让操作系统能够正确地使用物理内存，BIOS 提供了 e820 服务，用于向操作系统报告物理内存空间的详细布局信息。在实模式初始化程序中，已经通过 BIOS 的 int 15h 服务对系统的物理内存空间进行了检测，所获得的信息已被转存到 boot_params 的 e820_map 数组中。由于 BIOS 的报告可能不太准确，因而需要对其进行一致性检查和修正(如去除重叠部分、进行重新排序等)。修正后的内存布局信息保存在 e820map 类型的结构变量 e820 中。结构 e820map 的主体部分是一个类型为 e820entry 的数组，其中的每一项描述一段连续的物理内存区间，包括它的开始地址、大小及类型。结构 e820map 的定义如下：

```
struct e820map {
    int nr_map;                        // e820entry 结构的实际数量
    struct e820entry {
        unsigned long long addr;       // 物理内存区间的开始地址
        unsigned long long size;       // 物理内存区间的大小
        unsigned long  type;           // 物理内存区间的类型
    } map[E820MAX];                    // 最多 128
};
```

BIOS 将系统的物理内存区间分为四大类，分别是可用 RAM(E820_RAM)、保留 RAM(E820_RESERVED)、ACPI 数据(E820_ACPI，保存 ACPI 描述表)和 ACPI 非易失数据(E820_NVS，暂存进入睡眠状态之前的系统信息以便恢复)。

如果引导协议中有 setup_data 参数(e820 扩展信息)，则应根据该参数修正变量 e820；如果命令行参数中有对物理内存的设置信息，如可用物理内存大小、高端内存大小、valloc 区大小、ACPI 参数等，则应根据这些信息再次修正变量 e820。

在 Bootmem 启动之前，Linux 将利用变量 e820 分配物理内存空间。方法是搜索 e820 中的 map 数组，找一块类型为 E820_RAM、大小合适且未被使用的物理内存区间，将其分配给用户，同时将该区间的信息记录在数组 early_res 中。

3. 转存系统参数

Linux 内核的系统参数已被转存到结构变量 boot_params 中，其中包括引导程序传递过来的参数和实模式初始化程序检测到的参数，如根设备的设备号、显示器配置信息、APM 信息、引导程序类型、initrd 信息等，需将这些参数分别转移到相应的内核变量中备用。此后，变量 boot_params 所占用的内存空间被释放。

4. 记录内核位置

Linux 的所有程序都运行在进程中，包括它的内核。事实上，每个进程的地址空间中都包含一个内核，或者说 Linux 内核可运行在任何一个进程的地址空间中。在进行第 0 级初始化时，系统中仅有 1 个进程，即第 0 号进程或 init_task 进程，可以认为当前的内核正运行在第 0 号进程的地址空间中。

　　Linux 的进程由 task_struct 结构描述，每个进程 1 个。第 0 号进程的 init_task 结构是静态建立的，定义在专门的节中。在 task_struct 结构中记录了进程使用的虚拟内存信息，包括它的代码开始位置、终止位置，数据开始位置、终止位置，堆的开始位置等。对用户进程来说，这些信息描述了它的应用程序及其数据在虚拟地址空间中的位置。由于第 0 号进程只在内核中运行，永远都不会执行应用程序，因而可在它的 task_struct 结构中记录内核的位置。内核各部分的位置已被链接器记录在特定的变量中，如_text、_etext、_edata、_brk_end等，将它们转存到第 0 号进程的 task_struct 结构中即可。

　　值得注意的是，内核的堆被定义在一个专门的节中，位于内核映像的尾部。

5. 映射低端物理内存

　　映射低端物理内存的目的是给它们分配内核线性地址，以便能在内核中访问它们。

　　早期的 Linux 所面对的物理内存较小(数兆字节到数百兆字节)，可以将所有的物理页直接映射在内核线性地址空间(3 GB 到 4 GB)中，即可以在内核线性地址空间中为每个物理地址预先分配一个线性地址，因而在内核中可以直接访问到所有的物理内存。当物理内存量超过 1 GB 时，无法再将它们全部映射到内核线性地址空间中，也就是说必然会存在一部分没有分配到内核线性地址的物理内存。当内核需要访问这部分物理内存时，只能临时给它们分配一个内核线性地址，因此在内核线性地址空间中需为这部分内存预留一部分线性地址。另外，在内核线性地址空间中还要为一些常用的固定物理地址(如 APIC、HPET 的寄存器等)预留线性地址。因而，在 32 位处理器上，能够直接映射到内核线性地址空间中的物理内存量要远小于 1 GB。

　　当然，由于 64 位处理器的线性地址空间十分巨大，可以为内核预留足够大的线性地址空间(如 128 TB)，为每个物理地址预分配一个内核线性地址已经不再成为问题。

　　在 32 位处理器上，由于线性地址空间的限制，Linux 只能将物理内存分成两部分。有永久内核线性地址的部分称为低端内存，无永久内核线性地址的部分称为高端内存。Linux 定义了两个宏和多个全局变量来描述物理内存的配置情况：

MAXMEM：可直接映射到内核线性地址空间的最大物理内存容量，不超过 896 MB。

MAXMEM_PFN：可直接映射到内核线性地址空间的最大物理内存页数。

max_pfn：系统可用的最大一个物理内存页的页号+1。

max_low_pfn：可直接映射到内核线性地址空间的最大物理内存页数，也就是可直接映射到内核线性地址空间的最大物理内存页的页号+1。如物理内存较多，max_low_pfn 就是MAXMEM_PFN；否则，max_low_pfn 应小于或等于 max_pfn。

highstart_pfn：高端内存的开始页号，通常就是 max_low_pfn。

highend_pfn：高端内存的终止页号，通常就是 max_pfn。

high_memory：高端内存的开始线性地址，就是第 highstart_pfn 页的线性地址。

　　通过设置页目录 swapper_pg_dir 及其页表，可以为各低端物理内存页(在 0～max_low_pfn 之间)建立永久性的直接映射关系，即将这部分物理内存直接映射到线性地址空间的 3 GB 以上位置(页目录的 768～1023 之间)。做这种直接映射的目的仅仅是为了能在内核中直接访问这部分物理内存空间,并不涉及到页面的交换,因而可以将它们都设置成大尺寸页面(4 MB 或 2 MB 页),以减少 TLB 的消耗,加快地址转换的速度。但最低端的 4 MB 或 2 MB 物理内存是一个例外,仍然应该使用 4 KB 页。各页的属性中应包括 P、RW、D、A、G 等标志,大页面中还应包括 PS 标志。除内核代码之外,其它页都应该是禁止执行的数据页。

3～4 GB 之间的内核线性地址空间的布局情况如图 3.4 所示。如此设置的页目录 swapper_pg_dir 是 BSP 目前使用的页目录,也是第 0 号进程的页目录。

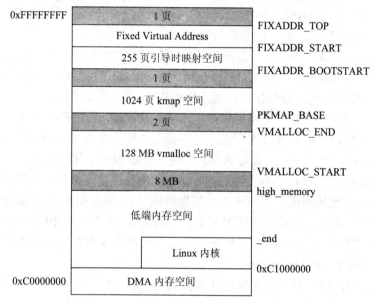

图 3.4　内核线性地址空间的布局

在图 3.4 中,"Fixed Virtual Address"是为固定物理地址预留的内核线性地址(内核通过它们可访问到某些固定的物理地址,如 APIC 寄存器等),"kmap 空间"是为高端内存预留的临时内核线性地址,"vmalloc 空间"是为逻辑内存管理器预留的内核线性地址,灰色部分是空洞,用于各地址空间之间的隔离。空洞页的页表或页目录项是空的,对它们的访问会引起页故障异常。

"引导时映射空间"的作用与"kmap 空间"相同。在系统初始化完成之前,Linux 用"引导时映射空间"为高端物理内存临时分配内核线性地址。

需要为 Fixed Virtual Address 单独建立一个页表,其页表项都是全局的,不会被刷新。

需要对 BSP 处理器的 EFER、CR4 寄存器进行适当的设置,以便使能寄存器执行禁止、大物理页(4 MB 或 2 MB 页)、全局页等。

6. 预留 initrd 空间

如果引导程序将 initrd 映像放在了高端物理内存空间中,则应将它移到低端内存空间中。全局变量 initrd_start 和 initrd_end 指向 initrd 映像在低端内存空间中的位置。

7. 确定系统配置信息的获取方法

除了处理器和物理内存之外,操作系统还需要知道计算机系统的其它配置信息。大部分这类的配置信息都由 BIOS 提供，BIOS 按标准组织它们，如 DMI、MP、ACPI 等。

DMI 是由行业指导机构 DMTF 起草的开放性技术标准，可以向操作系统提供 BIOS、主板、机箱、设备、整机等方面的配置信息，目前已基本不再使用。

从 P6 开始，Intel 在其 IA-32 体系结构中引入了一个多处理器初始化协议规范(Intel Multiprocessing Specification，MP)，定义了多处理机系统中的配置信息存储格式。SMP 系统中的 BIOS 已经在物理内存中创建了一个多处理机配置表，其表头称为"MP Floating Pointer Structure"，可能出现在物理内存的 0～1 KB 处、639～640 KB 处、0xF0000～0xFFFFF 处，或 EBDA 的最初 1 KB 处。通过配置表头可以找到 MP 的基本配置表，其中包含有处理器、总线、I/O APIC、Local APIC 等的配置信息。基本配置表后是扩展配置表，其中包含各总线上的地址空间配置信息、总线层次结构等。

MP 依然存在，但主要用于多处理器的初始化，它在配置管理方面的工作正逐渐被 ACPI 取代。ACPI(Advanced Configuration and Power Interface)是由 HP、Intel、Microsoft、Phoenix 等公司开发的高级配置与电源管理接口，是 MP 和 APM 等标准的升级。

ACPI 的作用主要有两个：一是电源管理，二是配置管理。与 APM 不同，ACPI 将电源管理工作完全交给了操作系统，BIOS 已基本不再参与。操作系统可以根据某种策略动态地调整处理器、设备乃至整个系统的运行状态，以便在保证服务质量的前提下尽可能地节约电能。ACPI 提供的配置管理包括两方面的内容，一是向操作系统提供系统的配置信息，包括静态配置信息(如系统的组成、组织关系、资源情况等)和动态配置信息(如设备的插拔情况等)，二是允许操作系统动态地枚举和配置主板上的设备。另外，ACPI 还提供了一个事件模型，用于将即插即用、温控、电源管理等事件及时地通知操作系统，通知的手段是系统控制中断 SCI(System Control Interrupt)。

ACPI 的定义极为复杂，其功能必须由计算机系统中的硬件、固件和操作系统共同实现，如图 3.5 所示。

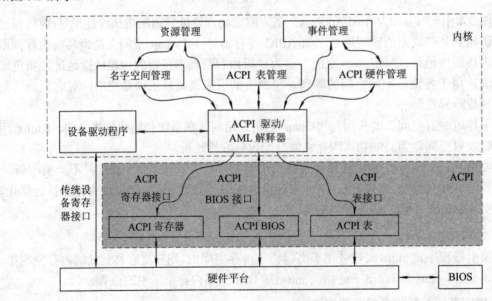

图 3.5 ACPI 体系结构

ACPI 硬件包括集成在芯片组(如南桥)中的控制逻辑和集成在设备中的接口电路，它们被抽象成不同种类的寄存器块。ACPI 的寄存器可大致分成两大类。状态寄存器中记录硬件的当前状态，它与使能寄存器一起决定何时生成通知事件(SCI 中断)；控制寄存器用于接收操作命令，并根据命令控制硬件的行为。

　　在所有的硬件中，有些是 ACPI 必须的，且特性已明确定义，如电源管理定时器、电源按钮等，这类硬件称为固定(Fixed)硬件。对固定硬件的管理可通过直接操作其寄存器块实现。固定硬件的寄存器块包括 PM1 事件寄存器块、PM1 控制寄存器块、PM2 控制寄存器块、PM 定时器寄存器块、处理器控制寄存器块等。

　　大部分硬件的特性是由其它标准定义的，ACPI 所关心的仅是这些硬件中与电源管理相关的增值部分，这类硬件称为通用(Generic)硬件。ACPI 利用对象描述通用硬件的特性，并通过名字空间将各对象组织起来。通用硬件的状态寄存器被分层组织，并最终连接到位于顶层的通用事件寄存器块中，用于生成通知事件。通用硬件中的控制寄存器只能通过对象中的控制方法访问。当收到通知时，操作系统查阅通用事件寄存器块中的状态寄存器可获得事件产生的原因，查阅名字空间可找到事件源的描述对象，调用与之关联的控制方法即可访问控制寄存器，从而完成对通用硬件的控制操作。通用硬件的特性及控制方法由厂商提供，由 AML(ACPI Machine Language)代码描述，被组织在特定的描述表中。

　　ACPI 固件(Firmware)主要由支持 ACPI 的 BIOS 组成。在系统启动时，ACPI BIOS 会按照已有的标准检测整个计算机系统，收集、整理有关的配置信息，并将其保存在内存中的一组 ACPI 描述表中。

　　ACPI 描述表是 ACPI 机制的核心，它描述系统的信息、特性及这些特性的控制方法，是操作系统获取配置信息的主要途径。ACPI 的描述表很多，包括 RSDT(Root System Description Table)、XSDT(Extended System Description Table)、FADT(Fixed ACPI Description table)、FACS(Firmware ACPI Control Structure)、DSDT(Differentiated System Description Table)、SSDT(Secondary System Description Table)、MADT(Multiple APIC Description Table)等，它们被组织成一个树形结构，如图 3.6 所示。

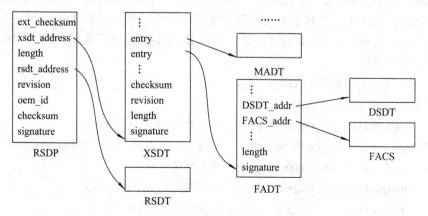

图 3.6　ACPI 描述表结构

　　表 XSDT 或 RSDT 中包含一个指针数组，其中的每个指针都指向另一个描述表，如FADT、MADT 等。描述表 XSDT 是 RSDT 的扩展，两者的格式完全一样，所不同的是 RSDT

中的地址是 32 位的，而 XSDT 中的地址是 64 位的。目前通常用 XSDT。

FADT 表中包含一些静态的 ACPI 硬件特性，如 SCI 的中断向量号、硬件寄存器块的大小与位置、FACS 与 DSDT 表的开始地址等。FADT 所描述的硬件寄存器块包括两组事件寄存器块(PM1a 和 PM1b)、三组控制寄存器块(PM1a、PM1b 和 PM2)、定时器寄存器块、处理器控制寄存器块(包括处理器性能控制和睡眠状态控制寄存器)、通用事件寄存器块(GPE0、GPE1)等，这些寄存器块的意义已经预定，开始地址也不许再改变。

ACPI 描述表在内存中的位置由结构 RSDP 描述。如果系统支持 ACPI，搜索物理内存空间肯定能找到结构 RSDP(在 EBDA 的前 1 KB 或 0xE0000~0xFFFFF 之间)。分析 RSDP 结构可获得 XSDT 或 RSDT 表的开始地址(如有 XSDT 则不用 RSDT)。分析 XSDT、RSDT 和 FADT 可获得其余各表的开始地址，进而可获得各表的描述信息。

为便于使用，Linux 将各 ACPI 描述表的表头信息全部转存到结构数组 initial_tables[]中。数组 initial_tables 的定义如下：

```
struct acpi_table_desc {
    acpi_physical_address    address;            // 表的开始地址
    struct acpi_table_header *pointer;           // 表头结构，通常是临时分配的
    u32                      length;             // 表长
    union acpi_name_union signature;             // 表的识别标志，如 "DSDT"
    acpi_owner_id            owner_id;           // 拥有者
    u8                       flags;              // 标志
};
    struct acpi_table_desc   initial_tables[ACPI_MAX_TABLES] _initdata;
```

操作系统内核需要实现 AML 解释器、ACPI 驱动、ACPI 表管理、名字空间管理、ACPI 硬件管理、资源管理、事件管理等模块，以支持 ACPI 规范。

8. 启动 Bootmem 内存管理器

Bootmem 是在 Linux 2.4 中引入的一种物理内存管理器，目的是为内核初始化提供内存支持。在此前的版本中，内核初始化期间未使用内存管理器，所需内存都是从已知物理内存空间中直接划出来的，不方便也不灵活。由于 Bootmem 仅用于系统初始化，因而只需管理低端物理内存即可。

Bootmem 使用的管理结构如下：

```
typedef struct bootmem_data {
    unsigned long    node_min_pfn;        // 开始位置的物理页号，如 0
    unsigned long    node_low_pfn;        // 终止位置的物理页号，如 max_low_pfn
    void             *node_bootmem_map;   // 页位图
    unsigned long    last_end_off;        // 下次分配的建议开始地址
    unsigned long    hint_idx;            // 下次分配的建议开始页
    struct list_head list;
} bootmem_data_t;
```

在 bootmem_data 结构中，最主要的是页位图 node_bootmem_map，其中的每一位对应

低端内存中的一页。Bootmem 根据 e820 结构和预留内存区间结构 early_res 初始化它的页位图。低端内存中非保留且未被使用的页都应该是可用的，它们在页位图中对应的位应该被清 0，已用掉或已预留的低端页所对应的位应该被置 1。

对 Bootmem 的唯一要求是简单，因而 Bootmem 采用基于最先适应(first-fit)算法的动态分区技术来管理内存的分配和释放。在向 Bootmem 申请内存时，申请者需要指出内存的大小、对齐方式(如页对齐或 L1 Cache 对齐等)、期望的开始位置(如 16 MB 或 0 等)、期望的终止位置等。Bootmem 管理器从头开始搜索页位图，找到满足要求的第一块空闲内存(由一到多个连续的空闲页组成)，设置页位图并将其分配出去。如所分配内存的终止位置不是页边界，则让 last_end_off 指向剩余碎片的开始位置。如果可能，下一次分配应从 last_end_off 处开始，以便将碎片利用起来。

9. 创建"kmap 空间"页表

"kmap 空间"的起始线性地址是 PKMAP_BASE(从 0xFFFFFFFF 倒推出来的一个内核线性地址，是 4 M 的倍数)，大小是 4 MB，因而需要一个页表来描述 kmap 页到高端物理页的映射，虽然这种映射是临时的、短暂的。

"kmap 空间"的页表需要一页的物理内存，该内存是向 Bootmem 申请的。变量 pkmap_page_table 指向 kmap 页表中的第一个页表项。

10. 获取外部中断配置信息

目前的计算机系统大都采用 APIC 来分发外部中断。APIC 有多种类型，如 NUMAQ、SUMMIT、VISWS、ES7000、BIGSMP 等。为了便于管理，Linux 为每一种类型的 APIC 定义了一个 apic 结构，其中包含一组对该类 APIC 的操作函数，如 APIC 探测函数、APIC 寄存器的读写函数、处理器唤醒函数、处理器间中断的发送函数等。因而，一个 apic 结构实际就是一类 APIC 设备的驱动程序。在外部中断初始化之前，Linux 需要根据系统的配置信息确定与之对应的 apic 结构。缺省的 apic 结构是 apic_default。

系统中有关外部中断(尤其是 APIC)的配置信息是由 BIOS 提供的，提供的方式有两种，MP 配置表和 ACPI 描述表。Linux 以 ACPI 为准，辅之以 MP。

在 ACPI 的描述表中，MADT 描述的是系统中 APIC 的配置信息。MADT 由许多子表组成，这些子表描述了各逻辑处理器的使能情况和各种外部中断的配置情况。

如果系统支持 Local APIC，在 MADT 中肯定包含 Local APIC 寄存器的内存映射物理基地址(缺省值是 0xFEE00000)。为了便于在内核中直接访问 Local APIC 的寄存器，应设置页目录、页表项，将 Local APIC 的寄存器页映射到"Fixed Virtual Address"区域的预定位置，也就是为 Local APIC 的各寄存器分配内核线性地址。

MADT 为每个逻辑处理器定义了一个子表，用于记录它们的 ID 号、与之关联的 Local APIC 的 ID 号及使能情况等。ID 号可能不连续，为了便于使用，Linux 给每个使能的逻辑处理器另外分配了一个逻辑号。逻辑号从 0 开始，依据处理器在 MADT 中出现的顺序编排，其中 BSP 的逻辑号是 0。Linux 将逻辑号与 Local APIC ID 的对应关系记录在数组 x86_cpu_to_apicid[]中。位图 cpu_possible_map 和 cpu_present_map 是按处理器的逻辑号设置的，1 表示对应的处理器存在且可用。

如果 Local APIC 上连接有 NMI，该 NMI 必须连接在管脚 LINT1 上。

如果系统中配置了 I/O APIC，那么每个 I/O APIC 在 MADT 中都有一个描述子表，用于记录它的 ID 号、物理基地址(寄存器 IOREGSEL 的物理地址)及全局中断(Global System Interrupt，GSI)基号。Linux 将各 I/O APIC 的描述信息汇总在结构数组 mp_ioapics[]中。为了便于在内核中直接访问 I/O APIC 的寄存器，需要将 I/O APIC 的物理基地址映射到"Fixed Virtual Address"区域的预定位置，即为 I/O APIC 的寄存器分配内核线性地址，每个 I/O APIC 1 页。假如一个 I/O APIC 的开始虚拟地址是 vaddr，则通过 vaddr 访问到的是它的 IOREGSEL 寄存器，vaddr+0x10 访问到的是它的 IOWIN 寄存器，vaddr+0x40 访问到的是它的 EOI 寄存器。

　　系统中可能包含多个 I/O APIC。所有 I/O APIC 的输入管脚已被统一编号，称为 GSI 号。缺省情况下，I/O APIC 的第 N 个管脚所对应的 GSI 号为该 I/O APIC 的 GSI 基号+N。特别地，8259A 类 PIC 的输入管脚与系统中第一个 I/O APIC 的输入管脚应该是一一对应的，也就是说，GSI 0～15 应该分配给 IRQ 0～15，但也可能有例外。MADT 中可能包含若干描述子表，用来记录 IRQ 与 GSI 号之间的这种意外的映射关系。Linux 将 IRQ 与 GSI 号的映射关系记录在结构数组 mp_irqs[]中。

```
struct mpc_intsrc {
        unsigned char type;              // MP_INTSRC
        unsigned char irqtype;           // 可能是 INT、NMI、SMI 或 ExtINT
        unsigned short irqflag;          // 触发方式和极性
        unsigned char srcbus;            // 总线号，如 MP_ISA_BUS
        unsigned char srcbusirq;         // IRQ 号
        unsigned char dstapic;           // I/O APIC ID
        unsigned char dstirq;            // GSI 号
};
struct mpc_intsrc    mp_irqs[256];
```

　　如果 ACPI 中没有提供有关处理器和外部中断的配置信息，则需要分析 MP 表，从中获取各逻辑处理器和外部中断的配置信息，并将它们记录在数组 x86_cpu_to_apicid[]、位图 cpu_possible_map 与 cpu_present_map 及结构数组 mp_irqs[]中。

11. 建立 PERCPU 数据区

　　毫无疑问，在内核中需要建立许多管理用的数据结构。在单处理器环境中，一套数据结构就足够了。但在多处理器环境中，却需要对这些数据结构做一些区分。有些数据结构是全局共享的，仅需要建立一套；另一些数据结构是每个处理器都需要使用但又不能共享的，如 GDT、TSS、处理器状态等，必须为每个处理器都建立一套。Linux 称处理器专有的数据为 PERCPU 数据或专有数据，且定义了一套专门的机制来管理 PERCPU 数据。PERCPU 数据区中包含很多数据结构，它们的初值被集中存放几个专用的数据节中，如".data.percpu"、".data.percpu.first"、".data.percpu.page_aligned"等。

　　在早期的版本中，PERCPU 区中的数据都是在编译时静态建立的，在系统运行过程中不会再向其中增加新的数据结构。宏 DEFINE_PER_CPU(*type*, *name*)用于在 PERCPU 数据区中声明一个类型为 *type*、名称为 per_cpu_##*name* 的变量。在新版本中，Linux 允许动态地调整 PERCPU 数据区，即可以在系统运行过程中新建 PERCPU 数据结构，因而各处理器的 PERCPU 数据被分成三部分，即静态部分(已预定义)、预留部分(留给内核和模块使用)、动态部分(在系统运行过程中动态创建，初值为空)。

PERCPU 数据区是临时创建的，系统中每个存在的处理器都有一个，其内存空间是向 Bootmem 申请的。在各 PERCPU 数据区中，静态部分的初值都来源于".percpu"节，并经过了修正，如第 i 数据区中的变量 x86_cpu_to_apicid 记录的是逻辑处理器 i 的 Local APIC ID 等。Linux 定义了数组_ _per_cpu_offset，专门用于记录各 PERCPU 数据区的开始位置，如图 3.7 所示。

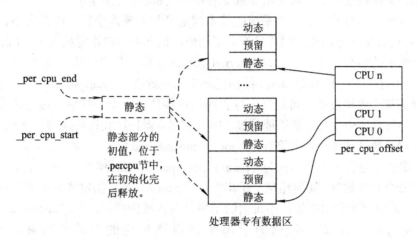

图 3.7　PERCPU 数据区的结构

为了便于寻址，Linux 在各处理器的 GDT 表中都定义了一个 per-cpu 段描述符，其基地址被设为：处理器在 PERCPU 数据区的开始地址-_ _per_cpu_start。只要处理器在核心态运行，它的段寄存器 FS 中就永远保存该 per-cpu 段的描述符。如此以来，处理器通过 FS: per_cpu_xx 访问的就是自己的专有变量 xx。

12. 初始化伙伴内存管理结构

早期的 Linux 未细分物理内存，只在有些页的管理结构(page)上加入了 PG_DMA 标志，表示它可用于 DMA。新版本的 Linux 将物理内存按位置划分成一到多个节点(Node)，并将每个节点中的物理内存再细分成若干个管理区(Zone)。Linux 用结构 pglist_data 描述节点，用结构 zone 描述管理区(参见 6.2 节)。

Linux 采用伙伴算法管理其物理内存，相应的管理子系统可称为伙伴内存管理器。初始化伙伴内存管理结构的主要工作是设置系统中的节点结构 pglist_data 和节点中的管理区结构 zone，依据是物理内存的配置情况，包括记录在变量 e820、max_low_pfn 和 highend_pfn 中的信息，内容包括节点中物理内存的总页数(包括空洞)、实际页数(不含空洞)、开始页号、管理区个数等，各管理区所管理内存的总页数(包括空洞)、实际页数(不含空洞)、开始页号等。

节点结构中的一个重要子结构是页结构(page)数组 node_mem_map，该数组是根据节点所管理物理内存的总页数(包括空洞页)临时创建的，其中的一个 page 结构唯一地描述了一个物理页。初始情况下，各 page 结构的_mapcount 被设为-1、_count 被设为 1、迁移类型都被设为 MIGRATE_MOVABLE，所有的页都被设为保留的。

在初始化内存管理结构的过程中，还需要确定几个全局变量，其中 nr_all_pages 中记录物理内存的总页数，totalram_pages 中记录空闲的物理内存总页数。

13. 处理命令行参数

Linux 内核是高度可配置的。编译时，可通过配置文件和条件编译对内核中的功能模块进行不同形式的取舍；运行时，可通过 sysfs、proc 等虚拟文件系统修改内核中的参数，通过内核模块机制动态地向内核中插入模块或从内核中拔出模块。在内核启动过程中，也可以设置或修正某些内核参数，从而指导系统的初始化和随后的正常运行。

Linux 内核中的有些参数是对系统的基本假定，如处理器个数、内存大小、是否支持 APIC 等，可通过某种方法检测到或已假定了初值，但允许用户指定或修正。Linux 为每个允许指定或修正的参数定义了一个 obs_kernel_param 结构，其中包括参数名 str 和处理函数 setup_func。所有的 obs_kernel_param 结构已被组织在数组_ _setup_start 中。如果想在初始化过程中修正某个内核参数，可通过引导程序向内核传递一个字符串，称为命令行参数。早期的引导协议规定命令行参数不能超过 256 个字节，新协议允许传递长达 2 KB 的命令行参数。命令行参数已被转移到字符数组 boot_command_line 中。

命令行参数中包含若干个形式为"param"或"param=value"的子串，子串之间以空格分隔，整个命令行参数以 '\0' 结尾。子串中的"param"是要指定或修正的内核参数的名称，"value"是内核参数的新值。不带值的子串是对内核的指示，如"disableapic"指示内核不要使用 Local APIC；带值的子串是向内核传递的参数值或环境变量，如"highmem=256M"告诉内核设置 256 MB 的高端物理内存。

在初始化过程中，Linux 分析并处理命令行参数，做法是找出与各参数名匹配的 obs_kernel_param 结构并执行其中的处理函数 setup_func，以完成对内核参数的修正。

有些内核模块也需要参数，这些参数可在插入过程中通过 insmod 命令传递，如命令 insmod hello.o count=0 name="Hello"在将模块 hello.o 插入内核的同时向其传递了两个参数 count 和 name。然而，被直接集成在内核映像中的模块不需要再插入，它们所需要的参数只能通过命令行参数传递。与内核参数相似，Linux 为每个模块参数定义了一个 kernel_param 结构，其中包括参数名、访问权限、访问标志、设置函数 set、获取函数 get 等。所有的 kernel_param 结构被组织成一个数组_ _start_ _ _param。在处理命令行参数时，Linux 会查找_ _start_ _ _param 数组，获得与参数名匹配的所有 kernel_param 结构，并逐个执行其中的 set 函数，以完成对模块参数的设置。

即非内核参数又非模块参数的剩余命令行子串被分成两类，"param=value"格式的是环境变量，Linux 将其暂时记录在数组 envp_init 中；"param"格式的是传递给第一个用户程序的参数，Linux 将其暂时记录在数组 argv_init 中。

14. 设置异常和系统调用入口

Linux 内核为每一类异常都定义了一个处理程序，如为页故障异常定义的处理程序为 page_fault 等。为了将异常与处理程序关联起来，需要为各异常处理程序定义中断门、陷阱门或任务门，并将它们按异常向量号填入 IDT 表 idt_table，如表 4.1 所示。与 GDT 不同，Linux 仅定义了一个 IDT 表，各处理器共用同一个 IDT。

Linux 的系统调用通常由陷入指令(如 int $0x80)实现，其处理程序由 IDT 表中的一个陷阱门描述，入口程序为 system_call，特权级为 3。

15. 启动 BSP 上的第 0 号进程

BSP 是系统的引导处理器，也是执行初始化程序的处理器，逻辑号为 0。虽然 BSP 正在第 0 号进程的地址空间中运行，但它的寄存器还未对此进行设置，BSP 还未意识到自己正在运行第 0 号进程。启动 BSP 上的第 0 号进程的过程如下：

(1) 根据 boot_cpu_data 中的处理器配置信息设置 BSP 的 CR4 寄存器。

(2) 将 BSP 的所有 Debug 寄存器清 0。

(3) 将公共 IDT 表 idt_table 加载到 BSP 的 IDTR 寄存器中。

(4) 将第 0 号处理器专有的 GDT 表(在 PERCPU 数据区中)加载到 BSP 的 GDTR 寄存器中，将其中的 per-cpu 段描述符加载到 BSP 的 FS 寄存器中。

(5) 将 init_task.active_mm 设为初始的内存管理结构 init_mm；利用 init_mm 中的 context 创建一个 LDT 描述符，将其填入 BSP 的 GDT 表中；将新建的 LDT 描述符加载到 BSP 的 LDTR 寄存器中。

(6) 设置第 0 号处理器的任务状态段(在 PERCPU 数据区中已为每个处理器都定义了一个任务状态段，即一个 tss_struct 类型的结构变量 init_tss，其中的 sp0 指向当前进程系统堆栈的栈底。将 BSP 所用任务状态段中的 sp0 设为第 0 号进程的栈底)；根据 init_tss 的位置和大小构造一个 TSS 描述符，将其填入 BSP 的 GDT 表中，并加载到 BSP 的 TR 寄存器中。

(7) 利用全局任务状态段 doublefault_tss 构造一个 TSS 描述符，将其填入 BSP 的 GDT 表中，用于处理双故障异常。doublefault_tss.ip 被设为函数 doublefault_fn。

(8) 初始化 BSP 的 FPU，设置相关的寄存器，如 CR4.OSXSAVE 等。

到此为止，BSP 的各大管理寄存器(GDTR、IDTR、LDTR、TR、CR 等)已设置完毕，BSP 使用第 0 号进程的页目录和系统堆栈，执行第 0 号进程的代码，因而正在运行第 0 号进程，或者说第 0 号进程已在 BSP 上静态启动。

16. 启动伙伴内存管理器

Bootmem 是一个临时性质的内存管理器，其功能有限，不适宜长期使用，应尽快启动功能完备的内存管理器，即 Linux 的伙伴内存管理器。伙伴内存管理器所用的数据结构已基本设置完毕，所欠缺的是将要管理的物理内存资源。只要将系统中的空闲物理内存页全部交给伙伴内存管理器，它即可接替 Bootmem 投入正常运行。

由于低端内存的使用情况全部记录在 Bootmem 的位图 node_bootmem_map 中，因而搜索该位图即可获得所有的低端空闲页。各空闲物理页上的保留标志 PG_reserved 应被清除，表示它们已可用于分存分配。各空闲物理页应按伙伴关系组合成大页块，并加入伙伴内存管理器的空闲页块队列中。当把所有的低端空闲页全部交给伙伴内存管理器之后，位图 node_bootmem_map 也就无用了，应将它占用的物理页也交给伙伴内存管理器。

系统中的高端物理内存都是空闲的，应将它们全部交给伙伴内存管理器。

将页目录 swapper_pg_dir 中的用户部分(0~767)清空并刷新 TLB。

至此，伙伴内存管理器已接管了所有的空闲物理内存页，它的管理结构已全部初始化完毕。此后，伙伴内存管理器将负责物理内存的管理。

17. 启动对象内存管理器

伙伴内存管理器以页为单位管理物理内存，无法满足内核对小内存的需求，如建立小的数据结构等，因而需要建立另外一个内存管理器，专门为内核提供小内存服务。

在最早的版本中，Linux 采用存储桶(bucket)算法管理小内存，后来换成了 SUN 公司的 Slab 算法，称为对象内存管理器。新版本的 Linux 又引入了 Slub 和 Slob 算法，以满足不同种类内核对小内存的需求，但其核心仍然是 Slab。

对象内存管理的基本思路是将来自伙伴内存管理器的一大块内存划分成一组等尺寸的小对象，由一个 Slab 管理。具有相同属性的一组 Slab 构成一个缓存，由一个 Cache 管理。对象内存管理器以小对象为单位分配和释放内存。

对象内存管理器中的 Cache 由结构 kmem_cache 描述，是一种特殊尺寸的小对象，也应该由一个 Cache 管理。管理 kmem_cache 结构的 Cache 称为 cache_cache，是需要预先建立的管理结构。以 cache_cache 为基础，可以创建若干个通用的 Cache，如对象尺寸为 32、64、96、128、192、256、512、1024、2048 字节的 Cache。各通用 Cache 的位置记录在数组 malloc_sizes 中。Linux 还为一些常用的结构建立了专用的 Cache，如为结构 anon_vma、task_struct、sighand_struct、signal_struct、files_struct、fs_struct、mm_struct、vm_area_struct、dentry、inode、file、vfsmount、sigqueue 等建立了 Cache。

在完成上述初始化工作之后，对象内存管理器已可正常工作。

18. 初始化调度器

调度器负责进程的调度，是操作系统的核心。在 Linux 0.11 版中，Linus 设计了一个基于单就绪队列的调度器，十分简洁有力，以至于 Linus 认为它能够适应所有的情况，已没有再改变的必要。事实上，在 Linux 2.6 版推出之前，Linux 一直使用的都是这一调度器。但随着 Linux 所面对环境的复杂化，人们逐渐发现了老调度器的不足，如扩展性、交互性、实时性不好等。在 Linux 2.6 中，Ingo Molnar 设计了一个基于多就绪队列的 $O(1)$ 调度器，能够在常数时间内完成进程调度，但比较复杂，且会在许多情况下失效。Con Kolivas 设计出了基于多就绪队列的楼梯调度器 SD 及改进版本 RSDL(The Rotating Staircase Deadline Schedule)，转而采用一种公平的调度思路，改善了系统的交互性，简化了设计的复杂度。受 RSDL 启发，Ingo Molnar 又设计了基于红黑树的完全公平调度器 CFS(Completely Fair Scheduler)。CFS 是目前 Linux 的主流调度器。

调度器初始化的主要工作包括创建初始任务组 init_task_group 以便支持组调度、初始化根处理器域 def_root_domain 用以描述各处理器的优先级、初始化实时进程带宽 def_rt_bandwidth 以限制实时进程的单次运行时间、初始化各处理器的就绪进程队列 runqueues、创建名为 pidhash 的 Hash 表以加速进程 PID 到 task_struct 的转换等。

每个处理器都有一个空闲进程，在完成初始化工作之后，第 0 号进程将变成 BSP 的空闲进程 Idle。将 BSP 的当前进程和空闲进程都设为第 0 号进程。

至此，CFS 调度器已可正常工作。

19. 初始化外部中断

为了维护兼容性，目前的计算机系统中通常同时配置有 8259A 类的 PIC 和 APIC，且两者可配合工作。PIC 与 APIC 的组合模式有三种，即 PIC 模式(完全绕过 APIC，PIC 的输出直接连接到 BSP 的 INTR 上)、Virtual Wire 模式(PIC 的输出被连接到 BSP 的 Local APIC 的 LINT0 上，LINT0 工作在 ExtINT 模式，按正常的顺序应答)和 Symmetric I/O 模式(外部中断经过 I/O APIC 和 Local APIC 递交)。系统启动时，BIOS 将中断控制器配置成前两个模式之一，缺省模式是 Virtual Wire，如图 3.8 所示。操作系统内核需将中断控制器切换到 Symmetric I/O 模式。

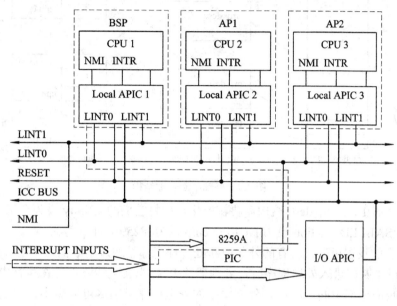

图 3.8　Virtual Wire 组合模式

8259A 类的 PIC 需要重新编程。按照 Linux 新的规划，PIC 产生的中断向量号应在 0x30～0x3f 之间，即应把 IRQ 0～15 映射到 0x30～0x3f(老版本映射到 0x20～0x2f)。由于目前系统还不能处理外部中断，因而 PIC 产生的所有中断输出都应被屏蔽。

Local APIC 向处理器递交的外部中断可分为三类，即设备中断(来自外设)、处理器间中断 IPI(来自其它处理器)和局部中断(来自 Local APIC 内部)。后两种中断的意义与处理程序都已明确，可以为它们创建中断门，并将这些中断门直接填入 IDT 表中。

设备中断是一个例外。一般来说，来自设备的中断应由设备驱动程序处理。由于系统还未进行设备检测，还不知道外部中断的分配情况，所以还无法确定各设备中断的处理程序。事实上，设备中断号通常是动态分配的，与外设之间的对应关系并不固定，而且可能出现多个外部设备共用一个向量号的情况，因而用真实的中断处理程序来设置设备中断的 IDT 表项是不现实的。况且设备驱动程序通常由第三方开发，稳定性、可靠性都难以保证，将它们直接放在 IDT 表中也是不安全的。Linux 处理设备中断的思路是：

(1) 为各设备中断预建入口程序，用这些入口程序创建中断门并将其填入 IDT。

(2) 为已分配的各设备中断创建 irq_desc 结构，用于管理设备中断处理程序的注册、注销及处理工作。

结构 irq_desc 的主要内容是设备中断的处理方式与处理程序队列。在早期的版本中，Linux 为每个可能的设备中断(共 224 个)预建了一个 irq_desc 结构，全部的 irq_desc 结构被组织在一个静态结构数组中。新版本仅为传统的 PIC 中断预建了 irq_desc 结构，它们被组织在数组 irq_desc_legacy 中。新版本还创建了指针数组 irq_desc_ptrs(记录各 irq_desc 结构的位置)和整型数组 kstat_irqs_legacy(统计传统 PIC 中断在各处理器上的发生情况)，如图 3.9 所示。

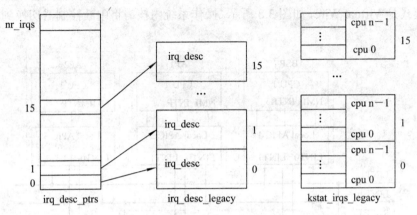

图 3.9　外部中断管理结构

传统 PIC 的 16 个 irq_desc 结构需要初始化，如将它们的 affinity 设为全部 CPU、status 设为 IRQ_DISABLED、action 设为 NULL、chip 设为 i8259A_chip 等。

由 IDT 表的设置可知，所有的外部中断处理程序都是通过中断门进入的。根据 Intel 的约定，在通过中断门进入处理程序时，处理器的 IF 标志会被清除，它在执行中断处理程序期间将不再响应外部中断。因而，外部中断的处理程序必须尽可能短小，否则将降低系统的反应速度、影响系统的性能。然而有些外部中断的处理工作十分繁琐，确实无法在短时间内完成，为此 Linux 将外部中断的处理工作分成两部分。上半部分在关中断状态下完成最急需的处理工作，下半部分在开中断状态下完成剩余的处理工作。在老版本中，Linux 将外部中断处理工作的下半部分称为底半(Bottom-Half)处理，并用统一的数据结构管理。然而底半处理是严格串行的，不利于发挥多处理器的优势，为此 Linux 2.4 又引入了软中断(Softirq)机制，允许并行处理下半部分工作。

在软中断机制中，Linux 为每个处理器定义了一套管理结构(在 PERCPU 数据区中)，还定义了一个全局向量表 softirq_vec 用于登记各软中断的处理程序。目前的 Linux 定义了 10 种软中断。

20. 初始化时间和定时器

在计算机系统中，计时器(Time)和时钟(Clock)是两个重要的基础设施。计时器设施用于向计算机的用户，如操作系统提供当前时间；时钟设施用于向计算机的其它部件和计算机的用户提供运行节拍(脉冲)。

计算机中最基本的计时器设施是一块由电池供电的特殊电路，其中包括一个实时时钟 RTC(Real Time Clock，即电子表)和一块 CMOS 内存。处理器通过 I/O 端口(0x70、0x71)可读取其中的当前时间(包括年、月、日、时、分、秒)。RTC 也可用于定时，当设定的时间到达时，RTC 可产生一个外部中断(IRQ 8)。由于从 RTC 中获得的是符合人类习惯的时间，并不适合在内核中直接使用，因而初始化程序通常将获得的当前时间转化成自 1970-01-01 00:00:00 以来的秒数，而后将其保存在全局变量 xtime 中。xtime 中的时间称为墙上时间。

由于 RTC 的精度太低，无法提供更精准的时间服务，因而操作系统一般仅在初始化时读一次 RTC，以确定墙上时间的初值，此后将根据精度更高的时钟设备自己管理墙上时间的更新。

早期的时钟设备称为 PIT(Programmable Interval Timer)，产生的中断是 IRQ0，称为时钟中断。两次时钟中断之间的时间间隔称为 1 个滴答(tick)。在初始化时，可设定 PIT 产生时钟中断的频率(Hz)，从而设定滴答的长度(如 10 ms 或 1 ms 等)。Linux 专门定义了变量 jiffies，用于记录开机后产生的滴答总数，称为相对时间。每收到一个时钟中断，Linux 就将 jiffies 加 1，同时在 xtime 上累加一个滴答的时间量。

除 PIT 之外，现代的计算机系统还提供了其它几种时钟设备，如 HPET、ACPI PMT、Local APIC Timer 等。Linux 定义了结构 clock_event_device 用于描述时钟设备，并引入了结构 clocksource 来描述计时器。初始状态下的计时器用周期性时钟中断产生的滴答计时，称为 clocksource_jiffies。

在时钟中断的基础上，Linux 提供了定时器(Timer，相当于闹表)。早期的 Linux 采用静态结构数组和双向循环链表来管理定时器。然而，静态结构数组难以动态扩展，双向循环链表的排序时间较长，都不适合管理大量的定时器。后来的 Linux 引入了基于滴答的核心定时器和基于红黑树的高精度定时器。为了不相互干扰，Linux 为每个处理器(在 PERCPU 数据区中)定义了一个 tvec_base 结构用于管理其上的核心定时器，并定义了一个 hrtimer_cpu_base 结构用于管理其上的高精度定时器。

经过上述初始化工作之后，系统已可以处理时钟中断。在 IRQ 0 对应的 irq_desc 结构中注册时钟中断处理程序 timer_interrupt，而后打开中断(执行指令 STI)。此后，时钟中断即可经过 8259A 递交给 BSP，系统开始正常计时。

21. 准备文件系统

Linux 支持多种物理文件系统，所有的物理文件系统被组织在统一的虚拟文件系统(Virtual File System，VFS)框架之下。VFS 需建立多种数据结构，其中 inode、dentry、vfsmount 等结构的建立比较困难，且使用频繁，应为它们建立缓存。Linux 用 Hash 表来管理这些结构的缓存，包括 inode_hashtable、dentry_hashtable、mount_hashtable 等。

按照传统 Unix 的约定，在使用一个物理文件系统之前必须先将其安装。为了实现物理文件系统的安装，VFS 要求每种物理文件系统都要预先注册一个 file_system_type 结构，其中包括文件系统的名称、安装要求、管理信息获取方法等。最先向 VFS 注册的文件系统是 rootfs、sysfs、bdev 等。其中 rootfs 是系统的根文件系统，sysfs 主要用于外部设备管理，bdev 专门用于块设备管理。

根文件系统位于目录树的最顶层，为其它文件系统提供安装点，必须预先建立起来。在目前的 Linux 中，根文件系统 rootfs 是内存文件系统(ramfs)的一个实例，建立在页缓存和目录缓存基础之上，不需要块设备的支持，可以预先建立起来，见 11.2.2 节。安装之初，rootfs 中仅有一个空的根目录，用于安装实际的根文件系统。如果引导程序装入了 initrd，其中的子目录和文件将被解压到 rootfs 中，第 1 号进程将利用这些文件完成自己的初始化工作。rootfs 不允许卸载，就像第 0 号进程不能被终止一样。

sysfs、bdev、proc 等虚文件系统全都安装在 rootfs 之上。由于已建立了根文件系统和根名字空间,因而可以给第 0 号进程指定名字空间(根名字空间)、根目录(rootfs 的根目录)和当前工作目录(rootfs 的根目录)。

22. 使能 ACPI

作为一个配置与电源管理规范,ACPI 并不想取代现有的其它标准(如 PCI),它仅是对已有标准的补充,其侧重点在于电源的配置与管理。但即使如此,ACPI 需要描述和管理的实体仍有很多,如总线、设备、处理器、事件等,而且这些实体之间又有复杂的层次关系,需要一种机制将它们统一地组织起来。ACPI 提供的这种组织机制称为名字空间(Name Space)。在名字空间中,实体被抽象成对象(包括属性与操作方法等),对象被组织成树。实体抽象与对象描述工作由硬件厂商完成。厂商用 ASL(ACPI Source Language)语言定义对象,一段 ASL 程序称为一个定义块(Definition Block),其中可定义多个对象。ASL 定义块被预先编译成 AML 代码,记录在描述表 DSDT 和 SSDT 中。特别地,DSDT 中的定义块称为差异(Differentiated)定义块,描述的是其它标准未提供的硬件平台的实现与配置细节,尤其是关于电源管理的增值特性,是必须提供的定义块。分析 DSDT 和 SSDT 可获得定义块,分析定义块可获得对象的定义及其在名字空间中的位置,从而构建起名字空间。

ACPI 规定,不管有多少个定义块和描述表,名字空间仅有一个。在名字空间中,根对象的名字是 " \ ___ ",其余对象的名字都是四字节的字符串。路径名是用 "." 隔开的一串对象名。ACPI 已经预定义了几个子名字空间(一级目录),其中 "_GPE" 是通用事件名字空间, "_PR_" 是处理器名字空间, "_SB_" 是设备/总线名字空间, "_SI_" 是系统指示器名字空间, "_TZ_" 是温控区名字空间。ACPI 1.0 将所有处理器对象都放在 "_PR_" 空间中,所有温控区对象都放在 "_TZ_" 空间中。新版本的 ACPI 允许将处理器和温控区对象放在_SB_中。

名字空间中包含许多种类的对象,如 EVENT、DEVICE、PROCESSOR、THERMAL、INTEGER、STRING、METHOD、MUTEX 等,最基本的是数据对象(描述属性)和方法对象(描述操作)。根名字空间中已预定义了几个对象,如 "_GL_" 是全局锁对象、 "_OS_" 是操作系统名称对象、 "_REV" 是 ACPI 版本对象等。

名字空间是一棵树,树中的节点由结构 acpi_namespace_node 描述,其定义如下:

```
struct acpi_namespace_node {
        union acpi_operand_object    *object;            // 对象
        u8                           descriptor_type;    // 对象描述符类型
        u8                           type;               // 对象类型
        u8                           flags;              // 标志
        acpi_owner_id                owner_id;           // 创建者
        union acpi_name_union        name;               // 名字
        struct acpi_namespace_node   *child;             // 第一个孩子
        struct acpi_namespace_node   *peer;              // 兄弟或父亲
};
```

按创建顺序,一个节点的所有子节点被其 peer 域串成一个线性链表。父节点的 child 域指向它的第一个子节点,即 peer 链表的表头。链表最后一个节点的 peer 域指向它的父节点。只有最后一个节点的 flags 域中有标志 ANOBJ_END_OF_PEER_LIST。

名字空间的其余部分是根据 DSDT、SSDT、PSDT 等描述表动态建立起来的，其中的节点被分成多个层次，除对象节点(如_REV、_OS_、_GL_)之外，其余节点都可能有自己的子节点，它们的 child 域可能指向自己的子节点链表。对象节点的 object 域指向它的对象。初始化后的名字空间如图 3.10 所示。

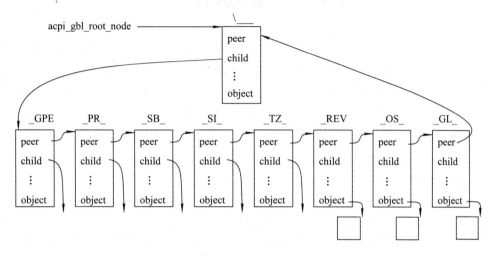

图 3.10　ACPI 初始化名字空间

名字空间是动态变化的。ACPI 通常按深度优先方法遍历它的名字空间，以查找指定类型的对象并对其进行预定的处理，如查询或设置其属性、执行其控制方法等。

按照 ACPI 的约定，BIOS 并不使能 ACPI，此时 PM1 控制寄存器的 SCI_EN 位是 0，系统管理事件通过 SMI(System Management Interrupt)递交。在分析完描述表之后，操作系统可请求 BIOS 使能 ACPI，方法是向某个特定的 I/O 端口写入特定的命令字。端口号和命令字记录在 FADT 表中。ACPI 使能之后，即可通过 SCI 递交通知事件。

23. 创建第 1 号进程

按照设计，第 0 号进程是空闲进程，不应该持续工作，应该尽快将剩余的工作交给第 1 号进程。第 1 号进程是从第 0 号进程中克隆过来的，是第 0 号进程的子进程。

第 1 号进程有自己独立的 task_struct 结构，但其内容是从第 0 号进程的 task_struct 中复制过来的。当然，两个进程的 task_struct 不可能完全一样，如新进程的 pid 号被设为 1 而不再是 0、新进程的创建时间被设为当前时间、各类统计时间都已被清 0 等。

第 1 号进程有自己独立的系统堆栈，栈顶已被预先设置。

第 1 号进程仍然是一个内核线程，在为它加载应用程序之前，只能运行在核心态，执行的程序是内核中的函数 kernel_init。

第 1 号进程被创建出来之后，成了系统中唯一一个就绪态的进程(第 0 号进程是空闲进程，不在就绪队列中)。当进行进程调度时，第 1 号进程会立刻投入运行。

24. 将第 0 号进程转化成空闲进程

当创建出第 1 号进程之后，第 0 号进程的工作已基本完成，应该请求进程调度，让出当前处理器(即 BSP)，以启动第 1 号进程。此后的第 0 号进程进入一个死循环，变成了空闲进程(Idle)。只有当 BSP 上没有其它就绪态进程时，第 0 号进程才会再次投入运行。当第 0

号进程再次运行时，它会执行预先选择的空闲函数，进入某种低功耗状态，以节约电能，如执行 hlt 指令等。

3.6　第 1 级初始化

第 1 号进程从第 0 号进程手中接过接力棒，从函数 kernel_init 开始，继续完成内核中的系统初始化工作。第 1 号进程完成的主要工作包括切换中断控制器、启动 AP、建立设备管理模型、执行其余部分的初始化函数、安装根文件系统等。当上述工作完成之后，第 1 号进程会加载应用程序，将自己转化成系统中的第一个用户进程。

1. 切换中断控制器

到目前为止，中断控制器还处于 PIC 或 Virtual Wire 模式，还未对 APIC 进行编程，因而其 Local APIC 和 I/O APIC 并未发挥作用。按照 MP 规范的规定，应该将中断控制器切换到 Symmetric I/O 模式以启动 APIC。启动的顺序是先 Local APIC，再 I/O APIC。

如果中断控制器处于 PIC 模式，应先屏蔽 BSP Local APIC 中的所有内部中断，而后向中断模式配置寄存器 IMCR 中写入 1 以关闭 PIC 模式，从而将中断控制器切换到 APIC 模式。

BSP 的 Local APIC 需要编程，编程后的状态如表 3.3 所示。

表 3.3　编程后的 Local APIC 状态

寄　存　器	初　值	意　义
ESR(Error Status Register)	0	无 Local APIC 错误
LDR(Logical Destination Register)	1<<(cupid+24)	当前处理器的逻辑编号
DFR(Destination Format Register)	0xffffffff	平板逻辑地址格式
TPR(Task Priority Register)	0	可接收所有的中断
SVR(Spurious-Interrupt Vector Register)	0x000001ff	Local APIC 使能，中断向量号为 0xff
LVT0(LVT LINT0 Register)	0x00010000	屏蔽，不再连接 PIC，不再接收中断
LVT1(LVT LINT1 Register)	0x00000400	使能，用于接收 NMI 中断
LVTERR(LVT Error Register)	0x000000fe	使能，中断向量号为 0xfe
LVTT(LVT Timer Register)	0x000100ef	屏蔽，中断向量号为 0xef
LVTP(Performance Mon. Counters)	0x00000400	使能，产生 NMI 中断

Local APIC 中的定时器可以用作时钟设备，也可以被忽略(通过内核命令行参数可将其关闭)。由于处理器的总线频率并不固定，因而 Local APIC 定时器的频率需要估算。又由于每个处理器都有自己的 Local APIC 定时器，而且它们的设置可能不同，因而 Linux 在 PERCPU 数据区中为每个 Local APIC 定时器准备了一个时钟设备结构 lapic_events。当处理器选择 Local APIC 的定时器时，其屏蔽会被打开。

I/O APIC 需要编程，主要工作是设置其中断重定向表。每个 I/O APIC 都有一个中断重定向表，其中一般有 24 个表项(长度为 64 位)，用于描述各外部中断的向量号、递交模式、目的地址(接收者处理器)、触发方式、屏蔽状态等。当一个管脚上有中断信号到达时，I/O APIC 会根据管脚对应的中断重定向表项决定该中断的递交方式和递交目的地。显然，在启动 I/O APIC 之前必须设置好它的中断重定向表,尤其是传统 PIC 中断所对应的重定向表项。PIC 的输入管脚(IRQ)与系统中第一个 I/O APIC 的输入管脚(GSI)基本上是一一对应的(仅有小的例外),两者的对应关系已记录在结构数组 mp_irqs[]中。各 IRQ(0、1、3~15)对应的中断重定向表项的设置,如表 3.4 所示。

表 3.4　I/O APIC 的中断重定向表

位	名　称	初　值	意　义
0~7	中断向量	0x30 + IRQ	在 IDT 表中的位置
8~10	递交模式	1	将中断递交给最低优先级的处理器
11	地址模式	1	逻辑地址模式
13	极性	0	高电平
15	触发方式	0	边沿触发
16	屏蔽状态	0	未屏蔽
56~63	目的地址	cpu_online_map	前 8 个在线的逻辑处理器(目前只有 BSP)

8259A 类的 PIC 也需要重新编程,目的是屏蔽它的所有外部中断。此后,所有传统的 IRQ 都将经过 I/O APIC 分发。一种例外是有些老式机器的时钟中断必须经 PIC 转到 I/O APIC,此时,PIC 不能被全部屏蔽(IRQ0 应使能),它的输出应连接到 I/O APIC 的某个管脚上(该管脚对应的中断重定向表项已被 BIOS 设置,其递交模式为 ExtINT)。PIC 所连管脚的中断重定向表项应按上表设置,它产生的中断向量为 0x30,但 I/O APIC 的第 0 管脚应被屏蔽。

如果 I/O APIC 的某个管脚上连接着 SMI(在中断重定向表中,BIOS 已将该管脚的递交模式设为 SMI),那么该管脚的设置应保留不变。

当然,各 IRQ 对应的 irq_desc 结构也应重新设置,如将其 chip 域改为 ioapic_chip、handle_irq 域改为 handle_edge_irq 等,以替换掉此前针对 PIC 的缺省设置。

经过上述设置之后,APIC 被启动,开始按照设置分发外部中断,至少已能分发传统的 PIC 中断,如时钟中断等。

2. 启动 AP

Linux 在 PERCPU 数据区中为每个处理器准备了一个类型为 cpuinfo_x86 的结构变量,用于记录各处理器的特性信息,但还未初始化。在第 0 级初始化过程中,已对 BSP 进行了彻底的检测,收集到的信息记录在变量 boot_cpu_data 中。需将 boot_cpu_data 的内容复制到 PERCPU 数据区中,以初始化各处理器的 cpuinfo_x86 结构。

到目前为止,所有的初始化工作都是由第 0 号处理器(即 BSP)完成的,其余处理器都处于等待状态,是启动它们的时候了。按照 Intel 的规定,BSP 将通过多个处理器间中断(INIT-SIPI-SIPI)逐个启动各 AP。BSP 启动单个 AP 的过程如下:

(1) 保存 BSP 的 MTRR 寄存器的状态。

(2) 将页目录 swapper_pg_dir 中的内核部分(0x300~0x3ff)拷贝到低端(0~0xff),以便能直接用物理地址访问内存。

(3) 为 AP 创建 Idle 进程。在指针数组 idle_thread_array[]中记录着各处理器的 Idle 进程。各 Idle 进程的 PID 都是 0,与 init_task 一样都是祖先进程,不是任何进程的子进程。Idle 进程的优先级最低，且只能在指定的 AP 上运行。Idle 进程是各 AP 的空闲进程，在目前情况下还是各 AP 的当前进程。Idle 进程采用专门的调度类 idle_sched_class。

(4) 在预初始化程序的变量 early_gdt_descr 中写入 AP 将要使用的 GDT 描述信息、initial_code 中写入 AP 将要执行的 C 程序入口(如 start_secondary)、stack_start 中写入 AP 将要使用的系统堆栈的栈顶(自己 Idle 进程的栈顶)。

(5) 在 CMOS RAM 的 0x0f 处写入一个 shutdown code。当 AP 收到 INIT 信号时，它将检查该位置以确定中断的原因。shutdown code 为 0x0A 表示热启动。

(6) 将一段实模式汇编代码 trampoline_data 复制到物理地址 0x6000 处，将该地址写到物理地址 0x467 处。当 AP 收到 INIT 信号并确定原因为热启动时，它将从 0x467 处读出物理地址，而后跳转到该地址开始正式执行程序。

(7) 以 AP 的 Local APIC ID 为目的地，向它发送一个 INIT 类的 IPI。如成功，再向它发送两个 StartUp 类的 IPI(中断向量为 6，表示汇编代码的开始地址)。

(8) 将 AP 在位图 cpu_callout_mask 中的对应位置 1，表示该 AP 已被呼唤，而后等待 AP 的应答。如 AP 进入正常工作状态，它会将自己在位图 cpu_callin_mask 中的对应位置 1，以应答 BSP 的呼唤。

(9) 将 CMOS RAM 的 0x0f 清 0，将物理内存 0x467 清 0，准备启动下一个 AP。

(10) 清除页目录 swapper_pg_dir 中的低端(0~0xff)部分并刷新 TLB。

当系统中所有的 AP 都应答之后，可以断定它们都已正常启动(在线)，已经进入正常的工作状态，可以参与调度并运行进程了。此时，位图 cpu_online_map 中记录着所有在线的处理器、cpu_active_map 中记录着所有活动的处理器(两者通常相同)。

3. 建立设备管理模型

外部设备是计算机系统中不可或缺的部分。没有外部设备，计算机系统就无法与外界交互(输入/输出)。然而，外部设备种类繁多，且各具特色，其管理工作十分繁杂。事实上，在现代操作系统中，设备管理部分的代码量要远远超过其它子系统。

Linux 继承 Unix 的传统，将所有的外部设备都抽象成文件。在内部，给每个设备预定一个设备号(进一步分为主、次设备号)；在外部，给每个设备预建一个设备文件(在/dev 目录下)，设备文件的 inode 中包含设备的主次设备号。用户按常规方式(open、read、write、close 等)操作设备文件，虚拟文件系统(VFS)将对设备文件的操作请求转交给设备自身的驱动程序。因而，对设备文件的读/写操作实际就是驱动设备完成输入/输出。设备驱动程序的初始化函数会向 VFS 注册自己实现的文件操作集，以便转接。

上述方式工作得很好，所以至今都在采用。然而，随着设备种类的增多、设备功能的增强和人们对设备管理需求的增加，上述管理方式的不足之处也逐渐暴露，如缺少对设备自身的描述(如设备参数、拓扑结构等)，缺少对即插即用、热插拔、电源管理等的支持，静态建立的设备文件与具体设备之间缺少明确的对应关系，设备号紧缺等。为此，在新版本的 Linux 中，引入了设备(device)、设备驱动(device_driver)、总线类型(bus_type)等结构来描述设备的参数及拓扑结构，引入了 sysfs 文件系统来向用户通报已注册的设备及其组织关系，引入了设备动态发现、设备号动态分配、设备特殊文件动态创建等机制，有效地解决了上述问题。

　　由此可见，新的设备管理模型保留了原有的设备操作模型，用于管理设备的实际输入/输出，但新增加了一套机制，用于管理设备自身，包括设备的拓扑结构、设备的即插即用、设备参数的查询与设置等。毫无疑问，新管理模型的核心是设备的拓扑结构，它对内表现为一到多棵拓扑树，对外表现为 sysfs 文件系统中的一到多棵目录树。显然，拓扑树与目录树应该是一致的。Linux 引入结构 kobject 来描述两种树中节点间的对应关系，如图 3.11 所示。

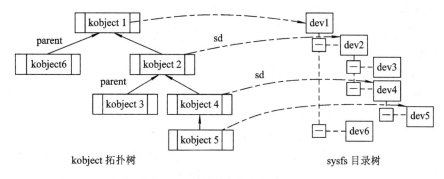

图 3.11　两种树之间的对应关系

　　结构 kobject 是设备管理模型的核心，常被嵌入在其它结构(如 device、device_driver、class 等)之中。系统中的 kobject 结构被其 parent 指针自然地连接成树型结构，从而将包含 kobject 的结构自然地转化为内部拓扑树中的节点。另一方面，kobject 又关联着 sysfs 中的目录项结构，使得包含 kobject 的结构自然地表现为 sysfs 中的目录，与之关联的属性表现为 sysfs 中的文件。当然，在包含 kobject 的结构上可以再定义其它指针，以便构造自己的管理结构。如此以来，用户通过 sysfs 即可查询到设备的拓扑结构及各设备的属性信息，通过修改设备的属性文件即可修正设备的参数。

　　多个 kobject 还可以组成一个集合，如属于同一个总线的所有设备的 kobject 可构成一个设备集合。kobject 集合由结构 kset 定义。结构 kset 中也嵌入了一个 kobject，一般情况下，该 kobject 应是集合中其它 kobject 的 parent。

　　设备管理模型中预建了下列几种树：

　　(1) 以 devices 为顶级 kset 的设备物理拓扑结构树，其下包含一个名为 system 的二级 kset，用于描述系统设备，如 CPU、Local APIC、I/O APIC 等。

　　(2) 以 dev 为顶级 kobject 的设备特殊文件树，其下至少包含两个二级 kobject，分别名为 block(块设备特殊文件)和 char(字符设备特殊文件)。

　　(3) 以 bus 为顶级 kset 的系统总线树，描述系统中所有的系统总线类型。每个系统总线类型都是一个二级 kset，其下至少包含两个三级 kset，分别名为 devices 和 drivers。

　　(4) 以 class 为顶级 kset 的设备逻辑拓扑结构树，描述设备的逻辑组织关系。

　　(5) 以 firmware 为顶级 kobject 的设备固件树，其下至少包含一个名为 acpi 的二级 kobject，用于描述 ACPI 的描述表。

　　顶级 kset 或 kobject 的 parent 为空，它们对应目录/sys 下的一级子目录。二级 kset 或 kobject 的 parent 是顶级 kset 或 kobject，它们对应目录/sys 下的二级子目录。

在设备拓扑结构中，总线的地位至关重要，它将总线上的设备连接到拓扑树中并管理总线上的设备及驱动程序。总线负责探测连接在其上的设备，并负责这些设备的挂起、恢复、删除、关闭等操作。总线还负责为新加入的设备查找驱动程序、为新注册的驱动程序查找目标设备等。Linux 用结构 bus_type 描述总线类型，其下包含两个 kset：一个名为 devices，是该总线上的设备集合；另一个名为 drivers，是该总线上的驱动程序集合。设备驱动程序总是被加入到总线的驱动程序集合中。

按照上述约定，设备必须属于某个总线类型，连接在某条总线上；总线应具有一定的管理能力。事实上，系统中已定义了几种总线类型，如 PCI、USB 等。然而，还有一些设备没有被连接到这些规范的总线上，如老式的基于端口的设备、连接 CPU 和设备总线的主桥、集成在 SOC(system-on-chip)中的控制器等。这些设备的特点是可以直接寻址，问题是缺少统一的总线来管理它们。为了与设备管理模型的要求一致，Linux 定义了称为 platform 的伪总线，并为它的运行做好了准备工作，包括：

(1) 在 devices 下加入一个名为 platform 的 kset，表示总线设备 platform_bus。

(2) 在 bus 下加入名为 platform 的 kset，表示总线类型 platform_bus_type。

系统中很多设备都可以作为 platfporm 总线的设备，如 RTC、并口、串口、键盘与鼠标控制器等。

4. 完成系统其余部分的初始化

除了内存、处理器、中断、进程等部分的初始化之外，内核中的其它部分，如总线、设备、文件系统、网络协议等，也需要初始化。早期的 Linux 通过逐个调用各部分的初始化函数来初始化它们，不够灵活，容易遗漏，也不易维护。后来的 Linux 定义了若干个专门的节，用于集中存放各类初始化函数。只要在适当的时候逐个执行这些节中的函数，就可完成这些部分的初始化。Linux 定义了几个宏，用于将初始化函数加入到相应的节中。这些专门保存初始化函数的节称为 initcall 节，其中的函数称为 initcall 函数。

目前的 Linux 定义了十几个 initcall 节，名称为 ".initcall$n$.init" 和 ".initcall$n$s.init"，其中 n 为 0～7。Linux 按从小到大的顺序执行各节中的初始化函数。虽然无法确定同一节中各函数的执行顺序，但只要调整函数所在的节，仍然可以保证各部分的初始化工作是有序的。initcall 节中的函数很多(有几千个)，完成的初始化工作五花八门，大致可以将它们归结为以下几类：

(1) 在设备模型中注册新目录，如顶级的 block 和 module、kernel 下的 mm、pci 总线下的 slots 等。目录 block 中的文件是到各块设备的符号链接。

(2) 在 system 的 cpu 下为所有在线的处理器注册系统设备(在 PERCPU 数据区中已为每个 CPU 预定义了一个 x86_cpu 类型的结构变量 cpu_devices)。

(3) 注册总线类型(bus_type 结构)，如 acpi、pci、usb、isa、pnp、ide、scsi 等。

(4) 注册设备类(class 结构)，如 dma、pci_bus、tty、block、rtc、net、graphics、input、misc、power_supply、thermal、usbmon、scsi_device、firmware 等。

(5) 完成 ACPI 初始化，包括为 SCI 注册中断处理程序 acpi_irq；遍历 ACPI 名字空间，执行所有设备对象上的_INI 方法,完成设备的低级初始化;根据 ACPI 名字空间中对象_CID、_RMV、_EJD、_EJ0、_LCK、_PS0、_PR0、_PRW 等的存在情况确定系统的特性，如是否可删除、可弹出、可锁定、可唤醒、可进行电源管理等；在 devices 下创建一个名为 LNXSYSTEM:00 的设备(ACPI 设备树的根)，按深度优先方法遍历 ACPI 名字空间，找到所有设备对象(类型为设备、处理器、温控区、电源)，分别为它们创建 acpi_device 结构并按组织关系将其插入到 ACPI 设备树中(此过程称为 ACPI 设备枚举，其结果是依据 ACPI 名字空间在设备管理模型中创建一棵 ACPI 设备树，并在 sysfs 中创建对应的目录和属性文件)；为每一个 ACPI 描述表创建一个属性文件，将它们插入到 sysfs 的 firmware/acpi/tables 目录中；使能每一个唤醒设备；为 ACPI 的电源管理定时器注册时钟设备。

(6) 注册 PNP ACPI 协议，在设备模型的 devices 下(名为 pnp*xx*)注册协议含的 device 结构；为 ACPI 名字空间中的每一个 PNP ACPI 设备创建一个 pnp_dev 结构(名称为协议号:设备号)、确定其能力、为其分配资源并将其注册到 pnp*xx* 之下(其结果是在设备管理模型中创建一棵 PNP 设备树)。

(7) 确定 PCI 配置空间的访问方式、PCI BIOS 的位置、PCI 平台的电源管理操作集等，并枚举 PCI 总线及其上的设备。枚举过程遵循 PCI 规范，从主桥开始，采用深度优先搜索方法，逐个读取总线上各设备的配置空间，获取设备的配置信息，为合法的设备创建 pci_dev 结构并将其插入到设备树中。如果枚举到了桥设备，则要递归地枚举该桥后低一级总线上的设备。

(8) 枚举其它总线(USB、ISA、IDE、SCSI 等)上的设备，为合法的设备创建管理结构，并将其插入到设备树和所属总线的 devices 队列中。

(9) 注册各类设备的驱动程序，如 ACPI 类设备、ATA 类设备(包括 PATA 和 SATA)、IDE 类设备、SCSI 类设备、USB 类设备、网络类设备、串口类设备、并口类设备、输入类设备、传感器类设备、Media 类设备、显示类设备、声音类设备的驱动程序等，注册内容大致包括驱动程序的管理结构和设备的操作集等。在注册驱动程序的过程中，各驱动程序会查找自己能够驱动的设备、建立与这些设备之间的绑定关系、为设备分配资源(如 IRQ 和 I/O 地址空间等)并完成设备的初始化，从而将设备置于就绪状态。

(10) 注册文件系统类型，如 cifs、configfs、devpts、ext2、ext3、ext4、vfat、isofs、ntfs、proc、ramfs、romfs、tmpfs、usbfs、pipefs 等。

(11) 为系统支持的每种可执行文件格式注册一个 linux_binfmt 结构，如 ELF 等。

(12) 初始化各类网络协议，如 IPv4、IPv6、sunrpc、INET、Netfilter 等，并创建 netlink 以方便用户与内核的通信。

(13) 初始化 System V 的 IPC 机制，包括信号量集合、消息队列、共享内存等。

(14) 注册计时器，如 jiffies、pit 等计时器。

(15) 解压 initrd 映像，在 rootfs 中加入必要的目录和文件。早期的 initrd 是一个压缩后的磁盘映像文件，其中包含若干个目录和文件，称为 Ramdisk。解压后的 Ramdisk 占用一块连续的物理内存空间，这块内存空间被看成是一个块设备。新的 initrd 是一个压缩后的 cpio 格式的文档，其中同样包含一些目录和文件。与 Ramdisk 不同的是，文档解压后所占用的内存空间不再被看作是块设备，而被直接加入到了页缓存、inode 缓存和目录项缓存中，变成了 rootfs 的一部分。因而，新的 initrd 又被称为 initramfs。解压后，释放 initrd 映像所占用的内存空间。如果没有引导进来 initrd 映像，则在 rootfs 中创建目录/dev 和/root，并在/dev 下创建一个设备特殊文件/dev/console。

(16) 算出伙伴内存管理器中各管理区的分配基准线；为物理内存的每一个节点创建一个内核守护线程 kswapd，用于回收该节点的物理内存。

(17) 为各类软中断注册处理程序。

5. 安装根文件系统

如果引导程序引导进来的是 initramfs 映像，而且该映像已被成功解压且其中包含可执行文件/init，则不需要在内核中安装其它的根文件系统。当第 1 号进程执行程序/init 时，该程序会决定需要安装的根文件系统及其安装方法。

如果引导程序引导进来的是 Ramdisk 映像，则需创建一个块设备/dev/ram，以便将 Ramdisk 映像拷贝到其中，并将其上的文件系统安装在/root 目录上，而后执行其中的程序/linuxrc，以完成用户态的初始化。如果程序/linuxrc 决定不更换根文件系统，还要将/root 目录上的文件系统移到根目录上，将其转化成真正的根文件系统；如果程序/linuxrc 决定更换根文件系统，则要将/root 目录上的文件系统移到/old 上，将根块设备上的文件系统安装在目录/root 上，再将目录/old 上的 Ramdisk 文件系统移到目录/root/initrd 上，最后将目录/root 上的文件系统移到根目录上，将其转化成真正的根文件系统。

如果引导程序未引导进来 initrd，则找到真正的根块设备，等待它就绪，而后将其上的文件系统安装在目录/root 上，再将其移到根目录上。

6. 释放初始化代码和数据所占物理内存空间

在初始化工作完成之后，初始化函数和初始化数据所占用的物理内存空间已经无用，可将其全部释放，即归还给伙伴内存管理器。初始化代码和数据集中存放在专门的节中，在_ _init_begin 和_ _init_end 之间，可以集中释放。

7. 创建缺省文件描述符

缺省情况下，Linux 为每个进程都打开了三个文件，即标准输入、标准输出、标准错误，三个文件对应的都是控制台设备。

按读写方式打开设备特殊文件/dev/console，将获得的文件描述符复制两份，从而为第 1 号进程打开三个控制台文件。

8. 将第 1 号进程转化为用户进程

第 1 号进程在内核的工作已经完成，可为其加载应用程序，以便将其转化成系统中第 1 个用户进程。

第 1 号进程执行的用户程序位于根文件系统中(其内容通常来自 initrd)，可以是用户指定的(通过启动时的命令行参数传递过来)，也可以是缺省的。缺省的应用程序可能是/init、/sbin/init、/etc/init、/bin/init 或/bin/sh 中的一个。

第 1 号进程顺序加载用户指定或缺省的应用程序。如果全部失败，则系统启动失败。如果某个应用程序加载成功，第 1 号进程即会转入用户态，变成系统中第一个用户进程，开始执行应用程序。

在转入用户态后，第 1 号进程会继续完成用户态的初始化，如加载特定的驱动程序、创建特定的守护进程等，而后会启动字符界面(Shell)或图形界面(如 Gnome 或 KDE)，开始与用户交互，使系统进入正常工作状态。

3.7 AP 初始化

在被 BSP 唤醒之前，AP 一直停在实模式中。为了唤醒 AP，BSP 已在物理内存的 0x6000 处放置了一段实模式汇编程序，即 trampoline_data。在收到 BSP 的 IPI 信号之后，AP 开始运行，执行的第一段程序就是 trampoline_data。

trampoline_data 是一段跳板程序，主要作用是将 AP 切换到保护模式。当然，切换之前需要关闭 AP 的外部中断(CLI)、加载它的 IDT 和 GDT 表。初始情况下，AP 使用的 IDT 为空表，GDT 中只有一个 4 GB 的代码段和一个 4 GB 的数据段。

进入保护模式之后，AP 会立刻启动分页机制。AP 使用的页目录与 BSP 相同，即 swapper_pg_dir。该页目录已经被 BSP 设置完毕，只要将其加载到自己的 CR3 寄存器，再设置 CR0、CR4、EFER 等寄存器，即可启动 AP 的分页机制。

一般来说，AP 与 BSP 应是同一型号的处理器，但也可能有例外，因而 AP 也需要检测一下自己。检测结果记录在 AP 自己的 cpuinfo_x86 结构中(在 PERCPU 数据区中)。

不管系统中有多少个处理器，IDT 表只有一个，即 idt_table。该表已被 BSP 设置完毕，AP 需要将其加载进自己的 IDTR 寄存器，以便能像 BSP 一样处理中断与异常。

与 IDT 不同，每个 AP 都有自己的 GDT 表(定义在 PERCPU 数据区中，且已被初始化)。AP 即将使用的 GDT 表的描述信息已被 BSP 预先写在结构变量 early_gdt_descr 中，应该将其加载进自己的 GDTR 寄存器，以替换掉初始的 GDT。替换 GDT 之后，还需要根据新 GDT 重置自己的各个段寄存器，包括 FS、GS。

BSP 已经为每个 AP 创建了一个 Idle 进程，该进程是 AP 运行的第一个进程，也就是 AP 的当前进程。AP 应将自己的堆栈设在 Idle 进程的系统堆栈的栈顶(BSP 已将其记录在变量 stack_start 中)。

Linux 在 PERCPU 数据区中已为每个 AP 准备了一个任务状态段 init_tss，且已将其初始化，其中最重要的是系统堆栈的栈底 sp0。AP 应将该 sp0 设在自己 Idle 进程的系统堆栈的栈底。设置之后，AP 应该用自己的 init_tss 创建一个 TSS 描述符，将其插入到自己的 GDT 表中(第 16 个描述符)，并将该描述符加载进自己的 TR 寄存器。

由于未使用 LDT，AP 仅需创建一个缺省的 LDT 描述符即可。先将缺省的 LDT 描述符插入到自己的 GDT，再将其加载进自己的 LDTR 寄存器。

与 BSP 相同，为了处理双故障异常，AP 也需要一个任务状态段，即 doublefault_tss。根据 doublefault_tss 构造一个 TSS 描述符，将其填入到自己的 GDT 表中。

AP 的 Debug 寄存器、FPU、MTRR 等也需要初始化。

AP 的 Local APIC 需要初始化。初始化方法与 BSP 基本相同，初始化的结果也与 BSP 基本相同，如表 3.3 所示。所不同的是，在 AP 的 Local APIC 中，LVT0 被设为 0x00010700，LVT1 被设为 0x00010400，表示两个中断都已被屏蔽。

当设置完自己的 Local APIC 和 IDT 之后，AP 可打开中断(STI)。

在完成上述工作之后，AP 本身的初始化已基本完成，可将它在位图 cpu_callin_mask

中的对应位置 1，以应答 BSP 的呼唤。应答之后，等待 BSP 将页目录 swapper_pg_dir 的低端(0~0xff)部分清除，而后刷新自己的 TLB。

至此，AP 已启动完毕。由于 AP 运行的是它的 Idle 进程，因而应进入空闲状态，即执行 cpu_idle。函数 cpu_idle 是一个死循环，它总是试图进行进程调度，以便将处理器让给其它进程。如果 AP 上没有就绪态的进程，函数 cpu_idle 会执行预先选择的空闲函数，将自己转入某种低功耗状态，以节约电能。

思 考 题

1. 为什么需要引导协议？
2. 为什么 Linux 内核在虚拟地址空间的 3 GB 处？
3. 为什么需要任务状态段？需要多少任务状态段？
4. 第 0 号进程是如何建立起来的？第 0 号进程完成工作后会如何？
5. 为什么需要第 1 号进程？
6. 进程堆栈是如何切换的？
7. 为什么每个处理器都需要一个 GDT 表？
8. 为什么仅需要一个 IDT 表？

第四章 中断处理

在引导与初始化所建立的操作系统"大厦"中，其核心部分(内核)是封闭的，进出的"通道"仅有一条，Linux 将其称之为中断处理。

出于安全与可靠方面的考虑，操作系统内核通常会限制应用程序的能力，如禁止它直接操作外部设备等。当需要完成被限制的工作时，应用程序只能请求内核帮助，常用的方法是系统调用(又称为陷入式中断)。用户进程通过系统调用进入内核。

当内核需要了解外部设备的状态时，它可以向外设发出查询命令，称为轮询。轮询极为耗时，且掌握的信息也不够及时，较好的方法是外部中断。当有情况需要通知内核时，外设发出中断请求。处理器收到中断后，暂停当前的工作，转入内核进行相应的处理。外部中断是进入内核的一条重要途径。

在处理器执行程序的过程中，可能会遇到一些不寻常的事件，如被 0 除、页故障等，Intel 称之为异常(又称为内部中断)。当异常发生时，处理器无法再正常执行，只能暂停当前的工作，转入内核处理遇到的异常。异常处理是进入内核的另一重要途径。

因此可以说中断是进出内核的门户，是驱使操作系统前进的动力。

4.1 中断处理流程

中断处理有着大致相同的工作流程，如图 4.1 所示。

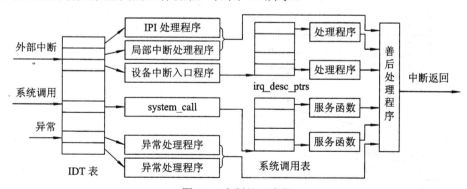

图 4.1 中断处理流程

IDT 表是所有中断处理的入口。不管是异常、外部中断还是系统调用，当中断发生时，处理器会自动切换堆栈、保存现场，而后通过 IDT 表中的门进入处理程序，完成预定的处理。IDT 表已在系统初始化时设置完毕。

在所有的中断处理程序中，异常处理程序是固定的，通过 IDT 中的门可直接进入；所有的系统调用有着同一个入口程序，即 system_call，该程序将根据系统调用表确定各服务函数的位置；处理器间中断(IPI)和局部中断的处理程序也是固定的，通过 IDT 中的门也可直接进入；每个设备中断都有自己独立的处理程序，但具有相似的入口程序，入口程序将利用设备中断的向量号和 irq_desc 结构确定实际处理程序的位置。

在进行中断或异常处理时，处理器的现场被保存在当前进程的系统堆栈中。为了便于访问，Linux 将系统堆栈的栈顶定义成了一个结构，称为 pt_regs。当中断或异常发生时，Linux 总是设法将系统堆栈的栈顶做成 pt_regs 结构。在 IA-32 处理器平台上，结构 pt_regs 的格式如图 4.2 所示。

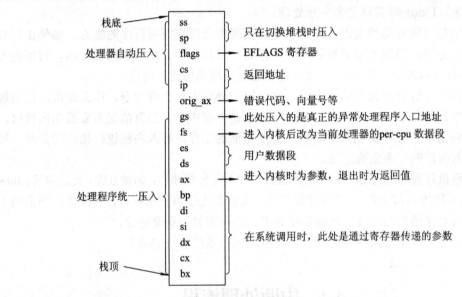

图 4.2　pt_regs 结构及意义

中断处理完后，一般情况下处理器都会恢复现场，返回到中断发生前的位置，继续被中断的工作。然而在退出内核之前，还应该做一些善后处理，如图 4.3 所示。

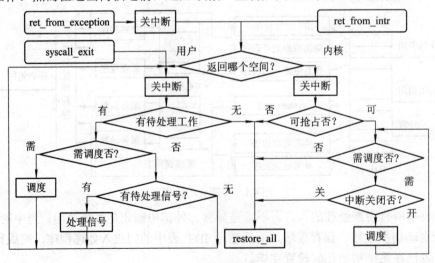

图 4.3　中断的善后处理流程

图 4.3 中的"中断关闭否？"判断的是进入中断处理程序之前处理器的中断状态。

中断恢复程序 restore_all 会弹出进程系统堆栈的栈顶，恢复处理器各通用寄存器的值，清除错误代码，而后执行 IRET 指令，再弹出 EIP、CS、EFLAGS、ESP、SS，返回异常或中断前的执行位置。特别地，由于 EFLAGS 的恢复，处理器的中断状态也被恢复到之前的水准，使善后处理流程中的"关中断"不再生效。

4.2 异 常 处 理

异常来自于程序执行过程中的违规事件。Intel 处理器定义了 20 个异常，Linux 内核为这些异常分别定义了处理程序。在系统初始化时，已根据各异常的处理程序和特权级为它们构造了中断门(第 8 号异常除外)，并已将它们填入到了 IDT 表中。表 4.1 是异常向量号与处理程序之间的对应关系。

表 4.1　异常类型及异常处理程序

向量号	说明	类型	错误代码	DPL	处理程序
0	除法错误	故障	无	0	divide_error
1	保留	故障/陷阱	无	0	debug
2	NMI中断	中断	无	0	nmi
3	断点	陷阱	无	3	int3
4	溢出	陷阱	无	3	overflow
5	BOUND越界	故障	无	0	bounds
6	无效操作码(未定义操作码)	故障	无	0	invalid_op
7	设备不可用(无协处理器)	故障	无	0	device_not_available
8	双故障	中止	0	0	doublefault_fn
9	协处理器段超越(保留)	故障	无	0	coprocessor_segment_overrun
10	无效TSS	故障	有	0	invalid_TSS
11	段不存在	故障	有	0	segment_not_present
12	堆栈段故障	故障	有	0	stack_segment
13	通用保护	故障	有	0	general_protection
14	页故障	故障	有	0	page_fault
15	Intel保留，未用		无	0	spurious_interrupt_bug
16	浮点错误(数值错)	故障	无	0	coprocessor_error
17	对齐校验	故障	0	0	alignment_check
18	机器校验	中止	无	0	machine_check
19	SIMD浮点异常	故障	无	0	simd_coprocessor_error
20-31	Intel保留，未用			0	ignore_int

在早期的版本中，Linux 为每个异常处理程序定义了一个陷阱门。新版本的 Linux 为每

个异常处理程序定义了一个中断门，但却为第 8 号异常专门定义了一个任务门(用于处理双故障异常)，其中的任务状态段由 GDT 中的第 31 个段描述符描述。

4.2.1　异常处理流程

除了异常的个数稍有增加以外，在 Linux 的演化过程中，异常处理的流程与处理的方法基本未变。当处理器检测到异常时，它首先根据 TR 寄存器的内容找到当前进程的系统堆栈。如果该系统堆栈不是当前使用的堆栈，还要进行堆栈切换，并将老堆栈的栈顶(即 SS:ESP)压入系统堆栈；而后在系统堆栈上压入寄存器 EFLAGS、CS、EIP 和 error-code(可能没有)；最后，根据异常向量号查 IDT 表，获得系统注册的处理程序，并跳转到该程序进行异常处理。各异常处理程序的执行过程大致相同，如下：

(1) 如果处理器未压入错误代码(error-code)，则在栈顶压入一个 0 或-1，以保持栈顶平衡。

(2) 将真正的异常处理程序的入口地址压入堆栈。真正的异常处理程序的名称通常是 do_*xxx*，其中 *xxx* 是列在表 4.1 中的处理程序名，已预先指定。

(3) 依次将寄存器 FS、ES、DS、EAX、EBP、EDI、ESI、EDX、ECX、EBX 压入堆栈，形成一个 pt_regs 结构。

(4) 设置段寄存器。将 DS、ES 设为当前处理器 GDT 表中的用户数据段，将 FS 设为 per-cpu 数据段，以便访问 PERCPU 数据。

(5) 准备参数。将栈顶中的异常处理程序入口地址取到 EDI 中，将错误代码取到 EDX 中，将当前的栈顶位置(指向 pt_regs 结构的指针)存在 EAX 中。

(6) 调用 EDI 中的异常处理程序，处理异常。此处通过寄存器向异常处理程序传递了两个参数，分别是 EAX 中的栈顶指针和 EDX 中的错误代码。

(7) 当异常处理程序返回时，跳转到 ret_from_exception，进行善后处理，其流程如图 4.3 所示。

真正的异常处理程序都会接受两个参数，其原型定义如下：

void do_*xxx*(struct pt_regs *regs, long error_code)

不同异常的处理方法有很大区别。有些异常，如有效的页故障异常，可以被 Linux 内核纠正。当这类异常被处理完后，进程会继续向下执行，整个异常处理的过程对进程是透明的。8.4 节分析了页故障异常的处理程序 do_page_fault。

然而大多数异常，如通用保护异常、除法错误异常等，都没有办法纠正。如果异常发生时处理器运行在用户态，Linux 会向进程发送信号，通报异常的详细信息。如果用户进程注册了相应信号的处理程序，该程序会被执行；如果用户进程未注册自己的信号处理程序，Linux 将按缺省方式处理信号，大部分情况下是直接终止进程。

4.2.2　内核异常捕捉

如果异常发生时处理器运行在核心态，说明异常是由内核程序引起的。除了一些特殊情况之外，内核可以预估到异常发生的位置。事实上，这类异常的大多数是内核有意留下的，是由故意忽略的合法性检查引起的。被忽略的合法性检查通常代价较高且违法的概率较低，每次都进行这类检查会降低系统性能。将检查工作推迟到异常处理程序中完成，或者说利用纠错机制代替检查机制会极大地减少不必要的工作量,提升系统性能,是 Linux"懒惰"哲学的一种体现。

为了有效捕捉到内核故意留下的异常,Linux 定义了两个专门的节:

(1) 节"_ _ex_table"是结构 exception_table_entry 的一个数组,记录各预留异常可能发生的位置 insn 和为其定义的处理程序入口 fixup,称为异常列表,定义如下:

```
struct exception_table_entry {
        unsigned long insn, fixup;
};
struct exception_table_entry _ _start_ _ex_table[];
```

系统初始化程序已对数组_ _start_ _ex_table[]进行了排序,小的 insn 在前,大的 insn 在后。

(2) 节".fixup"是各预留异常的处理程序。

当异常发生时,处理器会按正常的流程进入异常处理程序。如果异常发生时处理器运行在核心态,那么当处理程序无法按正常方式处理该异常时,Linux 会根据异常发生时的指令地址(系统堆栈中的 ip)搜索数组_ _start_ _ex_table[]。如果找到了与之匹配(insn==ip)的 exception_table_entry 结构,表明捕捉到了一次内核预留的异常,则将系统堆栈中的 ip 换成 fixup。当异常处理程序返回时,处理器会从 fixup 处执行特定的异常处理程序,纠正预留的异常。

图 4.4 是 Linux 的一个宏定义,用于将内核中的数据 x 复制到用户空间的 addr 处。

```
1    #define _put_user_asm(x, addr, err, itype, rtype, ltype, errret)    \
2        asm volatile(     "1:    mov"itype" %"rtype"1,%2\n"            \
3                          "2:\n"                                        \
4                          ".section .fixup,\"ax\"\n"                    \
5                          "3:    mov %3,%0\n"                           \
6                          "    jmp 2b\n"                                \
7                          ".previous\n"                                 \
8                          " .section _ex_table,\"a\"\n"                 \
9                          ".balign 4 \n"                                \
10                         ".long 1b, 3b \n"                             \
11                         " .previous\n"                                \
12                         : "=r"(err)                                   \
13                         : ltype(x), "m" (_m(addr)), "i" (errret), "0" (err))
```

图 4.4 预留异常处理实例

上述程序被放在 3 个节中,其中第 5、6 两行程序是异常处理程序,被放在".fixup"节中,第 9、10 两行声明一个 exception_table_entry 结构,放在"_ _ex_table"节中,其余代码放在".text"节中。

由于 addr 位于用户空间,因而正常情况下需要检查地址 addr 的有效性。这种检查的代价较高,且大部分情况下都是有效的,所以 Linux 故意忽略了检查,直接用第 2 行的指令复制数据。当处理器发现地址无效且无法正常处理时,根据异常列表,Linux 会捕捉到该异常,并会执行第 4、5 两行程序处理异常，即返回一个错误代码。

4.3 外部中断处理

与异常不同，外部中断来自处理器之外的硬件。在早期的计算机系统中，外部中断仅有一个来源，即外部设备。但在目前的计算机系统中，外部中断已有多种来源。根据来源的不同，可以将外部中断分为局部中断(来自处理器自身的 Local APIC)、处理器间中断(来自其它处理器)和设备中断(来自外部设备)。局部中断直接递交给处理器，处理器间中断通过 Local APIC 递交给处理器，设备中断通过中断控制器(8259A 或 I/O APIC)递交给 Local APIC 并进而递交给处理器。不同来源的中断有着不同的处理方法。

外部中断可以屏蔽，且有多个不同的屏蔽层次。可以让设备不产生中断，可以让中断控制器不递交中断，也可以让处理器不处理中断。通常情况下，经过中断门自动进入外部中断处理程序会导致处理器屏蔽中断。为了缩短关中断的时间又不至于造成中断处理的混乱，需要将外部中断的处理工作分成两部分，一部分是由硬件自动进入、必须在关中断状态下处理的，称为硬处理，另一部分是由软件进入、可以在开中断状态下处理的，称为软处理。因而，在外部中断处理中，既需要为硬处理提供灵活的注册、注销和处理机制，又需要为软处理提供灵活的通知、唤醒和处理机制。

4.3.1 硬处理管理结构

在所有的外部中断中，局部中断和处理器间中断(简称 IPI)是比较简单的，其意义是明确的。Linux 内核在初始化时已为每一种局部中断和处理器间中断都指定了处理程序，且已将其设置在 IDT 表中。局部中断和处理器间中断不再需要特别的管理结构。

比较复杂的是设备中断。由于设备中断的分派不固定、其处理程序也不固定，不能预先将处理程序设置在 IDT 表中，而且由于设备中断的处理程序变化频繁、不太可靠，也不应当将其设置在 IDT 表中。Linux 的解决办法是：为每个设备中断预先创建一个固定的入口程序，用这一入口程序创建中断门，并将其填入 IDT 中；在 IDT 表之外再为设备中断准备一个注册表，用于动态地注册和注销实际的中断处理程序。表 4.2 列出了 IDT 表中的外部中断设置，包括各外部中断的向量号及其处理程序。

各设备中断的入口程序大同小异。向量号为 vector 的入口程序如图 4.5 所示。为各设备中断预建的固定入口程序的地址记录在数组 interrupt 中。

pushl $(~vector+0x80)	// 在栈顶压入中断向量号
addl $-0x80,(%esp)	// 调整栈顶的中断向量号
SAVE_ALL	// 保存通用和段寄存器并设置 DS、ES、FS、GS
movl %esp,%eax	// 将栈顶看作一个 pt_regs 结构，作为参数
call do_IRQ	// 经过统一入口转入真正的设备中断处理程序
jmp ret_from_intr	// 转到外部中断善后处理程序

图 4.5　设备中断入口程序

表 4.2　外部中断向量及其处理程序

向量号	处理程序	意　义
0xff	spurious_interrupt	伪中断，局部中断
0xfe	error_interrupt	Local APIC 内部错误中断，局部中断
0xfd	reschedule_interrupt	CPU 到 CPU 的重调度 IPI
0xfc	call_function_interrupt	函数调用 IPI
0xfb	call_function_single_interrupt	单函数调用 IPI
0xfa	thermal_interrupt	温度传感器中断，局部中断
0xf9	threshold_interrupt	校正的机器检查错误(CMCI)中断，局部中断
0xf8	reboot_interrupt	停止 IPI
0xf7	invalidate_interrupt7	TLB 刷新 IPI
0xf6	invalidate_interrupt6	TLB 刷新 IPI
0xf5	invalidate_interrupt5	TLB 刷新 IPI
0xf4	invalidate_interrupt4	TLB 刷新 IPI
0xf3	invalidate_interrupt3	TLB 刷新 IPI
0xf2	invalidate_interrupt2	TLB 刷新 IPI
0xf1	invalidate_interrupt1	TLB 刷新 IPI
0xf0	invalidate_interrupt0	TLB 刷新 IPI
0xef	apic_timer_interrupt	Local APIC 定时器中断，局部中断
0xee	interrupt[0xce]	设备中断
0xed	generic_interrupt	平台特定 IPI
0xec	perf_pending_interrupt	性能监控器中断，局部中断
0xeb	mce_self_interrupt	机器自检自中断，自 IPI
0x81~0xea	interrupt[0x81]~interrupt[0xea]	设备中断
0x80	system_call	系统调用入口，陷入
0x21~0x7f	interrupt[0x21]~interrupt[0x7f]	设备中断
0x20	irq_move_cleanup_interrupt	用于 IRQ 迁移后的清理

　　在图 4.5 中，SAVE_ALL 是一个宏，主要完成两件工作，一是将寄存器 GS、FS、ES、DS、EAX、EBP、EDI、ESI、EDX、ECX、EBX 压到系统堆栈的栈顶，构造出 pt_regs 结构；二是将段寄存器 DS、ES 设成用户数据段，将 FS 设成处理器的 per-cpu 段，将 GS 设成处理器的 stack_canary-20 段。

　　注册表是一个 irq_desc 结构的指针数组，用于组织各设备中断的处理程序。在使用设备之前(初始化或打开时)，需要为其申请中断向量号、注册中断处理程序并设置中断控制器(允许递交该设备的中断)；在使用设备之时，如设备产生中断，通过中断向量号和注册表可找到它的处理程序并可对其进行必要的检查和处理；在使用设备之后，需注销其处理程序、释放中断向量号并重置中断控制器(屏蔽该设备的中断)。

　　由于多个设备可能共用一个向量号，因而应将注册表中的每一项都改为处理程序队列，而且需要有某种标志来区分处理程序所对应的设备。

　　毫无疑问，在设备中断注册、注销、处理的过程中，需要经常操作中断控制器，而且设备中断的处理方式也与中断控制器有着密切的关系。由于中断控制器有多种不同的型号，其操作方法有着较大的差别，为了简化对中断控制器的管理，应该提供一个统一的中断控制器操作接口。在早期的版本中，Linux 用结构 hw_interrupt_type 描述中断控制器类型，其中包含中断控制器特有的一组操作，如 enable(开中断)、disable(关中断)、handle(处理中断)等。当中断发生时，Linux 调用中断控制器特有的 handle 操作，按控制器特有的方式来处理中断，如执行注册表中的处理程序等。

　　在随后的发展中，人们发现中断控制器在递交中断时可能采用不同的触发方式，如边缘触发、水平触发等，而不同的触发方式有着不同的中断处理流程，因而简单地用一个hw_interrupt_type 结构来描述中断控制器会使中断处理流程过于复杂(handle 中必须包含各种不同的处理流程)，而且会使中断处理代码重复(不同的控制器可能有相同的处理流程)。为此，新版本的 Linux 将控制器类型结构 hw_interrupt_type 一分为二，用结构irq_flow_handler_t 描述流程控制程序，用结构 irq_chip 描述中断控制器。

　　结构 irq_chip 中包含一组中断控制器特有的底层操作，如 enable、disable、mask、unmask、ack、eoi、end 等，用于中断控制器的管理，如开中断、关中断、应答中断等。

　　流程控制程序用于控制中断处理的流程，也就是中断处理程序执行的方法和执行前后的动作。当设备中断被注册之后，它的处理流程也随之确定。每个设备中断都可以有自己的处理流程，由同一个控制器递交的中断也可以有不同的处理流程，因而这一分割带来了极大的灵活性。Linux 将中断控制流程大致分成如下几类：

　　(1) LEVEL 类用于处理水平触发的中断。

　　(2) EDGE 类用于处理边缘触发的中断。

　　(3) SIMPLE 类用于处理简单的、不需要控制器操作的中断。

　　(4) PERCPU 类用于处理与处理器绑定的中断。

　　(5) FASTEOI 类用于处理需快速应答的中断。

　　设备中断的注册、注销、处理都是以中断号为依据的，一个设备使用一个中断号。在早期的计算机系统中，中断号就是 IRQ 号，但在目前的计算机系统中，与一个设备中断关联的有三个编号，分别是 IRQ 号(或 GSI 号)、中断向量号(vector)和管脚号(pin)。外部设备使用的是 IRQ 号，中断控制器递交给处理器的是中断向量号，对中断控制器的设置使用的是管脚号。由于系统中可能配置有多个中断控制器，而且中断控制器的每个管脚都可以单独编程，使得 IRQ 号、中断向量号、管脚号之间不再是一一对应的关系。一般情况下，一个 IRQ 号等价于一个全局统一的管脚号(GSI)，对应一个中断控制器管脚(pin)，有一个绑定的中断向量号，但多个管脚可以递交同一个中断向量号。为了描述三者之间的映射关系，Linux 为每个设备中断准备了一个 irq_cfg 结构，用于记录 IRQ 号与中断向量号的对应关系；在结构 irq_cfg 中包含一个队列记录递交同一个中断向量号的所有 I/O APIC 管脚；在PERCPU 数据区中为每个处理器定义了一个数组 vector_irq，用于记录向量号 vector 与 irq之间的对应关系。

　　结构 irq_desc 是上述各元素的集合，是为设备中断准备的管理结构，每个设备中断一个，用于描述与该中断相关的所有管理信息，如设备中断的 IRQ 号、向量号、中断控制器操作接口、中断处理流程、处理程序队列、中断状态等。结构 irq_desc 可以动态创建，向量表(或注册表)irq_desc_ptrs 中记录着系统中所有的 irq_desc 结构，以设备中断的 IRQ 号为索引。结构 irq_desc 中包含如下主要内容：

```
        struct irq_desc {
            unsigned int        irq;                    // irq 号
            unsigned int        *kstat_irqs;            // 统计信息
            irq_flow_handler_t  handle_irq;             // 中断处理流程
            struct irq_chip     *chip;                  // 控制器操作接口
            struct msi_desc     *msi_desc;              // MSI 相关信息
            void                *handler_data;          // 处理程序私有数据
            void                *chip_data;             // 控制器私有数据，即 irq_cfg
            struct irqaction    *action;                // 处理程序队列
            unsigned int        status;                 // 中断状态
            unsigned int        depth;                  // 中断去能计数
            unsigned int        wake_depth;             // 电源唤醒计数
            unsigned int        irq_count;              // 中断产生次数
            spinlock_t          lock;                   // 自旋锁，用于保护 action 队列
            cpumask_var_t       affinity;               // 处理器集合
            atomic_t            threads_active;         // 活动线程数
            wait_queue_head_t   wait_for_threads;       // 等待队列
            const char          *name;
        } ____cacheline_internodealigned_in_smp;
```

在结构 irq_desc 中，action 是中断处理程序队列。所有的设备中断处理程序都被包装成 irqaction 结构，并在使用之前挂在自己的 irq_desc 中。使用同一个 IRQ 号的所有处理程序被挂在同一个 irq_desc 中，形成一个队列。结构 irqaction 的定义如下：

```
        struct irqaction {
            irq_handler_t       handler;        // 真正的中断处理程序
            unsigned long       flags;          // 特殊要求
            const char          *name;          // 设备名
            void                *dev_id;        // 设备 ID
            struct irqaction    *next;          // 队列指针
            int                 irq;            // IRQ 号
            struct proc_dir_entry *dir;         // 在 proc 文件系统中的目录项
            irq_handler_t       thread_fn;      // 中断处理线程所执行的函数
            struct task_struct  *thread;        // 线程管理结构
            unsigned long       thread_flags;   // 与线程相关的标志
        };
```

如果设备中断经由 I/O APIC 递交，那么在该中断的 irq_desc 结构中，指针 chip_data 指向的就是 irq_cfg 结构，其中的主要成员如下：

```
struct irq_pin_list {
    int                    apic, pin;      // 递交中断的 I/O APIC 号及管脚
    struct irq_pin_list    *next;
};
struct irq_cfg {
    struct irq_pin_list    *irq_2_pin;     // 队列
    u8                     vector;         // 中断向量
    …
};
```

由此可见，IRQ 是结构 irq_desc 在指针数组 irq_desc_ptrs 中的索引，而 vector 则是 I/O APIC 递交的中断向量号，是中断门在 IDT 中的索引。IRQ 与 vector 是一一对应的，IRQ 从 0 开始编码，vector 从 0x30 开始编码。各结构之间的关系如图 4.6 所示。

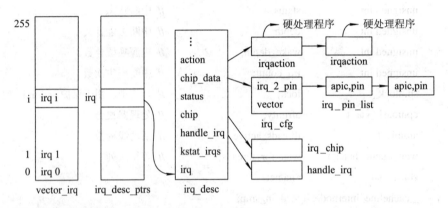

图 4.6　设备中断硬处理管理结构

设备中断的入口程序得到的是向量号 vector。以 vector 为索引查数组 vector_irq 可得到与之对应的 IRQ 号，查数组 irq_desc_ptrs 可得到描述结构 irq_desc。在结构 irq_desc 中，action 中列出了该中断的所有处理程序，irq_2_pin 中列出了递交该中断的所有管脚，chip 是中断控制器操作接口，handle_irq 是中断的流程控制程序。

4.3.2　设备中断硬处理管理接口

显然，设备中断的管理结构是比较复杂的，如让驱动程序直接操作这么复杂的结构必然会带来混乱。因此，Linux 另外定义了一个管理接口，用于操作上述结构，如在其中插入、删除 irqaction 结构(注册、注销处理程序)，插入、删除 irq_pin_list 结构，更换 irq_chip 结构等。不管外部中断来自哪种设备、被哪种中断控制器转发，利用这些接口函数都可以完成中断的注册、注销、打开、关闭等操作。中断管理接口屏蔽了底层的操作细节，也将设备中断处理分成了多个层次，从而增加了设备中断处理的灵活性和可靠性。设备中断管理层的组织结构如图 4.7 所示，其中设备中断的硬处理程序通常由设备的驱动程序提供。设备驱动程序了解设备的实现细节，并能通过设备接口操作设备，完成相应的处理。

图 4.7　设备中断管理中的层次关系

1. 控制器操作接口

I/O APIC 类中断控制器提供的操作接口包括 startup、mask、unmask、ack、eoi、set_affinity、retrigger 等。

启动操作 startup 用于设置 I/O APIC 的重定向表，打开指定的中断。如果要启动中断的 IRQ 号小于 16，还要设置 8259A 类控制器，使其停止转发该中断。

屏蔽操作 mask 用于设置 I/O APIC 的重定向表，屏蔽指定的中断。

解除操作 unmask 用于设置 I/O APIC 的重定向表，解除对指定中断的屏蔽。

应答操作 ack 用于向 Local APIC 的 EOI 寄存器中写 0，表示中断已经处理完毕。如果需要，应答操作还会试图迁移中断。

结束操作 eoi 也用于应答中断(向 EOI 寄存器写 0)，并在必要时迁移中断。结束操作还会修改 I/O APIC 的重定向表，将所应答中断的触发模式改为水平触发。

设置处理器集操作 set_affinity 用于修改结构 irq_desc 中的 affinity 域。

重发操作 retrigger 用于向自己再次发送指定的中断。

2. 设备中断管理接口

设备中断管理接口中包含多个接口函数，其中最主要的是 request_irq()、free_irq()、disable_irq()、enable_irq()、synchronize_irq()等。

函数 request_irq()用于注册中断处理程序。在使用某个外部中断之前必须为它注册中断处理程序。在注册完成之后，新到来的中断即会交由该处理程序处理。

注册操作的主要工作是创建一个 irqaction 结构并将其挂在 irq_desc 结构的 action 队列中。action 队列上可能没有任何处理程序，可能仅有一个处理程序，也可能有多个处理程序。如果要在一个队列上注册多个处理程序，那么所有的处理程序都应该允许共享(irqaction.flags 上有 IRQF_SHARED 标志)，而且它们的触发方式也应该一致。

注册操作可能伴随着中断使能，即打开中断控制器对新申请中断的屏蔽。

函数 free_irq()用于注销已注册的中断处理程序，其主要工作是将包含中断处理程序的 irqaction 结构从队列中摘下并释放。注销操作可能伴随着中断去能，即让中断控制器屏蔽已注销的中断。

函数 disable_irq()用于去能一个外部中断，enable_irq()用于使能一个外部中断。去能的结果是在中断对应的 irq_desc.status 上加入 IRQ_DISABLED 标志并执行 irq_chip 上的 disable 操作。使能的结果是清除 irq_desc.status 上的 IRQ_DISABLED 标志并执行 irq_chip 上的 enable 操作。去能、使能操作可以嵌套使用，为了保持中断状态的一致性，去能操作会增加 irq_desc.depth，使能操作会减少 irq_desc.depth。只有当该计数为 0 时才真正执行 irq_chip 上的去能、使能操作。

函数 synchronize_irq()用于同步中断,即等待一个设备中断的所有处理程序都处理完毕,不管它们在哪个处理器上执行。中断去能和注销操作都需要同步。

另外几个接口函数用于设置 irq_desc 结构中的关键参数,如触发方式、chip_data、chip、handler_data、wake_depth 等。

4.3.3　外部中断硬处理

不同的外部中断有不同的硬处理方式。局部和处理器间(Inter-processor interrupt,IPI)中断的硬处理比较简单,设备中断的硬处理比较复杂。若硬中断处理程序未屏蔽或又打开了正在处理的中断,可能还会出现中断嵌套的现象。

1. 设备中断硬处理

处理器收到设备中断后,首先完成堆栈切换和状态保存(在栈顶),而后查 IDT 表获得缺省的中断门,最后经过中断门进入设备中断入口程序。各设备中断的入口程序完成大致相同的三项工作(如图 4.5 所示),一是在栈顶构造出 pt_regs 结构,二是调用函数 do_IRQ 完成真正的中断处理工作,三是跳转到 ret_from_intr 完成善后处理工作。

函数 do_IRQ 是设备中断处理的总控程序或者说调度程序,它根据设备中断的描述结构 irq_desc,决定采用何种处理流程、调用哪些处理函数以完成设备中断的实际处理工作。do_IRQ 的工作过程大致如下:

(1) 从栈顶取出中断向量号。根据向量号查处理器自己的 vector_irq 数组获得中断的 IRQ 号。根据 IRQ 号查向量表 irq_desc_ptrs,找到中断的描述结构 irq_desc。

(2) 累加当前进程的硬中断计数(在 thread_info.preempt_count 中),表示当前进程被中断,系统即将进入中断处理流程。

(3) 如果需要,可再次切换堆栈,以便在专门的上下文中处理中断。如果未切换堆栈,系统将在当前进程的上下文中处理中断。

(4) 执行函数 irq_desc.handle_irq,按照预定的流程处理中断。

① LEVEL 类的处理流程。屏蔽正在处理的中断;应答中断;累计与该中断相关的统计信息;如果该中断未被去能,则顺序执行 irq_desc.action 中的各个处理程序;解除被屏蔽的中断。如果在处理过程中又收到了同一个硬中断(嵌套中断),仅屏蔽、应答(相当于丢弃)但不处理它们。

② EDGE 类的处理流程。累计与该中断相关的统计信息;应答中断;如果该中断未被去能,则顺序执行 irq_desc.action 中的各个处理程序。由于未屏蔽中断,因而在中断处理过程中其它处理器可能会再次收到正在处理的中断。为了避免重入,新到达的中断不会立刻被处理,仅会留下一个标记。在当前处理器执行完 irq_desc.action 中的处理程序之后,如果发现留下的标记,应再次执行 irq_desc.action 中的处理程序。为了保证不丢失中断,新到的中断应屏蔽自己,以使待处理的中断数不超过 1 个。但一旦开始处理被标记的中断,就要再次解除屏蔽。

③ SIMPLE 类的处理流程。累计与该中断相关的统计信息;如果该中断未被去能,则顺序执行 irq_desc.action 中的各个处理程序。不应答中断,不屏蔽正在处理的中断,也不特别处理嵌套的中断。

④ PERCPU 类的处理流程。累计与该中断相关的统计信息;应答中断;如果该中断未

被去能，则顺序执行 irq_desc.action 中的各个处理程序；结束中断(eoi 操作)。由于未屏蔽正在处理的中断，因而新到达的中断会被递交给其它处理器并立刻处理。PERCPU 类的中断处理允许并行。

⑤ FASTEOI 类的处理流程。累计与该中断相关的统计信息；如果该中断被去能，则屏蔽该中断，否则顺序执行 irq_desc.action 中的各个处理程序；结束中断(eoi 操作)。如果在处理过程中有新到达的嵌套中断，则应答但不处理它们(丢弃)，如果需要，此时也可迁移中断。

(5) 递减当前进程的硬中断计数(在 thread_info.preempt_count 中)，表示已退出中断处理程序。

(6) 如果有激活的软中断，则处理软中断。

屏蔽和解除正在处理中断的方法是设置 I/O APIC 的重定向表，应答中断的方法是向 Local APIC 的 EOI 寄存器写 0。

程序 ret_from_intr 是外部中断处理的总出口，完成外部中断处理的善后工作，如进程调度、信号处理、中断返回等。善后处理的流程如图 4.3 所示。

2. 局部中断硬处理

局部中断是外部中断，它来自自身的 Local APIC 而不是处理器内部。局部中断是异步的。处理器收到局部中断后，首先完成堆栈切换和状态保存(在栈顶)，而后查 IDT 表获得局部中断的中断门，并经过该中断门进入入口程序。局部中断的入口程序完成大致相同的三件工作：一是在栈顶压入中断向量号、段寄存器与通用寄存器的值，构造出一个 pt_regs 结构；二是调用真正的局部中断处理程序，完成局部中断处理；三是跳转到 ret_from_intr 完成中断的善后处理工作。

与设备中断不同，局部中断的意义是明确的，其处理程序是固定的，且是由操作系统内核提供的，在系统运行过程中无法改变局部中断的处理程序。Intel 处理器已为各局部中断规定了明确的意义。除伪中断之外，其它局部中断都需要统计与应答。

(1) 伪中断(spurious_interrupt)。伪中断表示 Local APIC 之前递交的中断被中途屏蔽或撤销，无法完成正常的递交手续。伪中断不需要特别处理，仅需要累计一下统计信息即可。但如果某个外部中断错误地递交了伪中断向量号，则需要应答一下，以便 Local APIC 将其清除。

(2) 错误中断(error_interrupt)。错误中断表示 Local APIC 检测到了某种错误条件，如非法向量号、非法寄存器地址、检验和错、发送错、接收错等。Local APIC 将错误原因记录在它的错误状态寄存器(ESR)中。错误中断不需要特别处理。

(3) 温度传感器中断(thermal_interrupt)。温度传感器中断表示处理器核心的温度超过了预设的门槛。处理器硬件会自动处理温度异常，如降低处理器的主频等。操作系统不需要对该中断做过多的处理，仅需要做一些必要的统计即可。

(4) 校正的机器检查错误中断(threshold_interrupt)。在处理器运行过程中，可能会出现一些错误，其中有些错误是可以自动校正的。当被校正的错误数达到预设的门槛后，Local APIC 会产生该中断。操作系统可以做一些统计，也可以做一些特别的处理，如清除错误状态等。

(5) 局部定时器中断(apic_timer_interrupt)。Local APIC 中的局部定时器是一种常用的时钟设备，用于代替传统的 PIT，完成常规的时钟中断处理，见 5.2 节。

(6) 性能监控器中断(perf_pending_interrupt)。Intel 处理器提供了若干组计数器用于监测系统的性能，如过去的时钟周期数、执行的指令数、访问 Cache 的次数等。当这些计数器溢出时，Local APIC 会产生性能监控器中断。收到该中断时，操作系统可以完成一些预定但未完成的工作。

3. 处理器间中断硬处理

处理器间中断(IPI)是一个处理器通过自己的 Local APIC 向其它处理器(包括自己)发出的中断。在 Intel 处理器上，发送 IPI 的方法是向 Local APIC 的中断命令寄存器(ICR)写入一个 64 位的 IPI 消息，消息中包括中断向量号、递交模式、触发模式、目的处理器等。一个处理器可以向系统中另一个处理器(包括自己)发送 IPI、可以向多个处理器同时发送 IPI、也可以向所有的处理器广播 IPI。显然，IPI 仅是一种通知机制，难以传递更多的信息，IPI 的意义是收发双方自己约定的。

Linux 预定了几个处理器间中断，为它们指派了中断向量号、设定了处理程序，且已在 IDT 表中创建了相应的中断门。处理器间中断的处理流程与局部中断相似。所有的处理器间中断都需要统计、应答。

(1) 重调度 IPI(reschedule_interrupt)。当处理器收到重调度 IPI 时，它应该立刻进行调度。重调度工作会在中断的善后处理程序 ret_from_intr 中自动完成，因而在中断处理程序中仅需要应答、统计、返回即可。

(2) 单函数调用 IPI(call_function_single_interrupt)。当一个处理器需要另一个处理器执行某个函数时，它可以向该处理器发送一个单函数调用 IPI。当然，在此之前，需要通过另外的机制告诉对方函数名及参数。在 SMP 系统中，由于内存是共享的，所以可以将欲调用的函数名及参数做成一个结构，预先挂在接收者的特定队列中。事实上，Linux 在 PERCPU 数据区中为每个处理器准备了一个名为 cfd_data 的结构和一个名为 call_single_queue 的队列。请求者填写自己的 cfd_data 结构并将其挂在接收者的 call_single_queue 的队列中。目的处理器收到单函数调用 IPI 后，顺序执行自己 call_single_queue 队列中的各函数即可。

(3) 函数调用 IPI(call_function_interrupt)。当一个处理器需要多个处理器执行某个函数时，它可以向这些处理器发送函数调用 IPI。当然，在此之前，需要通过另外的机制告诉接收者函数名及参数。在 SMP 系统中，Linux 在 PERCPU 数据区中为每个处理器准备了一个 cfd_data 结构，请求者根据欲调用的函数名、参数及应执行该函数的处理器位图信息设置好自己的 cfd_data 结构，并将其挂在全局队列 call_function 中。收到函数调用 IPI 的处理器顺序搜索 call_function 队列，若发现自己在某个 cfd_data 结构的处理器位图中，则执行一次其中的函数。最后一个执行的处理器将 cfd_data 结构从队列中摘下。

(4) 停止 IPI(reboot_interrupt)。在关闭整个计算机系统之前，应该向所有在线的处理器发送停止 IPI。收到停止 IPI 的处理器先把自己设为离线状态，再关闭自己的 Local APIC(清除 LVT 表、屏蔽所有局部中断并将其去能)，最后执行指令 HLT 进入停止状态。发送停止 IPI 的处理器也要关闭自己的 Local APIC。

(5) TLB 刷新 IPI(invalidate_interrupt)。在单处理器系统中，如处理器改变了页表或页目录项，它需要刷新自己的 TLB，使已改变的页表或页目录项在 TLB 中失效。在多处理器系统中，由于每个处理器都有自己的 TLB，一个页表或页目录项可能被缓存在多个 TLB 中，因而当一个处理器改变了页表或页目录项后，除了要刷新自己的 TLB 外，还要设法通知其它处理器，让它们也刷新自己的 TLB，这一过程称为 TLB 击落。通知的方法是 TLB 刷新 IPI。当然，不是每一次改变页表或页目录项都需要所有的处理器刷新 TLB，事实上，只有正在使用同一个页目录的处理器才需要刷新 TLB。在初始化时，Linux 定义了 8 个 TLB 刷新 IPI(用于区分不同的请求者)，并在 IDT 中设置了它们的处理程序。当一个处理器需要其它处理器刷新 TLB 时，它在预定位置设置刷新要求，如需要刷新的内存环境(即结构 mm_struct)及刷新方式(全部刷新还是仅刷新一项)等，而后向可能受影响的处理器发送 TLB 刷新 IPI。收到 TLB 刷新 IPI 的处理器根据请求者的要求决定是否刷新和如何刷新自己的 TLB。

(6) 平台特定 IPI(generic_interrupt)。平台特定 IPI 一般不需要特别的处理。事实上目前只有 SGI 的 RTC 需要在平台特定 IPI 中进行一些特定的处理。

(7) 机器检查自中断(mce_self_interrupt)。在处理机器检查异常时，如果发现异常的后果比较严重，机器检查异常处理程序会向自己发送一个机器检查自中断，请求系统在合适的时候(至少是在开中断状态下)完成某些通知性工作。

4.3.4 外部中断软处理

如前所述，为了缩短关中断的时间，外部中断的硬处理部分通常被设计得尽可能短小，但常常无法完成所有的中断处理工作，因而必须提供另外一种机制来完成外部中断的剩余处理工作。在硬处理中未完成的工作必须是与硬件无关、对时间不敏感而且可以在开中断状态下处理的工作，对这部分工作的处理称为外部中断的软处理。

将外部中断处理分成两部分还带来了另外的好处。由于软处理部分与硬件无关，因而多个硬处理程序可以共用一个软处理程序，从而可以极大地压缩软处理程序的数量，甚至可以由操作系统内核统一提供所有的软处理程序，提高了外部中断处理的可靠性。事实上，目前的 Linux 系统仅提供了有限几个软处理程序。另外，软处理程序可以将硬处理程序转交过来的工作进行分类、合并，在更合适的时候(不是中断时)一次性完成处理工作，从而可减少处理次数，加快处理速度(一种典型的 Lazy 策略)。

在早期的版本中，Linux 将软处理称为底半处理(bottom half)。底半处理的管理结构比较简单，包括一个向量表 bh_base 和两个位图 bh_mask 和 bh_active，其中 bh_base 用于注册底半处理程序，bh_mask 用于记录已注册的底半处理，bh_active 用于记录已激活的底半处理。bh_mask & bh_active 中的非 0 位就是目前待处理的底半操作。

Linux 定义的底半处理程序不超过 32 个。为了简化设计，Linux 按严格串行的方式执行底半处理程序，也就是说底半处理程序不许重入。不管系统中有多少个处理器，在同一时间内最多只允许一个处理器执行底半处理程序。这一约定简化了底半处理程序的设计，但也带来了严重的性能损失。事实上，在不同的处理器上同时执行不同的底半处理程序并不会带来干扰，因而应该是允许的。

Linux 2.4 放宽了对底半处理的限制，引入了软中断(Softirq)。软中断类似于底半处理，但不同的软中断处理程序可以同时在不同的处理器上运行，同一个软中断处理程序也可以在不同的处理器上同时运行。在同一时刻，一个处理器上只能运行一个软中断处理程序(不能嵌套)。软中断处理程序运行在中断上下文中，不能睡眠，不能调度，而且一个软中断不能抢占另一个软中断。

由于软中断处理程序可能并行运行，因而其设计比较困难，其内部要么全部使用

PERCPU 变量，要么使用自旋锁以保护关键性资源。为了保证系统的可靠性，Linux 不允许用户自行设计软中断处理程序。在目前的 Linux 中，所有的软中断处理程序都是由内核提供的，在系统初始化时注册，且不允许更改。因而软中断稳重有余、灵活不足。

如果某种软处理并不需要在多个处理器上并行执行，那么软中断的限制其实有些过分。为了弥补软中断的缺陷，需要提供更灵活的软处理手段，为此 Linux 在软中断的基础上又引入了任务片(tasklet)机制。毫无疑问，任务片是延迟的软处理工作，但又与软中断有区别。一种特定类型的任务片只能运行在一个处理器上，不能并行，只能串行执行；不同类型的任务片可以在多个处理器上并行运行；任务片允许动态地注册、注销。传统的底半处理是特殊的任务片，任务片又是特殊的软中断。在 Linux 实现的软中断中，HI_SOFTIRQ 和 TASKLET_SOFTIRQ 是专门用来处理任务片的。

1. 软中断处理

软处理的核心是软中断，其数量已从最初的 4 个发展到了目前的 10 个。各软中断的向量号、标识、意义及处理程序的设置如表 4.3 所示。

表 4.3　软中断及其处理程序

软中断向量号	软中断向量标识	软中断处理程序	意　　义
0	HI_SOFTIRQ	tasklet_hi_action	处理高优先级任务片
1	TIMER_SOFTIRQ	run_timer_softirq	处理定时器任务片
2	NET_TX_SOFTIRQ	net_tx_action	处理网络数据包发送
3	NET_RX_SOFTIRQ	net_rx_action	处理网络数据包接收
4	BLOCK_SOFTIRQ	blk_done_softirq	处理块设备操作
5	BLOCK_IOPOLL_SOFTIRQ	blk_iopoll_softirq	处理块设备中断查询
6	TASKLET_SOFTIRQ	tasklet_action	处理低优先级任务片
7	SCHED_SOFTIRQ	run_rebalance_domains	处理 CPU 间负载平衡
8	HRTIMER_SOFTIRQ	run_hrtimer_softirq	处理高精度定时器
9	RCU_SOFTIRQ	run_process_callback	处理 RCU

软中断的管理结构类似于底半处理，需要为其定义一个数组以记录各软中断的处理程序，并需要定义一个位图以记录各软中断的请求或激活情况。由于软中断不允许注销，也不允许屏蔽，因而不再需要软中断屏蔽位图。全局向量表 softirq_vec[]用于记录各软中断的处理程序，其定义如下：

```
struct softirq_action {
    void    (*action)(struct softirq_action *);
};
struct softirq_action    softirq_vec[NR_SOFTIRQS] _ _cacheline_aligned_in_smp;
```

系统初始化时，已为各软中断注册了处理程序。表 4.3 列出了各软中断的向量号、标识及处理程序。

在底半处理中，激活位图 bh_active 是全局共用的。由于软中断可以在多个处理器上并行运行，一个全局共用的激活位图已无法表示软中断在不同处理器上的激活情况，因而需要为每个处理器定义一个软中断激活位图。事实上，Linux 在 PERCPU 数据区中为每个处理器定义了一个 irq_cpustat_t 类型的结构变量 irq_stat，用于统计在处理器上发生的各种中断的次数，其中的_ _softirq_pending 就是软中断激活位图。

```
typedef struct {
    unsigned int _ _softirq_pending;       // 软中断激活位图
    unsigned int _ _nmi_count;             // 不可屏蔽中断发生次数
    unsigned int irq0_irqs;                // 时钟中断发生次数
    unsigned int apic_timer_irqs;          // APIC 局部定时器中断发生次数
    unsigned int irq_spurious_count;       // APIC 伪中断发生次数
    unsigned int generic_irqs;             // 平台特定 IPI 发生次数
    unsigned int apic_perf_irqs;           // NMI 中断发生次数
    unsigned int apic_pending_irqs;        // APIC 性能监控器中断发生次数
    unsigned int irq_resched_count;        // 重调度 IPI 发生次数
    unsigned int irq_call_count;           // 函数调用 IPI 发生次数
    unsigned int irq_tlb_count;            // TLB 刷新 IPI 发生次数
    unsigned int irq_thermal_count;        // 温度传感器中断发生次数
    unsigned int irq_threshold_count;      // 校正的机器检查错误中断发生次数
} _cacheline_aligned   irq_cpustat_t;
```

每个软中断都有一个编号，该编号对应_ _softirq_pending 中的 1 位。激活某个处理器的某个软中断就是在该处理器的_ _softirq_pending 位图的相应位上置 1。有意思的是硬处理程序通常并不直接激活软中断，硬处理延迟的工作一般由任务片处理，注册任务片时会激活软中断 HI_SOFTIRQ 或 TASKLET_SOFTIRQ。

一个处理器上的软中断必须由该处理器自己处理。软中断可能被挂起，因而不像异常和外部中断那样及时。在下列情况下处理器会试图处理已激活的软中断：

(1) 设备硬处理部分执行完毕之后。

(2) 局部中断处理完毕之后。

(3) 处理器间中断(包含 TLB 刷新和重调度 IPI)处理完毕之后。

(4) 中断迁移清理工作完成之后。

(5) 打开软中断(local_bh_enable)之时。

(6) 守护进程 ksoftirqd 运行时。

处理器进行软中断处理的唯一限制条件是它当前不在中断处理程序之中，包括硬处理和软处理。这一限制保证了软中断处理程序不会在同一处理器上重入，同时也使软中断可能被推迟处理。为了标识处理器当前是否在中断处理程序之中，Linux 在所有进程的系统堆栈的栈顶都预留了一个 thread_info 结构，其中的域 preempt_count 是一个 32 位的整型变量，格式如图 4.8 所示。

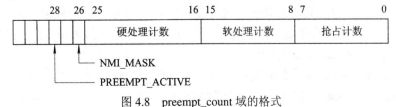

图 4.8　preempt_count 域的格式

在进入外部中断的硬处理程序(包括设备中断、局部中断、处理器间中断的硬处理程序)之前，处理器增加当前进程的 preempt_count 中的硬处理计数；在退出外部中断的硬处理程序之前，处理器减少当前进程的 preempt_count 中的硬处理计数。

在进入 NMI 处理程序之前，处理器增加当前进程的 preempt_count 中的硬处理计数并设置 NMI_MASK 标志；在退出 NMI 处理程序之前，处理器减少当前进程的 preempt_count 中的硬处理计数并清除 NMI_MASK 标志。硬件可以保证 NMI 不会嵌套。

在进入外部中断的软处理程序之前，处理器增加当前进程的 preempt_count 中的软处理计数；在退出外部中断的软处理程序之前，处理器减少当前进程的 preempt_count 中的软处理计数。

域 preempt_count 的另一个作用是控制进程调度的时机。不为 0 的 preempt_count 表示处理器正处于一个不安全的环境中，不应该强行进行抢占调度。因而，若 preempt_count 的当前值不是 0，在返回核心态之前，外部中断的善后处理程序 ret_from_intr 就不会调度进程(如图 4.3 所示)。

标志 PREEMPT_ACTIVE 表示进程正在被抢占。

由此可见，当前进程的 preempt_count 中的硬处理计数、软处理计数和 NMI_MASK 同时为 0 就表示处理器当前不在中断处理程序之中。

软中断处理程序与硬处理程序一样，可能被随机地插入在任何程序的执行过程中。如果某段程序不能被硬中断，则可用函数 local_irq_disable(指令 CLI)和 local_irq_enable(指令 STI)将其括起来；如果某段程序可以被硬中断但不能被软中断(该段程序的执行过程中不允许插入软中断处理程序)，则可用软中断关闭函数 local_bh_disable(增加 preempt_count 中的软处理计数)和软中断打开函数 local_bh_enable(减少 preempt_count 中的软处理计数)将其括起来。特别地，如函数 local_bh_enable 发现处理器已不在中断处理程序之中且处理器上已有软中断被激活，也应该尝试处理软中断。

软中断处理的大致流程如下：

(1) 增加 preempt_count 中的软处理计数，表示即将进入软中断处理流程。

(2) 取出处理器的软中断激活位图_softirq_pending，并将_softirq_pending 清空。

(3) 打开中断(STI)。允许软中断处理过程被再次中断。

(4) 检查取出的软中断激活位图，如果其中的第 i 位为 1，说明第 i 个软中断被激活，则应执行一次 softirq_vec[i]中的处理程序 action()。所有被激活的软中断处理程序都应被执行一次。

(5) 软中断处理完毕，关闭中断(CLI)。

(6) 如果位图_ _softirq_pending 不空，说明软中断处理过程被中断过，新的硬处理程序再次激活了当前处理器的软中断，且新激活的软中断还未被处理，应转(2)再次处理软中断。这种循环可能反复进行，其间会禁止进程调度，有可能导致其它进程进入饥饿状态。为了解决这一问题，Linux 为每个处理器预建了一个软中断守护线程 ksoftirqd。当发现此处的循环过多时，唤醒 ksoftirqd，而后退出。

(7) 减少 preempt_count 中的软处理计数，表示已退出软中断处理流程。

守护线程 ksoftirqd 专门为处理器处理软中断，其处理流程与上述相同，不同的是 ksoftirqd 会不断地尝试调度，从而给其它进程以运行的机会。

在激活软中断时，如果当前处理器正在中断处理程序之中，ksoftirqd 也会被唤醒。

由软中断的处理流程可以看出，软中断处理可能被推迟，但最终都会被处理。

2. 任务片处理

软中断是软处理的基础，但不够灵活。软处理的灵活性是由任务片提供的。事实上，大部分硬处理程序都通过任务片来延迟处理自己未完成的工作。一个任务片由一个 tasklet_struct 结构描述，其定义如下：

```
struct tasklet_struct {
    struct tasklet_struct    *next;
    unsigned long            state;      // 状态(正等待执行、正在执行)
    atomic_t                 count;      // 引用计数
    void (*func)(unsigned long);         // 软处理函数
    unsigned long            data;       // 给软处理函数的参数
};
```

Linux 在 PERCPU 数据区中为每个处理器提供了两个任务片队列，tasklet_hi_vec 中任务片的优先级高于 tasklet_vec 中的任务片。在系统初始化时，已将 tasklet_hi_vec 和 tasklet_vec 设成了空队列。

如果硬处理程序认为自己的某项工作应该推迟到软处理中，它可以将要推迟的工作包装成任务片，而后调用函数 tasklet_hi_schedule 或 tasklet_schedule 将其调度到上述某个队列中。函数 tasklet_hi_schedule 将任务片调度到队列 tasklet_hi_vec 中并激活软中断 HI_SOFTIRQ，函数 tasklet_schedule 将任务片调度到队列 tasklet_vec 中并激活软中断 TASKLET_SOFTIRQ。一个任务片只能被挂在一个队列中。

当系统处理软中断时，HI_SOFTIRQ 的处理程序会将队列 tasklet_hi_vec 中的任务片摘下，将队列清空并顺序执行其中各任务片中的处理函数 func；TASKLET_SOFTIRQ 的处理程序会将队列 tasklet_vec 中的各任务片摘下，将队列清空并顺序执行其中各任务片中的处理函数 func。由于一个任务片结构仅能挂在一个队列中，因而它不可能在多个处理器上并行运行。虽然任务片处理过程可能被中断，任务片结构可能被再次调度到某个队列中，但软中断机制可以保证新调度的任务片只能在下一轮软中断处理中执行，任务片中的处理程序不会重入。

4.4 系统调用

出于保护的目的，Linux 将进程的地址空间分成了两部分，用户空间和内核空间。操作系统内核运行在内核空间，用户程序运行在用户空间。当进程运行在用户空间时，其权限和能力被限制，很多工作，如创建子进程、读写文件等，无法自己完成，只能请求内核的帮助。然而，由于保护级别的不同，运行在用户空间的程序不能直接访问内核中的数据，也不能直接调用内核中的函数。因此，操作系统内核需要提供一种机制，既能保护内核信息，又能为用户进程提供必须的服务。这种机制就是系统调用。

系统调用是内核空间与用户空间之间的一道门户，通过这道门户用户进程可有限度地进出内核空间，如图 4.9 所示。

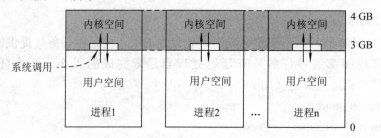

图 4.9 用户空间、内核空间与系统调用

实现系统调用的方法有多种，最常用的是一个特殊的中断，即陷入(int 指令)，其中断向量号是$0x80。因此，系统调用的处理过程也就是 int $0x80 的处理过程。

与老版本相比，系统调用的处理流程并没有太大改变。

4.4.1 系统调用表

Linux 的系统调用是预先定义好的，每一个系统调用都有一个编号，在内核中有一个对应的服务函数。在 Linux 的发展过程中，它提供的系统调用也在不断变化。从 Linux 1.0 的 135 个系统调用发展到 Linux 3.0 的 347 个系统调用。

Linux 的系统调用表称为 sys_call_table，其中包含各个系统调用的编号及其服务函数。表 4.4 列出了其中前 16 个系统调用。

表 4.4 Linux 的系统调用表

系统调用号	服务函数	意　义
0	sys_restart_syscall	重启预定工作
1	sys_exit	终止进程
2	ptregs_fork	创建进程
3	sys_read	读文件
4	sys_write	写文件
5	sys_open	打开文件
6	sys_close	关闭文件
7	sys_waitpid	等待子进程终止
8	sys_creat	创建文件
9	sys_link	为文件建立硬连接
10	sys_unlink	删除文件的硬连接
11	ptregs_execve	为进程加载程序
12	sys_chdir	改变进程当前工作目录
13	sys_time	获得系统时间
14	sys_mknod	创建设备特殊文件
15	sys_chmod	改变文件模式
⋮	⋮	⋮

每一个系统调用都有一个唯一的系统调用号，或者说一个系统调用号唯一地标识了一个系统调用。服务函数 sys_*xxx* 对应的系统调用号由宏_ _NR_*xxx* 定义，如 sys_exit 对应的系统调用号是 1，其宏为_ _NR_exit。

Linux 系统调用的服务函数有着统一的命名方法，即 sys_*xxx*。格式为 ptregs_*xxx* 的函数实际是对格式为 sys_*xxx* 的函数的包装，它先将系统栈顶的 pt_regs 结构的位置(指向 pt_regs 的指针)保存在 EAX 寄存器中，作为传递给函数 sys_*xxx* 的唯一参数，而后再跳转到 sys_*xxx* 的入口。

为了保持兼容性，老的系统调用号总是被保留，即使与之对应的系统调用已经被废弃。新增的系统调用总是使用新的系统调用号和新的名称。如果一个系统调用被做了较大修改，改进后的系统调用会使用一个新的系统调用号，其名称要么使用新的，要么使用老的。如果改进后的系统调用使用老的名称，如 sys_*xxx*，那么原来的系统调用名会被改为 sys_old*xxx*、sys_old_*xxx* 或 old_*xxx*。如有关 uname 的系统调用有三个，其服务函数分别名为 sys_olduname、sys_uname 和 sys_newuname。

4.4.2　标准函数库

系统调用是操作系统内核提供给应用程序的服务接口。应用程序可直接将要请求的系统调用号放在 EAX 中，而后执行 int $0x80 进入内核空间请求内核服务。但这种方式比较麻烦，也不可靠，不大适合应用程序直接使用。事实上，Linux 已将系统调用封装在标准的 C 函数库中，如 Libc 或 Glibc 中，应用程序只需通过这些库使用系统调用即可。标准 C 库是对系统调用的加强，它为进入内核空间做必要的前期准备和善后处理，如检查参数的合法性、转换参数的格式、将参数按序放入通用寄存器中、执行 int $0x80 进入内核、检查返回值等。下面是标准 C 库中的一个宏定义。

```
#define INTERNAL_SYSCALL(name, err, nr, args...)   ({                \
        register unsigned int resultvar;                             \
        asm volatile (                                               \
            "movl %1, %%eax\n\t"                                     \
            "int $0x80\n\t"                                          \
            : "=a" (resultvar)                                       \
            : "i" (__NR_##name) ASMFMT_##nr(args)                    \
            : "memory", "cc");                                       \
        (int) resultvar; })
```

上述宏定义中的 name 是系统服务的名称，如 fork、open 等，nr 是从用户空间传递到内核空间的参数个数，args 是要传递的参数。由于指令 int $0x80 会引起堆栈切换，无法通过堆栈传递参数，因而应用程序只能将参数放在寄存器中以便将其传递到内核。按照 Linux 的约定，一次最多能向内核传递 6 个参数，它们被分别放在 EBX、ECX、EDX、ESI、EDI、EBP 中，构成了结构 pt_regs 的前 6 个域。

宏 ASMFMT_##nr(args) 用于为系统调用准备参数，其定义如下：

```
# define ASMFMT_1(arg1) \
        , "b" (arg1)
# define ASMFMT_2(arg1, arg2) \
```

```
            , "b" (arg1), "c" (arg2)
        # define ASMFMT_3(arg1, arg2, arg3) \
            , "b" (arg1), "c" (arg2), "d" (arg3)
        # define ASMFMT_4(arg1, arg2, arg3, arg4) \
            , "b" (arg1), "c" (arg2), "d" (arg3), "S" (arg4)
        # define ASMFMT_5(arg1, arg2, arg3, arg4, arg5) \
            , "b" (arg1), "c" (arg2), "d" (arg3), "S" (arg4), "D" (arg5)
```

值得注意的是，上述传递参数的方法与 C 语言的约定不同，它是 Linux 自己的约定，并由 Linux 自己实现，仅适用于系统调用(由汇编程序到汇编程序)。在缺省情况下，标准 C 语言也用寄存器传递参数，但传递的方法由编译器自己掌握，如 GCC 用 EAX、EDX、ECX 分别传递第一、二、三个参数(其余的参数用堆栈传递)。如果一个 C 语言函数想用堆栈接收参数，它必须特别声明，如加上 asmlinkage 标志。大多数的系统调用服务程序都通过堆栈接收参数。

宏 INTERNAL_SYSCALL 是标准函数库的核心，需要进入内核的库函数都会使用该宏。宏 INTERNAL_SYSCALL 的主体部分是一段嵌入式汇编，该段汇编程序将系统调用号放在 EAX 寄存器中，将其它的参数分别放在 EBX、ECX、EDX、ESI、EDI 中，而后执行指令 int $0x80 进入内核。当指令 int $0x80 返回时，说明请求的系统调用已经完成，系统已从内核空间返回到了用户空间，此时 EAX 寄存器中保存的是系统调用的返回值，可将其输出到变量 resultvar 中作为整个宏定义的返回值。

许多系统调用都需要在用户空间和内核之间传递数据，包括参数和返回值。Linux 传递数据的方法如下：

(1) 如需要传递的参数少于 5 个，则直接利用寄存器传递。

(2) 如需要传递的参数多于 5 个，调用者需将它们组织成结构或缓冲区，并通过寄存器传递开始地址和大小。服务函数根据寄存器中传来的信息，将参数拷贝到内核。

(3) 如服务函数只产生一个整型的处理结果，则通过 EAX 将其返回给调用者。

(4) 如服务函数产生的结果较多，则由服务函数将结果拷贝到用户空间，拷贝的位置由调用者在参数中指定。

由此可见，在两个空间之间来回拷贝数据是不可避免的。由于用户程序不能访问内核空间，因而数据拷贝工作只能由内核完成。事实上，操作系统内核驻留在所有进程的地址空间中(如图 4.9)，使用的是当前进程的页目录/页表，能够直接访问当前进程的整个地址空间，因而可轻松地在两个空间之间拷贝数据(mov、movsb、movsw、movsl 等)。当然，在拷贝数据时需要检查用户空间地址的合法性(是否越界，是否允许写等)。

Linux 提供了一组函数用于在两个空间之间拷贝数据，如 get_user 用于将用户空间的单个数据拷贝到内核空间，put_user 用于将内核空间的单个数据拷贝到用户空间，copy_from_user 用于将用户空间中的一块数据拷贝到内核空间，copy_to_user 用于将内核空间中的一块数据拷贝到用户空间。

4.4.3　系统调用处理

系统初始化程序已经在 IDT 表中为 int $0x80 设置了陷阱门，其特权级是 3，处理程序是 system_call。当执行到指令 int $0x80 时，处理器会将堆栈切换到当前进程的系统堆栈，并在栈顶自动压入 SS、ESP、EFLAFGS、CS、EIP，而后跳转到 system_call。

程序 system_call 的处理流程如下：

(1) 将 EAX 中的系统调用号压入栈顶。

(2) 将其余的寄存器压入栈顶，形成一个 pt_regs 结构。值得注意的是服务函数都通过堆栈接收参数，而处于栈顶位置的寄存器(EBX、ECX、EDX、ESI、EDI、EBP)恰好是传递给服务函数的参数。

(3) 检查 EAX 中的系统调用号是否越界。

(4) 根据 EAX 中的系统调用号查系统调用表 sys_call_table，获得该调用号对应的服务函数，调用该函数完成系统调用的服务处理工作。系统调用服务函数通过堆栈接收参数，参数的个数是预先约定好的。

(5) 当服务函数返回时，用 EAX 中的返回值替换栈顶的 ax。

(6) 关闭中断(CLI)。

(7) 善后处理：

① 根据当前进程的设置完成必要的审计工作。

② 如果当前进程需要调度，则调度它。

③ 如果当前进程有待处理的信号，则处理它。

④ 弹出栈顶，恢复各段寄存器、各通用寄存器及 EIP、CS、EFLAGS、ESP、SS 等寄存器的值，返回用户态，继续执行 int $0x80 之后的指令。此时，EAX 中的值是栈顶的 ax，即系统调用的返回值。

4.4.4　快速系统调用

指令 int 的处理过程比较复杂。当执行 int 时，处理器需要从 IDT 表中取出指定的门描述符并对门的类型、特权级等进行合法性检查，取出门中的段选择符和处理程序入口地址并对选择符所指的目标代码段进行特权级等合法性检查，需要根据目标代码段的特权级从当前进程的任务状态段中取出新堆栈的地址并进行合法性检查，需要更换 SS、ESP、CS、EIP 寄存器并在新堆栈上压入老的 SS、ESP、EFLAGS、CS、EIP 及错误代码，并需要完成特权级切换、中断关闭等操作。因而，基于 int $0x80 的系统调用的代价较高。

为改善 int 的性能，新型的 Intel 处理器提供了另外一种进出内核空间的方式，即指令 sysenter/sysexit 和 syscall/sysret。运行在用户态的进程通过 sysenter 或 syscall 指令可快速进入内核，运行在核心态的进程通过 sysexit 或 sysret 指令可快速返回用户空间。

为支持 sysenter 指令的运行，Intel 处理器专门增加了几个 MSR 寄存器，用于保存系统堆栈和内核服务程序的位置(段选择符与偏移量)。当执行 sysenter 时，处理器直接根据这些 MSR 寄存器的值设置 CS、EIP、SS、ESP 并将特权级切换到 0，从而进入内核空间。当执行 sysexit 时，处理器直接根据 MSR、ECX、EDX 等寄存器设置 CS、EIP、SS、ESP，从而返回用户空间。不管进入还是退出，处理器都不再进行无谓的合法性检查，也不需要再访问内存，因而大大加快了系统调用的速度。

指令 syscall/sysret 仅适用于 64 位模式，它们也利用专门的寄存器保存、设置、恢复 RIP 和 RFLAGS 等寄存器。

与 int 不同，指令 sysenter 并不自动保存返回地址(CS:EIP)，因而指令 sysexit 只能返回到一个预设的固定返回位置，无法直接返回用户态的调用点。事实上，为了使用指令 sysenter/sysexit 完成系统调用，必须进行如下设置：

(1) 在进程的虚拟地址空间中预置一个虚拟系统调用页(称为 vsyscall 页)，进程可读该页的内容，也可执行其中的程序，但不能对其进行修改。在早期的版本中，vsyscall 页位于虚拟地址 0xFFFFE000 处；在新的版本中，vsyscall 页的位置是动态分配的。

(2) 在系统初始化时，根据处理器的类型，在 vsyscall 页中装入一段跳板程序，其中包含一段用户态的固定入口程序和出口程序，称为 linux-gate.so.x，作为进程进出内核的门户。如果处理器不支持 sysenter 指令，跳板程序中仅有两条指令，如下：

```
_ _kernel_vsyscall:     int $0x80
                        ret
```

如果处理器支持 sysenter，跳板程序如下：

```
_ _kernel_vsyscall:     push  %ecx
                        push  %edx
                        push  %ebp
                        movl  %esp, %ebp
                        sysenter
.space 7,0x90                          // 连续 7 条 nop 指令
Lexit:                  pop  %ebp
                        pop  %edx
                        pop  %ecx
                        ret
```

(3) 在系统初始化时，为每个处理器都设置好 sysenter 将要使用的 MSR 寄存器，其中 MSR_IA32_SYSENTER_EIP 的初值为 ia32_sysenter_target。

(4) 修改标准 C 库 glibc 中的宏 INTERNAL_SYSCALL，将其中的 int $0x80 改为 call _kernel_vsyscall。

(5) 在为进程加载可执行程序时，为 vsyscall 页建立一个专门的虚拟内存区域，并将用户态固定入口程序的虚拟地址(标号_ _kernel_vsyscall)记录在进程的辅助向量 AT_SYSINFO 中，将出口地址 Lexit 记录在进程 thread_info 结构的 sysenter_return 域中。

当进程执行标准库函数欲进入内核空间时，它调用跳板程序_ _kernel_vsyscall，并在用户堆栈中保存返回地址 L，如图 4.10 所示。

跳板程序进入内核的路径有两条：

(1) 如果处理器不支持 sysenter 指令，跳板程序将通过指令 int $0x80 进入内核，完成正常系统调用的服务处理工作(参见 4.4.3)。

(2) 如果处理器支持 sysenter 指令，跳板程序将通过 sysenter 进入内核，转入核心态固定入口 ia32_sysenter_target。程序 ia32_sysenter_target 将堆栈切换到当前进程的系统堆栈，在栈顶压入 EBP(用户堆栈的栈顶位置)、EFLAGS、预设的用户态返回地址 Lexit、各通用寄存器等，在系统堆栈的栈顶形成一个 pt_regs 结构，而后打开中断，根据 EAX 中的系统调用号查系统调用表 sys_call_table，获得该调用号对应的服务函数，调用该函数完成系统调用

的服务处理工作。

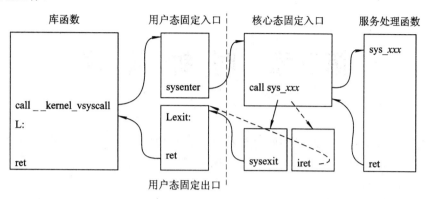

图 4.10　sysenter/sysexit 实现的系统调用流程

服务处理完毕之后，需从内核返回用户态，返回的路径有三条：

(1) 如果处理器不支持 sysenter 指令，内核将通过 iret 指令返回到跳板程序，相当于 int $0x80 返回，并通过 ret 指令返回到库函数的 L 处。

(2) 如果处理器支持 sysenter 指令且当前进程上有待处理的核心工作(如信号)，则经过正常的中断返回路径(与 ini $0x80 的返回相同)返回到用户态的预设返回地址 Lexit，并通过 ret 指令返回到库函数的 L 处。

(3) 如果处理器支持 sysenter 指令且当前进程上没有待处理的核心工作，则将预存在系统堆栈中的用户栈顶位置存入 EDX 中、预设返回地址存入 ECX 中，并恢复 FS、GS，而后执行指令 sysexit，快速退出内核，返回到用户态的预设返回地址 Lexit，并通过 ret 指令返回到库函数的 L 处。

快速系统调用虽然比传统的系统调用快，但使用起来较为复杂，且不够灵活，因此并不一定需要用快速系统调用方式实现所有的系统调用。对于复杂的系统调用(如 fork)，两种实现方式的时间差可以忽略不计。真正应该使用快速系统调用的是那些本身运行时间很短且对时间精确性要求较高的场合，如 getuid、gettimeofday 等。

思　考　题

1. 关中断的方法有哪些?

2. 在关中断状态下的处理器是否会处理异常?

3. 中断的善后处理程序中只有关中断，什么时候会再次打开中断?

4. 在用户程序中能否关中断?

5. 软中断是否会丢失?

6. 在中断处理程序中能否向用户空间拷贝数据?

7. 在软中断中不能调度，在系统调用中是否允许调度?

8. 快速系统调用是否必要?

第五章　时　钟　管　理

　　在所有的外部中断中，时钟中断是最特别、最重要的一种。时钟中断驱动着操作系统中的时间与定时器，是系统中与时间相关的所有操作的基础，是必须由操作系统内核处理的最基本的外部中断。

　　时钟中断来源于计算机系统中的时钟设备。时钟设备是一种特殊的外部设备，其主要作用是产生时钟中断。传统的时钟设备常用于产生周期性的时钟中断，被看作是计算机系统的心跳与脉搏。老版本的 Linux 在时钟中断处理中完成所有与时间相关的管理工作，包括计时与定时，未形成独立的时钟管理系统。这种嵌入在中断处理中的时钟管理方案虽然简单，但却存在一些问题，如与时钟设备硬件绑定过紧，难以维护；增加新的时钟设备时需重写管理程序，代码重复量大；难以提供高精度定时、周期性时钟中断暂停等新型服务等，因而有必要对系统中的时钟管理部分进行重新设计。

　　2005 年以后，随着高精度时钟设备的引入，出现了多种时钟管理改进方案，这些方案被逐渐集成到了新的 Linux 版本中，逐步形成了独立的时钟管理系统。以时钟管理系统为基础，当前的 Linux 已可提供多种优质的计时与定时服务。

5.1　时钟管理系统组成结构

　　时钟管理系统负责管理时钟设备和计时器，处理系统中与时间相关的工作。Linux 中的时钟管理系统由两大部分组成，其基础是时钟设备管理和计时器管理，建立在该基础上的是基于时间的服务，其组织结构如图 5.1 所示。

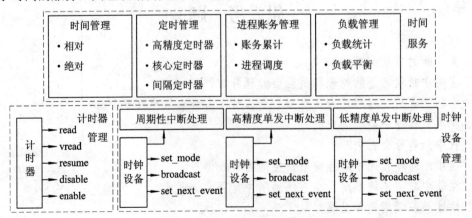

图 5.1　时钟管理系统的组织结构

　　时钟设备管理子系统负责管理系统中的时钟设备，其中包含一个管理框架和一组通用操作，支持时钟设备的注册、选用、模式设置及时钟中断的处理。每一个时钟设备都需要向该子系统注册一个管理结构。时钟设备可工作在周期中断模式、高精度单发中断模式或低精度单发中断模式。但在一个特定的时间点上，一个时钟设备只能工作一种中断模式。

　　计时器管理子系统负责管理系统中的计时器设备。系统中可能同时存在多种计时器设备，每一种计时器都需要注册一个管理结构。以高精度计时器和时钟设备为基础，可为用户提供更加精确、平滑的时间服务。

　　时钟管理系统提供的服务包括时间管理(更新墙上时间并为用户提供时间服务)、定时管理(管理各类定时器并为用户提供定时服务)、进程账务管理(统计进程的时间消耗信息并在需要时启动进程调度)、负载管理(统计系统负载并进行必要的平衡)等。

　　老版本的 Linux 仅提供了两种定时器，即核心定时器和时间间隔定时器。新版本的 Linux 增加了一个管理框架，专门用于管理系统中的高精度定时器。核心定时器和时间间隔定时器可建立在周期性时钟中断之上，但高精度定时器只能建立在高精度单发式时钟中断之上。

　　单发式时钟中断仅在需要时产生，不需要时可以暂停。通过暂停空闲处理器上的周期性时钟中断，可极大地减少时钟中断的次数，改善系统的节能效果。

5.2　时钟设备管理

　　早期的系统中只有一个时钟设备，即 PIT(Programmable Interval Timer)。目前的系统中通常配置有多种时钟设备，如 Local APIC Timer、HPET(High Precision Event Timer)、ACPI 的电源管理定时器(Power Management Timer)等。其中的 PIT 和 HPET 属于全局时钟设备，Local APIC Timer 属于局部时钟设备。每类全局时钟设备的配置量一般不会超过 1 个，但每个处理器都可能配置有自己的局部时钟设备。全局时钟设备所产生的时钟中断可以被递交给系统中任意一个处理器，局部时钟设备所产生的时钟中断仅会递交给与之相连的处理器。

　　时钟设备通常支持两种中断模式。工作在周期(Period)模式的时钟设备会产生周期性的时钟中断，工作在单发(One shot)模式的时钟设备每启动一次仅会产生一个时钟中断。

5.2.1　时钟设备管理结构

　　显然，不同的时钟设备具有不同的特性、不同的状态和不同的操作方法。为了统一管理，Linux 定义了结构 clock_event_device 用来描述时钟设备，每种时钟设备一个。

　　结构 clock_event_device 中包含以下一些属性域：

　　(1) 时钟设备特性 features，如是否支持周期中断模式、是否支持单发中断模式、是否会在处理器睡眠(C3 状态)时停止产生中断、是否为哑设备等。

　　(2) 设备当前中断模式 mode，如未用、已关闭、周期模式、单发模式等。

　　(3) 下一次时钟中断发生时间 next_event，仅用于单发中断模式。next_event 的取值范围在 min_delta_ns 和 max_delta_ns 之间，单位为纳秒。

　　(4) 转换关系 mult 和 shift，用于时钟中断周期(纳秒)和输入脉冲数之间的相互转换。通常情况下，时钟设备在收到多个输入脉冲后会产生 1 个时钟中断。

(5) 时钟设备优先级 rating，值越大表示时钟设备的优先级越高。

(6) 中断请求号 irq，是时钟设备所产生的 IRQ 号。

(7) 处理器位图 cpumask，描述该时钟设备所服务的处理器集合。

结构 clock_event_device 中还包含四个操作函数，用于实现时钟设备的管理操作，其中 set_mode 用于设置时钟设备的中断模式，set_next_event 用于设置时钟设备的下一次中断时间，broadcast 用于将设备产生的时钟中断广播给其它处理器，event_handler 用于处理时钟中断。

Linux 提供了两个全局队列用于管理时钟设备，其中队列 clockevent_devices 中包含所有已注册且已被选用的时钟设备，队列 clockevents_released 中包含已注册但未被选用的时钟设备。指针 global_clock_event 指向当前使用的全局时钟设备。

传统的时钟设备通常工作在周期中断模式，用以产生周期性的时钟中断。周期性时钟中断的频率是操作系统中的一个重要参数，称为 HZ。两次时钟中断之间的时间间隔称为 1 个滴答(tick)。在早期的版本中，HZ 被设为 100，即 1 秒钟产生 100 次时钟中断，滴答值是 10 ms。在新版本中，HZ 被设为 1000，即 1 秒钟产生 1000 次时钟中断，滴答值是 1 ms。新式的时钟设备通常工作在单发中断模式，不再依赖于周期性时钟中断，因而可以将 HZ 取消掉。

5.2.2　PIT 设备

传统的 PIT 由三个计数器组成，各计数器的初值由操作系统设定，并随 PIT 的输入脉冲而递减，如图 5.2 所示。PIT 的三个计数器可独立配置、独立工作，支持周期和单发两种中断模式。若计数器工作在周期中断模式，那么每当它的计数值减到 0 时，就会输出一个脉冲，而后计数器会恢复初值，重新开始计数，因而会产生周期性的输出脉冲。缺省情况下，第 0 号计数器工作在周期中断模式，它的输出脉冲会周期性地中断处理器，因而常被称为周期性时钟中断。

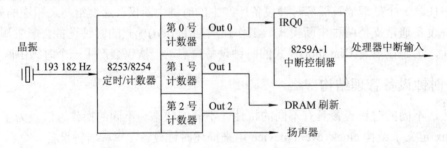

图 5.2　基于 PIT 的时钟中断

在计算机系统中，PIT 设备的输入频率是 1 193 182 Hz，即每秒 1 193 182 个输入脉冲。当 PIT 工作在周期中断模式时，它产生周期性时钟中断的频率略大于 Hz。当 PIT 工作在单发中断模式时，可为它设定的下一次中断时间应在 12 571 ns(0xF 个输入脉冲)到 27 461 862 ns(0x7FFF 个输入脉冲)之间。PIT 是最基本的时钟设备，其 clock_event_device 结构已被注册到 clockevent_devices 队列中。

PIT 内部有 4 个寄存器，分别是计数器 0、计数器 1、计数器 2 和控制寄存器，其 I/O

端口号分别是 0x40、0x41、0x42、0x43。通过操作 PIT 的 I/O 端口可以改变其中断模式，如将 PIT 设为周期中断模式并将第 0 号计数器的初值设为(1 193 182+Hz/2)/Hz、将 PIT 设为未用或关闭模式以禁止它继续产生时钟中断等。若 PIT 工作在单发中断模式，通过设置它的第 0 号计数器的计数值可以设定它的下一次中断时间。

PIT 的输入频率较低，且不够规整，滴答值难以算得十分精确(略小)。在目前的计算机系统中，只有当 HPET 不可用时才会选用 PIT。

5.2.3 HPET 设备

HPET 是一种高精度时钟设备，其输入时钟的频率不低于 10 MHz。一个 HPET 由一个主计数器和最多 32 个 Timer 组成，每个 Timer 中又包含一个比较器和一个匹配寄存器，如图 5.3 所示。HPET 的主计数器单调增长，每个输入时钟周期加 1。比较器随时比较主计数器的当前值与自己匹配寄存器的预定值，当发现两者匹配时即请求产生中断。如果 Timer 工作在周期中断模式，那么每次中断之后其匹配寄存器的值都会自动累加一个周期数(记录在周期寄存器中)，因而可产生周期性的时钟中断。如果 Timer 工作在单发中断模式，在产生中断之后其匹配器的值不会自动调整，因而仅能产生一次性的时钟中断。HPET 的每个 Timer 都可以独立地产生中断，其中的第 0 号 Timer 可用于替代 PIT(连接到 PIC 的第 0 号管脚或 I/O APIC 的第 2 号管脚)，第 1 号 Timer 可用于替代 RTC 的定时器(连接到 PIC 或 I/O APIC 的第 8 号管脚)。

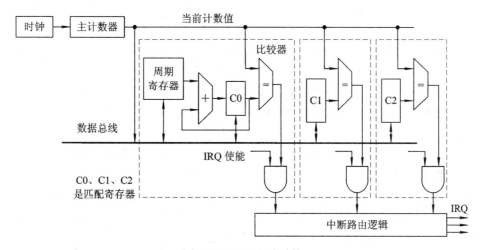

图 5.3　HPET 组成结构

如果系统支持 HPET，那么在 ACPI 的描述表中一定包含着有关 HPET 的描述信息，如其寄存器的物理基地址等。Linux 在初始化时已经对 HPET 做了如下设置工作：

(1) 已将 HPET 的寄存器映射到了内核的线性地址空间。与 PIT 相比，HPET 内部有更多的寄存器，如用于整体管理的能力与 ID 寄存器、配置寄存器、中断状态寄存器、主计数寄存器等，用于各 Timer 自身管理的配置寄存器、匹配寄存器和中断路由寄存器等。Linux 用内存映射方式访问 HPET 的寄存器。

(2) 已对 HPET 的配置信息进行了合法性检查。读 HPET 的寄存器可获得它的配置信息，如其中的计数器个数、主计数器的计数周期(以 10^{-15}s 为单位)等。Linux 假定 HPET 的主计数周期(输入时钟周期)应在 0.1 ns～100 ns 之间。

(3) 已注册了 HPET 的 clock_event_device 结构。当 HPET 工作在单发中断模式时，可为它设定的下一次中断时间应不小于 5000 ns 且不大于 0x7FFFFFFF 个主计数周期。

(4) 已在数组 hpet_devs 中记录了 HPET 中所有 Timer 的配置信息。除第 0 和第 1 号 Timer 之外，HPET 的其它 Timer 可动态分配，用做其它目的。

通过读写 HPET 的寄存器，可以对其进行以下操作：

(1) 启/停 HPET。整体配置寄存器的第 0 位是启/停位，将其清 0，可使整个 HPET 停止工作，将其置 1，可使整个 HPET 重新工作。

(2) 读/写主计数器。读主计数器可获得它的当前值，写主计数器可以设置它的计数初值，如 0。

(3) 改变各 Timer 的中断模式。如将某个 Timer 设为周期中断模式并设置它的计数周期(频率也是 Hz)、将某 Timer 设为单发中断模式并通过匹配寄存器设定它的下次中断时间、将某个 Timer 设为未用或关闭模式以禁止它继续产生中断等。

5.2.4　Local APIC 设备

Local APIC Timer 位于 Local APIC 内部，是一种局部时钟设备。与 PIT 和 HPET 不同，Local APIC Timer 没有自己独立的时钟源，它的定时依据是处理器的总线时钟。

每个 Local APIC Timer 内部至少包含三个寄存器，其中分频寄存器用于设置 Timer 的计数频率，实际是对处理器总线频率的分频。Local APIC Timer 的实际计数频率为总线频率的 $1/2^i$(i = 0～7)，i 由分频寄存器指定。初始计数器用于设置计数初值。当前计数器的初值来源于初始计数器，并按计数频率递减。当当前计数器的值递减到 0 时，Local APIC Timer 产生中断，并被递交给与之相连的处理器，其中断向量号为 0xef。

Local APIC Timer 可工作在单发中断模式和周期中断模式中。当工作在单发模式时，当前计数器从初始计数器中获得初值并开始递减，当递减到 0 时产生中断，而后停止，等待下一次设置。当工作在周期模式时，当前计数器会自动从初始计数器重装初值，反复计数，从而产生周期性的中断。

Local APIC Timer 可以被关闭，此时处理器仅能使用全局时钟设备。Local APIC Timer 也可以被启用，此时处理器通常使用自己的局部时钟设备。每个 Local APIC Timer 都要注册自己的 clock_event_device 结构，注册工作由处理器自己完成。

Linux 按 16 分频设置 Local APIC Timer，即每过 16 个总线时钟周期 Local APIC Timer 的当前计数值才会减 1。由于处理器的总线时钟不是固定的，因而必须预先估算总线时钟频率或 Local APIC Timer 的计数频率。估算的依据是全局时钟中断，方法是让系统延时 100 个滴答(100 ms)，记下其间当前计数器的计数差，从而估算出 Local APIC 计数器的计数频率和处理器的总线时钟频率。

当 Local APIC Timer 工作在单发中断模式时，可为它设定的下一次中断时间，即 Local APIC 的计数初值，应在 0xF 到 0x7FFFFF 之间。

改变 Local APIC Timer 的中断模式需要设置 Local APIC 局部中断向量表中的 LVTT 和 Timer 的初始计数器，LVTT 控制 Timer 的中断模式(周期模式、单发模式)、中断向量和中断屏蔽等，初始计数器控制 Timer 的中断频率(周期模式)或下一次中断时间(单发模式)。关闭 Local APIC Timer 的方法十分简单，屏蔽它的中断即可。

特殊情况下，可以广播一个 Local APIC Timer 的时钟中断，从而将其转化成全局时钟设备。方法是在局部时钟中断处理中，让当前处理器通过 IPI 机制向其它处理器发送处理器间中断，中断向量号也是 0xef。

5.2.5 当前时钟设备

由于系统中同时存在多种时钟设备，因而不同的处理器可能选用不同的时钟设备。Linux 在 PERCPU 数据区中为每个处理器定义了一个结构变量 tick_cpu_device(类型为 tick_device)，用于记录处理器当前使用的时钟设备。每个处理器都需要选用一个时钟设备，一个时钟设备只能被一个处理器选用。

```
struct tick_device {
    struct clock_event_device    *evtdev;      // 时钟设备
    enum tick_device_mode        mode;         // 中断模式
};
    DEFINE_PER_CPU(struct tick_device, tick_cpu_device);
```

每当有新的时钟设备注册时，当前处理器都会进行检查比对，决定是否需要更新自己的时钟设备。检查的范围包括新注册的时钟设备和 clockevents_released 队列中的所有空闲的时钟设备。在下列条件下，处理器将更换时钟设备：

(1) 新设备能为本处理器提供时钟中断。

(2) 处理器还未选用时钟设备，或新时钟设备的优先级比已选用设备的优先级高。

如果处理器已经选用了时钟设备，那么在下列情况下不用再进行更换：

(1) 新设备不能为本处理器提供时钟中断。

(2) 处理器已选用了自己的局部时钟设备。

(3) 处理器已选用的时钟设备支持单发中断模式，但新时钟设备不支持。

(4) 处理器已选时钟设备的优先级比新设备的优先级高。

如果处理器决定选用或更换时钟设备，它要进行如下处理：

(1) 如果处理器还未选用时钟设备，则将新注册的设备选为自己的周期性时钟设备，即让 tick_cpu_device 中的 evtdev 指向新设备；如果处理器已选用过时钟设备，则将老的时钟设备设为未用模式，将其转到 clockevents_released 队列中，而后将新设备设为自己的时钟设备，中断模式与处理函数保持不变。

(2) 如果选用的新设备不是当前处理器的局部时钟设备(全局时钟设备)，则需要设置中断控制器，让其将新时钟设备的中断递交给当前处理器。事实上，每个时钟设备的中断仅会递交给一个处理器。

(3) 如果还未为时钟中断全局部分的处理工作指定处理器，则指定当前处理器。时钟中断的处理工作分成两部分：全局部分负责处理影响系统全局的工作(如更新系统时间)，本地部分负责处理单个处理器内部的工作(如更新当前进程的时间片)。系统中只能有一个处理器负责全局部分的处理工作。

(4) 设置时钟设备的中断处理函数。初始情况下，时钟设备工作在周期中断模式，其处理函数是 tick_handle_periodic。如果该时钟设备同时还是时钟中断的广播设备,它的处理函数应是 tick_handle_periodic_broadcast。

(5) 启用新选用的时钟设备。如果新选用的时钟设备工作在周期中断模式,还要设置它的中断频率,否则要设置它的下一次中断时间。

在系统初始化时,BSP 负责注册全局时钟设备 PIT 和 HPET,同时也会注册自己的 Local APIC Timer。由于 Local APIC Timer 的优先级比全局设备的优先级高,因而只要 BSP 未禁用 Local APIC,它肯定会选用自己的局部时钟设备。在 AP 启动过程中,它们也会注册自己的 Local APIC Timer,且会选用自己的局部时钟设备。所以,正常情况下,处理器都会选用自己的局部时钟设备,除非它的 Local APIC 被禁用。

如果处理器选用的是哑时钟设备(不会产生时钟中断),则要启用广播设备(HPET 或 PIT)。指针 tick_broadcast_device 指向广播设备,位图 tick_broadcast_mask 记录需要接收时钟中断广播的处理器。初始情况下,广播设备也工作在周期中断模式,其处理函数是 tick_handle_periodic_broadcast。当广播设备产生中断时,其处理函数会将该中断转发给选用哑设备的处理器,所转发的中断号就是哑设备注册的中断向量号,如 0xef。

5.3　计时器管理

传统的计算机系统中仅有一个 RTC 和一个 PIT,因而只能以滴答为基础建立其时间管理系统。在新的计算机系统中,除 PIT 之外,还配置有其它的计时设备,如 HPET、TSC 等,它们可以提供更小的计时单位、更高的计时精度和更新的计时方法。然而,多种共存的计时设备也增加了管理的复杂性。为了统一起见,Linux 将可以用来计时的设备抽象成计时器,并专门定义了结构 clocksource(也叫 timesource)来描述计时器。每个计时器都有定义自己的 clocksource 结构,其中包含如下一些属性域:

(1) 优先级 rating,值越大表示计时器的优先级越高。

(2) 转换关系 mult 和 shift,用于计时单位数与纳秒数之间的互换,两者之间的关系是 mult=1 个计时单位的长度(纳秒)*2^{shift}。对 jiffies 计时器,1 个计时单位就是 1 个滴答。对 HPET 计时器,1 个计时单位就是一个输入脉冲周期。

(3) 操作函数,其中 read 和 vread 用于获得计时器的当前值,resume 用于恢复计时器的运行,enable 和 disable 用于开、关计时器等。

计时器可动态地注册、注销,并可暂停、恢复。

系统中所有已注册的 clocksource 结构都被组织在链表 clocksource_list 中,高优先级的在前,低优先级的在后。指针 curr_clocksource 指向当前使用的计时器,通常是已注册且优先级最高的计时器。在系统运行过程中,当前计时器可以被改变。

在目前的 Linux 版本中,可用的计时器已有多种,包括基于 jiffies 的计时器、基于 TSC 的计时器、基于 HPET 的计时器等。

基于 jiffies 的计时器是最传统的计时器,它所计的是相对时间。Jiffies 计时器建立在变量 jiffies 之上,或者说就是 jiffies 变量,其计时单位是滴答。如果系统使用的时钟设备是 PIT,时钟中断的频率 Hz 是 1000,那么一个滴答的长度约为 999 847 ns,略小于 10^6ns(1 毫秒的纳秒数)。Jiffies 计时器的 read 操作所读出的是 jiffies 变量的当前值。

基于 jiffies 的计时器误差较大,精度较低,而且会受时钟中断丢失的影响,因而其优先级最低(为 1),通常仅用做备用计时器。

如果系统中配置有 HPET,系统会在使能它时注册基于 HPET 的计时器。HPET 的计时频率是其主计数器的增长频率,计时单位即是其输入时钟的周期(可以从 HPET 的寄存器中读出),不大于 100 ns。因而 HPET 计时器的精度远高于 jiffies 计时器,优先级为 250,也远高于 jiffies 计时器。

HPET 计时器建立在其主计数器之上,或者说就是 HPET 的主计数器。在启用 HPET 时,其主计数器被清 0,所以 HPET 计时器所计的也是相对时间。HPET 计时器的 read 操作所读出的是主计数器的当前值。

TSC(Time Stamp Counter)是 Intel 处理器提供的一个时间戳计数器,该计数器在开机或 RESET 时清 0,在处理器运行过程中单调增长。在较老的处理器上,每个内部处理器时钟周期都会使 TSC 递增;在新的处理器上,TSC 可按固定速率递增。Intel 提供了专门的指令 RDTSC 用于读取 TSC 的当前值。

TSC 的计时单位取决于处理器的时钟周期,需要估算。Linux 初始化时已利用 PIT 的第 2 个计数器(用于扬声器)估算出了 TSC 的计数频率,估算的方法很直观,如下:

(1) 读出 TSC 的当前计数值 tsc1。

(2) 等待 PIT 第 2 个计数器的值减少 i 个,即延时(i × 1000/1 193 182)ms。

(3) 再读出 TSC 的当前计数值 tsc2。

(4) TSC 的计数频率 tsc_khz =((tsc2 - tsc1) × 1 193 182)/(i × 1000)kHz。

当然,当处理器调整时钟频率时,其 TSC 的计数频率还需要重新估算。

TSC 计时器的 read 操作所读出的是 TSC 计数器的当前值。

由于目前处理器的时钟频率都比较高(1 GHz 以上),因而 TSC 的计时精度很高。TSC 计时器的优先级为 300,是最佳的计时器。

5.4　周期性时钟中断

时钟设备的原始设计目标是产生周期性的时钟中断。初始情况下,时钟设备也被设定在周期中断模式,用于产生周期性时钟中断。操作系统在周期性时钟中断处理中完成与时间相关的所有管理工作,如时间管理(更新当前时间)、定时管理(处理各类到期的定时器)、进程时间片管理、系统负载统计等。

5.4.1　周期性时钟中断处理

在早期的版本中,Linux 将周期性时钟中断的处理过程分成上下两部分。上部处理在关中断状态下执行,仅仅累计变量 jiffies。底半处理在开中断状态下执行,完成与时间相关的管理工作。由于时钟中断可能丢失、底半处理可能被推迟,因而上述处理过程可能导致较大的时间误差。在新的 Linux 版本中,时钟中断的大部分处理工作被移到了硬处理部分,其处理流程依赖于处理器当前选用的时钟设备。

处理器可能选用全局时钟设备。全局时钟设备产生的中断属于设备中断，使用的 IRQ 号是 0，中断控制器为它递交的中断向量号是 0x30。在系统初始化时，已在 IRQ0 对应的 irq_desc 结构中注册了处理程序 timer_interrupt。每当全局时钟设备产生中断时，按照正常的设备中断处理流程，函数 timer_interrupt 都会被执行一次，该函数直接调用全局时钟设备的处理函数 global_clock_event->event_handler 完成中断处理。初始情况下，全局时钟设备的处理函数是 tick_handle_periodic。

然而在目前的计算机系统中，处理器通常都会选用自己的 Local APIC Timer 作为时钟设备。Local APIC Timer 产生的时钟中断属于局部中断，中断向量号是 0xef，中断处理函数是 apic_timer_interrupt。局部时钟中断的处理流程如下：

(1) 向 Local APIC 的 EOI 寄存器写 0，应答此次时钟中断。

(2) 增加 preempt_count 中的硬处理计数，表示进入硬中断处理程序。

(3) 累计当前处理器的统计信息，表示新收到一次局部时钟中断。

(4) 执行本地 clock_event_device 结构中的 event_handler 操作，处理中断。

(5) 减少 preempt_count 中的硬处理计数，表示已退出硬中断处理程序。

由此可见，局部时钟中断实际是由局部时钟设备的 event_handler 操作处理的。处理器在选用局部时钟设备时为它指定的 event_handler 操作也是 tick_handle_periodic。

因此，不管处理器选用的是全局时钟设备还是局部时钟设备，最终完成周期性时钟中断处理的都是函数 tick_handle_periodic，该函数完成的主要处理工作如下：

(1) 如果当前处理器负责全局部分的处理工作，则更新系统时间、统计系统负载。

(2) 统计当前进程的账务信息，如累计进程消耗的时间等。

(3) 处理高精度定时器队列，执行其中已到期的各高精度定时器上的处理函数。

(4) 激活软中断 TIMER_SOFTIRQ，请求处理核心定时器，并试图将时钟设备切换到单发中断模式。

(5) 如果当前处理器上有待处理器的 RCU 工作，则激活软中断 RCU_SOFTIRQ。

(6) 如果有待处理的日志写操作，则处理它们。

(7) 更新当前进程的调度信息(参见 7.3.5)，如更新当前进程的虚拟计时器或时间片，触发处理器间的负载平衡等。

(8) 处理符合 POSIX 标准的时间间隔定时器。

(9) 统计系统的 Profile 数据，以便进行性能分析。

注意：在切换到单发中断模式之后，时钟设备即不再产生周期性的时钟中断，其处理程序也就不会再被执行，周期性时钟中断的处理工作将被设法仿真。

5.4.2　时间管理

时间管理子系统的主要工作是向用户提供单调且平滑增长的、符合人类阅读习惯的墙上时间(Wall Time or Time of Day)，并能自动对时钟的漂移进行微调。传统的时间管理机制建立在周期性时钟中断之上，简单但不准确，且可能违犯单调增长的原则。新的时间管理机制建立在高精度计时器之上，能够提供单调、平滑、精确的时间服务。

在早期的版本中，Linux 定义了两个时间变量，其中 jiffies 的单位为滴答，内容是从开机到当前时刻所过去的滴答总数，称为相对时间；xtime 的单位是微秒，内容是从 1970-01-01

00:00:00 到当前时刻所过去的微秒数，称为墙上时间。变量 jiffies 的类型是 32 位的无符号整数，变量 xtime 的类型是一个结构，其中包含两个 32 位的整数，分别表示秒和微秒数，两者之和为真正的墙上时间。

在随后的发展中，时钟中断的频率(Hz)提高了(jiffies 更易溢出)，对时间精度的要求也提高了(纳秒)，因而 Linux 调整了上述两个变量的定义，如下：

```
u64    jiffies_64  _ _cacheline_aligned_in_smp = INITIAL_JIFFIES;
struct timespec {
    _kernel_time_t    tv_sec;         // 秒数，_ _kernel_time_t 等价于 long
    long              tv_nsec;        // 纳秒数
};
struct timespec        xtime          _ _attribute_ _((aligned (16)));
struct timespec        wall_to_monotonic   _ _attribute_ _ ((aligned (16)));
static struct timespec xtime_cache    _ _attribute_ _ ((aligned (16)));
```

重新定义以后，相对时间的类型改成了 64 位无符号整数，拥有了足够大的容量，基本不会再溢出。为了与老版本兼容，jiffies 仍被保留，但已不再是独立的变量，而是变量 jiffies_64 中低 32 位的别名。墙上时间的基本单位改成了纳秒。

在系统初始化时，已经从 RTC 中取出了当前时间(分别为 year、mon、day、hour、min、sec)，并已将它们转化成了相当于 1970-01-01 00:00:00 的秒数。转化算法如下：

(1) 将 mon 提前 2 月。将 mon 减 2，如果 mon<=0，则将 year 减 1，mon 加 12。

(2) 转换后的秒数= $((((year/4 - year/100 + year/400 + 367 \times mon /12 + day)$ $+year \times 365 - 719499) \times 24 + hour) \times 60 + min) \times 60 + sec$。

在变量 xtime 中，域 tv_sec 的初值就是这一转化后的秒数，域 tv_nsec 的初值是 0。传统的计时方法是：每收到一个时钟中断就在 jiffies 上加 1，同时在 xtime 上累加 1 个滴答的时间量(如 1 ms)。

变量 wall_to_monotonic 用于计算开机以来新流逝的时间量(相对时间)，其初值与 xtime 相反，且在时钟中断处理中保持不变。因而 wall_to_monotonic 与 xtime 的和就是开机后新流逝是时间量。这种计算方法比 jiffies 更准确。

在系统初始化时，Linux 还定义了一个 timekeeper 结构，用于记录系统当前选用的计时器和一些计时参数，如 cycle_last 是上一次更新墙上时间的时刻，xtime_nsec 是累计的计时误差，cycle_interval 是一个时间更新周期(1 个滴答或 1 个 NTP 校验周期)所对应的计时单位数，xtime_interval 和 raw_interval 都是一个时间更新周期的长度(纳秒数)，前者经过了 NTP(Network Time Protocol)校准，后者未经过校准。

NTP 是一种常用的时间校准机制，用于校正墙上时间。

负责全局工作的处理器会在自己的周期性时钟中断处理中更新系统时间，时间更新的依据是当前使用的计时器。时间更新的处理流程如下：

(1) 将 jiffies_64 加 1，因而 jiffies 也被自动加 1。

(2) 从 timekeeper 中取出上次进行时间更新的时间 cycle_last，从系统当前选用的计时器中取出当前时间，算出两者之间的时间差 offset。

(3) 根据 offset 和时间更新周期(cycle_interval)算出自上次时间更新以来新流逝的滴答数。由于时钟中断可能丢失，因而新流逝的滴答数可能大于 1。根据新流逝的滴答数调整 xtime 中的 tv_sec 和 tv_nsec，同时调整 timekeeper 中的累计误差，并将 cycle_last 更新成最近一个时钟中断产生的时刻。

(4) 根据 timekeeper 中的累计计时误差微调它的 mult、xtime_interval、xtime_nsec 等参数，从而校准计时器。

(5) 减去已累加到 xtime 中的时间量之后，offset 中可能还有部分剩余，剩余量肯定小于 1 个滴答。将剩余的时间量累计到变量 xtime_cache 中。变量 xtime_cache 与 xtime 的类型相同，初值也相同，唯一的差别就是这不到 1 个滴答的时间量。

(6) 将 xtime 中的时间值拷贝到 vsyscall 页中。vsyscall 页已被映射到所有进程的虚拟地址空间中，用户进程可以直接访问其中的内容，因而可直接获得当前时间，从而减少系统调用的次数，加快进程运行速度。

由此可见，xtime 和 xtime_cache 中记录的都是截止到上次时钟中断时的系统时间，但 xtime 中的时间已按滴答值取整。以 xtime 为基础可以向用户提供时间服务，如获取当前时间 gettimeofday、设置当前时间 settimeofday 等。服务 gettimeofday 所获得的当前时间就是 xtime，但加上了新流逝的时间量。服务 settimeofday 则直接根据用户提供的墙上时间设置 xtime_cache、xtime、vsyscall 页中的时间及当前计时器的参数，还要根据新设置时间修正 wall_to_monotonic。

与传统计时方法相比，上述计时方法已不再依赖于 jiffies，因而更加精确。虽然时钟中断可能丢失，jiffies 可能不准确，但只要收到时钟中断，xtime 就会被更新成准确的当前时间，因为 xtime 的更新依据是高精度计时器，如 TSC、HPET 等，而高精度计时器的更新是由硬件自动实现的，不会受关中断的影响，也不会丢失。即使出现 xtime 被延迟更新的现象，用户通过 gettimeofday 获得的当前时间也是精确的，因为它在 xtime 上加入了新流逝的时间量，而新流逝的时间量也取自高精度计时器。

在新的计时方法中，系统开机时间(相对时间)由 wall_to_monotonic 和 xtime 计算得来，也不再依赖于 jiffies，因而更加精确且保证会单调增长。事实上，新的时间管理子系统已摆脱了对 jiffies 的依赖，可以在单发式时钟中断驱动下很好地工作。

5.4.3　定时管理

以周期性时钟中断为基础，可以提供多种定时器。使用定时器的目的有两种，一是超时，目的是监测某事件是否会在预定的时间内发生，一旦事件发生，定时器将被关闭，定时器到期表示事件未发生；二是定时，目的是预定某项工作的停止或开始时间，一旦到期，工作必须立刻停止或开始。用做超时的定时器几乎都会在到期前被关闭，且不需要很高的精度。用做定时的定时器通常会运行到预定的时间，且需要较高的精度。

早期的 Linux 提供了两类定时器，一类是内核自己使用的，称核心定时器或低精度定时器；另一类是给用户进程使用的，称时间间隔定时器。两类定时器都建立在 jiffies 基础之上，由周期性时钟中断驱动，定时精度较低。在新版本中，Linux 又提供了第三类定时器，称为高精度定时器。高精度定时器的基础是高精度时钟设备。

1. 核心定时器管理

核心定时器是最基本的一类定时器，它所定的是相对于 jiffies 的时间，单位为滴答。当 jiffies 的值达到或超过某核心定时器的到期时间时，该定时器到期，它的处理函数会被执行一次。在高精度定时机制被启用之前，核心定时器由周期性时钟中断驱动；在高精度定时机制被启用之后，核心定时器由高精度定时器驱动。

一个核心定时器由一个结构 timer_list 描述，其主要内容如下：

```
struct timer_list {
    struct list_head        entry;
    unsigned long           expires;            // 预定的到期时间
    void (*function)(unsigned long);            // 到期处理函数
    unsigned long           data;               // 给处理函数的参数
    struct tvec_base        *base;              // 定时器当前所属的队列组集合
};
```

Linux 定义了 512 个队列用于组织单个处理器中的核心定时器，这些队列被分成 5 组，其中 tv1 组中有 256 个队列，tv2、tv3、tv4、tv5 组中各有 64 个队列。

```
struct tvec {
    struct list_head    vec[TVN_SIZE];      // TVN_SIZE=64
};
struct tvec_root {
    struct list_head    vec[TVR_SIZE];      // TVR_SIZE=256
};
struct tvec_base {
    spinlock_t          lock;               // 保护队列组的自旋锁
    struct timer_list   *running_timer;     // 正在被处理的定时器
    unsigned long       timer_jiffies;      // 下一次处理时间
    struct tvec_root    tv1;
    struct tvec         tv2;
    struct tvec         tv3;
    struct tvec         tv4;
    struct tvec         tv5;
} _cacheline_aligned;
DEFINE_PER_CPU(struct tvec_base *, tvec_bases);
```

由定义可见，结构 tvec 和 tvec_root 就是简单的队列数组，而结构 tvec_base 则是队列组的集合，其中的 timer_jiffies 是下一次应进行核心定时处理的时间，也就是上次进行核心定时处理的时间(jiffies)加 1。

早期的 Linux 仅定义了一个核心定时器队列组集合。新版本的 Linux 为每个处理器都定义了一个核心定时器队列组集合。一个定时器仅能加入到一个队列中，因而仅能属于一个处理器。指针 tvec_bases 指向各处理器自己的定时器队列组集合，如图 5.4 所示。

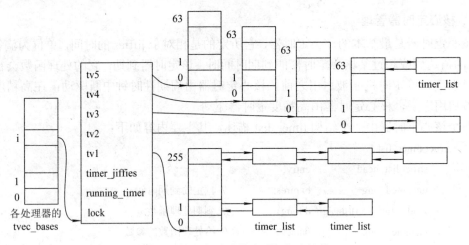

图 5.4　核心定时器的队列组集合结构

在一个核心定时器的队列组集合中，不同队列组的定时范围不同，相邻队列间的时间差(粒度)也不同。这一组织方式在保证管理效率的前提下有效地减少了定时器队列的数量。表 5.1 列出了各队列组的定时范围及队列组中相邻队列间的时间差。

表 5.1　队列组的定时范围及相邻队列间的时间差

队列组	定时范围(滴答)	相邻队列间的时间差(滴答)
tv1	0~256 -1	1
tv2	256~256*64 -1	256
tv3	256*64~256*64*64 -1	256*64
tv4	256*64*64~256*64*64*64 -1	256*64*64
tv5	256*64*64*64~256*64*64*64*64 -1	256*64*64*64

在一个核心定时器定时期间，它所处的队列组(tv$i$)会逐渐变化。定时器当前所处的队列组取决于它的定时间隔，即与当前时刻的距离，也就是预定的到期时间(expires)与队列组集合中 timer_jiffies 的差值，该差值落在哪个队列组的定时范围，定时器就应该进入哪个队列组。随着时间的流逝，定时器的到期时间越来越近，它所处的队列组也会越来越小。到期的定时器永远都在 tv1 中。

核心定时器在一个队列组中的位置(队列)仅取决于它的到期时间(expires)而与它的定时间隔无关。定时器的到期时间是一个 32 位的无符号整数，被分成 5 段，分别对应 5 个队列组，如图 5.5 所示。

	tv5		tv4		tv3		tv2		tv1	
31		26 25		20 19		14 13		8 7		0
	6		6		6		6		8	

图 5.5　定时器到期时间(expires)的划分

如一个核心定时器应进入第 i (i 在 1 到 5 之间)个队列组，其 expires 的 tv$i$ 段的值是 j，那么该定时器应被插入在第 i 个队列组的第 j 个队列中。由于定时器的 expires 不会改变，它在队列组内部的位置就不会随着时间的流逝而变动。也就是说，核心定时器仅会在队列组间移动，不需要在队列组内移动。最坏情况下，一个定时器会被移动 4 次，从 tv5 到 tv4、tv4 到 tv3、tv3 到 tv2、tv2 到 tv1，形成了一个逐级下降的瀑布，因而这种管理模型又称为瀑布模型。瀑布模型极大地减少了核心定时器管理的工作量。

瀑布模型与人类的计时习惯完全吻合。定时距离越近，定时粒度应该越小，对它的管理应越细致；定时距离越远，定时粒度应该越大，对它的管理可以更粗放。

启动一个核心定时器的工作包括设置好它的处理函数和到期时间，确定它所在的定时队列，而后将它的 timer_list 结构插入到队列(队头或队尾)中。停止一个核心定时器就是将其 timer_list 结构从队列中摘下。在队列间移动核心定时器的工作包括两步，即先将其从老队列中摘下(删除)，再根据它的 expires 将其插入到新队列中。

通过删除和再插入，可以在同一个队列组集合内移动定时器，也可以在不同队列组集合间移动定时器，即在不同的处理器间移动定时器，从而实现定时器的负载平衡。当然，移动定时器的过程需要锁(tvec_base 中的 lock)的保护。

在核心定时器定时期间，可以改变它的到期时间。定时器的到期时间被改变之后，它所在的队列也应随之改变。

核心定时器由周期性时钟中断驱动。处理器每收到一次时钟中断，不管它来自全局还是局部时钟设备，都会在硬处理程序中激活一次软中断 TIMER_SOFTIRQ。在系统初始化时，为该软中断注册的处理程序是 run_timer_softirq。因而，只要处理器处理软中断 TIMER_SOFTIRQ，函数 run_timer_softirq 就会被执行。只要 jiffies 的当前值达到或超过了队列组集合中的 timer_jiffies，其上的核心定时器就会被检查并被处理。

早期的 Linux 为核心定时器的每个队列组都定义了一个 index，用来指示该队列组中下一个待处理的队列。当 index 所指队列被处理完后，index 加 1，指向下一个队列。新版本的 Linux 去掉了各队列组中的 index，改用队列组集合中的 timer_jiffies 统一指示各队列组中的下一个待处理队列，如图 5.6 所示。

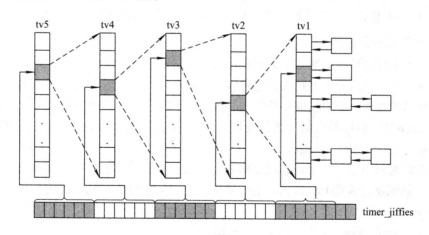

图 5.6　timer_jiffies 与定时器队列的关系

与 expires 一样，timer_jiffies 也被划分成了 5 个部分，分别用于指示 5 个的队列组中的待处理队列。域 timer_jiffies 的初值是队列组集合初始化时的 jiffies，在随后的处理中，timer_jiffies 的值会不断递增，与 jiffies 基本保持一致，从而使各组中的队列被轮流处理，因此核心定时机制又被称为时间轮(Timing-Wheel)。核心定时器的处理流程如下：

(1) 取出 timer_jiffies 中的 tv1 部分, 暂记在 index 中。

(2) 如果 index 是 0, 说明 tv1 的所有队列已被处理过一遍, 时间又过去了 256 个滴答, tv2 的待处理队列上的定时器距离到期时间已不足 256 个滴答, 应该将它们下移到 tv1 中。

(3) 如果 timer_jiffies 中的 tv2 部分是 0, 说明 tv2 的所有队列已被处理过一遍, 时间又过去了 256×64 个滴答, tv3 的待处理队列上的定时器距离到期时间已不足 256×64 个滴答, 应该将它们下移到 tv2 中。

(4) 如果 timer_jiffies 中的 tv3 部分是 0, 说明 tv3 的所有队列已被处理过一遍, 时间又过去了 $256 \times 64 \times 64$ 个滴答, tv4 的待处理队列上的定时器距离到期时间已不足 $256 \times 64 \times 64$ 个滴答, 应该将它们下移到 tv3 中。

(5) 如果 timer_jiffies 中的 tv4 部分是 0, 说明 tv4 的所有队列已被处理过一遍, 时间又过去了 $256 \times 64 \times 64 \times 64$ 个滴答, tv5 的待处理队列上的定时器距离到期时间已不足 $256 \times 64 \times 64 \times 64$ 个滴答, 应该将它们下移到 tv4 中。

(6) 将 timer_jiffies 加 1。

(7) 在 tv1 中, index 所指的是已到期的定时器队列。摘下该队列中的所有定时器, 将队列清空, 而后逐个执行各到期定时器上的处理函数 function。

(8) 如果 timer_jiffies 仍然未超过 jiffies 的当前值, 说明还有到期的定时器, 转(1)进行新一轮的处理。

正常情况下, 当处理核心定时器时, 队列组集合中的 timer_jiffies 应等于 jiffies。但由于软中断可能被延迟, jiffies 有可能超过 timer_jiffies。这也说明核心定时器的定时不是十分精确。

综上所述, 核心定时器的插入、删除操作都很快, 与系统中的定时器数量无关, 算法的时间复杂度是 $O(1)$。核心定时器下移的平均时间复杂度很好, 但最坏时间复杂度较差, 为 $O(n)$, 可能会增加定时处理的延迟时间。因而, 核心定时器比较适合较近的定时(小于 256 滴答)、在到期或被下移之前就被删除的定时, 如网络的超时定时等。

2. 高精度定时器管理

建立在周期性时钟中断基础上的核心定时器所实现的定时粒度为滴答(毫秒级), 且最坏时间复杂性较差, 无法提供更精确的定时服务。1998 年以来, 人们尝试了多种方法, 试图在核心定时器的管理框架中集成高精度定时器, 但都没有达到理想的效果。直到 2006 年, 在 Linux 2.6.16 中, 以高精度时钟设备为基础, 新设计了一种高精度定时器的管理框架, 才解决了高精度定时器的管理问题。

与核心定时器相似, 一个高精度定时器也需要一个描述结构, 用于记录它的到期时间(_expires)、到期处理函数(function)、定时器状态等, 该结构为 hrtimer, 定义如下:

```
struct hrtimer {
    struct rb_node              node;
    ktime_t                     _expires;
    ktime_t                     _softexpires;
    enum hrtimer_restart (*function)(struct hrtimer *);
    struct hrtimer_clock_base   *base;
```

```
unsigned long                   state;
};
```

可以为高精度定时器预定一个到期时间范围，从_softexpires 到_expires，但定时仍以_expires 为准。定时器的状态包括未启动、已入队、正在处理、正在迁移等。

由于系统中可能同时启动多个高精度定时器，因而需要另外一种结构来组织、管理它们的 hrtimer 结构。根据高精度定时器的管理要求，所有的 hrtimer 结构应该组成一个有序队列，队头的定时器最早到期，队尾的定时器最迟到期。虽然可以用链表实现有序队列，但有序链表的插入时间较长，最坏时间复杂度为 $O(n)$。为改善有序队列的管理性能，Linux 引入了红黑树，将已启动的高精度定时器组织在红黑树中，从而使插入、删除和查找的时间复杂度都缩减到了 $O(\log(n))$。结构 hrtimer 中的 node 用于将高精度定时器链接到红黑树中。一棵红黑树由一个 hrtimer_clock_base 结构描述，其定义如下：

```
struct hrtimer_clock_base {
        struct hrtimer_cpu_base *cpu_base;
        clockid_t               index;
        struct rb_root          active;
        struct rb_node          *first;
        ktime_t                 resolution;
        ktime_t (*get_time)(void);
        ktime_t                 softirq_time;
        ktime_t                 offset;
};
```

其中的 active 是红黑树的根，first 是红黑树中最左边的节点，也就是最早到期的高精度定时器，resolution 是定时精度(未启用高精度定时机制时的精度是 1 个滴答、启用后的精度为 1ns)，offset 是定时的基准时间，softirq_time 是系统当前时间，get_time 是从计时器中读取当前时间的操作函数。

高精度定时器对到期时间的表示方法有两种，一种是绝对时间(指定一个绝对的到期时刻)，即定时到某年某月某日的某时某分某秒某纳秒为止；另一种是相对时间(指定一个定时间隔)，即从当前时间开始定时，在某纳秒之后到期。采用绝对时间的定时器称为绝对时间定时器，采用相对时间的定时器称为相对时间定时器。虽然可以用统一的方式表示它们，但 Linux 提供了两棵红黑树，分别用于组织两类不同的高精度定时器。结构 hrtimer_cpu_base 用于描述这两棵红黑树，其定义如下：

```
struct hrtimer_cpu_base {
        spinlock_t                  lock;             // 保护锁
        struct hrtimer_clock_base   clock_base[2];    // 两棵红黑树
        ktime_t                     expires_next;     // 时钟设备下次产生中断的时间
        int                         hres_active;      // 是否已被启用
        unsigned long               nr_events;        // 累计到期次数
};
```

在实现时，时钟设备下次产生中断的时间 expires_next 被统一成了相对于开机时刻的偏移量，单位为 ns。与核心定时器不同，高精度定时机制必须显式地启用。域 hres_active 记录一个处理器上的高精度定时机制是否已被启用。

与核心定时器相似，为了避免冲突，Linux 在 PERCPU 数据区中为每个处理器定义了一个红黑树管理结构，称为 hrtimer_bases，其中的第 0 棵树为绝对时间红黑树，读取当前时间的操作函数为 ktime_get_real；第 1 棵树为相对时间红黑树，读取当前时间的操作函数为 ktime_get。两棵树中的初始定时精度 resolution 都是 1 个滴答。管理结构如图 5.7 所示。

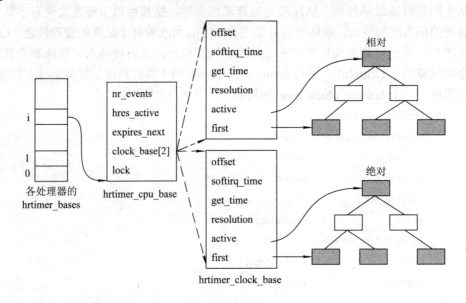

图 5.7　高精度定时器的管理结构

不管是否已启用高精度定时机制，都可以启动高精度定时器。

在启动一个高精度定时器之前，需要先初始化它的 hrtimer 结构，设置好它的到期时间 (_expires)、到期处理函数、类型(绝对或相对)等，而后按到期时间的先后顺序将其插入到与定时器类型匹配的红黑树中。如果高精度定时机制已被启用，且新启动定时器的相对到期时间(_expires 与 offset 的差)比预定的下一次中断时间 expires_next 更早，则要对时钟设备进行重新编程，以调整它的下一次中断时间。如果高精度定时机制未被启用，则不需要对时钟设备进行重新编程。如果在此期间新启动的定时器已经到期，则要激活软中断 **HRTIMER_SOFTIRQ**，检查并处理已到期的高精度定时器。

在高精度定时器到期之前可以将其停止。停止一个高精度定时器的主要工作是将其从红黑树中摘除。如果高精度定时机制已被启用，且被停止的定时器位于红黑树的最左边，则要对时钟设备进行重新编程，以调整它的下一次中断时间。最左边的定时器被摘除后，它的下一个定时器会变成最左边的定时器。

在一个高精度定时器定时期间，可以改变它的到期时间。定时器的到期时间被改变之后，它在红黑树中的位置也要随之调整(先摘下、再插入)。

在一个高精度定时器定时期间，可以将其从一个处理器迁移到另一个处理器(平衡负载)。迁移一个定时器的工作包括将其从老红黑树中摘下，再插入到新的红黑树中。

在初始情况下，高精度定时机制都未被启用(hres_active 是 0)，各时钟设备都工作在周期中断模式中。在周期性时钟中断驱动下，高精度定时器的处理流程如下：

(1) 更新两棵红黑树中的当前时间 softirq_time。在绝对定时器树中，softirq_time 被更新为 xtime_cache，即当前的绝对时间；在相对定时器树中，softirq_time 被更新为 xtime_cache 与 wall_to_monotonic 的和，即当前的相对时间。

(2) 以 softirq_time 为基准，按从左到右的顺序检查两棵红黑树。如果某定时器已到期，则将其从红黑树中摘下，执行其上的处理函数。如果在处理函数中又重新启动了该定时器，则将其再次插入到红黑树中。

由此可见，虽然高精度定时器可以提供更高精度的定时服务，但在真正启用高精度定时机制之前，其优势并未发挥出来。在处理之时，有的高精度定时器可能已经过期了较长时间。此时的高精度定时器基本等价于核心定时器，有着较大的定时误差。

3. 时间间隔定时器管理

用户进程的运行也需要定时器，内核应该为用户进程提供这类定时服务。与核心定时器和高精度定时器不同，时间间隔定时器是由用户进程在用户空间启动的(当然需要通过系统调用)，它们运行在内核空间，但需要将到期信息及时地通知用户进程。通知的手段是信号(Signal)。

传统的 Linux 提供三类时间间隔定时器，分别是实时(Real)、虚拟(Virtual)和概略(Profile)定时器。三类定时器所定的都是相对时间。实时定时器根据系统实际时间定时，定的是流逝的时间量，定时到期时进程会收到 SIGALRM 信号。虚拟定时器根据进程消耗的用户态时间定时，定的是进程在用户态消耗的时间量，定时到期时进程会收到 SIGVTALRM 信号。概略定时器根据进程消耗的时间(不管是用户态时间还是核心态时间)定时，定的是进程消耗的时间量，定时到期时进程会收到 SIGPROF 信号。虚拟与概略定时器的定时单位是滴答。Linux 统一管理三类时间间隔定时器。

用户进程不会启动太多的时间间隔定时器。事实上，一个用户进程最多能够启动三个时间间隔定时器，每类定时器一个。由于这一限制，时间间隔定时器的管理结构就不需要特别复杂，仅需要在进程管理结构中为时间间隔定时器增加几个域变量即可。

时间间隔定时器可以工作在单发模式，也可以工作在周期模式。既然间隔定时器可工作在周期模式，就需要为它们分别准备一个变量来记录周期长度或时间间隔；既然实时定时器按系统时间定时，就需要为它准备一个高精度定时器或核心定时器；既然虚拟和概略定时器按进程消耗的时间定时，就需要为它们分别准备变量来记录进程消耗的时间量和到期的时间量。早期的 Linux 将上述信息直接记录在 task_struct 结构中，新版本的 Linux 将这些信息记录在信号管理结构 signal_struct 中。结构 signal_struct 中包含很多内容，与时间间隔定时器相关的有如下几个：

(1) real_timer 是为实时定时器准备的高精度定时器。

(2) it_real_incr、it_virt_incr、it_prof_incr 是实时、虚拟、概略定时器的定时间隔。

(3) it_virt_expires 和 it_prof_expires 是虚拟和概略定时器的当前值。

(4) utime 是进程消耗的用户态时间，stime 是进程消耗的核心态时间，utime+stime 是进程消耗的时间。

定时器的当前值与定时间隔可以取不同的值，其组合意义如表 5.2 所示。

表 5.2   时间间隔定时器各参数的组合意义

当前值		it_real_incr		it_virt_incr		it_prof_incr	
		0	非 0	0	非 0	0	非 0
实时定时器	未启动						
real_timer	已启动	单发	周期				
虚拟定时器	0			未启动			
it_virt_expires	非 0			单发	周期		
概略定时器	0					未启动	
it_prof_expires	非 0					单发	周期

三类时间间隔定时器的启动与处理方式如下：

(1) 实时定时器。在进程创建时，已设置了它的高精度定时器 real_timer，该定时器将采用相对时间定时，其到期处理函数是 it_real_fn。在用户进程请求启动实时定时器时，请求的时间间隔被记录在进程的 it_real_incr 中，定时器 real_timer 被同时设置并启动。当定时器到期时，向进程发送信号 SIGALRM。如果 it_real_incr 非 0，则 real_timer 的到期时间会被加上 it_real_incr，该定时器也会被重新启动。

(2) 虚拟定时器。在进程创建时，虚拟定时器的当前值与定时间隔都是 0。在用户进程请求启动虚拟定时器时，it_virt_expires 被设为初始定时间隔与进程已消耗的用户态时间之和，it_virt_incr 被设为定时间隔。在时钟中断处理中，当前进程消耗的用户态时间量被累计在 utime 中。如果 utime 大于或等于 it_virt_expires，则向进程发送信号 SIGVTALRM。如果 it_virt_incr 为 0，则将 it_virt_expires 清 0，停止定时，否则将 it_virt_expires 设为 utime + it_virt_incr，重新启动定时器，如图 5.8 所示。

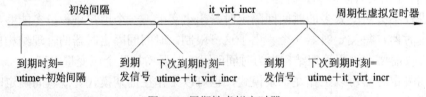

图 5.8   周期性虚拟定时器

(3) 概略定时器。在进程创建时，概略定时器的当前值与定时间隔都是 0。在用户进程请求启动概略定时器时，it_prof_expires 被设为初始时间间隔与进程已消耗时间的和，it_prof_incr 被设为定时间隔。在时钟中断处理中，当前进程消耗的时间量被累计在 utime 和 stime 中。如果 utime+stime 大于或等于 it_prof_expires，则向进程发送信号 SIGPROF。如果 it_prof_incr 为 0，则将 it_prof_expires 清 0，停止定时，否则将 it_prof_expires 设为 utime+stime+it_prof_incr，重启定时器。

在早期的系统中，如果启动了虚拟或概略定时器，那么每次时钟中断都会向下递减 it_virt_expires 和 it_prof_expires，减到 0 时发送信号，而后用 it_virt_incr 和 it_prof_incr 恢复初值。在时钟中断丢失的情况下，这种定时方法有较大的误差。新的定时方法不再依赖于滴答，而且对进程消耗时间的统计也比较准确，因而定时的误差较小。

5.5　单发式时钟中断

周期性时钟中断是简单的，也是盲目的、傻瓜的。不管系统是否需要，周期性时钟中断都会如期产生，其时机不受外界干扰，也无法动态调整。将系统建立在周期性时钟中断之上会带来以下问题：

(1) 中断过多。很多的周期性时钟中断都没有太多用处，它们给系统带来的纯粹是一种噪声(Jitter)，既浪费处理器时间，又浪费电力资源。

(2) 误差过大。周期性时钟中断往往不能在真正需要的时间点上及时产生，导致了较大的计时误差，如图 5.9 所示。

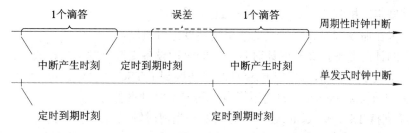

图 5.9　周期性时钟中断与单发式时钟中断

更为严重的是，上述两个问题的解决方法是相互矛盾的。解决第一个问题的方法是降低中断频率，但频率过低会带来更大的误差；解决第二个问题的方法是提高中断频率，但频率过高又会带来更多的噪声。因而，只要有可能，Linux 都试图抛弃传统的周期性时钟中断，改用更加智能、准确的单发式时钟中断。

目前的时钟设备大都能够支持单发中断模式，即可以根据设定在准确的时间点上产生单发式时钟中断。与周期性时钟中断不同，单发式时钟中断通常是不连续的，时间间隔不等，甚至可以暂停。工作在单发中断模式的时钟设备更加智能，它产生时钟中断的时机更加准确，目的性也更加明确。单发中断模式是对周期中断模式的一种颠覆，它打破了周期性时钟中断的设计定式，为时钟管理带来了革命性的变革。以单发式时钟中断为基础，可以设计出更高精度的定时器从而提供更高精度的定时服务，可以在系统空闲时停止时钟中断从而减少对系统的干扰，节约能源。当然，以单发式时钟中断为基础，也可以完成时间管理、进程调度和系统负载统计等工作。

与周期中断模式不同，当时钟设备工作在单发中断模式时，它产生时钟中断的每一个时间点都必须明确地、显式地设定。按照允许设定的时间点精度，可以将单发中断模式细分为高精度单发中断模式和低精度单发中断模式。

5.5.1　高精度单发中断模式

如果处理器选用的时钟设备是高精度的，而且支持单发中断模式，那么 Linux 会将其切换到高精度单发中断模式。当时钟设备工作在高精度单发中断模式时，它的中断时间点由高精度定时器管理，所产生的时钟中断也由高精度定时器处理，因而高精度定时器是高精度单发式时钟中断处理的核心。事实上，在进入高精度单发中断模式后，系统的时间管理、定时管理等子系统都建立在高精度定时器之上(如图 5.1 所示)。

高精度定时器的定时思路是：将高精度时钟设备切换到单发中断模式，将它的下一次中断时间设为到期时间最近的某个定时器的到期时间，从而启动定时；当定时到期时，高精度时钟设备产生中断；在时钟中断处理中执行已到期定时器的处理函数，完成定时处理工作，而后重新选择到期时间最近的定时器，重新设置时钟设备的下一次中断时间，启动下一次定时，如图 5.9 所示。由于高精度时钟设备的定时精度较高，其产生中断的时机恰好是高精度定时器的到期时刻，因而能提供纳秒级的、精确的定时服务。

初始情况下，各处理器的高精度定时机制都是关闭的或未启用的(hres_active 是 0)。启用高精度定时机制的工作在软中断 **TIMER_SOFTIRQ** 的处理程序中进行。每当处理器处理该软中断时，它都试图启用自己的高精度定时机制，启用的条件(逻辑与的关系)如下：

(1) 高精度定时机制还未被启用(hres_active 是 0)。

(2) 用户未在命令行参数中显式地禁用高精度定时机制。

(3) 当前的计时器支持高精度计时且当前的时钟设备支持单发中断模式。

(4) 系统切换了计时器，如由 jiffies 计时器切换到了 TSC 计时器，或当前处理器切换了当前时钟设备 tick_cpu_device，如选用了自己的局部时钟设备等。

只要系统支持 TSC 和 Local APIC，计时器和当前时钟设备迟早都会被切换。只要用户没有显式地禁用高精度定时机制，它迟早都会被启用。启用高精度定时机制的工作包括如下几件：

(1) 切换时钟设备的中断模式。将处理器的当前时钟设备 tick_cpu_device 切换到单发中断模式，将它的中断处理函数改为 hrtimer_interrupt；将时钟中断广播设备也切换到单发中断模式，将它的中断处理函数改为 tick_handle_oneshot_broadcast。

(2) 设置处理器的高精度定时器管理结构。将 hres_active 置 1，表示已启用高精度定时机制；将定时精度 resolution 改为 1 ns；将 offset 设为高精度定时器的基准时间。

绝对时间定时器的基准时间是系统启动时的时间，由 wall_to_monotonic 取反得到；相对时间定时器的基准时间是 0。虽然两类定时器对到期时间的表示方法不同，但到期时间与基准时间的差值却具有相同的意义，都是相对于开机时刻的时间。

(3) 启动周期仿真定时器。周期仿真定时器是一个高精度定时器，可为当前处理器仿真周期性时钟中断，见 5.5.3 节。将 tick_sched 结构中的 nohz_mode 设为高精度。

(4) 重新编程当前时钟设备。由于当前时钟设备已工作在单发中断模式中，因而需要设定它的下一次中断时间。显然，下一次中断时间应由两棵红黑树中最左边定时器的到期时间决定(到期时间与基准时间差值的小者)。如果两棵树都是空的，下次中断时间应是无穷大。

5.5.2　高精度单发式时钟中断处理

只要系统启用了高精度定时机制，时钟设备就会工作在单发中断模式中。此时，时钟设备产生中断表示系统中有高精度定时器到期。因而，单发式时钟中断处理实际就是高精度定时器处理。

与周期性时钟中断一样，单发式时钟中断处理也依赖于处理器当前选用的时钟设备，因为真正完成时钟中断硬处理工作的是时钟设备自己的中断处理函数，即结构 clock_event_device 中的 event_handler 操作。不同的时钟设备可能选用不同的处理函数。

如果处理器处于正常工作状态，它通常会选用自己的局部时钟设备，且已将该设备的中断处理函数改为 hrtimer_interrupt。当时钟设备产生中断时，函数 hrtimer_interrupt 首先从时钟设备中取出当前的绝对时间和相对时间，而后分别以这两种时间为基准检查两棵红黑树，处理已到期的高精度定时器。

对红黑树的检查按从左到右的顺序进行。如果某定时器已到期，则将其从红黑树中摘下并执行其上的处理函数。如果在处理函数中又重新启动了该定时器，则将其再次插入到红黑树中。

由于红黑树中的节点是有序的，且 first 总是指向树中最左边的节点，因而树中最有可能到期的定时器就是 first 所指的定时器。所谓从左到右检查定时器实际上只是检查 first 所指的定时器，并不需要遍历整棵红黑树。

在处理完到期的定时器之后，还要对时钟设备进行重新编程，以设定它的下一次中断时间。事实上，在处理完到期的高精度定时器之后，两个 first 所指的定时器就是最近会到期的定时器，从中可以选出一个更近的到期时间作为 expires_next。如果两个 first 都是空，则将 expires_next 设为无穷大(时钟设备不再产生中断)。

如果处理器已进入低功耗状态，它的局部时钟设备会停止工作。在进入低功耗状态之前，处理器会向广播式时钟设备 tick_broadcast_device(通常是全局时钟设备 HPET 或 PIT)预定时钟中断。广播式时钟设备也工作在单发中断模式，其中断处理函数是 tick_handle_oneshot_broadcast。当广播设备产生中断时，其处理函数完成如下工作：

(1) 取出当前的相对时间，根据该时间检查预定中断广播的各处理器的时钟设备。如果某时钟设备的下一次中断时间(记录在结构 clock_event_device 的 next_event 中)小于或等于当前时间，说明该处理器的时钟设备应该产生但却没有产生中断，因而向它广播时钟中断，唤醒该处理器。对中断广播的预定是一次性的。

(2) 再次检查预定中断广播的各处理器的时钟设备，获得其中最小的下次中断时间(next_event)，根据该时间重新编程广播设备 tick_broadcast_device，设定它的下一次中断时间。如果已没有预定广播的处理器，则停止广播设备。

由此可见，即使处理器进入低功耗状态，它也会及时地收到来自广播设备的单发式时钟中断，并在时钟中断处理中完成自己预定的工作。

以高精度定时器为基础，可以向用户进程提供纳秒级的睡眠服务 nanosleep()。如果用户进程想睡眠等待，它可以通过系统调用 nanosleep()请求内核服务，睡眠时间由参数提供。内核收到睡眠请求后，启动一个高精度定时器，而后将进程设为可中断等待状态并请求进程调度，放弃处理器(睡眠等待)。当定时器到期时，其上的处理函数会将该睡眠进程唤醒，并将剩余的睡眠时间返还给请求者进程。

5.5.3　高精度周期性时钟中断仿真

虽然说单发式时钟中断优于周期性时钟中断，但由于历史的原因，仍然有很多管理工作需要周期性时钟中断，如核心定时器等。为了保持系统的兼容性，在启用高精度定时机制之后，仍然应该能够仿真出周期性的时钟中断。

为了仿真周期性时钟中断，Linux 在 PERCPU 数据区中为每个处理器定义了一个 tick_sched 结构，其中包含一个高精度定时器 sched_timer，专门用于为处理器仿真周期性时钟中断。

结构 tick_sched 中的 sched_timer 是一个高精度定时器(简称周期仿真定时器)，它采用相对时间定时，定时间隔为 1 个滴答，到期处理函数是 tick_sched_timer。每个处理器都有可能启动自己的周期仿真定时器，而且它们的处理函数都相同。为了避免处理时的冲突，Linux 在周期仿真定时器的到期时间上做了一些调整，使各定时器的到期时间略有差别。如系统中有 n 个处理器，那么第 i 个处理器的正常到期时间被增加了一个偏移量(HZ/2)*(i/n)。当周期仿真定时器到期时，函数 tick_sched_timer 被执行，它完成的工作大致与周期性时钟中断的处理工作相同，包括：

(1) 如果没有处理器负责时钟中断全局部分的处理工作，则接管该工作。

(2) 完成周期性时钟中断的正常处理工作，如更新系统时间、统计当前进程的账务信息、激活软中断 TIMER_SOFTIRQ 和 RCU_SOFTIRQ、处理日志写操作、更新当前进程的调度信息、处理器时间间隔定时器、统计系统的 Profile 数据等，参见 5.4.1 节。

(3) 将周期仿真定时器的到期时间加上 1 个滴答，而后再次启动该定时器。由于周期仿真定时器被反复启动，因而会产生周期性的时钟中断。

5.5.4　低精度单发中断模式

如果用户在命令行参数中显式地禁用了高精度定时机制，或者时钟设备不支持高精度定时，那么只能让它的时钟设备工作在周期中断模式或低精度单发中断模式。由于单发中断模式具有更多的优点，因而只要可能，处理器仍试图将自己的时钟设备切换到低精度单发中断模式。

在低精度单发中断模式中，如果周期性时钟中断未被暂停，那么时钟设备仍然只会产生周期性的时钟中断，而且中断频率仍然是 HZ。与周期模式不同的是，时钟设备的每一次中断时间都需要显式设定，设定的时间单位是滴答。Linux 利用各处理器自己的周期仿真定时器 sched_timer 来管理时钟设备的下一次中断时间。

切换到低精度单发中断模式的条件是：

(1) 用户在命令行参数中显式地禁用了高精度定时机制。

(2) 系统允许暂停周期性时钟中断。

(3) 当前的计时器支持高精度计时且当前的时钟设备支持单发中断模式。

(4) 系统切换了计时器，如由 jiffies 计时器切换到了 TSC 计时器，或当前处理器切换了当前时钟设备 tick_cpu_device，如选用了自己的局部时钟设备等。

各处理器自行决定自己的时钟中断方式，自己完成所用时钟设备的模式切换工作。切换到低精度单发模式的工作包括如下几件：

(1) 切换时钟设备的中断模式。将处理器的当前时钟设备 tick_cpu_device 切换到单发中断模式，将它的中断处理函数改为 tick_nohz_handler；将时钟中断广播设备也切换到单发中断模式，将它的中断处理函数改为 tick_handle_oneshot_broadcast。

(2) 初始化周期仿真定时器。将周期仿真定时器 sched_timer 设为相对时间定时器，定时间隔为 1 个滴答。该定时器不需要启动，也不会到期。

(3) 编程当前时钟设备。将当前时钟设备的下一次中断时间设为下一个滴答应产生的时间。

经过上述设置之后，处理器的当前时钟设备已工作在单发中断模式。当该设备产生中断时，其处理函数 tick_nohz_handler 会被执行。该处理函数完成如下处理工作：

(1) 如果没有处理器负责时钟中断全局部分的处理工作，则接管该工作。

(2) 完成周期性时钟中断的正常处理工作，如更新系统时间、统计当前进程的账务信息、激活软中断 TIMER_SOFTIRQ 和 RCU_SOFTIRQ、处理日志写操作、更新当前进程的调度信息、处理器时间间隔定时器、统计系统的 Profile 数据等，参见 5.4.1 节。

(3) 将周期仿真定时器的到期时间加上 1 个滴答，而后重新编程当前时钟设备，让它在 1 个滴答后再次产生时钟中断。

如果处理器已进入低功耗状态，广播时钟设备 tick_broadcast_device 会检查处理器的当前时钟设备，并在预定的周期中断时间点上向该处理器广播时钟中断。

由此可见，切换到低精度单发模式之后，时钟设备产生的仍然是周期性时钟中断。

5.6 变频式周期性时钟中断

不管工作在周期中断模式还是单发中断模式，时钟设备都会产生周期性的时钟中断。如果处理器处于忙碌状态，可以认为这些中断都是有意义的。但如果处理器处于空闲状态，周期性时钟中断就会变成对处理器的干扰。事实上，处于空闲状态的处理器会因为没有需要执行的任务而运行自己的 idle 进程，并在 idle 进程中进入低功耗状态，以尽量节约能源，此时的周期性时钟中断会将处理器频繁地唤醒，使其无法深度睡眠，严重影响了节能效果。因而，当处理器进入低功耗状态时，应该暂停它的周期性时钟中断(称为 Tickless 或 NOHZ)，或者说调节它的周期性时钟中断的频率。当处理器再次进入忙碌状态时，还应该能恢复它的周期性时钟中断。当然，在周期性时钟中断被暂停期间，系统的时间、处理器的定时器等都不应受到影响。

5.6.1 变频管理结构

只有当时钟设备工作在单发中断模式时，周期性时钟中断才可能被暂停。由于不同处理器的时钟设备可能工作在不同的中断模式，采用不同的暂停或调频策略，因而周期性时钟中断的暂停或调频工作只能由处理器自己完成。为了使周期性时钟中断能够被顺利地暂停与恢复，需要为每个处理器准备一个管理结构，记录与中断暂停相关的管理信息。Linux 在 PERCPU 数据区中为每个处理器定义了一个管理结构，称为 tick_sched，其中包括如下几个主要的域：

(1) 周期仿真定时器 sched_timer 是一个高精度定时器，用于仿真周期性时钟中断。

(2) 周期性时钟中断暂停策略 nohz_mode，包括未用、低精暂停、高精暂停。

(3) 标志 inidle，用于标识处理器当前是否在 idle 进程中。

(4) 标志 idle_active，用于标识处理器是否已进入空闲状态。

(5) 下次到期时间 idle_tick，记录周期仿真定时器 sched_timer 的下次到期时间，也就是产生下一次周期性时钟中断的时间。

当处理器的时钟设备工作在高精度单发中断模式时，应该为其选用高精度的周期性时钟中断暂停策略；当处理器的时钟设备工作在低精度单发中断模式时，只能为其选用低精度的周期性时钟中断暂停策略。

5.6.2　高精度周期性时钟中断暂停

如果处理器的时钟设备工作在高精度单发中断模式中，那么在下列条件全部满足的情况下，其周期性时钟中断可以被暂停：

(1) 处理器正在运行 idle 进程。

(2) 已为处理器选用了高精暂停策略(已启用了高精度定时机制)。

(3) 处理器当前不需要调度，即其上没有等待运行的进程。

(4) 处理器上没有待处理的软中断。

(5) 处理器上没有待处理的 RCU 工作。

(6) 处理器上没有待处理的 printk 操作。

(7) 在 1 个滴答的时间内，处理器上没有到期的核心定时器。

暂停处理器的高精度周期性时钟中断实际就是暂停它的周期仿真定时器。然而，如果处理器上已启动了核心定时器，那么简单地停止它的周期仿真定时器会影响这些核心定时器的触发。因而较好的暂停方式是根据核心定时器的到期时间逐次启动周期仿真定时器，仅让它在核心定时器的到期时间点上产生时钟中断。当然，系统中其它的高精度定时器不应受本处理器周期性时钟中断暂停的影响。暂停高精度周期性时钟中断的过程如下：

(1) 记录暂停信息。找到当前处理器的 tick_sched 结构，在其中记录必要的信息，如 idle_tick 等，将域 idle_active 置 1，表示当前处理器即将进入空闲状态。

(2) 确定到期时间。搜索已在当前处理器上启动的核心定时器，从中找到最近的到期时间。如没有已启动的核心定时器，到期时间为无穷大。

(3) 转让全局工作。如果当前处理器负责时钟中断全局部分的处理工作，如更新系统时间等，则请求将其转让给其它处理器。未被暂停的处理器会在下一次周期性时钟中断处理中自动接管全局部分的处理工作。

(4) 试图接管负载平衡工作。担负负载平衡任务的处理器应该是空闲的，其上的周期性时钟中断不应被暂停。如果没有处理器负责负载平衡工作，当前处理器应接管该项工作，直到它再次进入忙碌状态或系统中所有的处理器都已进入空闲状态。如果系统中所有的处理器都已处于空闲状态，说明已没有负载需要平衡，此时所有的处理器都应进入低功耗状态。

(5) 通知 RCU。将当前处理器的状态计数器 dynticks 加 1，从而告诉 RCU 当前处理器即将暂停周期性时钟中断。

(6) 停止或重启周期仿真定时器。如果当前处理器上已没有启动的核心定时器，则停止周期仿真定时器 sched_timer；否则，将周期仿真定时器 sched_timer 的到期时间设为最近一个到期的核心定时器的到期时间。

虽然上述工作修正了周期仿真定时器的下次到期时间，然而一旦该定时器到期，其处理函数 tick_sched_timer 就会将该定时器拉回到周期性中断的老路。因而，在每次重启周期仿真定时器之前，都应该搜索已在当前处理器上启动的核心定时器，以确定它的下次到期时间。Linux 将该项工作又向前推进了一步，在每次中断处理退出之前(执行 irq_exit 时)，它都试图暂停空闲处理器的周期仿真定时器。

当处理器离开低功耗状态、再次开始忙碌时，应该恢复它的周期性时钟中断，也就是将它的周期仿真定时器恢复到正常的工作模式。恢复的过程如下：

(1) 记录暂停信息。找到当前处理器的 tick_sched 结构，将域 idle_active 清 0，表示处理器即将退出空闲状态。

(2) 通知 RCU。将当前处理器的状态计数器 dynticks 加 1，从而告诉 RCU 当前处理器即将恢复周期性时钟中断。

(3) 转让负载平衡工作。由于当前处理器即将退出空闲状态，因而不能再负责负载平衡工作，请求将该工作转让给其它处理器。

(4) 更新系统时间。在当前处理器暂停周期性时钟中断期间，可能有其它处理器一直在更新系统时间，也可能没有处理器更新系统时间。如果距离上次更新系统时间的时间已超过 1 个滴答，则更新系统时间。

(5) 重启周期仿真定时器。从结构 tick_sched 中取出 idle_tick，在其上加上若干个滴答，确定该定时器的下次到期时间(比当前时间略大的下一个周期性时钟中断时刻)，将其重新启动，以恢复周期性时钟中断。

处理器在空闲状态下可以被中断。在中断处理期间，处理器处于忙碌状态。中断处理之后，处理器可能离开空闲状态，也可能再次进入空闲状态。由于在中断处理程序中可能会用到当前时间，因而在每次进入中断处理程序之前，只要处理器处于空闲状态，都应该先更新一下系统时间。

5.6.3 低精度周期性时钟中断暂停

如果处理器的时钟设备工作在低精度单发中断模式中，那么在下列条件都满足的情况下，其周期性时钟中断可以被暂停：

(1) 处理器正在运行 idle 进程。

(2) 已为处理器选用了低精度周期性时钟中断暂停策略。

(3) 处理器当前不需要调度，即没有等待运行的进程。

(4) 处理器上没有待处理的软中断。

(5) 处理器上没有待处理的 RCU 工作。

(6) 处理器上没有待处理的 printk。

(7) 在 1 个滴答的时间内，处理器上没有到期的定时器，包括核心和高精度定时器。

暂停低精度周期性时钟中断的过程与暂停高精度周期性时钟中断的过程基本相同，不同的地方有两点：

(1) 确定到期时间。搜索已在当前处理器上启动的核心定时器和高精度定时器，从中找到最近的到期时间。如没有已启动定时器，到期时间为无穷大。

(2) 重新编程当前时钟设备。如果当前处理器上已没有启动的定时器，则停止时钟设备；否则，将时钟设备的下一次到期时间设为最近一个到期的定时器的到期时间。

虽然低精度周期性时钟中断的处理函数 tick_nohz_handler 总是试图将时钟设备拉回到

周期性中断的老路上，但在中断处理退出之前，函数 irq_exit 会再次暂停低精度周期性时钟中断。

当处理器离开低功耗状态、再次开始忙碌时，应该恢复它的周期性时钟中断。恢复的过程大致与高精度周期性时钟中断的恢复过程相同：从结构 tick_sched 中取出暂停之前的到期时间，在其上加上若干个滴答，确定该时钟设备的下次到期时间，对其重新编程，恢复周期性时钟中断。

由于在中断处理程序中可能会用到当前时间，因而在每次进入中断处理程序之前，只要处理器处于空闲状态，都应该先更新一下系统时间。

思 考 题

1. 是不是每个处理器都需要时钟中断？是否可让一个处理器专门负责时钟中断处理？
2. 是否可用一个时钟设备向所有的处理器提供时钟中断？
3. 每个处理器都处理时钟中断是否会引起时间的不一致性？
4. 时钟中断是如何影响进程调度的？
5. 有了单发式时钟中断是否可以不再要周期性时钟中断？
6. 有了高精度定时器之后是否可以不再要核心定时器？
7. 核心定时器与高精度定时器的管理结构能否合并？
8. 暂停周期性时钟中断是否会降低时间服务的精度？

第六章　物理内存管理

　　在操作系统营造的虚拟社会中，除了被时钟管理部分管理的时间之外，另一个重要的基石就是空间。对空间的管理是操作系统的另一项核心工作。

　　操作系统所管理的空间可大致分为内存空间和外存空间，其中内存空间可被处理器直接访问的，是最基础的空间。内存空间是计算机系统中的重要资源，操作系统中的进程运行在内存空间中，操作系统本身也运行在内存空间中，离开了内存空间，计算机系统将无法运行。另一方面，内存空间又是计算机系统中的紧缺资源，操作系统及其管理的所有进程共享同一块物理内存空间，其容量似乎永远都无法满足进程对它的需求。因而有必要对内存空间实施严格的、精细的管理。

　　内存管理的工作艰巨而繁琐，可大致分成两大部分：物理内存管理部分管理系统中的物理内存空间，负责物理内存的分配、释放、回收等；虚拟内存管理部分管理进程的虚拟内存空间，负责虚拟内存的创建、撤销、换入、换出及虚拟地址到物理地址的转换等。物理内存管理的主要任务是快速、合理、高效地分配与回收物理内存资源以尽力提高其利用率；虚拟内存管理的主要任务是为进程模拟出尽可能大的内存空间并实现它们间的隔离与保护。在操作系统长期的发展过程中，内存管理部分由简到繁，不断演变，正逐步走向成熟。

6.1　内存管理系统组成结构

　　为解决复杂的内存管理问题，Linux 采用了分而治之的设计方法，将内存管理工作交给几个既相互独立又相互关联的管理器分别负责。这些内存管理器各司其职，互相配合，共同管理系统中的内存空间，如图 6.1 所示。

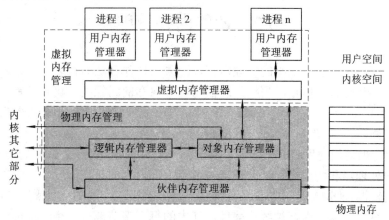

图 6.1　内存管理系统的组成结构

Linux 的物理内存管理子系统运行在内核空间，仅为内核提供服务。内核需要的物理内存通常是连续的，而且应该有内核线性地址(内核用线性地址访问物理内存)。如果按申请的规模划分，内核对物理内存的需求大致可分为中规模(几个物理上连续的页)、小规模(若干字节)和大规模(多个逻辑上连续的页)等几类。为了满足内核对物理内存的不同需求，Linux 将物理内存管理子系统进一步划分成三个管理器，即伙伴内存管理器、对象内存管理器和逻辑内存管理器。

伙伴内存管理器是物理内存的真正管理者，是物理内存管理的基础。伙伴内存管理器以页块(若干个连续的物理页)为单位分配、释放、回收物理内存，虽比较粗放，但极为快速、高效，且不会产生外部碎片。

对象内存管理器建立在伙伴内存管理器之上，是一种细粒度的物理内存管理器。对象内存管理器将来自伙伴内存管理器的内存页块划分成小内存对象，以满足内核对小内存的需求，并负责将回收到的小内存对象组合成内存页块后还给伙伴内存管理器。

由于伙伴内存管理器只能提供物理上连续的内存，常常无法满足内核对大内存的需求，因而 Linux 实现了逻辑内存管理器，专门为内核提供逻辑上连续、物理上可不连续的大内存服务。

在系统初始化期间，Linux 还提供了一个初始内存管理器 Bootmem，用于向内核提供物理内存服务。但在伙伴内存管理器启动之后，Bootmem 已让出管理权，被停止了工作。

除内核之外，内存管理的主要服务对象是进程。与内核不同，每个进程都需要一块容量足够大的独立的虚拟内存，用于暂存它的程序、数据、堆栈等。因而内存管理的另一个核心工作是利用有限的物理内存和外存设备为系统中的每个进程都模拟出一块连续的虚拟内存，并实现各虚拟内存之间的隔离与保护。Linux 中负责进程内存管理工作的是虚拟内存管理器和用户内存管理器。

用户内存管理器运行在用户空间中，负责进程虚拟内存(在堆中)的动态分配、释放与回收(如库函数 malloc()、free()等)。用户内存管理器一般在函数库(如 Libc)中实现，不属于内核的组成部分，但需要内核中的虚拟内存管理器为其提供帮助。

本章主要分析 Linux 的物理内存管理部分，虚拟内存管理部分将在第 8 章中讨论。

6.2　伙伴内存管理

伙伴内存管理器管理系统中的物理内存，因采用伙伴算法而得名。所谓物理内存就是计算机系统中实际配置的内存。根据处理器与物理内存的组织关系可将计算机系统分成两大类。在 UMA(Uniform Memory Access)系统中，每个处理器都可以访问到所有的物理内存，且访问速度都相同。在 NUMA(Non-Uniform Memory Access)系统中，处理器虽可访问到所有的物理内存，但访问速度略有差异。事实上，一个 NUMA 系统由多个节点组成，每个节点都有自己的处理器和物理内存，处理器对节点内部内存的访问速度较快，对其它节点的内存访问速度较慢。UMA 是 NUMA 的特例，只有一个节点的 NUMA 就是 UMA。

计算机系统中的物理内存被统一编址，其中的每个字节都有一个物理地址，只有通过物理地址才能访问到物理内存单元。在一个计算机系统中，可以使用的所有物理地址的集合称为物理地址空间。物理地址空间的大小取决于地址线的位数。物理地址空间中的地址除可用于访问物理内存之外，还可用于访问固件中的 ROM(如 BIOS)及设备中的寄存器(如 APIC 中的寄存器等)。不能访问任何实体的物理地址区间称为空洞，空洞中的物理地址是无效的。在初始化时，系统已经通过 BIOS int 15 h 的 e820 服务获得了物理地址空间的布局信息，并已利用该信息完成了伙伴内存管理器的初始化。

6.2.1　伙伴内存管理结构

物理内存的管理方法很多，如静态分区法、动态分区法、伙伴算法等，衡量算法好坏的标准主要是效率和利用率，影响的因素主要是管理粒度。细粒度的管理具有较高的利用率，但算法比较复杂；粗粒度的管理具有较高的效率，但利用率不高。伙伴内存管理器采用伙伴算法管理它的物理内存，管理的最小粒度是 1 页(4 KB)。

为了实现页粒度的内存管理，需要一种数据结构来描述每一个物理页的使用情况。伙伴内存管理器为每个物理页准备了一个 32 字节的 page 结构，其格式如图 6.2 所示。

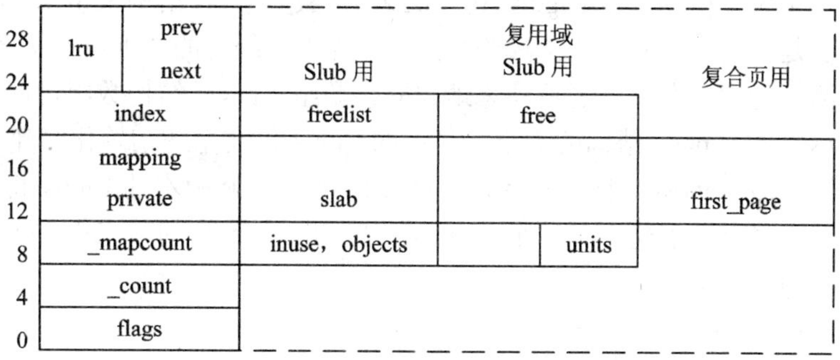

28	lru	prev		复用域		
24		next	Slub 用	Slub 用		复合页用
20	index		freelist	free		
16	mapping					
12	private		slab			first_page
8	_mapcount		inuse，objects		units	
4	_count					
0	flags					

图 6.2　page 结构

在 Linux 的发展过程中，page 结构在不断演变，最重要的是其中的三项：

(1) 标志 flags 是一个 4 字节的位图，用于描述物理页的属性或状态。常用的属性如表 6.1 所示。flags 的前端还记录着页所属的节点和管理区的编号。

表 6.1　物理页的属性

属性名	属性位	意　　义
PG_locked	0	页被锁定，其它部分不允许访问该页
PG_error	1	在页上的 I/O 操作出现了错误
PG_referenced	2	页最近被访问过
PG_uptodate	3	页的内容是最新的
PG_dirty	4	页的内容被修改过，是脏页
PG_lru	5	页在 LRU(Least Recently Used)队列中
PG_active	6	页在活动队列中
PG_slab	7	页被用做 Slab
PG_reserved	10	页被系统保留
PG_private	11	page 结构的 private 域不空
PG_writeback	13	页的内容正在被写回块设备

续表

属性名	属性位	意　　义
PG_compound	14	页是复合页
PG_swapcache	15	页在交换缓存中
PG_reclaim	17	页即将被回收
PG_buddy	18	页是一个页块的起始页，整个页块都是空闲的
PG_swapbacked	19	页的内容只能被换出到交换设备上

(2) 引用计数_count 用于记录物理页的当前用户数，_count 为 0 的页是空闲的。

(3) 通用链表节点 lru 用于将 page 结构链入到需要的队列中。

另外，page 结构中还包含几个复用域，如 index、freelist 和 free 共用同一个域，它们的意义随应用场合的不同而变化。复用域的使用使 page 结构既可满足不同的应用需求，又不至于变得太大。

毫无疑问，系统中存在很多 page 结构，必须另外建立一种结构来组织、管理它们。最简单的管理方法是定义一个 page 结构数组。由于计算机系统中的物理内存页数不是固定的，因而只能在检测到物理内存大小之后动态地建立该数组。page 结构数组可能很大，为节约物理内存，应尽量压缩 page 结构的大小。早期的 Linux 仅在系统初始化时建立了一个 page 结构数组，称为 mem_map[]。由于需要支持 NUMA 系统，新版本的 Linux 将物理内存划分成多个节点，并为每个节点建立了一个 page 结构数组。Linux 的节点由一个名字古怪的结构描述，其主要内容如下：

```
typedef struct pglist_data {
    struct zone         node_zones[MAX_NR_ZONES];          // 所有管理区
    struct zonelist     node_zonelists[MAX_ZONELISTS];     // 尝试序列
    int                 nr_zones;                          // 节点中的管理区数
    struct page         *node_mem_map;                     // page 结构数组
    unsigned long       node_start_pfn;                    // 开始页号
    unsigned long       node_present_pages;                // 总页数，不含空洞
    unsigned long       node_spanned_pages;                // 总页数，含空洞
    wait_queue_head_t   kswapd_wait;                       // 回收进程等待队列
    struct task_struct  *kswapd;                           // 物理内存回收进程
    int                 kswapd_max_order;                  // 上次回收的尺寸
} pg_data_t;
```

一个 pglist_data 结构描述一个节点内部的物理内存，对应物理地址空间中的一块连续的地址区间，其开始页号是 node_start_pfn，大小是 node_spanned_pages 页。由于空洞的存在，节点中的实际物理页数 node_present_pages 可能小于 node_spanned_pages。节点内部的 page 结构数组是 node_mem_map，其中的每个 page 结构描述节点内的一个物理页，包括空洞页。系统中所有的节点结构被组织在数组 node_data 中。

```
struct pglist_data *node_data[MAX_NUMNODES] _read_mostly;
```

在基于 X86 的个人计算机或服务器上，尽管可能配置有多个处理器，但其内存访问模

型通常是 UMA，因而系统中仅有一个节点，称为 contig_page_data。

即使属于同一个节点，物理页的特性也可能不同，如有些物理页有永久性的内核线性地址而另一些物理页没有，有些物理页可用作 ISA DMA 而另一些物理页不能等。不同特性的物理页有着不同的用处，应采用不同的管理方法，或者说应区别对待一个节点内部的物理内存。

伙伴内存管理器将一个节点内部的物理内存进一步划分成管理区。每个节点都可以定义 2 到 4 个管理区，其中 ZONE_DMA 区管理的是 16 MB 以下的物理内存，可供老式 DMA 使用；ZONE_DMA32 区管理的是可供 32 位设备做 DMA 使用的物理内存(4 GB 以下)，仅用于 64 位系统；ZONE_NORMAL 区管理的是除 ZONE_DMA 之外的低端物理内存，可供常规使用；ZONE_HIGHMEM 区管理的是没有内核线性地址的高端物理内存，可供特殊使用；ZONE_MOVABLE 区是虚拟的，它管理的内存来自其它几个区，都是可动态迁移的物理页，用于内存的热插拔(Memory Hotplug)和紧缩，其大小由命令行参数指定，缺省情况下为空。32 位系统中没有 ZONE_DMA32 区，64 位系统中没有 ZONE_HIGHMEM 区。内存管理区由结构 zone 描述，其主要内容包括如下几个：

(1) 开始页号 zone_start_pfn 表示管理区的开始位置。

(2) 总页数 spanned_pages 表示管理区的大小，含空洞。

(3) 可分配页数 present_pages 表示管理区中的可用物理内存总页数，不含空洞。

(4) 基准线 watermark[]描述管理区中空闲内存的三个基准指标。

(5) 空闲页块队列 free_area[]用于组织不同大小的空闲页块。

(6) LRU 队列 lru[]用于描述区内各类物理页的最近使用情况。

(7) 热页队列 pageset 用于暂存刚被释放的单个物理页。

(8) 迁移类型位图 pageblock_flags 用于描述各页组的迁移类型。

(9) 预留空间总量 lowmem_reserve[]用于记录应为其它管理区预留的内存页数。

一个管理区管理一块连续的物理地址空间，其中可能包含空洞。图 6.3 是物理内存的一种划分方式。

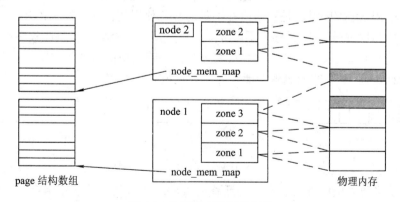

图 6.3　物理内存空间的划分

图 6.3 中的物理内存空间由 2 个节点构成，其中节点 1 被划分成 3 个管理区，节点 2 被划分成 2 个管理区。两个节点间有一块空洞，节点 1 的第 3 个管理区中也有一块空洞。由于 page 结构数组所占空间无法再做它用，因而也被算做空洞。

　　伙伴内存管理器以管理区为单位管理物理内存，包括单个物理页及多个连续物理页的分配、释放、回收等。虽然利用 page 结构数组能够实现单个物理页的管理，但却难以进行多个连续物理页的分配。为解决连续物理页的管理问题，Linux 引入了页块的概念。一个页块(pageblock)就是一组连续的物理页。为规范起见，Linux 规定页块的大小必须是 $2^i(i=0,1,…,10)$ 页，页块中起始页的编号必须是页块大小的倍数。页块是一个动态管理单元，相邻的小页块可以组合成大页块，大页块也可拆分成小页块。页块以起始页为代表，起始页的编号就是整个页块的编号，起始页的 page 结构中记录着整个页块的管理信息。

　　伙伴内存管理器以页块为单位管理各区中的物理内存，因而需要为每一种大小的空闲页块准备一个队列。Linux 为每个管理区都定义了一个 free_area[]数组，用于组织区内的空闲页块。大小为 2^i 页的空闲页块被组织在 free_area 的第 i 队列中。第 i 队列中的 1 个大小为 2^i 页的页块可以被划分成 2 个大小为 2^{i-1} 页的小页块(伙伴)并挂在第 i−1 队列中；第 i−1 队列中的 2 个小伙伴可以被合并成大小为 2^i 页的页块并挂在第 i 队列中。

　　在早期的版本中，伙伴内存管理器为每一种大小的空闲页块准备了一个队列。然而，新版本的伙伴内存管理器需要面对内存迁移问题，为每一种大小的空闲页块准备一个队列已无法满足需要。

　　所谓内存迁移就是将页块从一个物理位置移动到另一个物理位置，也就是将一个页块的内容拷贝到另一个页块中，并保持移动前后的虚拟或线性地址不变。内存迁移的需求主要来自两个方面：为了加快 NUMA 内存的访问速度，需要将处理器经常访问的内存迁移到离它最近的节点中；为了解决内存碎化问题，需要进行物理内存紧缩，将分散的小空闲页块合并成大页块。

　　为了实现内存迁移，需要进一步区分页块的迁移属性。事实上，可将物理内存页块大致分成五种类型，不可迁移型(MIGRATE_UNMOVABLE)页块只能驻留在物理内存的固定位置(如内核页)，不能移动；可回收型(MIGRATE_RECLAIMABLE)页块中的内容可先被释放而后再在新的位置上重新生成(如来自映像文件的页)；可迁移型(MIGRATE_MOVABLE)页块中的内容可被拷贝到新的位置而不改变其虚拟或线性地址(如用户进程中的虚拟页)；预留型(MIGRATE_RESERVE)页块是留给内存不足时应急使用的；孤立型(MIGRATE_ISOLATE)页块用于在 NUMA 的节点间迁移，不可分配。显然，同一类型的页块应集中在一起，不同类型的页块不应相互交叉。不加限制的页块分配会影响页块的合并，如图 6.4 所示，由于第 13 页不可迁移，前 16 个空闲页就不能合并成大页块。

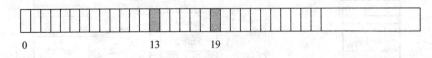

图 6.4　不可迁移页影响页块合并的情况

　　如果可迁移型页块内部不存在不可迁移的页，那么将其中的非空闲页迁移出去之后即可合并成大的空闲页块。为了聚合同一类型的页块，伙伴内存管理器预先将区中的物理内存划分成了大小为 1024 页的页组，并为每个页组指定了一个迁移类型。页块的分配按照迁移类型进行。如此以来，在可迁移型页组中就不太可能再出现其它类型的页块。管理区中的位图 pageblock_flags(3 位一组)用于标识各页组的迁移类型，如图 6.5 所示。

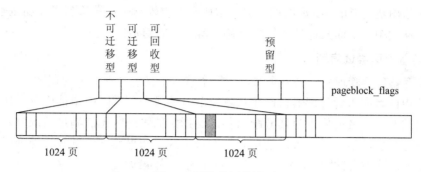

图 6.5 页块的迁移类型

每个物理页都属于一个页组，都有一个确定的迁移类型，不管它是空闲的还是正在被使用的。当然，页组的迁移类型是可以改变的。

区分页组的迁移类型与定义 **ZONE_MOVABLE** 区的作用一样，但更加精细。

划分了迁移类型之后，就应为每一种类型的空闲页块准备一个队列。新版本的伙伴内存管理器为每一种大小的空闲页块准备了 5 个队列，分别用于组织 5 种不同迁移类型的空闲页块。结构 free_area 的定义如下：

```
struct free_area {
    truct list_head    free_list[MIGRATE_TYPES];    // 5 个空闲页块队列
    unsigned long      nr_free;                      // 空闲页块数
};
```

图 6.6 是一个管理区中的空闲页块队列示意图。左边是早期的 free_area[]，每种大小的空闲页块 1 个队列。右边是新的 free_area[]，每种大小的空闲页块 5 个队列。

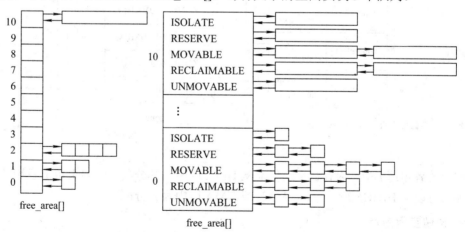

图 6.6 free_area 数组与空闲页块队列

在 free_area[i] 的任何一个队列上排队的都是大小为 2^i 页的空闲块，所不同的是它们的迁移类型。

6.2.2 伙伴内存初始化

在系统初始化期间，已经进行了大量的内存初始化工作，如检测出了物理内存的布局结构，确定了系统中的节点数及各节点的管理区数，设置了伙伴内存管理器所需的节点结构、管理区结构及所有的 page 结构，并已将所有的空闲页块都转移到了 free_area 数组的 MOVABLE 队列中。下面几件是伙伴内存管理器专有的初始化工作。

1. 确定管理区尝试序列

伙伴内存管理器管理着一到多个节点，每个节点中又包含着多个管理区。通常情况下，物理内存的申请者应告诉管理器自己想从哪个节点的哪个管理区中申请内存。伙伴内存管理器应尽量按照申请者的要求为其分配内存。当指定的管理区无法满足请求时，伙伴内存管理器可以返回失败信息，也可以尝试其它的管理区。如果允许尝试其它管理区，则应预先确定一个管理区的尝试顺序，或者说管理区的分配优先级。

管理区排序的基本原则是先"便宜"后"贵重"。DMA 区容量有限且有特定用途，其它区中的内存无法替代，因而最为贵重。NORMAL 区的容量有限，而且内核仅能使用 NORMAL 和 DMA 区中的内存(只有这两个区中的内存有内核线性地址)，因而比较贵重。内核不直接访问 HIGHMEM 区中的内存，该区对内核的影响不大，最为便宜。一般情况下，节点间管理区的尝试顺序应该是先本地后外地，节点内管理区的尝试顺序应该是 MOVABLE>HIGHMEM>NORMAL>DMA32>DMA。当然，由于节点性质的不同，其管理区的尝试顺序也可能会有所变化。结构 pglist_data 的域 node_zonelists 中包含一个数组 _zonerefs，其中记录着管理区的尝试序列。单节点上的管理区尝试序列如图 6.7 所示。

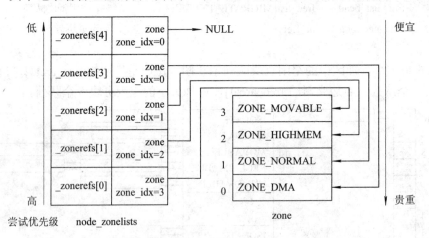

图 6.7　管理区尝试序列

如申请者申请 DMA 内存，那么仅能从 DMA 区中为其分配，但如果申请者申请高端内存，那么可以从 HIGHMEM、NORMAL 或 DMA 区中为其分配。

2. 预留空闲内存

物理内存，尤其是低端物理内存，是十分紧缺的资源，如果不加控制的话，很容易全部耗尽。一旦物理内存被耗尽，很多紧急工作将无法正常开展。当物理内存回收程序也无法正常运行时，物理内存资源将无法被回收，系统有可能不稳定甚至崩溃。因而，在任何情况下，都应该预留一部分空闲的物理内存以备急需。

需要预留的空闲物理内存量记录在变量 min_free_kbytes 中，其大小取决于低端物理内存的总量，但不得小于 128 KB，也不应大于 64 MB。Linux 用以下公式计算预留的最小物理内存量：

min_free_kbytes = sqrt(lowmem_kbytes * 16)

其中 lowmem_kbytes 是低端物理内存(包括 DMA 和 NORMAL 区)总量。预留的物理内存应按比例分布在各个低端管理区内。为安全起见,高端管理区中也应适当预留一部分内存。为各管理区设定的预留物理内存量会影响到伙伴内存管理器的分配行为。一旦管理区中的空闲内存出现紧张(接近预留量)迹象,就应设法为其回收物理内存。紧张的标志是根据 min_free_kbytes 算出的基准线,记录在 zone 的 watermark 数组中。基准线包括三条,MIN<LOW<HIGH,其中的 MIN 就为管理区设定的预留物理内存页数。三条基准线的大致设定如下:

(1) 低端管理区的 MIN =((min_free_kbytes / 4) × present_pages)/ lowmem_pages。

(2) 高端管理区的 MIN = present_pages / 1024,需在 32 和 128 之间。

(3) LOW = MIN + MIN / 4。

(4) HIGH = MIN + MIN / 2。

其中的 present_pages 是管理区中的可用物理内存页数,lowmen_pages 是可用低端物理内存总页数。当管理区中的空闲内存量小于 LOW 时,表示该区的内存已比较紧张,应立刻开始为其回收物理内存。

在确定预留页数之后,应将预留的空闲页块从 free_area 的 MOVABLE 队列迁移到 RESERVE 队列,并将它们的迁移类型改为 MIGRATE_RESERVE。由于迁移类型是按页组标记的,因而应以页组为单位(1024 页)迁移预留页,迁移的页组数为(MIN+1023)/1024,迁移的内存量可能会超过应预留的物理页数(MIN 页)。

即使为每个管理区都预留了物理内存空间,仍然有可能耗尽低端物理内存,原因是管理区的尝试序列。当高端内存紧缺时,伙伴内存管理器会自动用低端内存代替高端内存,其结果会导致低端内存消耗过快。解决这一问题的方法是让低优先级的管理区为高优先级的管理区也预留一些内存空间,或者说将高优先级管理区的预留内存拿出一部分放在低优先级管理区中。在 zone 结构的 lowmem_reserve 数组中记录着一个管理区应为其它管理区预留的内存页数。数组 lowmem_reserve 的值是可调的。

3. 确定迁移类型尝试序列

定义了迁移类型之后,物理内存的申请者还需指定所需页块的迁移类型。当特定类型的空闲页无法满足请求时,Linux 允许尝试其它的迁移类型,当然需要预先确定迁移类型的尝试序列。数组 fallbacks[]中记录着迁移类型的尝试序列,如下:

不可迁移型:UNMOVABLE>RECLAIMABLE>MOVABLE>RESERVE。

可回收型:RECLAIMABLE>UNMOVABLE>MOVABLE>RESERVE。

可迁移型:MOVABLE>RECLAIMABLE>UNMOVABLE>RESERVE。

预留型:RESERVE>RESERVE>RESERVE>RESERVE,即只许分配预留页。

4. 建立热页管理队列

伙伴内存管理器采用伙伴算法管理内存页块的分配和释放。分配时可能拆分页块,释放时会尽力合并页块。经典伙伴算法的问题是过于频繁的拆分与合并降低了管理器的性能。在新版本的管理区结构中,为每个处理器都增加了一个热页队列(或者说热页缓存),用于暂存各处理器新释放的单个物理页,试图通过延迟热页的合并时机来提高伙伴内存管理器的性能。

热页(hot page)是位于处理器 Cache 中的页,冷页(cold page)是不在处理器 Cache 中的页。处理器对热页的访问速度要快于冷页。管理区结构 zone 中的 pageset 是热页队列,每个处理器一个。一个热页队列由一个 per_cpu_pageset 结构描述,其定义如下:

```
struct per_cpu_pageset {
    struct per_cpu_pages    pcp;
    s8                      stat_threshold;
    s8                      vm_stat_diff[NR_VM_ZONE_STAT_ITEMS];
} _cacheline_aligned_in_smp;
```

真正的队列在结构 per_cpu_pages 中,其定义如下:

```
struct per_cpu_pages {
    int              count;        // 队列中的页数
    int              high;         // 基准线
    int              batch;        // 批的大小
    struct list_head lists[3];     // 前三种迁移类型各有一个热页队列
};
```

如果新释放的单个空闲页(散页)不是 MIGRATE_ISOLATE 类型,伙伴内存管理器会先将其加入到热页队列(预留页与可迁移页共用一个队列)而不是 free_area 数组中,因而暂时不会被合并。当热页数量(count)超过基准线 high 时,再一次性地将其中 batch 个空闲页转给 free_area(可能被合并)。batch 大致是区中内存页数的 1/4096,但必须在 1 到 32 之间,high 的初值是 6 倍的 batch。热页队列的平均长度是 4*batch,大约是管理区大小的千分之一,基本与处理器的 L2 cache 的大小相当。

伙伴内存管理器总是试图从热页队列中分配单个物理页。当热页队列为空或缺少指定类型的页时,伙伴内存管理器会从 free_area 中一次性批发过来 batch 个指定类型的页。

6.2.3 物理页块分配

伙伴内存管理器采用伙伴算法,以页块(2^{order} 页)为单位从 free_area 中分配物理内存。满足下列条件的两个页块互称为伙伴:

(1) 大小相等,都是 2^{order} 页;

(2) 位置相邻,起始页编号分别是 B1、B2,且|B1-B2| = 2^{order};

(3) 编号的第 order 位相反,B2 = B1 ^ (1 << order),B1 = B2 ^ (1 << order)。

如图 6.8 所示,大小为 2 页(order=1)、起始页号为 4 的页块(由 4、5 两页组成)有两个相邻页块,分别是 2、3 页块和 6、7 页块,但只有 6、7 页块是它的伙伴。同样地,大小为 4 页(order=2)起始页号为 12 的页块的伙伴是 8、9、10、11 页块,而不是 16、17、18、19 页块,也不是 16、17 页块。

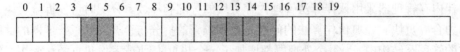

图 6.8　伙伴页块

一个大的页块可以被平分成两个小伙伴，如4、5、6、7页块可以被平分成两个大小为2页的伙伴，即4、5和6、7页块。两个小伙伴可以被合并成一个大页块，如伙伴4、5与6、7可合并成页块4、5、6、7，当然，4、5、6、7与其伙伴0、1、2、3可进一步合并成大小为8页的页块。

伙伴算法的分配思路是：根据请求的大小(2^{order}页)和迁移类型查 free_area[order]中的空闲页块队列，找满足要求的空闲页块。如找到，则将其直接分配给请求者；如找不到，则向上搜索 free_area 数组。如在 free_area[order+i]中找到满足要求的空闲页块，则将其平分成伙伴，将其中的一个挂在 free_area[order+i-1]的队列中，将另一个再平分成伙伴。平分过程一直持续，直到得到大小为 2^{order} 页的两个小伙伴。而后将其中的一个小伙伴挂在 free_area[order]的队列中，将另一个分配给请求者。

伙伴内存管理器的请求者至少需要提供三类参数：管理区编号、页块大小和对页块的特殊需求。管理区编号给出了一个请求者建议的管理区，伙伴管理器将优先从该管理区中分配内存。如建议的管理区无法满足请求，伙伴管理器将按管理区尝试序列搜索优先级更低的管理区。对页块的特殊需求很多，如建议的页块迁移类型、是否特别紧急(可动用预留内存)、是否允许暂停(在内存紧缺时先回收内存)、是否允许 I/O 操作、是否允许文件操作、是否需要对页块进行特殊处理(如清 0)等。

伙伴内存管理器按如下流程从管理区中分配物理内存页块：

(1) 根据请求参数，确定请求者建议的管理区号 zone_idx 和迁移类型号，进而确定一个管理区尝试序列和一个迁移类型尝试序列。

(2) 按尝试序列顺序搜索各管理区，找一个能满足请求者要求的管理区。符合下列条件的管理区能满足要求：

① 系统允许在该管理区中为请求者分配内存。

② 在做完此次内存分配之后，该管理区中还有足够的空闲内存。管理区中的空闲物理内存页数减去为其余管理区预留的物理内存页数(即 lowmem_reserve[zone_idx])不应少于它的 LOW 基准线。

③ 在做完此次内存分配之后，该管理区中的空闲内存块仍然具有合理的分布，意思是管理区中尺寸大于或等于 2^{order} 页的空闲内存页数不小于 LOW/2^{order} 页。

(3) 从找到的管理区中选择大小为 2^{order} 页的页块。

① 如果 order 为 0(申请 1 页)，则从当前处理器的热页队列中选择物理页。如果热页队列中有要求类型的页，则选择其一并将其从队列中摘下；如果热页队列中没有要求类型的页，则从 free_area 中一次性申请 batch 个该种类型的页，将它们插入热页队列，并从其中选择一个页。

② 如果 order 大于 0，则直接从 free_area[i](i>=order)中选择页块。如果 i>order，需要将所选的大页块拆分成小伙伴。在大页块拆分出来的两个小伙伴中，大序号的伙伴被插入到 free_area 的队列中，被选中的总是序号最小的伙伴。

③ 如果整个管理区中都没有与请求者要求类型一致的页块，则从其它类型中迁移 1 个尽可能大的页块到要求类型的队列中，而后再次选择页块。这里的"其它类型"由迁移类型尝试序列决定，但不含 RESERVE 类型。如果迁移过来的页块足够大(超过半个页组)，则

将整个页组改成要求类型，相当于从其它类型中迁移过来一个页组；否则保持页组的类型不变，相当于在一种类型的页组中强行分配一个其它类型的小页块。

④ 如果无法从其它类型中迁移页块，则尝试从 RESERVE 类型中选择页块。

(4) 设置页块的管理结构，将其分配给请求者。

① 找到所选页块中起始页的 page 结构，将它的 private 清 0，_count 置 1。

② 如果需要，将页块的内容全部清 0。

③ 如果所选页块超过 1 页且请求者提出了要求，则将其组织成复合页。复合页(compound)的起始页称为头页，其余页称为尾页。在复合页中，所有页的 first_page 都指向起始页的 page 结构，第一个尾页的 lru.prev 中记录页块的大小、lru.next 中记录页块的解构函数。

(5) 如果分配过程失败，说明系统中的物理内存出现了紧缺现象。

① 唤醒在节点上等待的守护进程 kswapd，让它去回收物理内存。这些守护进程在后台运行。

② 放松检查条件，如仅检查 MIN 基准线或根本不再检查基准线，而后再次尝试分配内存。

③ 如果仍然失败，则直接回收物理内存，并回收当前处理器的热页，而后再次尝试分配内存。

④ 如果仍然失败，说明内存真的耗尽了(Out of Memory)，则启动进程杀手(killer)尝试停止一些进程来回收物理内存，而后再次尝试分配内存。

⑤ 如果仍然失败，则显示信息，通报内存分配失败。

Linux 的伙伴内存管理器提供了多个物理内存分配函数，其中 alloc_pages()类的函数得到的是起始页的 page 结构，而_ _get_free_pages()类的函数得到的是起始页的内核线性地址。

6.2.4　内核线性地址分配

页块分配操作所分配的物理内存页块可能属于低端内存，也可能属于高端内存。内核可能需要访问这些内存页块，也可能不需要访问它们(仅给用户进程使用)。由于系统未为高端内存预分配内核线性地址，因而当内核需要访问来自高端的内存页块时，伙伴内存管理器必须临时为它们分配内核线性地址。

Linux 在内核线性地址空间(3 GB～4 GB)中为高端内存预留了 1024 页的 kmap 区间(起始线性地址是 PKMAP_BASE)，专门用于为高端内存临时指派内核线性地址。在系统初始化时，Linux 已为 kmap 区间建立了 1 个页表 pkmap_page_table。所谓为一个内存页分配临时的内核线性地址实际就是在页表 pkmap_page_table 中找一个空的页表项，将其中的页基地址(Page Base Address)改为内存页的物理地址。内核线性地址的分配以页为单位，一次一页。由多个页组成的页块可能会分配到不连续的内核线性地址。

为了管理临时线性地址的分配，Linux 定义了数组 pkmap_count 来记录 kmap 区间中各页的使用情况，如下：

```
int  pkmap_count[LAST_PKMAP];          // LAST_PKMAP=1024
```

数组 pkmap_count 的某元素为 0 表示与之对应的内核线性地址当前是空闲的，可以将其分配给新的内存页。为内存页分配内核线性地址之后，通过页表 pkmap_page_table 可以方便地将线性地址转换成物理地址，但却难以将物理地址转换成线性地址。为了方便查找物理页的内核线性地址，Linux 又定义了结构 page_address_map 来记录物理页与内核线性地址的对应关系，并定义了 Hash 表 page_address_htable，如图 6.9 所示。

```
struct page_address_map {
    struct page          *page;            // 内存页的管理结构
    void                 *virtual;         // 内核线性地址
    struct list_head     list;
};
struct page_address_map     page_address_maps[LAST_PKMAP];
static struct page_address_slot {
    struct list_head     lh;               // page_address_map 结构队列
    spinlock_t           lock;             // 队列保护锁
} _cacheline_aligned_in_smp     page_address_htable[1<<PA_HASH_ORDER];
```

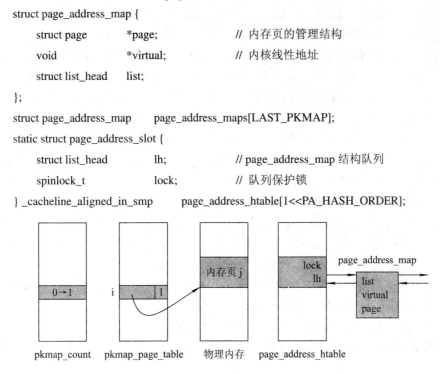

图 6.9　高端内存页的内核线性地址

当需要为某高端内存页分配内核线性地址时，Linux 首先从数组 pkmap_count 中找一个空闲的页表项，得到一个空闲的内核线性地址，而后修改页表 pkmap_page_table，将其映射到指定的内存页，同时填写一个 page_address_map 结构，并将该结构插入到 Hash 表 page_address_htable 中。此后，用页的物理地址查 Hash 表 page_address_htable 即可得到它的内核线性地址。

在图 6.9 中，为内存页 j 分配的内核线性地址是：PKMAP_BASE + i * PAGE_SIZE。

当内核不再使用高端页时，应该释放它占用的线性地址，包括清除它的页表项、删除它在 Hash 表 page_address_htable 中的 page_address_map 结构等。

如果在分配过程中发现已没有空闲的页表项，则请求者必须等待。为了满足无法等待的请求者的需要，Linux 在"Fixed Virtual Address"区间为每个处理器预留了 8 页的内核线性地址，用于应急。

Linux 提供了一组函数，用于管理高端内存页的线性地址，其中 kmap() 为高端内存页分配内核线性地址，kunmap() 释放高端内存页的内核线性地址，kmap_atomic() 将一个高端内存页映射到"Fixed Virtual Address"区间的一个固定位置，kunmap_atomic() 清除高端内存页到"Fixed Virtual Address"的映射。

6.2.5　物理页块释放

如果正在使用的物理页块又变成空闲的，那么应该将其还给伙伴内存管理器，这一过程称为物理页块的释放。释放是分配的逆过程。

一般情况下，被释放的页块应该插入到 free_area 数组的某个空闲页块队列中，队列位置由页块的大小和迁移类型决定。与分配过程相反，在释放过程中应该尽可能地将小页块合并成大页块。如果被释放页块的伙伴也是空闲的，就应该将它们合并，而后插入到 free_area 的更高阶队列中。合并的过程可能是递归的，一个小页块的释放可能会引起一连串的合并。

页块释放过程中需要解决的问题主要有两个，一是确定伙伴的编号，二是确定伙伴是否在指定的队列中。根据页块的大小和编号，可以比较容易地算出其伙伴的编号。确定伙伴是否在指定队列的方法要稍微麻烦一点。在早期的版本中，Linux 为 free_area 的每个队列准备了一个位图，两个伙伴合用其中的一位，0 表示伙伴不在队列中，1 表示伙伴在队列中。随着内存的增大、队列的增多，位图的开销变得难以承受，因而在新版本中，Linux 取消了队列位图，改用 page 结构来判断伙伴的位置。为此 Linux 做了如下约定：当将空闲页块插入 free_area 时，要在其起始页的 flags 上设置 PG_buddy 标志，并在 private 中记录页块的大小(即 order)。除起始页之外，空闲页块的其余页上均不能设置 PG_buddy 标志，其 private 也应被清 0。确定伙伴是否在指定队列的方法如下：

(1) 根据页块的编号 B1 和大小 2^{order}，算出其伙伴的编号 B2= B1 ^ (1 << order)。

(2) 如果 B2 在空洞中，那么 B1 的伙伴不在指定队列中。

(3) 如果 B2 和 B1 不在一个管理区中，那么 B1 的伙伴不在指定队列中。

(4) 如果 B2 的 flags 上有 PG_buddy 标志且其 private 等于 order，则 B1 的伙伴在指定队列中。

假如要释放页块属于 zone 管理区，其大小是 2^{order} 页，迁移类型是 migratetype，那么页块应被插入到 zone 的 free_area[order].free_list[migratetype]队列中。如果页块的伙伴不在该队列中，则应先设置起始页上的标志，而后再将其直接插入队列。如果页块的伙伴在该队列中，则应将它的伙伴从队列中摘下，清除伙伴起始页上的标志，将它们合并成大小为 $2^{order+1}$ 页的页块，而后再将其插入到 free_area[order+1].free_list[migratetype]中。当然，此次插入仍需要判断其伙伴是否在队列中，并在可能的情况下进行页块合并。如果页块的大小达到了最大(如 2^{10} 页)，则不需要再合并。

上述释放算法的好处是总能得到大的空闲页块，大页块可以满足未来更多的需要，问题是合并过于积极。过于积极的合并会导致未来不必要的拆分，带来额外的系统开销。新版本的 Linux 增加了热页队列，试图将合并工作向后推迟。如果要释放的是单个物理页，直接将其加入到当前处理器的热页队列的队头即可，不需要将其与伙伴合并。当然，合并推迟不是无限制的，如果热页队列的长度超过了预设的基准(high)线，则要一次性地将其中batch 个空闲页归还给 free_area。归还的物理页全部位于热页队列的队尾，基本已属于冷页。缓存而后批量处理是 Linux 经常采用的 Lazy 策略，基于 Lazy 策略的分配与释放算法可有效地减少拆分与合并的次数，提高伙伴内存管理的性能。

Linux 的伙伴内存管理器提供了多个物理内存释放函数，其中 free_pages()类函数的参数是起始页的 page 结构，而_ _free_pages ()类函数的参数是起始页的内核线性地址。

6.3　逻辑内存管理

伙伴内存管理器十分有效，但它只能分配物理上连续的内存页块。虽然伙伴内存管理器会尽力合并小页块，但随着系统的运行，内存页块仍然有碎化的趋势。当碎化严重时，伙伴内存管理器虽能回收到足够的空闲内存，却无法将它们合并成大的页块，无法满足请求者的需求。为解决这一问题，Linux 在伙伴内存管理器的基础上又提供了逻辑内存管理器，试图向它的用户提供仅在逻辑上连续的大块内存。

事实上，在启动分页机制之后，不管是操作系统内核还是应用程序，在访问内存时使用的都是逻辑或线性地址，因而只要逻辑上连续就已足够，并不需要真正的物理连续。逻辑内存管理器就建立在这一事实之上，它利用内核中一块连续的线性地址空间为其用户模拟出逻辑上连续的大内存块。由多个逻辑上连续的内存页构成的页块称为逻辑页块，逻辑页块的大小不用遵循 2 的指数次方的约定，可以由任意多个页构成。

为实现逻辑内存管理，Linux 已在初始化时专门预留了 128 MB 的内核线性地址空间，其开始地址为 VMALLOC_START，终止地址为 VMALLOC_END(见图 3.4)。利用这块内核线性地址空间可实现逻辑页块的分配，其步骤大致如下：

(1) 在 VMALLOC_START 和 VMALLOC_END 之间找一块足够大的线性地址区间。

(2) 向伙伴内存管理器申请一组物理页，每次 1 页，不要求物理上连续。

(3) 修改第 0 号进程的页目录、页表，建立内核线性地址到物理地址的映射。

步骤的后两步比较容易实现，困难的是线性地址区间的分配。虽然可以用伙伴算法管理这块线性地址空间，但逻辑内存管理器选用了更为简单的动态分区法，即根据请求者的需要动态地从预留的内核线性地址空间中划出小区间。为了实现区间的动态划分，避免交叉重叠，逻辑内存管理器需要知道预留空间的使用情况，如哪些部分是空闲的、哪些部分已分配出去等。Linux 用结构 vm_struct 描述已分配的线性地址区间，如下：

```
struct vm_struct {
    struct vm_struct    *next;
    void                *addr;        // 区间开始线性地址
    unsigned long       size;         // 区间大小
    unsigned long       flags;        // 标志
    struct page         **pages;      // 组成逻辑内存页块的物理内存页
    unsigned int        nr_pages;     // 区间的页数
    unsigned long       phys_addr;    // 映射的 I/O 物理地址
};
```

一个 vm_struct 结构描述预留线性地址空间中的一段连续的区间，它由若干个逻辑页组成，其中的每个逻辑页又被映射到一个物理页，形成了一个逻辑上连续的内存页块，即逻辑页块，如图 6.10 所示。

系统中所有的 vm_struct 结构组成一个单向的有序队列，vmlist 是队头，如图 6.11 所示。队列中的 vm_struct 结构按 addr 排列，从小到大，逻辑页块间至少有 1 页的隔离带。

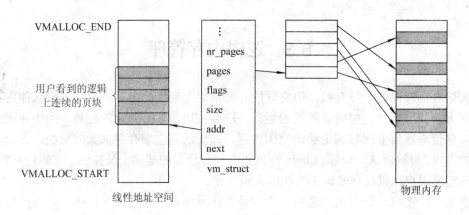

图 6.10　结构 vm_struct 描述的逻辑内存块

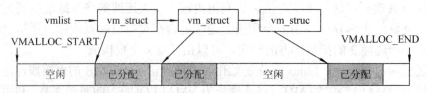

图 6.11　vmlist 队列与逻辑页块

　　两个相邻逻辑页块之间的空隙是隔离带。在早期的实现中，逻辑内存管理器采用最先适应算法分配逻辑页块，即顺序搜索 vmlist 队列(或者说顺序搜索空闲页块队列)，从第一个满足要求的空闲页块中划出需要的页数，组成新的逻辑页块并将其分配给请求者。在新版本中，为了加快查找和分配的速度，Linux 另外定义了一个 vmap_area 结构。与 vm_struct 一样，vmap_area 描述的也是已分配的线性地址区间，但与 vm_struct 不同，系统中的 vmap_area 结构被组织成一棵红黑树。结构 vm_struct 与 vmap_area 关联在一起，通过搜索红黑树可以快速找到 vm_struct 结构。从左到右顺序搜索红黑树，可以找到所有的空闲区间，从而实现空闲区间的分配。

　　如果找不到足够大的空闲区间，则分配失败。

　　由于逻辑内存管理器要为物理页重新指派内核线性地址，因而应尽可能从高端内存中为逻辑页块分配物理页。当然可以从低端内存中分配物理页，但从低端内存中分配的物理页会有两个内核线性地址，显然是一种浪费。

　　逻辑内存管理器所管理的线性地址空间(VMALLOC_START 到 VMALLOC_END)还有另外一个用处，即为板卡上的 I/O 内存分配临时的内核线性地址，以便在内核中能直接访问它们。

　　逻辑内存管理器所管理的内核线性地址空间是有限的、紧缺的，因而在用完之后，应该尽快释放。释放操作与分配操作相反，它将一个逻辑页块中的所有物理页逐个还给伙伴内存管理器并清除各逻辑页在第 0 号进程中的页表项，而后将 vm_struct 结构从队列中摘下并释放掉。

　　由于逻辑内存管理器仅修改第 0 号进程的页表，因而其它进程(包括申请者)访问逻辑页块时可能会引起页故障异常。页故障异常处理程序会修正这一错误，见 8.4.4。

　　函数 vmalloc()用于分配逻辑页块，vfree()用于释放逻辑页块。函数 vmap()用于将一组物理页映射到一块内核线性地址区间，从而将它们组织成一个逻辑页块；函数 vunmap()用于释放一个逻辑页块所占用的内核线性地址区间。函数 ioremap()用于为 I/O 内存分配内核线性地址，函数 iounmap()用于释放 I/O 内存所占用的内核线性地址。

6.4 对象内存管理

伙伴内存管理器与逻辑内存管理器合作，可以为内核提供大内存服务。然而，内核在运行过程中最经常使用的还是小内存(小于 1 页)，如建立数据结构、缓冲区等。内核对小内存的使用极为频繁且种类繁多，使用它们的时机和数量难以预估，无法预先分配，只能动态地创建和撤销。由于伙伴内存管理器与逻辑内存管理器的分配粒度都较大，由它们直接提供小内存服务会造成较大的浪费。

为了满足内核对小内存的需求，提高物理内存的利用率，Linux 引入了对象内存管理器。早期的 Linux 中仅有一种对象内存管理器，称为 Slab。新版本的 Linux 又引入了其它两种对象内存管理器，分别称为 Slub 和 Slob。三种对象管理器具有相同的接口。

对象内存管理器建立在伙伴内存管理器之上，它将来自伙伴内存管理器的大块内存划分成小对象分配给请求者，并将回收到的小对象组合成大块内存后还给伙伴内存管理器。如果将伙伴内存管理器看成批发商的话，那么对象内存管理器就是零售商，或者说是内存对象的缓存。

6.4.1 Slab 管理器

一个 Slab 就是从伙伴内存管理器申请到的一个物理内存页块，该页块被划分成了一组大小相等的小块，称为内存对象。每个对象都可满足内核的一种特殊需求。具有相同属性的一到多个 Slab 构成一个 Cache(缓存)，一个 Cache 管理一种类型的内存对象。当需要小内存时，内核从预建的 Cache 中申请内存对象，用完之后再将其还给 Cache。当一个 Cache 中的内存对象被用完后，Slab 管理器会为其追加新的 Slab。当物理内存紧缺时，伙伴内存管理器会从 Cache 中回收完全空闲的 Slab。

由此可见，Slab 管理器定义了一个层次型的管理结构，Slab 管理器管理一组 Cache，每个 Cache 管理一组 Slab，每个 Slab 管理一组内存对象，如图 6.12 所示。

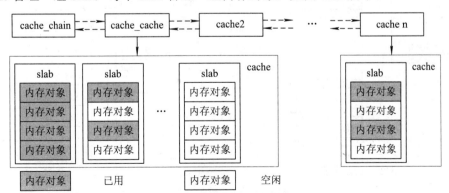

图 6.12 Slab 管理器的层次结构

Slab 管理器对内存对象的大小基本没有限制，对一个 Cache 中的 Slab 数也基本未作限制。一个 Cache 中可以没有 Slab，也可以有多个 Slab。一个 Slab 中可能没有空闲内存对象(已用满)，可能有空闲内存对象，也可能全是空闲内存对象(空闲)。

1. 管理结构

虽然可以让 Cache 直接管理内存对象，但以页块(Slab)为单位的内存对象管理更便于空闲页块的回收，因而至少应该为 Slab 管理器定义两种管理结构，一个是 Cache 管理结构，另一个是 Slab 管理结构。

Slab 结构管理由同一块物理内存划分出来的内存对象，其定义如下：

```
struct slab {
        struct list_head      list;
        unsigned long         colouroff;      // 首部着色区的大小
        void                  *s_mem;         // 第一个内存对象的开始地址
        unsigned int          inuse;          // 已分配出去的对象数
        kmem_bufctl_t         free;           // 空闲对象队列的队头
        unsigned short        nodeid;         // 所属节点的编号
};
```

为了对内存对象实施管理，Slab 的首要任务是描述各个内存对象的使用情况。可以用位图标识空闲的内存对象，但比较方便的方法是将一个 Slab 中的空闲内存对象组织成一个队列，并在 slab 结构中记录队列的队头。早期的 Linux 在每个内存对象的尾部都加入一个指针用于将空闲的内存对象串联成一个真正的队列，如图 6.13 所示。然而这一额外的指针不仅增加了对象的长度，而且容易使本来规整的对象尺寸变得不规整，会造成较大的空间浪费。新版本的 Linux 去掉了内存对象尾部的指针，将它们集中在一个数组中，用数组中的指针模拟内存对象，用数组内部的链表模拟内存对象队列。进一步地，Linux 将数组中的指针换成了对象序号，利用序号将空闲的内存对象串成队列。由于不同 Slab 中的对象数有较大的差别，不宜将序号数组直接定义在 slab 结构中。事实上，序号数组是与 slab 结构一起动态建立的，其大小取决于 Slab 中的对象数，其位置紧接在 slab 结构之后，如图 6.13 所示。域 free 中记录的是空闲内存对象队列的队头，也就是第一个空闲内存对象的序号。

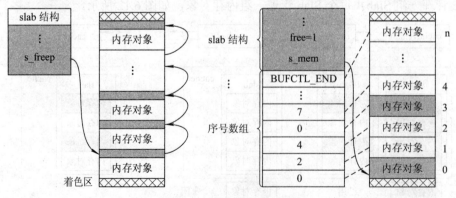

图 6.13　Slab 管理结构

Slab 管理器不限制内存对象的尺寸，但为了提高内存访问的性能，应该对对象尺寸进行适当地规范,如将对象尺寸规约成处理器一级缓存(L1 cache)中缓存行(Cache Line)大小(64或32字节)的倍数,即让对象的开始位置都位于缓存行的边界处。即使经过了规约,在将页块划分成内存对象的过程中,通常还是会剩余一小部分空间(在所有内存对象之外,称为外部碎片,有别于对象尾部的内部碎片)。剩余的小空间可以集中在页块的首部或尾部,但也可以分散在首尾两处。通过调整剩余空间在页块首尾的分布,可以调整各内存对象的起始位置(偏移量),从而调整对象在高速缓存中的位置,减少一级缓存冲突,提高内存访问速度。Slab 管理器将剩余的小空间称为着色区,如图 6.13 所示。着色区被分成色块,色块大小是缓存行的长度。Slab 首部的色块数记录在 colouroff 域中。同一 Cache 中的不同 Slab 应有不同的 colouroff。

结构 slab 与序号数组捆绑在一起,可以位于 Slab 内部(如在页块的首部或尾部),也可以位于 Slab 外部(单独建立)。Slab 管理器会选用碎片最小的实现方案。

Cache 的管理信息记录在结构 kmem_cache 中,其内容可大致可分成如下几部分:

(1) Cache 描述信息。Cache 的名称为 name、属性为 flags、活跃状况为 free_touched,所有的 Cache 结构被其中的 next 链接成双向循环链表,表头是 cache_chain。

(2) Slab 描述信息,用于新 Slab 的创建。当需要创建新的 Slab 时,Slab 管理器向伙伴内存管理器申请大小为 $2^{gfporder}$ 页、满足 gfpflags 要求的页块,该页块被划分成 num 个内存对象,对象大小(规约后)为 buffer_size 字节,剩余的着色区由 colour 个色块组成,色块大小为 colour_off 字节,下一个 Slab 的首部色块数为 colour_next。在一个 Slab 中,管理结构(包括 slab 结构和序号数组)占用 slab_size 字节。如果需将 slab 结构建立在页块之外,可从专用的 Cache 中申请管理结构,指针 slabp_cache 指向该 Cache。在分配内存对象之前,可以使用构造函数 ctor 对其初始化。

(3) Slab 队列 nodelists,用于组织同一 Cache 中的所有 slab 结构。Slab 队列由结构 kmem_list3 定义,每个内存节点一个,其中还包含一些统计信息,如 Cache 中属于各内存节点的空闲对象数 free_objects、在各节点中最多允许拥有的空闲对象数 free_limit、下次回收各节点内存对象的时间 next_reap 等。

(4) 热对象(hot object)栈管理信息。每个 Cache 中都包含一个热对象栈 array,用于缓存 Cache 中的热对象。

在早期的版本中,Linux 为每个 Cache 仅准备了一个 slab 结构队列,但做了简单的排序,前部是已用满的 Slab,尾部是完全空闲的 Slab。为了维护队列的顺序,每次对象分配、释放后都需要调整 Slab 的位置,额外的开销较大。新版本的 Linux 在每个 Cache 中为每个内存节点都准备了三个 slab 结构队列,分别用于组织部分满的、完全满的和完全空闲的 slab 结构。

与"热页队列"相似,Slab 管理器为每个处理器建立了一个"热对象"栈,用于记录该处理器新释放的、可能还在 L1 Cache 中的内存对象。热对象栈由结构 array_cache 定义,每个处理器一个,如下:

```
struct array_cache {
    unsigned int        avail;        // 当前可用的热对象数
    unsigned int        limit;        // 上限
    unsigned int        batchcount;   // 对象批的大小
```

unsigned int	touched;	// 最近是否被用过
spinlock_t	lock;	// 保护锁，基本可以不用
void	*entry[];	// 热对象栈

};

新释放的内存对象被压入堆栈 entry 中缓存，avail 是栈顶位置。当缓存中的热对象数超过 limit 时，再将其中 batchcount 个热对象还给 Slab。Slab 管理器总是试图从热对象栈中分配内存对象。当热对象栈为空时，Slab 管理器会一次性向其中转移 batchcount 个内存对象。可以认为，热对象栈是 Cache 中内存对象的一个缓存。图 6.14 是一个 Cache 的管理结构。

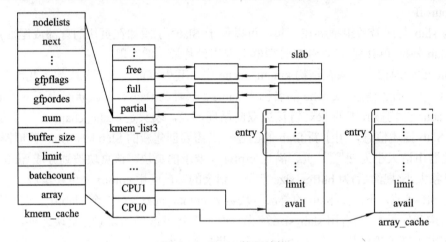

图 6.14   Cache 管理结构

2. Cache 创建

Linux 允许为经常使用的每种数据结构创建一个独立的 Cache。从这类 Cache 中申请到的内存不仅大小恰能满足建立一个数据结构的需要，而且可认为其内容已经过了适当的初始化。Slab 管理器的这一特性可简化数据结构的管理。

创建一个 Cache 其实就是创建一个 kmem_cache 结构，当然，创建者需要提供一些参数，如名称、对象尺寸、对齐方式、构造函数、特殊要求等。Cache 的创建过程如下：

(1) 从 cache_cache 中申请一个对象，用于建立 kmem_cache 结构。

(2) 根据创建者的特殊要求和对齐方式，调整对象尺寸。如果对象尺寸大于 512 字节，应将管理结构建立在 Slab 之外，否则应将管理结构建立在 Slab 内部。当然创建者可以不管对象的尺寸，强行要求将管理结构建立在 Slab 之外。

(3) 根据对象尺寸、对齐方式、Slab 管理结构位置等信息，确定 Slab 页块的大小，并据此算出 Slab 管理结构的大小、一个页块可划分出的对象数及剩余空间(碎片)的大小等。早期的 Linux 会选择较大的页块以使碎片最小化，新版本的 Linux 选择能满足要求的最小页块，以减少大页块的消耗。

PAGE_SIZE<< gfporder = head + num × buffer_size + colour × colour_off

其中 head 是管理结构大小。如果管理结构在 Slab 外，head=0。

碎片大小不应超过页块的 1/8。如果碎片大小可容下 Slab 的管理结构，则应将管理结构建在 Slab 内。

(4) 如果需要将管理结构建立在 Slab 之外，还要为其找一个合适的通用 Cache。

(5) 根据对象大小算出可在 Cache 中缓存的热对象数(如表 6.2 所示)，为每个在线处理器创建一个热对象管理结构，包括结构 array_cache 和其后的 entry 数组。

(6) 如果对象尺寸不超过 1 页，则为 Cache 建立一个共享的热对象管理结构，用于管理在处理器间共享的热对象。共享热对象栈的大小是 8 × batchcount。

(7) 为每一个在线的节点(Node)创建一个 kmem_list3 结构，用于组织其上的 Slab，其中的域 free_limit =(1+节点中的处理器数) × batchcount + num。

(8) 将填写号的 kmem_cache 结构插入到链表 cache_chain 中。

表 6.2　内存对象大小与热对象数的关系

内存对象大小(区间)	可缓存的热对象数(limit)	批的大小(batchcount)
(0，256]	120	60
(256，1024]	54	27
(1024，4096]	24	12
(4096，131072]	8	4
> 131072	1	0

3. Slab 创建

新建的 Cache 仅有一个管理结构，其中没有任何 Slab。Cache 的 Slab 是在使用过程中动态创建的。当 Slab 管理器发现 Cache 中已没有空闲的内存对象时，即为其创建一个新的 Slab。Slab 的创建过程如下：

(1) 找到当前节点的 kmem_list3 结构，根据其中的 colour_next 折算出新 Slab 的首部着色区大小 offset，并将 colour_next 加 1(循环加)。

(2) 向伙伴内存管理器申请 $2^{gfporder}$ 页连续的物理内存，用于建立 Slab。

(3) 建立 Slab 管理结构。

① 如果管理结构位于 Slab 之外，则从 slabp_cache 中再申请一块内存，用于建立 slab 结构和序号数组。

② 如果管理结构位于 Slab 内部，则从所申请页块的首部(加上着色区 offset)划出 slab_size 字节的内存，用于建立 slab 结构和序号数组。

(4) 在页块的 page 结构上增加管理信息。Slab 页块由 $2^{gfporder}$ 页组成，其中每一页都有一个 page 结构，对所有这些 page 结构做如下设置，以备后用：

① 在 flags 域中加入 PG_Slab 标志，表示它们正被用做 Slab。

② 让 lru.prev 指向 slab 结构。

③ 让 lru.next 指向 kmem_cache 结构。

(5) 初始化 Slab 中的内存对象及管理结构，包括：

① 如果 Cache 有构造函数 ctor，则用该构造函数初始化每个内存对象。

② 将序号数组中的所有元素串成一个队列，表示所有对象都处于空闲状态。序号数组的最后一个元素设为 BUFCTL_END(0xFFFFFFFF)，表示队尾。

③ 设置 slab 结构，将 free 设为序号队列的队头，将 inuse 清 0，将 s_mem 设为第一个对象的开始地址，将 colouroff 设为第一个对象的偏移量。

(6) 将结构 kmem_list3 的 free_objects 加 num，将新建的 slab 结构插入到它的 free 队列中，表示新增加了 num 个空闲内存对象。

4. 对象分配

从对象内存管理器申请对象时需要指出对象所属的 Cache 和对对象的特殊要求，不需要指出对象的大小，因为 Cache 中的对象尺寸已经预先确定。

从 Cache 中分配对象的工作按从易到难的顺序进行，大致如下：

(1) 如果当前处理器的热对象栈不空，则栈顶的热对象最有可能驻留在 L1 Cache 中，应该将该对象分配出去。

(2) 如果当前处理器的热对象栈为空，但 Cache 的共享热对象栈不空，则先从共享热对象栈中转移一批对象到热对象栈中，而后再将栈顶的对象分配出去。

(3) 如果 Cache 的共享对象栈也为空，则先从 Cache 的 Slab 中转移一批对象到热对象栈中，而后再将栈顶的对象分配出去。

(4) 如果 Cache 中已没有空闲对象，则先为其创建一个新的 Slab，并将其中的一批对象转移到热对象栈中，而后再将栈顶的对象分配出去。

批的大小不超过 batchcount。从 Slab 中转移对象的工作实际就是从 Slab 中逐个分配对象的工作。分配的顺序是先部分空闲的 Slab(在 partial 队列中)再完全空闲的 Slab(在 free 队列中)。从 Slab 中分配一个对象的过程如下：

(1) 确定要分配的对象。要分配对象的序号是 free，它的开始地址是：

$$s\_mem + buffer\_size \times free$$

(2) 调整空闲对象队列。在 Slab 的序号数组中，序号为 free 的元素的内容是下一个空闲对象的序号，将该序号存入 slab 结构的 free 域中(删除原队头)。

(3) 将 slab 结构中的 inuse 加 1，表示又分配出去 1 个对象。

(4) 如果需要，将选择的内存对象清 0。

(5) 将 Slab 调整到合适的队列(partial 或 full)中。

Linux 提供了多个对象内存分配函数，其中函数 kmalloc() 从通用 Cache 中分配对象，函数 kmem_cache_alloc() 从指定 Cache 中分配对象。

5. 对象释放

从内存对象的开始地址可以确定它所属的内存页，进而可找到与之对应的 page 结构。从 page 结构中可以方便地找到对象所属的 Cache 和 Slab(在 page 结构的 lru.next 和 lru.prev 中)。释放内存对象的过程与分配过程相反。

(1) 如果当前处理器的热对象栈不满，则将新释放的对象直接压入热对象栈。

(2) 如果当前处理器的热对象栈已满但 Cache 的共享对象栈未满，则先将热对象栈栈底的一批对象转移到共享对象栈中，而后再将新释放的对象压入热对象栈。

(3) 如果当前处理器的热对象栈和 Cache 的共享对象栈都已满，则先将热对象栈栈底的一批对象归还给 Slab，而后再将新释放的对象压入热对象栈。

归还一批对象给 Slab 就是逐个向 Slab 中释放对象。释放单个内存对象的过程如下：

(1) 根据内存对象的开始地址 objp 算出它在 Slab 中的序号：

$$objnr =(objp- s\_mem)/ buffer\_size$$

(2) 将序号数组中第 objnr 个元素的内容设为空闲对象队列的队头 free，将 free 改为 objnr，将 inuse 减 1，从而将新释放的对象插入 Slab 的空闲对象队列。

(3) 如果 Slab 已经全部空闲(inuse 为 0)，且节点中的空闲对象数已越界(free_objects 大于 free_limit)，则销毁整个 Slab，即将其还给伙伴内存管理器。

(4) 将 Slab 调整到合适的队列(free 或 partial)中。

Linux 提供了多个对象内存释放函数，其中函数 kfree()仅需要对象的开始地址，函数 kmem_cache_free()既需要对象的开始地址又需要 Cache 的管理结构。

6. Slab 和 Cache 的销毁

Slab 的销毁比较简单，将它占用的内存页块还给伙伴内存管理器即可。当然，如果 Slab 的管理结构建立在 Slab 之外，还应该将管理结构还给特定的对象管理器。

在销毁 Cache 之前，从其中分配的内存对象应已全部释放。Cache 的销毁工作稍微麻烦一些，大致包括释放对象栈中的对象、销毁所有空闲的 Slab、释放 array_cache 结构、释放 kmem_list3 结构、释放 kmem_cache 结构等。

当物理内存紧张时，伙伴内存管理器会回收空闲的 Slab。回收的方法是顺序搜索所有的 Cache，先释放一部分热对象，而后再回收一部分空闲的 Slab。

如果某个 Cache 使用比较频繁，它的热对象可以不释放，它的 Slab 也可以不回收。

即使 Cache 的使用不是特别频繁，也不会将它的空闲 Slab 全部回收。事实上，一次最多会回收 1/5 的空闲 Slab。

6.4.2　Slub 管理器

Slab 管理器过于复杂，其管理队列众多，管理结构消耗的内存过大，尤其在多处理器、多节点的情况下。另外，Slab 管理器对 Cache 数没有限制，对内存对象的大小也没有限制，容易产生 Cache 泛滥的现象。为解决 Slab 管理器的问题，Linux 在 2.6.22 版中引入了 Slub 管理器。Slub 是对 Slab 的简化和规范，它去掉了 slab 结构和序号数组，通过复用 page 结构中的域来实现内存对象管理；它仅管理部分满的 Slab，忽略完全满的和完全空闲的 Slab，减少了管理队列；它仅建立几个通用 Cache，并尽力避免建立专用 Cache，大大缩减了 Cache 的数量。Slub 管理器具有更好的性能和可伸缩性。

1. 管理结构

与 Slab 一样，Slub 的主要管理结构也是 kmem_cache，但定义稍有不同。Slub 中的一个 kmem_cache 结构管理一个内存对象的缓存(Cache)。

Slub 管理器废弃了 slab 结构，但保留了 Slab 的概念。在 Slub 管理器中，一个 Cache 仍然管理一组 Slab，一个 Slab 仍然是来自伙伴内存管理器的一个物理内存页块，该页块也被划分成了一组大小相等的内存对象。页块的大小和一个页块可划分出的对象数记录在结构 kmem_cache_order_objects 中，该结构实际是一个无符号长整数，其高 16 位是页块大小(指数)，低 16 位是对象数。

Slub 管理器废弃了序号数组。为了管理空闲对象，Slub 在每个内存对象中都增加了一个指针，用于将一个 Slab 中的所有空闲对象串成一个队列。所增加的指针可以位于对象内部(如占用首部 4 字节，不增加对象尺寸)，也可以位于对象外部(在对象之外另加一个指针，

不占用对象空间)，指针在对象中的位置记录在 kmem_cache 结构的 offset 域中。一个 Slab
页块的所有管理信息都记录在起始页的 page 结构中，其中的域多是复用的，如图 6.1 所示。

(1) flags 上有 PG_slab 标志，表示页块被用做 Slab。

(2) freelist 指向空闲对象队列的队头。

(3) objects 记录 Slab 页块中的对象数。

(4) inuse 记录已用掉的对象数。

(5) slab 指向页块所属的 kmem_cache 结构。

由此可见，经过复用的 page 结构基本等价于 Slab 管理器中的 slab 结构。然而，与 Slab
不同，Slub 管理器在每个 Cache 中为每个节点仅准备了一个队列，用于组织部分满的 Slab
页块。Slub 不管理完全满的 Slab。完全空闲的 Slab 可作部分满的 Slab 看待，也可直接还给
伙伴内存管理器。Slab 页块队列由结构 kmem_cache_node 定义，如下：

```
struct kmem_cache_node {
    spinlock_t          list_lock;      // 保护锁
    unsigned long       nr_partial;     // 部分满的 Slab 数
    struct list_head    partial;        // 部分满的 Slab 队列
};
```

虽然 Slab 起始页的 page 结构中包含着所有必须的对象管理信息，但 Slub 并不让 page
结构直接管理对象的分配与释放。Slub 仅用 page 结构管理内存对象的"批发"，内存对象
的"零售业务"由各处理器自己的"热对象"缓存负责。"热对象"缓存由 Cache 中的
kmem_cache_cpu 结构描述，每个处理器一个，其定义如下：

```
struct kmem_cache_cpu {
    void           **freelist;                  // 空闲对象队列
    struct page    *page;                       // 空闲对象所属的 Slab 页块，即当前 Slab
    int            node;                         // Slab 页块所属的节点
    unsigned       stat[NR_SLUB_STAT_ITEMS];    // 统计信息
};
```

Slub 管理器总是从处理器自己的热对象缓存中分配对象。如果处理器的热对象缓存为
空，Slub 会为其找一个部分满的 Slab 或创建一个全新的 Slab，而后将该 Slab 中的所有空闲
对象全部转移到热对象缓存中(批发)。

当完全满的 Slab 中有对象被释放时，新释放的对象被加入到 page 结构的 freelist 队列
中，Slab 变成部分满的，并被加入到与节点对应的 partial 队列中，等待再次被批发。完全
空闲的 Slab 可还给伙伴内存管理器。图 6.15 描述了 Slub 管理结构之间的关系。

图 6.15 所描述的 Cache 中包含 4 个处理器和一个节点，处理器 0 和 1 的热对象缓存中
有空闲对象，它们来自两个不同的 Slab。由于这两个 Slab 中的空闲对象已全部转移到热对
象缓存中，因而它们处于完全满的状态，淡出了 Slub 的管理视野(由其上的 2 个虚 page 结
构表示)。处理器 2 和 3 的热对象缓存是空的。节点中有三个部分满的 Slab，每个 Slab 中都
至少有 1 个空闲对象。

系统中所有的 kmem_cache 结构被串成一个链表，slab_caches 是表头。

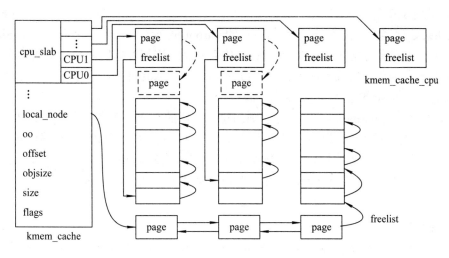

图 6.15 Slub 管理结构

2. Slub 管理器初始化

Slub 管理器预定义了 14 个 Cache，其管理结构 kmem_cache 是静态建立的，如下：

struct kmem_cache   kmalloc_caches[14] _cacheline_aligned;

各预定义 Cache 中的对象尺寸也是预先确定的，其中 kmalloc_caches[0]是专门为结构 kmem_cache_node 定义的，对象尺寸就是结构 kmem_cache_node 的大小，其余各 Cache 中的对象尺寸分别是：96、192、8、16、32、64、128、256、512、1024、2048、4096、8192 字节。

3. Cache 创建

虽然 Slub 管理器允许创建新的 Cache，但它总是尽可能地复用已有的 Cache。如果系统和请求者都不禁止复用，且系统中有合适的 Cache(其对象尺寸等于或稍大于新 Cache 的对象尺寸)，则复用老的 Cache，即将新 Cache 合并到老 Cache 中。只有当无法复用时才创建新的 Cache。

创建 Cache 的工作主要是计算并填写它的 kmem_cache 结构，包括确定对象的对齐方式、确定 Slab 页块大小等。Slab 页块不能太大，最好不超过 8 页，但也应照顾到碎片的大小，不应造成过多的浪费。

新创建的 kmem_cache 也要插入到链表 slab_caches 中。

4. 对象分配

Slub 管理器所管理内存对象的尺寸有上限，如 2 KB、4 KB、8 KB 等。如果请求者申请的对象尺寸超过上限，则直接向伙伴内存管理器申请物理页块即可。

如果请求的对象尺寸不超过上限，则首先根据对象尺寸确定一个 Cache，而后从该 Cache 中分配 1 个内存对象。从 Cache 中分配对象的工作按从易到难的顺序进行，如下：

(1) 如果处理器的热对象缓存不空，则直接从热对象缓存中分配内存对象，即将 freelist 所指对象分配出去，而后让 freelist 指向队列中下一个空闲对象。

(2) 如果处理器的热对象缓存为空但它的当前 Slab 不空，则将当前 Slab(由 page 结构描述)的第一个空闲对象分配出去，将其余空闲对象转移到处理器的热对象缓存中。转移之后，当前 Slab 又变成完全满的。

(3) 如果处理器的当前 Slab 为空但节点的 partial 队列不空，则从中选择一个 Slab，将它的第一个空闲对象分配出去，将其余空闲对象全部转移到处理器的热对象缓存中。转移之后，新 Slab 变成处理器的当前 Slab，其 page 结构被从 partial 队列中摘下，page 结构中的 freelist 被清空、inuse 被设为 objects(完全满)。

(4) 如果节点的 partial 队列也为空，则创建一个新的 Slab，将它的第一个空闲对象分配出去，将其余空闲对象转移到处理器的热对象缓存中，使之成为处理器的当前 Slab。新的 Slab 是从伙伴内存管理器中申请的一块物理内存页块，被划分成一组内存对象。这些内存对象被串成一个链表，起始页 page 结构中的 freelist 指向表头。可能的碎片集中在页块的尾部。转移后的新 Slab 是完全满的。

5. 对象释放

超大的对象直接来源于伙伴内存管理器，释放时也直接还给伙伴内存管理器。

如果 Slab 的尺寸大于 1 页，在创建该 Slab 时，Slub 管理器会将它们设置成复合页，即让所有尾页的 first_page 都指向起始页的 page 结构。有了这一设置，根据内存对象的开始地址即可确定它所属的物理页和管理该页的 page 结构，进而找到页块起始页的 page 结构和内存对象所属的 Cache，从而完成内存对象的释放工作。

释放工作也按从易到难的顺序进行，如下：

(1) 如果要释放的对象属于处理器的当前 Slab，则将对象插入到处理器的热对象缓存即可。

(2) 如果要释放的不属于处理器的当前 Slab，则将对象插入到 page 结构的 freelist 队列中，而后再对 page 结构进行下列善后处理：

① 如果释放之前的 Slab 是完全满的，则将 page 插入到节点的 partial 队列中。

② 如果释放之后的 Slab 是完全空闲的，则将 Slab 页块还给伙伴内存管理器。

正常情况下，各 Cache 的 partial 队列都比较短，里面基本没有完全空闲的 Slab，因而 Slub 管理器基本不需要专门的回收程序。

6.4.3　Slob 管理器

与 Slab 相比，Slub 管理器简洁了许多，其平均性能也不差，是较为理想的对象管理器。但在内存紧缺的环境(如嵌入式系统)中，Slub 所消耗的资源仍然显得较多，其管理代码还是过于复杂。为此，Linux 又提出了 Slob 管理器。

在三种对象管理器中，Slob 是最简单的一种，它所管理的内存对象都不超过 1 页，最小分配单位可达 2 字节。与 Slab 和 Slub 不同，Slob 中的内存对象不是预先划分好的，而是根据请求者的需要，采用动态分区法临时从页面中划出来的。因而 Slob 所管理的内存对象不够规则，一个物理页中的内存对象数、对象大小、分布位置等都会随着使用而动态变化。为了管理的方便，Slob 在每个对象的首部预留 4 字节的管理信息。当对象空闲时，4 个字节的管理信息被分成两部分，每部分 2 字节，其中第一部分用于记录空闲对象的大小(size)，第二部分用于记录下一个空闲对象的位置(偏移量 offset)。一个物理页中的所有空闲对象被其 offset 串成一个单向队列，队头记录在 page 结构中，队尾的 offset 等于 0。当空闲对象被分配出去之后，它的前 4 字节中记录着对象的实际长度(不含前 4 字节)。用户从对象的第 4 字节开始使用对象中的内存。Slob 分配的对象总比申请者请求的尺寸多 4 个字节。

与 Slub 相似，Slob 复用了 page 结构的两个域，其中的 free 域记录空闲对象队列的队头，units 域记录页内空闲内存的大小(单位为字)。同时，Slob 还复用了 flags 上的标志 PG_private，将其重定义成 PG_slob_free。设置 PG_slob_free 表示页在 Slob 的某个不满的管理队列中。

Slob 不管理完全满的物理页，也不管理完全空的物理页。当一个页全部变成空闲时，Slob 会立刻将其还给伙伴内存管理器。Slob 仅管理部分满的物理页。为了不至于使内存过于碎化，Slob 将自己管理的部分满的物理页分成三个队列，如下：

(1) free_slob_small 中的对象尺寸不超过 256 字节。

(2) free_slob_medium 中的对象尺寸在 256 到 1024 字节之间。

(3) free_slob_large 中的对象尺寸在 1024 到 4096 字节之间。

除了上述三个队列之外，Slob 管理器并不需要其它的管理结构。但为了与 Slab 管理器兼容，或者说为了共享 Slab 管理器的操作接口，Slob 额外定义了一个 kmem_cache 结构，其用处仅仅是为了记录内存对象上的构造函数，如下：

```
struct kmem_cache {
    unsigned int      size, align;        // 对象大小和对齐方式
    unsigned long     flags;              // 标志
    const char        *name;              // 名称
    void (*ctor)(void *);                 // 构造函数
};
```

图 6.16 是 Slob 管理器的结构。其中最左边的物理页是刚申请的，中间的物理页中有两个空闲对象，最右边的物理页中仅剩余 1 小块空闲对象。

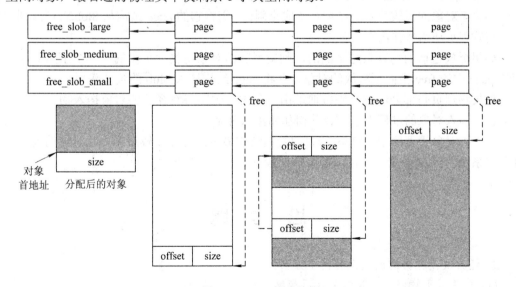

图 6.16　Slob 管理结构

Slob 管理器不管理超过 1 页的大对象，超过 1 页的请求被直接转交给伙伴内存管理器。

Slob 管理的内存对象以 2 字节(字)为单位,采用的是最先适应分配算法。在分配对象时,Slob 首先根据申请的对象尺寸选择一个管理队列,而后顺序搜索该队列,找空闲内存总量(units)不小于申请尺寸的第一个物理页,尝试从中分配内存对象。

如果整个队列中没有一个物理页能满足请求者的需要,则向伙伴内存管理器申请一个新的物理页,将整个物理页看成一个大的空闲对象,并将它的 page 结构插入管理队列的队头。新创建的物理页肯定能满足请求者的需要。

如果找到了满足要求的物理页,则顺序搜索它的空闲对象队列(free),找不小于申请尺寸的第一个空闲对象。如果整个物理页中都没有满足要求的空闲对象,则分配失败,尝试队列中的下一个物理页。如果找到了满足要求的空闲对象,则可进行如下分配:

(1) 如果空闲对象的尺寸恰等于申请的尺寸,则将整个空闲对象从队列中摘下,将其分配出去。

(2) 如果空闲对象的尺寸大于申请的尺寸,则将空闲对象分割成两部分,将前部分配出去,将后部仍挂在空闲对象队列中。

分配之后,要修改 page 结构中的管理信息,如累减 uints。如果分配出去的是队列中的第一个空闲对象,还要调整 free 指针。

如果分配之后的物理页中已没有空闲对象,则将它的 page 结构从队列中摘下。如果物理页中还有空闲对象,则将它的 page 结构移到队尾。

对新分配的内存对象,还要进行以下处理:

(1) 将对象的尺寸记录在前 4 字节中。

(2) 如果需要,将对象清 0。

(3) 如果用户指定了 kmem_cache,且其中有构造函数,则用该函数初始化对象。

在释放对象时,Slob 管理器根据对象的开始地址确定它的 page 结构和尺寸(包括管理信息),而后将空闲的对象还给物理页。

如果新对象的释放使整个物理页变成空闲的,则将它的 page 结构从 Slob 管理队列中摘下,将物理页还给伙伴内存管理器。

如果释放之前的物理页是全满的,则新释放的对象是物理页中的第一个空闲对象,因而让 page 中的 free 指向新释放的对象,并将 page 结构插入 Slob 的管理队列。

如果物理页是部分满的,则按地址由小到大的顺序将新释放的对象插入物理页的 free 队列。在插入对象的过程中,要合并相互邻接的对象。

在三种对象管理器中,Slob 需要的管理结构最少,因而比较适合内存紧缺的场合,如嵌入式系统。但 Slob 管理器的分配释放比较复杂,平均性能较差。

思 考 题

1. 经典伙伴算法的问题来自两个方面:

(1) 合并过于频繁,导致拆分过于频繁。

(2) 无法将小页块合并成大页块,导致大内存紧缺。

如何解决上述问题?

如果允许一个页块与相邻页块合并，而不管它们是不是伙伴，是否可行?

2. 逻辑内存管理器在分配和释放内存时是如何修改页表的? 为什么不修改所有进程的页表? 仅修改第 0 号进程的页表会出现什么问题?

3. 如何加快逻辑内存管理器的分配与释放速度?

4. 为什么需要一个逻辑内存管理器? 逻辑内存管理器分配的内存参与交换吗?

5. 为什么需要一个对象内存管理器? 对象内存管理器分配的内存参与交换吗?

6. 在对象内存管理中，新释放的对象总是被插在队头，新分配的对象也总是位于队头，那么热对象栈是否还有作用?

7. 如果内核中有一个大小为 9215 字节的数据结构，使用率很高，那么应该如何管理该数据结构的分配和回收? 请给出几种不同的实现方案并比较各方案的优劣。

第七章　进　程　管　理

　　在操作系统所营造的虚拟时空中，活动的主角是进程。进程(Process)是执行中的计算机程序、是用户在操作系统中的代理(替用户工作)、是操作系统中一切活动的发起者、是内核的主要服务对象。

　　操作系统内核的主要任务是保证进程更好地运行，毫无疑问，进程管理是操作系统工作的核心。进程管理部分所管理的对象是进程，所管理的资源是处理器，要达到的主要目标是提高处理器的利用率，尽可能减少处理器资源的浪费；平衡进程之间的关系，尽可能公平、合理地分配处理器资源；提高进程的运行速度，尽可能缩短进程的周转周期；提高系统的反应能力，尽可能缩短进程的响应时间；提高进程的抗干扰性，实现进程间的隔离与保护；提供进程之间的同步、互斥和通信手段，维护资源的一致性，协调进程的前进步伐并允许进程间相互通信等等。

　　作为操作系统中的主体，进程有自己的生命周期。除第 0 号进程之外，系统中的其它进程都是动态创建的。新进程可以与父进程执行同样的程序，也可在运行过程中加载并执行新的程序。进程在运行过程中访问到的所有地址构成了它的虚拟地址空间，进程的程序、数据等都存储在虚拟地址空间中。为进程管理虚拟地址空间的是虚拟内存管理器，为进程提供处理器的是调度器。运行中的进程需与其它进程互斥、同步和通信。完成任务的进程需要终止。因而进程管理子系统又被分割成进程创建、进程调度、进程终止、进程虚拟内存管理、进程互斥与同步、进程间通信等部分。

7.1　进程管理结构

　　在早期的 Linux 系统中，进程扮演着两个角色，一是资源分配的实体，二是调度运行的实体。Linux 以进程为单位分配资源，包括内存、设备等，又以进程为单位调度运行(处理器仅分配给进程)。获得了足够资源又获得了处理器的进程可以执行它的程序，等待资源尤其是等待处理器资源的进程无法执行程序，只能暂停等待。

　　新版本的 Linux 借鉴了其它操作系统的成功经验，允许将进程的上述两个角色分开，资源分配的实体仍被称为进程，但调度执行的实体被改称为线程(Thread)或轻量级进程(Lightweight Process)。Linux 以进程为单位分配资源，以线程为单位调度运行。属于一个进程的所有线程称为一个线程组，一个线程组中的所有线程共享进程的资源，如内存、文件、信号处理、设备等。然而 Linux 又没有严格区分它的进程和线程。缺省情况下，Linux 创建的都是进程，只有在特别声明时，新创建的进程才被作为创建者的同组线程。一个线程组中的第一个线程通常被作为进程创建，称为领头进程，也就是该线程组的进程，拥有资源。

线程组中的其它线程通常是被领头进程特别创建的进程，与领头进程共享资源，但它们是领头进程的兄弟而不是儿子，与领头进程拥有同一个父进程。在表示上，进程与线程完全一致，调度器同等对待进程与线程。传统意义上的 Linux 进程既是进程又是线程，它的线程组中仅有自己一个成员。在以下的讨论中，除非特殊需要，不再专门区分进程和线程。

进程的行为取决于它执行的程序，但进程又不等同于程序，用程序的代码和数据均无法刻画进程，必须为进程定义专门的管理结构。操作系统通常用进程控制块(Process Control Block，PCB)描述进程，也通过进程控制块管理进程。进程控制块是进程存在的唯一标识，其中含有进程的描述信息和控制信息，是进程动态性的集中体现。不同操作系统对进程控制块的叫法也不相同，Linux 将自己的进程控制块称为 task_struct。

除 task_struct 结构之外，Linux 还为每个进程定义了一个系统堆栈。当进程运行在用户态时，它使用用户堆栈，当进程运行在核心态时，它使用系统堆栈。由于每个进程都会在核心态运行，因而每个进程都必须有系统堆栈。在早期的版本中，进程的系统堆栈与它的 task_struct 结构共用 8 KB 的物理内存，task_struct 结构位于首部，系统堆栈位于尾部。当处理器在核心态运行时，它的 ESP 总是位于当前进程的系统堆栈中，因而将 ESP 的低 13 位清 0 就可得到当前进程的 task_struct 结构。

在随后的发展中，task_struct 结构越来越大，已不适合再驻留在系统堆栈中，因而 Linux 为每个进程另外准备了一个 thread_info 结构，用于替代 task_struct 驻留在进程的系统堆栈中。结构 thread_info 中的 task 指针指向进程的 task_struct 结构，而结构 task_struct 中的 stack 指针指向进程的 thread_info 结构，如图 7.1 所示。

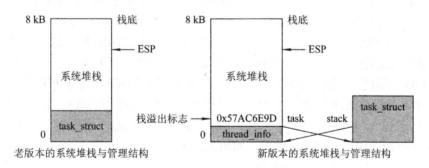

图 7.1 进程的系统堆栈与管理结构

结构 thread_info 中还包含如下信息：

(1) 标志 flags，记录需要引起特别注意的信息，如有待处理信号、需再调度等。

(2) 处理器号 cpu，记录运行该进程的当前处理器号。

(3) 抢占计数 preempt_count，表示当前进程是否在处理中断、是否允许抢占等，如图 4.8 所示。

(4) 虚拟地址上限 addr_limit，规定了进程可用的最大虚拟地址。

(5) 执行域 exec_domain，如进程执行的是在其它操作系统中编译的程序，该域记录一些特殊的转换关系，如系统调用号、信号编号等。

宏 current 是当前进程的 task_struct 结构，其定义如下：

```
register unsigned long          current_stack_pointer  asm("esp") _used;
```

```
static inline struct    thread_info      *current_thread_info(void){
    return    (struct thread_info *) (current_stack_pointer & ~(8192 - 1));
}
#define current                (current_thread_info()->task)
```

当然可以为每个处理器定义一个指针变量用于指向它的当前进程的 task_struct 结构,但根据 ESP 寄存器直接计算要更加便捷,尤其是在多处理器环境中。

在进程的管理结构中,最重要的是 task_struct 结构,其中的内容可大致分为进程标识、认证信息、调度信息、进程状态、进程上下文、虚拟地址空间、文件目录、文件描述符表、信号处理方式、名字空间等。

1. 进程标识

虽然用 task_struct 结构或指向 task_struct 结构的指针都可唯一地标识一个进程,但这两种方法都仅能在内核中使用。用户使用的进程标识应该是简洁、稳定的,Linux 将其称之为进程标识号(Process Identification, PID)。系统中的每个进程都有一个 PID。初始进程 init_task 的 PID 是 0,其它进程的 PID 是在创建时临时分配的。在早期的版本中,PID 是一个小整数 (16 位),目前的 PID 是一个整数(32 位)。Linux 用一个位图记录 PID 的使用情况,位图的大小决定了 PID 号的最大值,在目前的版本中,PID 号可达 4194303 个。如果系统中仅有一个名字空间,那么进程与 PID 是一一对应的。如果系统中有多个名字空间,一个进程可以有多个 PID,多个进程也可以有同样的 PID,但在同一个名字空间中,进程与 PID 仍然是一一对应的。为了解决多名字空间带来的问题,Linux 专门定义了 pid 结构来记录一个进程的不同 PID,并定义了 Hash 表 pid_hash 来加速 PID 到 task_struct 结构的转换。

为了区分不同的线程组,Linux 又定义了线程组标识号 TGID(Thread Group ID)。一个线程组的 TGID 就是它的领头进程的 PID。一个线程组中的所有进程拥有同样的 TGID,但却有不同的 PID。如果一个线程组中仅有一个进程,那么它的 TGID 就等于 PID。事实上,TGID 等价于 POSIX 标准中的进程 ID,而 PID 则等价于 POSIX 标准中的线程 ID。一个线程组中的所有进程通过 task_struct 结构中的 thread_group 域排成一个队列,其中各进程的 group_leader 都指向线程组的领头进程,如图 7.2 所示。

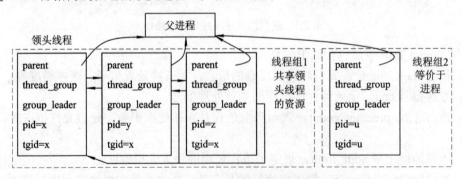

图 7.2　进程、线程与线程组

另外,为了方便对进程的管理,Linux 还定义了进程组(process group)和会话(session)。系统中的每个进程都属于一个进程组,每个进程组又属于一个会话。进程组和会话分别由领头进程标识,同一进程组的所有进程拥有同样的组标识 PGID,同一会话中的所有进程拥有同样的会话标识 SID。同一会话中的进程通过该会话的领头进程和一个终端相连，该终端即是这个会话的控制终端。

2. 认证信息

认证信息就是进程的证书，其中包含有关进程安全的各种标识。在早期的 Linux 中，进程的认证信息直接记录在 task_struct 结构中，包括用户标识(UID)、用户组标识(GID)和进程的权能(capability)等。新版本的 Linux 将认证信息包装在证书结构 cred 中，其中包含多组信息，如：

(1) 4 组 UID 和 GID，其中 uid 和 gid 标识创建进程的用户，euid 和 egid 标识当前有效的用户，fsuid 和 fsgid 标识文件系统用户，suid 和 sgid 用于备份。

(2) 4 组权能，标识进程的能力，包括继承、许可、有效的权能及权能的边界集。

(3) 密钥和密钥环，用于加解密处理。

(4) Linux 安全模块(LSM)，如 SELinux，其中包含多种特定的安全检查操作。

(5) 结构 user_struct，记录用户的统计信息，如拥有的进程数、打开的文件数、挂起的信号数、锁定的内存量等。

在进程进行某些可能影响系统安全的操作之前，Linux 会根据它的认证信息检查操作的合法性，并拒绝非法的操作。

3. 调度策略

Linux 的进程分成两大类，普通进程和实时进程。Linux 的实时属于软实时(Soft real-time)，实时进程的优先级总是高于普通进程，会比普通进程得到更好的服务，但没有严格的死线(Deadline)限制。

进程的调度策略标识了进程的类型和调度方式。在 Linux 中，每个进程都有一个调度策略，记录在 struct_struct 结构的 policy 域中。Linux 定义了五种调度策略，分别是：

(1) SCHED_NORMAL 用于标识普通进程，采用 CFS 调度算法。

(2) SCHED_BATCH 用于标识普通的批处理进程，采用 CFS 调度算法。批处理进程运行在后台，完成处理器密集型任务，很少交互，不需要被太多关注。

(3) SCHED_IDLE 用于标识最低优先级的普通进程，采用 CFS 调度算法。

(4) SCHED_FIFO 用于标识实时进程，采用先进先出调度算法，不记时间片。

(5) SCHED_RR 用于标识实时进程，采用 Round Robin 调度算法，按时间片轮转。

4. 优先级和权重

优先级用于标识进程的重要程度。调度器在选择下一个投入运行的进程时要参考它的优先级。进程一次可运行的时间长度(时间片)通常也取决于它的优先级。

Linux 为进程定义了 140 个优先级，其中 0～99 用于实时进程，100～139 用于普通进程。值越小表示优先级越高。普通进程的缺省优先级是 120。每个进程都有多个优先级，记录在它的 task_struct 结构中，如下：

(1) rt_priority 是进程的实时优先级。与常规定义不同，值越大表示优先级越高。

(2) static_prio 是进程的静态优先级，其初值继承自创建者进程，并可被系统调用修改，但不会被调度器自动调整。

(3) normal_prio 是进程的常规优先级，其初值继承自创建者进程。通常情况下，普通进程的 normal_prio = static_prio，实时进程的 normal_prio = 99 - rt_priority。

(4) prio 是进程的动态优先级，其初值继承自创建者进程的常规优先级，但可被调度器自动调整，普通进程的优先级甚至可以被提升到 99 以内。

由于历史的原因，用户通常把进程的静态优先级称为 nice，其值在 -20 ~ +19 之间，对应内核优先级的 100 ~ 139，如图 7.3 所示。

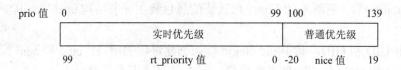

图 7.3　进程优先级的取值范围

优先级虽然重要，但内核在调度时经常使用的却是进程的权重(weight)。权重是根据优先级计算出来的，优先级越高，权重越大。权重的计算原则是：进程的优先级每提升一级，它的权重(得到的处理能力)应提高 10%。为了方便权重的计算，Linux 预先定义了数组 prio_to_weight，如下：

```
static const int prio_to_weight[40] = {
        /* 100 */      88761,    71755,    56483,    46273,    36291,
        /* 105 */      29154,    23254,    18705,    14949,    11916,
        /* 110 */      9548,     7620,     6100,     4904,     3906,
        /* 115 */      3121,     2501,     1991,     1586,     1277,
        /* 120 */      1024,     820,      655,      526,      423,
        /* 125 */      335,      272,      215,      172,      137,
        /* 130 */      110,      87,       70,       56,       45,
        /* 135 */      36,       29,       23,       18,       15,
};
```

(1) 实时进程的权重 = prio_to_weight[0] * 2 = 88761 * 2；

(2) 普通进程的权重 = prio_to_weight[static_prio-100]；

(3) 调度策略为 SCHED_IDLE 的进程的权重 = 3。

5. 进程状态

早期的 Linux 定义了 5 种进程状态，分别是运行状态、可中断等待状态、不可中断等待状态、停止状态和僵死状态。新版本的 Linux 定义了 8 种进程状态，如下：

(1) TASK_RUNNING(运行状态)表示进程正在运行或已准备好运行(就绪)。

(2) TASK_INTERRUPTIBLE(可中断等待状态)表示进程在等待队列中，正等待某个事件或资源。在此状态下的进程可以被信号自动唤醒。

(3) TASK_UNINTERRUPTIBLE(不可中断等待状态)表示进程在等待队列中，正等待被唤醒。处于这种状态的进程不会被信号自动唤醒。

(4) _ _TASK_STOPPED(停止状态)表示进程被暂停，一般是被其它进程暂停。处于停止状态的进程还可以被恢复。

(5) _ _TASK_TRACED(追踪状态)表示进程因被追踪而暂停，是一种特殊的停止状态。

(6) TASK_DEAD(死亡状态)表示进程所执行的程序已经结束，它的资源已经释放，只剩余 task_struct 结构等待被撤销。

(7) TASK_WAKEKILL(醒后终止状态)表示进程不管处于何种等待或停止状态，都可以被 SIGKILL 信号唤醒，而后终止。

(8) TASK_WAKING(唤醒状态)表示进程刚刚被唤醒，还未正常运行。

新版本的 Linux 还定义了 2 种退出状态，分别是：

(1) EXIT_ZOMBIE(僵死状态)表示进程已进入死亡状态，且已向父进程发送信号，正在等待父进程响应。

(2) EXIT_DEAD(死亡状态)表示进程已进入死亡状态，父进程也已响应它发送的信号，它的 task_struct 结构正在被撤销但还未撤销完毕。

另外，在 task_struct 中还为进程定义了一个位图 flags，用于进一步标志进程的特性和状态，如进程是什么(VCPU、kswapd、内核线程等)，进程当前在干什么(正在被创建、正在终止、创建后还未加载新程序、正在写出核心内存参数、被信号杀死、正在分配内存、正在刷新磁盘、正在被冻结、已被冻结、正在文件系统事务内部、正在清理内存)，进程有什么特殊能力(使用超级用户特权、必须在使用前初始化 FPU、不能被冻结、使用随机的虚拟地址空间、可被换出)等。

在进程生命周期中，它的状态和标志都会不断变化。

6. 进程上下文

进程的执行是时断时续的。当进程因为某种原因必须让出处理器时，它的上下文(处理现场)必须被暂存起来，以便当再次被调度时能够从暂停的位置恢复运行。Linux 在进程 task_struct 结构中嵌入了一个 thread_struct 结构，用于记录进程的上下文。

在早期的版本中，thread_struct 结构大致相当于一个任务状态段(TSS)，其中包含进程可能使用到的各种寄存器的值。新版本的 Linux 对 thread_struct 结构进行了调整，删掉了不必要的通用寄存器，仅保存一些最必要的信息，如系统堆栈的栈底和栈顶、GS、EIP、CR2、Debug 寄存器、error_code、IOPL、I/O 许可位图、浮点处理状态等。

通用寄存器的值可通过系统堆栈保存和恢复，不需要记在 thread_struct 中。

7. 虚拟地址空间

每个用户态进程都有自己的虚拟地址空间。进程在用户态运行需要的所有信息，包括程序、数据、堆栈等，都保存在自己的虚拟地址空间中。进程的虚拟地址空间被自然地划分成了多个区域(区间)，每个区域都有着不同的属性，如程序区可以执行但不能修改、数据区可以读写但不能执行、堆栈区可以动态增长等。为了管理的方便，Linux 为每个虚拟内存区域定义了一个 vm_area_struct 结构，一个进程的所有 vm_area_struct 结构被组织成一个队列和一棵红黑树，队头和树根分别记录在 mm_struct 结构中。

另外，mm_struct 结构中还记录着与进程虚拟内存管理相关的其它信息，如页目录的位置，代码、数据、堆栈、堆、环境变量、初始参数的存储位置等。

Linux 在 task_struct 结构中定义了两个指针 mm 和 active_mm。普通用户进程的这两个指针指向同一个 mm_struct 结构，内核线程的 mm 为空(没有用户态虚拟地址空间)，active_mm 可指向任意一个进程的 mm_struct 结构(借用的虚拟地址空间)。

8. 工作目录

进程在运行过程中可能需要访问文件系统，在访问文件系统时需要解析文件的路径名，而要解析路径名则需要知道进程的主目录和当前工作目录。不同进程可能有不同的主目录和当前工作目录，因而 Linux 为每个进程定义了一个 fs_struct 结构，专门记录它的目录信息，其中 root 是进程的主目录，pwd 是进程的当前工作目录。

9. 文件描述符

进程在运行过程中可能需要读写文件。按照 Linux 的约定，在读写文件之前需要先将其打开。进程每打开一个文件，Linux 都会为其创建一个打开文件对象(file 结构)。为进程创建的所有 file 结构被组织在进程的文件描述符表中，file 结构在文件描述符表中的索引就是文件的描述符。文件描述符是文件读写操作中必须提供的参数。

由于无法预估进程打开文件的数量，因而进程的文件描述符表不应是一个静态的数组，而应能根据需要动态扩展。Linux 为每个进程定义了一个 files_struct 结构，专门用于管理进程的文件描述符表。

10. 信号处理方式

在 Linux 系统中，信号(Signal)是一种十分重要的通知手段。操作系统内核和进程可以向一个或一组进程发送信号，以通报某些事件的发生。

为了处理信号，Linux 在进程的 task_struct 结构中定义了多个管理结构，包括 blocked 位图(记录进程要阻塞的信号)，sigpending 结构(记录进程已收到的信号及其附加信息)，sighand_struct 结构记录(进程对各信号的处理程序及处理时的特殊要求)，signal_struct 结构(记录各类时间间隔定时器的管理信息，如定时间隔、定时器的当前值、进程消耗的各类时间等)等。

另外，线程组能够使用的各类资源的上界记录在 signal_struct 结构的 rlim 数组中。规定了上界的资源包括处理器时间、优先级、文件大小、数据大小、堆栈大小、可驻留内存的页数、可创建的进程数、可打开的文件数等。

同一线程组中的进程必须共享信号处理结构，包括 sighand_struct、signal_struct 等。

11. 名字空间

传统操作系统所管理的信息大都是全局的，这些信息可以被每个进程看到，且内容都一样，如系统名称、版本号、进程的 PID 号、文件系统目录、网络设置、活动用户等。当然，操作系统对进程的能力进行了限制，如一个用户的进程不能杀死另一个用户的进程，也不能访问另一个用户的文件等等。这种管理方法工作得很好，可以被一般用户接受。但近年来，出于安全和虚拟化的考虑，人们提出了限制进程可见信息的要求，即希望能为不同的进程提供不同的全局信息。为此，Linux 引入了名字空间(namespace)。

一个名字空间实际上是系统的一种视图(view)。两个名字空间可以完全不同，也可以有部分重叠。每个进程都必须与一个名字空间关联，或者说属于一个名字空间，多个进程可以共用一个名字空间。共用一个名字空间的进程能看到完全相同的系统信息，使用不同名字空间的进程会看到不同的系统信息。

Linux 用结构 nsproxy 描述名字空间，其中包含 5 个名字空间结构，如图 7.4 所示。

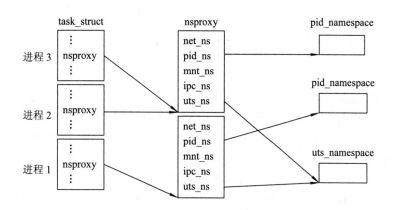

图 7.4 进程名字空间

(1) uts_namespace 中定义了系统名、节点名、域名、版本号、机器名等。

(2) ipc_namespace 中定义了有关信号量、共享内存、消息队列等 IPC 机制的参数。

(3) mnt_namespace 中定义了有关文件系统安装点的信息。

(4) pid_namespace 中定义了有关 PID 管理的信息，如 PID 位图、回收进程等。PID 名字空间按层次结构组织。一个进程在它所属的名字空间中有一个 PID 号，同时在所有的祖先名字空间中也都有一个 PID 号。

(5) net 中定义了与网络配置相关的所有信息。

在图 7.4 中，进程 2 和 3 共享所有的名字空间，但与进程 1 仅共享 uts_namespace。

12. 亲缘关系

Linux 的进程之间有亲缘关系。一般情况下，若进程 A 创建了进程 B 和 C，那么 A 是 B 和 C 的父进程，B 和 C 是 A 的子进程，B 与 C 是兄弟进程。按照亲缘关系可将系统中所有的进程组织成一棵家族树。第 0 号进程是所有进程的祖先，是家族树的根。

task_struct 结构中的 real_parent 指向进程的父进程。由于进程的父进程可能被改变，因而 Linux 又增加了指针 parent，用于指示进程的当前父进程。一个进程的所有子进程都被挂在它的 children 队列中，越靠近队头的进程越年轻，越靠近队尾的进程越年老。children 队列中的进程互为兄弟，节点 sibling 用于连接兄弟进程。如图 7.5 所示。

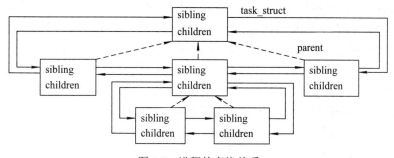

图 7.5 进程的亲缘关系

系统中所有的进程被其中的 tasks 域串成一个双向循环链表，init_task 是表头。

7.2　进　程　创　建

　　进程是被动态创建出来的，创建的目的是为了执行程序。进程的创建过程大致可分为两步，一是创建进程的管理结构，即以 task_struct 为核心的进程控制块；二是为进程加载应用程序，即为进程创建虚拟地址空间并设置初始参数和环境变量，做好运行前的准备。当进程被调度运行(获得处理器)时，进程即会从入口地址开始执行程序。

　　有些操作系统用一个系统调用完成上述两步进程创建工作，另一些操作系统用两个系统调用分别完成。两种实现方法各有优劣，但两阶段创建方法继承了传统 Unix 一贯的优雅作风，将复杂的工作分解成相互关联又相互独立的两部分，轻松地解除了进程与程序的绑定关系。Linux 采用两阶段创建方法，其中的进程可以根据需要随时、随地更换自己的程序，因而进程更加独立，也更加灵活。

　　Linux 用 fork 类的系统调用实现进程的创建，用 execve 类的系统调用实现程序的加载。进程的管理结构比较容易创建。事实上，新进程的很多管理信息是从创建者进程中继承来的，如优先级等，虽然也有一些信息是自己特有的，如 PID 等。进程创建的主要问题是如何为新进程加载应用程序。

　　Linux 的解决办法是让新进程与创建者进程运行同样的程序但又不从头开始。具体的做法是将创建者进程的虚拟地址空间完整地复制到新进程中，使新老进程拥有完全相同的程序、数据、堆栈，因而当新进程首次开始运行时，它具有与创建者进程完全相同的行为，所不同的仅仅是 fork()函数的返回值。根据 fork()的返回值，进程可以区分出自己是创建者还是新生命，从而决定自己下一步的工作，如加载应用程序等。这种方法将程序加载的决定权交给了进程(或者说应用程序)，非常灵活。

　　复制进程虚拟地址空间的问题是工作量过大。如果新进程运行后会立刻加载自己的应用程序，复制工作就纯粹是一种浪费。为此 Linux 提供了两种改进：

　　(1) 完全共享，让新老进程共用同一个虚拟地址空间。

　　(2) 写时复制(Copy on Write)，仅复制管理信息，使新老进程共享同样的虚拟地址空间但都不许修改，将空间复制工作推迟到写操作发生时(一种典型的 Lazy 做法)。

　　Linux 提供了三种进程创建方式，其中 fork()用于普通进程的创建，采用 Copy on Write 方式复制虚拟地址空间；vfork()用于特殊进程的创建，创建者进程将自己的虚拟地址空间借给新进程，并等待新进程终止或加载程序；clone()用于线程的创建，由创建者指定新老双方共享的信息。三个系统调用由同一个函数 do_fork()实现。函数 do_fork()的参数中有三个重要参数，其中位图 clone_flags 界定了新老进程可以共享的资源及新进程的退出信号，regs 是指向结构 pt_regs 的指针，表示创建者进程系统堆栈的栈底布局，stack_start 是新进程用户堆栈的栈顶位置(一般情况下就是 regs.sp)。

　　进程创建的主要工作流程如下：

　　(1) 向对象内存管理器申请一个 task_struct 结构，将当前进程(即创建者进程)的 task_struct 结构的内容全部复制到其中。将新进程的引用计数设为 2。

(2) 向伙伴内存管理器申请 2 页的物理内存用于新进程的系统堆栈。将当前进程的 thread_info 结构复制到新堆栈的开始位置，作为新进程的 thread_info，并在新进程的 thread_info 与 task_struct 之间建立关联(如图 7.1)。如果创建者特别声明，新进程的系统堆栈可以仅用 1 页。

(3) 为新进程建立认证信息，即 cred 结构。如果新老进程属于同一个线程组，则让它们共用一个 cred 结构，否则为新进程建立单独的 cred 结构。

(4) 调整新进程的某些管理信息，如标志 flags、时间消耗量(utime、stime 等)、创建时间 start_time 等。

(5) 设置新进程的调度信息，包括调度实体 se、将要运行该进程的处理器、优先级、调度类等，将新进程的状态设为 TASK_RUNNING。

(6) 为新进程建立 undo 队列。如果创建者请求共享，则让新老进程共用同一个 undo 队列，否则将新进程的 undo 队列设为空。

(7) 为新进程建立 files_struct 结构。如果创建者请求共享，则让新老进程共用同一个 files_struct 结构，否则从创建者进程中复制一个 files_struct 结构。

(8) 为新进程建立 fs_struct 结构。如果创建者请求共享，则让新老进程共用同一个 fs_struct 结构，否则从创建者进程中复制一个 fs_struct 结构。

(9) 为新进程建立 sighand_struct 结构。如果创建者请求共享，则让新老进程共用同一个 sighand_struct 结构，否则从创建者进程中复制一个 sighand_struct 结构。

(10) 为新进程建立 signal_struct 结构。如果新老进程属于同一个线程组，则让它们共用同一个 signal_struct 结构，否则为新进程新建一个 signal_struct 结构，并从创建者进程中复制资源上界(数组 rlim)等信息。结构 signal_struct 中的内容基本都是新建的，如各类间隔定时器及统计信息等，新老进程重复的内容不多。

(11) 为新进程建立 mm_struct 结构。如果创建者请求共享，则让新老进程共用同一个 mm_struct 结构，否则为新进程新建一个 mm_struct 结构，包括：

① 创建页目录。新页目录的内核部分是从 swapper_pg_dir 中拷贝过来的。

② 创建 LDT。如果创建者进程定义了 LDT，则为新进程复制一个。

③ 复制创建者进程的所有虚拟内存区域(新老 vm_area_struct 结构位于同样的逆向映射队列中)和区域内的各个页表项，但不复制内存页。新进程的页表是在复制过程中逐个建立的。新老进程中的页都是只读的。

不管共享与否，新进程的虚拟地址空间都与创建者进程完全一致。图 7.6 是复制后新老进程的虚拟地址空间，两者的管理结构独立但内容完全相同。

(12) 为新进程建立名字空间。如果创建者请求共享，则让新老进程共用同一个 nsproxy 结构，否则为新进程新建一个 nsproxy 结构，并根据创建者的请求共享或新建各子名字空间结构。

(13) 为新进程建立 io_context 结构。结构 io_context 用于记录与进程相关的 I/O 子系统的状态。如果创建者请求共享，则让新老进程共用同一个 io_context 结构，否则为新进程新建一个 io_context 结构。

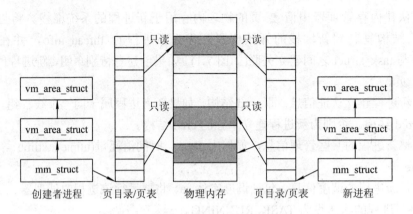

图 7.6　复制后子进程的虚拟地址空间

(14) 为新进程建立执行环境，包括：

① 将创建者进程系统堆栈的栈底(参数 regs)复制到新进程的系统堆栈中(栈底留 8 字节)，将其中的 ax 改为 0。如果创建者为新进程指定了新的用户堆栈，则将新进程堆底的 sp 改为新堆栈的栈顶(参数 stack_start)。

② 修改新进程的 thread_struct 结构。让新进程 thread_struct 结构中的 sp 指向自己系统堆栈的栈顶、sp0 指向系统堆栈的栈底(间隔一个 pt_regs 结构)、ip 指向 ret_from_fork(系统调用的出口程序)。如图 7.7 所示。

③ 如果创建者进程定义了 I/O 许可位图，则将其复制到新进程中。结构 thread_struct 中的 io_bitmap_ptr 指向 I/O 许可位图。

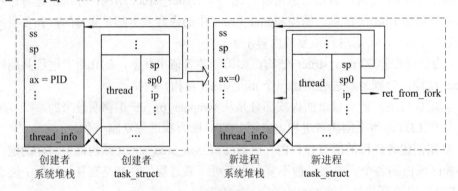

图 7.7　新老进程的管理结构与系统堆栈

(15) 为新进程分配 PID。根据新进程名字空间的定义为其新建一个 pid 结构，在各相关名字空间中分别为新进程分配 PID 号，建立新进程与 pid 结构的关联，将 pid 的各子结构(upid)插入到 Hash 表 pid_hash 中，并确定新进程的 PID 和 TGID 号。

(16) 确定新进程的退出信号。如果新老进程属于同一个线程组，则将新进程的退出信号设为-1，否则根据参数 clone_flags 设置它的退出信号，一般是 SIGCHLD。

(17) 为新进程建立亲缘关系。在早期的版本中，新进程肯定是创建者进程的子进程。但在新版本中，如果新老进程属于同一个线程组，那么新进程就是自己的兄弟。在确定新进程的父进程之后，将新进程的 task_struct 结构插入到父进程的 children 队列中。如果新老进程属于一个线程组，还要将新进程的 task_struct 结构插入到领头进程的 thread_group 队列中。

(18) 唤醒新进程。将新进程插入到所选处理器的就绪队列中，等待调度。

(19) 如果新进程是由 vfork() 创建的，则将创建者进程插入到新进程的等待队列 vfork_done 中，而后让创建者进程放弃处理器(请求调度)，停止运行。当新进程终止或加载应用程序时，它会唤醒在 vfork_done 中等待的进程。

上述过程所创建的新进程拥有完全独立的 task_struct 结构和系统堆栈，但其内容大都来源于创建者进程。不管共享与否，新进程所打开的文件及各文件的描述符、根和当前工作目录、信号处理方式等都与创建者进程完全一致。尤其是新进程拥有与创建者进程完全一致的虚拟地址空间。因而，进程创建的本质实际上是复制或者说是克隆，创建者通过进程创建操作创造了一个自己的克隆体。

当进程创建工作完成之后，创建者进程完成了一次正常的系统调用，函数 fork()、vfork() 或 clone() 正常返回，其返回值是新进程的 PID 号。当然新进程可能有多个 PID 号，但此处返回的仅是新进程在创建者名字空间中的 PID 号。

当新进程被首次调度运行时，调度程序根据新进程的 thread_struct 结构设置处理器的寄存器，将 ESP 设为新进程系统堆栈的栈顶，将 EIP 设为 ret_from_fork。因而，新进程从程序 ret_from_fork 开始执行。正常情况下，程序 ret_from_fork 逐个弹出系统堆栈的栈顶，用其中的值设置处理器的寄存器，包括 EBX、ECX、EDX、ESI、EDI、EBP、EAX、DS、ES、FS、GS、EIP、CS、EFLAGS、ESP、SS 等。由于新进程的系统堆栈与创建者进程完全一致(除 EAX 之外)，因而新进程的返回地址及返回后的处理器环境都与创建者进程相同，新进程仿佛从函数 fork()、vfork() 或 clone() 中正常返回一样，只是其返回值是 0。返回到用户态之后，由于新进程的程序、数据、堆栈都与创建者进程一致，因而新进程与创建者进程拥有完全相同的行为，唯一的区别是返回值。

7.3　进　程　调　度

随着不断地创建，系统中肯定会出现多个进程，甚至会同时出现多个就绪态进程。处于就绪状态的进程所缺少的资源仅有处理器，一旦获得处理器，就绪态进程即可立即投入运行。由于系统中的处理器数通常远少于进程数，因而进程对处理器资源的竞争是不可避免的。为了使竞争更加有序，使处理器的分配更加合理，使进程的运行更加公平，需要一个仲裁者来管理处理器的分配或者说协调进程的运行，Linux 称这一仲裁者为调度器 (Scheduler)。毫无疑问，调度器是操作系统的核心。

7.3.1　Linux 调度器的演变

早期的 Linux 采用一种极为简洁的调度器，它将系统中所有就绪态进程的 task_struct 结构组织在一个队列中，称为单就绪队列，第 0 号进程的 PCB 结构 init_task 充当队头。当时间片耗尽、程序执行完毕、需要等待资源或事件时，当前进程主动执行调度程序，将处理器让给下一个进程。进程调度的过程如下：

(1) 调整就绪队列，如将非就绪态的进程从队列中摘除。

(2) 顺序搜索就绪队列，取出各进程的调度策略 policy、普通优先级 priority、实时优先级 rt_priority、剩余时间片 counter 等调度信息，据此计算出各进程的权重(weight)，选择权重最大的进程为下一个投入运行进程。权重的计算规则是：

① 如果当前进程明确声明要放弃处理器，则权重 weight = 0；

② 实时进程的权重 weight = rt_priority + 1000；

③ 无剩余时间片的普通进程的权重 weight = 0；

④ 有剩余时间片的普通进程的权重 weight = counter + priority；

⑤ 如果算出的最大 weight 值是 0，则将所有进程的时间片重设为 counter =(counter >>1)+ priority，而后重算各就绪进程的 weight 值。

(3) 如果选出的下一个进程不是当前进程，则将处理器的现场保存在当前进程的任务状态段中，而后用下一个进程的任务状态段恢复处理器现场，从而将处理器切换给新选出的进程。

对上述调度器来说，实时进程优于普通进程；运行时间短的普通进程优于运行时间长的普通进程；进程优先级越高，时间片就越长；进程等待时间越长，剩余时间片就会越长，就绪后的权重就越大；时间片耗完的进程不参与调度，给小优先级进程提供了运行的机会；只有当就绪队列为空时才会选中 init_task 进程。

基于单就绪队列的调度器虽然简单，但每次调度都需要遍历整个就绪队列，因而调度时间会随就绪进程数的变化而变化(算法的复杂度为 $O(n)$)，而且多处理器共用同一个就绪队列也会引起不必要的竞争，因而不大适合多处理器环境。为解决上述问题，Linux 走向了另一个极端，在 Linux 2.6 中引入了一种称为 $O(1)$ 的全新调度器。$O(1)$ 调度器为每一个处理器定义了 140 个就绪队列(称为队列组)，用于组织在各处理器上等待的、不同优先级的就绪进程。其中 0～99 队列用于实时进程，100～139 队列用于普通进程。序号越小，优先级越高。

由于不是每个队列上都有就绪进程，因而 $O(1)$ 调度器为每个队列组都另外定义了一个位图，用于记录各队列的状态(是否为空)。通过队列组位图可以方便地找到序号最小的非空队列(可由一条指令完成)，进而找到下一个应该运行的进程(队头进程)。进程的选择工作可在常量时间内完成，选择时间与就绪进程的数量无关，调度算法的复杂度是 $O(1)$。另外，由于每个处理器仅需要访问自己的就绪队列组，处理器之间不再需要竞争，因而 $O(1)$ 调度器更加适合多处理器环境，虽然它带来了负载平衡问题。

多就绪队列的问题是如果系统中一直存在高优先级的就绪进程，低优先级的进程就永远得不到运行机会，会被饿死。因而在采用多就绪队列的系统中，进程的优先级必须是动态可调的，或者说进程在就绪队列组中的位置应该是浮动的。一般情况下，进程运行时间越长，优先级应该越低，等待时间越长，优先级应该越高。然而在实际操作中，优先级的调整是一件十分复杂的工作，目前还未找到一种普适的算法来确定优先级调整的时机和调整的幅度。$O(1)$ 调度器根据一些经验公式来调整进程的优先级，这些经验公式增加了代码的复杂性，使 $O(1)$ 调度器变得难以理解、难以评估，且容易失效。新版本的 Linux 仅用 $O(1)$ 调度器调度实时进程，新引入了完全公平调度器(Completely Fair Scheduler, CFS)来调度普通进程。

事实上，在设计调度器时，有两个核心问题是必须要解决的，其一是如何选择下一个投入运行的进程，其二是如何确定它的最长运行时间(时间片)。比较简单的解决办法是让等待时间最长的进程投入运行，但仅让它运行一个时间单位(如一个滴答)，如图 7.8(a)所示。这种方法实际上就是简单的轮转(Round Robin)调度法，虽然貌似公平，但由于忽略了进程的优先级，因而并不合理。

对简单轮转法的一种改进是根据优先级选择进程和确定时间片，即让高优先级的进程先投入运行，并让它运行较长的时间。在图 7.8(b)中，进程 1 的优先级最高，因而最先运行，且一次运行的时间也最长。这种调度方法能使高优先级的进程得到更好的服务，但却会使低优先级的进程等待更长的时间，因而也不够公平。

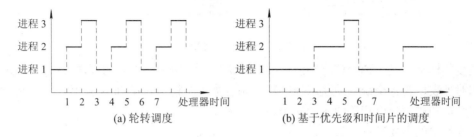

图 7.8　传统的进程调度方法

CFS 调度器是对简单轮转法的又一种改进。它给每个进程定义了一个虚拟计时器，用于记录该进程已消耗的处理器时间。不同进程的虚拟计时器按照不同的速率计时，高优先级进程的虚拟计时器走得慢，低优先级进程的虚拟计时器走得快。虚拟计时器走得最慢的进程就是运行时间最少或等待时间最长的进程。在每次时钟中断发生时，CFS 都累计当前进程的虚拟计时器，并检查就绪队列，总是让虚拟计时器最慢的进程投入下一次运行。在图 7.9 中，进程 1、2、3 的优先级分别是 8、3、2，CFS 的调度顺序如(a)所示，纯粹按优先级的调度顺序如(b)所示。显然，CFS 既照顾到了高优先级进程，又不至于使低优先级进程等待过长时间。随着时间的推移，所有进程的虚拟计时器都趋向于匀速前进，进程的运行更加平稳，调度器的表现也更加公平。

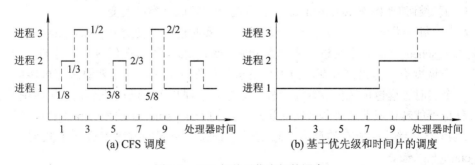

图 7.9　CFS 与基于优先级的调度

虽然 CFS 的表现更加公平，但也难以满足所有的调度需求。为了适应不同的应用环境，新版本的 Linux 引入了一个调度器框架，试图通过组合多种不同的调度算法来满足不同种类的调度需求。新的调度器框架将进程分成三大类，即实时进程、普通进程和空闲进程，并为每一类就绪进程定义了不同的管理方法，如用就绪队列组管理实时类进程、用红黑树管理普通类进程、用一个指针管理空闲进程等，如图 7.10 所示。

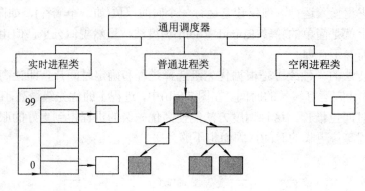

图 7.10　通用调度器框架

调度器框架定义了称为调度类的标准接口操作集，用于将不同的管理方法组合在一起，使它们对外表现为一个统一的通用调度器。调度类由结构 sched_class 定义，其中包含与就绪队列管理和进程调度相关的各种操作。

调度类中的主要操作有如下几个：

(1) 入队操作 enqueue_task 用于将一个进程加入就绪队列。

(2) 出队操作 dequeue_task 用于将一个进程从就绪队列中摘下。

(3) 让出操作 yield_task 用于声明当前进程自愿让出处理器。

(4) 抢占检查操作 check_preempt_curr 用于确定当前进程是否可被新进程抢占。

(5) 选出操作 pick_next_task 用于选择下一个最值得运行的进程。

(6) 归还操作 put_prev_task 用于将当前进程归还给就绪队列。

(7) 重置操作 set_curr_task 用于把当前进程重置为队列的当前进程。

(8) 更新操作 task_tick 用于更新当前进程的时间信息。

(9) 新醒操作 task_fork 用于唤醒一个新建的、还未运行过的进程。

(10) 优先级改变操作 prio_changed 用于声明进程的优先级已被改变。

(11) 调度类切换操作 switched_to 用于声明进程的调度类已改变。

Linux 为每一类进程都实现了一个调度类，如实时进程调度类 rt_sched_class、普通进程调度类 fair_sched_class、空闲进程调度类 idle_sched_class 等。在任何一个时刻，一个进程仅属于一个调度类，但允许改变。当用户请求且条件许可时，一个普通进程可转化成实时进程，一个实时进程也可转化成普通进程。但普通进程和实时进程都不能转化成空闲进程，空闲进程也不能转化成普通进程或实时进程。结构 task_struct 中的域 sched_class 指向进程所属的调度类。系统中所有的调度类按实时、普通、空闲的顺序组成一个队列，队头为 sched_class_highest。

为了统一管理三种不同的调度类，Linux 为每个处理器定义了一个 rq 结构，其中包含三种就绪进程队列和一些管理信息，如队列中的就绪进程总数 nr_running、队列的当前总负载 load、队列的当前时间 clock(最近一次更新的实际时间，单位为 ns)、高精度定时器 hrtick_timer、处理器负载统计 cpu_load[]等。

7.3.2 普通进程调度类

普通类进程采用 CFS 调度算法，它所需要的是一个按虚拟计时器由小到大排序的就绪进程队列。队头进程的虚拟计时器走得最慢，是下一个应调度运行的进程。虽然用一个标准的通用链表即可实现就绪队列，但为了加快插入、搜索的速度，CFS 选用了红黑树来组织、管理普通的就绪态进程。

普通进程的就绪队列由结构 cfs_rq 定义，其中的主要内容有以下几个：

(1) 红黑树的树根 tasks_timeline。

(2) 红黑树中最左端的叶子节点 rb_leftmost，即队头节点。

(3) 队列中当前正在运行的进程 curr。

(4) 队列中建议的下一个运行进程 next。

(5) 队列中刚刚被抢占的进程 last。

(6) 队列中当前的就绪进程数 nr_running。

(7) 队列的当前总负载 load。负载最重的处理器是最忙的处理器。

(8) 队列的当前虚拟时间 min_vruntime(队列中虚拟计时器的基准值，单调增长)。

队列中正在运行的进程由 curr 指示，不在红黑树中，因而 curr 与 rb_leftmost 所指示的不是同一个进程。下一个应运行的进程必是 rb_leftmost、next、last 中的一个。

在进程的 task_struct 结构中嵌有一个调度实体，该实体由结构 sched_entity 定义，用于记录进程的调度信息，如进程的权重 load、进程已运行的虚拟总时间(虚拟计时器)vruntime、进程已运行的实际总时间 sum_exec_runtime、进程之前运行的实际总时间(不含本次运行时间)prev_sum_exec_runtime、进程本次运行的实际开始时间 exec_start 等。就绪态的普通进程通过调度实体中的 run_node 域将自己链接到红黑树中。

上述所有的时间都以纳秒(ns)为单位。

CFS 调度器的核心是维护进程的虚拟计时器 vruntime。由于一个处理器在一个时刻只能运行一个进程(当前进程)，所以在一个处理器上只有当前进程的虚拟计时器是走动的，其余进程的虚拟计时器都处于停止状态，不需要调整。为了使当前进程的虚拟计时器走得更加平稳，只要有机会，如在周期性时钟中断处理时、在有进程入队或出队时、在有进程被唤醒时等，CFS 都会更新当前进程的虚拟计时器。更新的依据是 rq 结构中的 clock、当前进程调度实体中的 exec_start 和 load，更新的方法如下：

delta_exec = (unsigned long)(clock - curr->exec_start);

curr->sum_exec_runtime += delta_exec;

delta_exec_weighted = (delta_exec * NICE_0_LOAD) / (curr->load.weight);

curr->vruntime += delta_exec_weighted;

curr->exec_start = clock;

其中 curr 是指向当前进程调度实体的指针，宏 NICE_0_LOAD 的值是 1024，即优先级为 120 的普通进程的权重。显然，对优先级为 120 的普通进程来说，它的虚拟计时器与物理计时器相同。进程的优先级越高，它的权重越大，vruntime 就走得越慢。

当然，队列的当前虚拟时间 min_vruntime 也应随之更新，如更新为队列中的最小虚拟时间，但必须保证该时间单调增长。

CFS 的入队操作用于将一个进程插入到红黑树中。新入队的进程可能是新创建的进程，也可能是刚被唤醒的进程。入队操作完成的工作如下：

(1) 更新当前处理器上当前进程的虚拟计时器(如上所述)，将新入队进程的权重累加到队列的当前负载 load 中。

(2) 如果新入队进程此前睡眠了过长时间，它的虚拟计时器可能过慢，应对其进行适当调整，否则在今后一段时间内其它进程将无法投入运行。调整之后，新入队进程的 vruntime 不应小于 min_vruntime - 6000000。6000000ns 是一个调度周期的缺省时间长度，CFS 保证在一个调度周期内所有就绪进程至少都会运行一次。

(3) 如果新进程不是当前进程，则将其插入到红黑树中，将队列的 nr_running 加 1。进程在红黑树中的位置由 vruntime 与 min_vruntime 的差值决定，是一个相对时间。如果入队的进程位于队列的最左端，还要调整队列的 rb_leftmost 指针。

CFS 的出队操作用于将一个进程从红黑树中摘下。出队的进程不能是当前进程。在出队操作中同样需要更新当前处理器上当前进程的虚拟计时器，并需要递减队列的当前负载和 nr_running 计数、调整队列的 min_vruntime 基值。如果出队的进程位于队列的最左端，还需要调整队列的 rb_leftmost 指针。

CFS 的让出操作用于声明当前进程自愿让出处理器。当前进程的状态不变，但在队列中的位置需要调整。在下一次调度之时，当前进程会被重新插入到红黑树中，因而只需调整当前进程的虚拟计时器，它在红黑树中的位置即会被自动调整。如果当前进程是批处理的，将它的虚拟计时器改为最右端进程的 vruntime+1(最大)；否则按正常方式更新队列 rq 的计时器 clock 和当前进程的虚拟计时器 vruntime 即可。

CFS 的抢占检查操作用于确定当前进程是否可被新进程抢占，当然在检查之前需要先更新当前进程的虚拟计时器。如果新进程是批处理或空闲的，不应抢占；如果新进程的虚拟计时器比当前进程的大，不应抢占；如果新进程是实时的，应抢占；如果当前进程是空闲的，应抢占；如果新进程的虚拟计时器比当前进程的小，应抢占，但为了使抢占不至于太频繁，应让当前进程运行足够的时间，即应允许当前进程的虚拟计时器略大于新进程的虚拟计时器，允许的差值由经验公式算出，但不大于 1 ms 的虚拟计时。如应抢占，则让队列中的 next 指向新进程、last 指向当前进程，并在当前进程的 thread_info 中设置 TIF_NEED_RESCHED 标志。

CFS 的选出操作用于从红黑树中选择下一个投入运行的进程。如果红黑树不空，选出的应该是最左端的进程。然而，如果 next 或 last 不空，则应给它们一定的优惠。若 last 进程的虚拟计时器仅略大于最左端进程的虚拟计时器(差值由经验公式算出)，则选择 last 进程，并将 last 清空；若 next 进程的虚拟计时器仅略大于最左端进程的虚拟计时器，则选择 next 进程，并将 next 清空。由于新选出的进程即将成为当前进程，因而将它的 prev_sum_exec_runtime 改为 sum_exec_runtime、exec_start 改为队列 rq 的计时器 clock，并让队列中的 curr 指向新选出的进程。新选进程要被从红黑树中摘下。

新进程的运行也有时间片的限制。设队列中的进程数为 nr_running，队列当前的总负载为 load，进程的权重为 weight，进程时间片的计算方法如下：

```
if (nr_running > 3)
    slice = (nr_running * 2000000 * weight) / load;
```

else

slice = (6000000 * weight) / load;

由此可见，CFS 的时间片长度会随着队列的当前负载情况动态变化。为了实现精确调度，Linux 为每个处理器都准备了一个高精度定时器 hrtick_timer(在队列 rq 中)。在选出下一个投入运行的进程后，CFS 会根据它的时间片长度启动 hrtick_timer，以预定下一次调度的精确时刻。当 hrtick_timer 到期时，说明当前进程已耗尽了自己的时间片，应该启动新一轮的调度。当然，当有进程入队、出队或当当前进程请求调度或被抢占时，有可能需要重启定时器 hrtick_timer。

CFS 的归还操作用于将当前进程再插入到红黑树中，并将队列的 curr 清空，以便进行新一轮的调度。归还之前当然要更新当前进程的虚拟计时器。

CFS 的重置操作用于将处理器上的当前进程重新设为队列的当前进程 curr，同时将它的 prev_sum_exec_runtime 改为 sum_exec_runtime、exec_start 改为队列 rq 的计时器 clock。如果当前进程在红黑树中，应将其摘下。该操作通常在调整进程策略和调度类后执行。

CFS 的更新操作在周期性时钟中断中执行，用于更新当前进程的虚拟计时器。如果此次时钟中断是因为 hrtick_timer 到期引起的，则应该请求调度；否则，应根据当前进程的时间片和虚拟计时器决定是否需要请求调度。

算出当前进程的时间片长度 slice 和此次运行的实际时间长度 delta_exec。

delta_exec = sum_exec_runtime - prev_sum_exec_runtime;

如果 delta_exec>slice，说明当前进程的时间片已用完，应该请求调度。如果当前进程的虚拟计时器已超过队列中最左端进程的虚拟计时器，说明队列中出现了更值得运行的进程，也应该请求调度。但为了不至于使调度过于频繁，CFS 稍微照顾了一下当前进程，允许它的虚拟计时器稍大于最左端进程的虚拟计时器，只要它的实际运行时间不超过 slice 即可。

请求调度的方法是在当前进程的 thread_info 结构上设置 TIF_NEED_RESCHED 标志。当中断返回时，中断善后处理程序会检查当前进程上的 TIF_NEED_RESCHED 标志，如果该标志被设置，系统将试图运行调度程序，如图 4.3 所示。

CFS 的新醒操作用于唤醒首次运行的进程，所需完成的工作大致有三个，一是更新当前进程的虚拟计时器，二是设置新进程的虚拟计时器，三是将新进程插入红黑树。一般情况下，新进程的虚拟计时器 vruntime 应等于队列的当前虚拟时间 min_vruntime，但考虑到当前进程还未耗完它的时间片，因而应将 vruntime 后延一个时间片的虚拟长度。如果系统规定新进程应优先运行，而且当前进程的虚拟计时器又小于新进程的 vruntime，则交换两者的虚拟计时器，并在当前进程上设置 TIF_NEED_RESCHED 标志。

CFS 的优先级改变操作用于声明有进程的优先级已被改变，需检查当前进程是否应被抢占。

CFS 的调度类切换操作用于声明一个进程从别的调度类切换到了普通调度类，需检查当前进程是否应被抢占。

7.3.3 实时进程调度类

一般的系统中通常不会有太多的实时进程，然而一旦有实时进程就绪，必须优先调度实时进程，直到它们自己无法再运行为止。因而实时进程的调度通常比较简单，严格遵循优先级即可，且不需要进行过多的调整或浮动，所以可借用 $O(1)$调度器的管理结构，用多就绪队列(队列组)来组织、管理实时就绪进程。目前的 Linux 用结构 rt_rq 定义实时就绪进程队列，其中的主要内容有以下几个：

(1) 由 100 个队列构成的队列组 queue，用于组织不同优先级的实时就绪进程。

(2) 队列状态位图 bitmap，描述各队列的状态，0 表示空，1 表示队列中有进程。

(3) 队列组中当前就绪的实时进程总数 rt_nr_running。

(4) 实时进程抑制标志 rt_throttled。

(5) 实时进程在处理器上已运行的时间 rt_time。

(6) 实时进程在处理器上可运行的时间 rt_runtime。

实时进程也使用调度实体 sched_entity 来记录运行信息，如进程已运行的总时间 sum_exec_runtime、进程之前运行的总时间 prev_sum_exec_runtime、进程本次运行的开始时间 exec_start、进程的权重 load 等。除此之外，在进程的 task_struct 结构中还内嵌着一个实时调度实体，由结构 sched_rt_entity 定义，用于记录进程的实时调度信息，如进程的剩余时间片 time_slice、允许运行该进程的处理器数 nr_cpus_allowed 等。就绪态的实时进程通过 sched_rt_entity 结构中的 run_list 域将自己链入到实时就绪队列中。

由于 Linux 总是照顾实时进程，有可能出现普通进程被饿死的现象。若系统中总是有就绪状态的实时进程，普通进程将永远无法运行，这显然是不合理的。为了解决这一问题，Linux 为实时进程预定了带宽，限定了实时进程在一个处理器上、一个检查周期内可运行的最长时间 rt_runtime。处理器在更新当前实时进程的运行时间时会同时累计队列组中的运行时间 rt_time。当 rt_time 大于 rt_runtime 时，说明实时进程在该处理器上所占带宽超标，应对其进行抑制，即设置队列组中的 rt_throttled 标志，宣布暂停调度实时进程，从而给普通进程以运行的机会。但对实时进程的抑制不能一直持续，必须周期性地将其解除，为此 Linux 启动了一个周期性的高精度定时器 rt_period_timer，其定时周期为一个检查周期。当定时器 rt_period_timer 到期时，它检查所有处理器的实时就绪进程队列组，将它们的 rt_time 减到一个检查周期之内并清除其上的 rt_throttled 标志，同时设置当前进程上的 TIF_NEED_RESCHED 标志，请求新一轮的进程调度。

缺省情况下，一个检查周期的长度是 1 秒钟，实时带宽为 0.95 秒。

与普通类进程相似，实时类进程也需要经常更新当前进程的运行时间，更新依据是队列 rq 中的 clock。设 curr 是指向当前进程调度实体的指针，运行时间的更新方法如下：

```
delta_exec = clock - curr->se.exec_start;

curr->se.sum_exec_runtime += delta_exec;

curr->se.exec_start = clock;
```

如果系统为实时就绪进程队列指定了带宽(rt_runtime 不是无穷大)且带宽不大于 100%，则应检查实时带宽。设 rt_rq 是指向实时就绪进程队列的指针，检查方法如下：

```
rt_rq->rt_time += delta_exec;

if (rt_rq->rt_time > rt_rq->rt_runtime)

    rt_rq->rt_throttled = 1;
```

如果 rt_throttled 被置 1，说明实时进程所用时间已超标，设置当前进程 thread_info 结构中的 TIF_NEED_RESCHED 标志，请求进程调度。

实时类的入队操作用于将一个实时进程插入到就绪队列中。如果进程已在就绪队列中，应先将其摘下。新入队进程在实时就绪队列组中的位置由它的动态优先级 prio 决定，可以插在队头，也可以插在队尾。进程入队后，队列组位图 bitmap 中的第 prio 位应置 1，队列组中的进程数 rt_nr_running 应加 1。如果高精度定时器 rt_period_timer 未被启动，则应启动它。

实时类的出队操作用于将一个实时进程从就绪队列中摘下。摘下前要先更新当前进程的运行时间。如果出队操作使某队列变空，则应清除该队列在位图 bitmap 中的标志位。进程出队后，队列组中的进程数 rt_nr_running 应减 1。

实时类的让出操作用于将当前实时进程从队头移到队尾。

实时类的抢占检查操作用于确定当前进程是否可被新进程抢占。如果新进程的动态优先级 prio 比当前进程的小，应该抢占当前进程。如果新进程的动态优先级 prio 与当前进程的相同，说明当前处理器上已有较多的实时进程，应设法将当前进程迁移到其它允许的处理器上。如果能够迁移当前进程，则将新进程移到队头，并请求抢占当前进程。抢占当前进程的方法是在它的 thread_info 结构上设置 TIF_NEED_RESCHED 标志。

实时类的选出操作用于从实时就绪进程队列组中选出下一个投入运行的进程。如果队列组不空且实时进程未被抑制，则从队列组位图 bitmap 中找出序号最小的非空队列，该队列的队头进程就是被选出的实时进程。与普通进程不同，被选出的实时进程仍然在队列中，不被摘下。由于被选出进程即将投入运行，所以应将它的 exec_start 设为当前时间(rq 中的 clock)。

实时类的归还操作用于更新当前进程的运行时间，并将其 exec_start 清 0。

实时类的重置操作用于将当前进程的 exec_start 设为当前时间(rq 中的 clock)。

实时类的更新操作在周期性时钟中断中调用，用于更新当前进程的运行时间和时间片。根据当前实时进程的调度策略，可将更新操作分成两类：

(1) 如果当前实时进程的调度策略是 SCHED_FIFO，则不需要更新时间片，让它一直运行下去即可。

(2) 如果当前实时进程的调度策略是 SCHED_RR，则将它的时间片 time_slice 减 1。如果减后的 time_slice 仍然大于 0，则让它继续运行；否则将 time_slice 重置为(100 × Hz / 1000)，即 100 ms，而后将当前进程移到队尾，并请求新一轮调度。

实时类的优先级改变操作用于声明有进程的优先级被改变，需检查当前进程是否应被抢占。只要改变后的动态优先级 prio 比当前进程的小，则应抢占当前进程。

实时类的调度类切换操作用于声明一个进程从别的调度类切换到了实时调度类，需检查当前进程是否应被抢占。只要新来进程的动态优先级 prio 比当前进程的小，则抢占当前进程。

实时调度类不需要新醒操作。

7.3.4 空闲进程调度类

每个处理器都有空闲的时候。当处理器空闲时，其上既没有就绪的实时进程也没有就绪的普通进程，处理器处于轮空状态。但按照 Linux 的设计原则，在任何一个时刻，处理器都必须运行一个进程，其 ESP 必须在一个进程的系统堆栈中，否则的话系统将无法处理中断。因而在系统初始化时，Linux 为每个处理器都创建了一个空闲进程 Idle。当没有其它就绪进程时，处理器运行自己的空闲进程。

BSP 的空闲进程是 init_task，其静态优先级是 120，常规和动态优先级都是 140(最小的)，权重是 1024，调度类为 idle_sched_class。在各 AP 启动之前，第 1 号进程已为其创建了空闲进程。各 AP 的空闲进程都拥有独立的系统堆栈，具有和 init_task 相同的属性，包括优先级、权重、调度类等，且 PID 号都是 0。在完成初始化工作之后，各空闲进程都执行同一个函数 cpu_idle。

由于一个处理器上仅有一个空闲进程 Idle，而且该进程总是处于就绪状态，因而空闲进程的管理极为简单，仅需要一个指针即可，不需要出队、入队、归还、重置操作。

空闲进程的主要工作是随时准备让出处理器，因而不需要另外为其定义让出操作。

只要有进程就绪，它们都可以抢占空闲进程，因而抢占检查操作等价于在空闲进程上设置 TIF_NEED_RESCHED 标志。当发现该标志时，空闲进程会立刻请求进程调度。

当需要执行空闲进程类上的选出操作时，说明处理器上已没有其它的就绪进程。选出操作所选中的只能是空闲进程。空闲进程不需要计时，因而不需要更新操作。改变空闲进程的优先级和调度类都是无意义的。

7.3.5　通用调度器

在各处理器的 rq 结构中，内嵌着一个 cfs_rq 结构用于管理在其上等待的普通就绪进程，一个 rt_rq 结构用于管理在其上等待的实时就绪进程，rq 结构中的指针 idle 指向处理器的空闲进程，curr 指向处理器的当前运行进程，如图 7.11 所示。以结构 rq 为基础的通用调度器是调度器框架的对外接口，它接收外界的调度请求，而后借助于调度类的支持完成调度信息的维护、更新及新进程的选择、切换等工作。

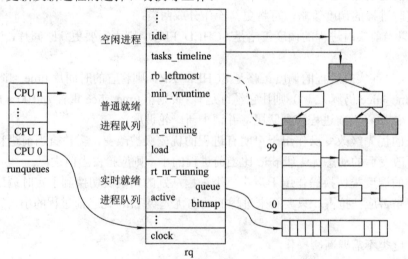

图 7.11　Linux 的就绪进程队列

在系统初始化过程中，通用调度器已被初始化，主要工作包括：

(1) 已设置缺省的根处理器域 def_root_domain。系统中的处理器可划分成多个互不相交的集合，称为处理器域，并允许为其中的处理器指定优先级。一个处理器域用一个

root_domain 结构描述。缺省的处理器域 def_root_domain 中包括所有存在的和在线的处理器，各处理器的初始优先级都是 1(即 CPUPRI_NORMAL)。

(2) 已设置了缺省的实时进程带宽 def_rt_bandwidth。实时进程的带宽信息由结构 rt_bandwidth 描述。缺省的实时进程带宽 def_rt_bandwidth 中定义了一个检查周期(缺省值为 1s)内实时进程可运行的最长时间(缺省为 0.95 s)，也就是带宽，和一个抑制解除定时器(相对、单调、缺省处理函数为 sched_rt_period_timer)，用于定期清除实时进程队列中的 rt_throttled 标志。

(3) 已设置了各处理器的就绪进程队列 runqueues。Linux 在 PERCPU 数据区中为每个处理器定义了一个类型为 rq 的结构变量 runqueues，用于描述处理器的就绪进程队列。初始情况下，各就绪进程队列都是空的，均使用根处理器域 def_root_domain，其中的高精度定时器 hrtick_timer 被初始化为单调、相对定时器，其处理函数被设为 hrtick。另外，普通就绪进程队列的最小虚拟计时器 min_vruntime 被初始化为(-(1LL << 20))。

当新进程被创建时，调度器会初始化它的调度信息，包括：

(1) 普通调度实体，其中的虚拟计时器 vruntime 继承自创建者进程，其余各域被清 0，如 exec_start、sum_exec_runtime、prev_sum_exec_runtime 等。

(2) 实时调度实体，其中的内容均继承自创建者进程。

(3) 优先级，新进程的静态(static_prio)和常规(normal_prio)优先级直接继承自创建者进程，动态优先级 prio 被设为创建者进程的常规优先级 normal_prio，创建者进程动态提升的优先级未被新进程继承。如果新进程的动态优先级大于 99，它的调度类被设为 fair_sched_class，否则采用继承的调度类。

当进程被唤醒时，调度器会更新进程的调度信息并将其插入相应的就绪进程队列，唤醒的工作包括：

(1) 根据负载均衡原则为其选择处理器和就绪队列、更新队列中的 clock 计时器，执行调度类中的入队操作将进程加入到就绪队列中。

(2) 执行调度类中的抢占检查操作，试图抢占当前进程。

在处理器运行过程中，它会收到时钟中断。处理器收到的时钟中断可能是周期性的(来自时钟设备或由定时器仿真)，也可能是由 rq 中的高精度定时器 hrtick_timer 引起的。只要处理器收到时钟中断，它都会更新就绪进程队列和当前进程的调度信息，包括：

(1) 将当前处理器就绪进程队列 rq 中的计时器 clock 更新为当前时间。

(2) 统计处理器的负载。处理器负载记录在 rq 的 cpu_load 域中，该域是一个数组，其内容如图 7.12 所示。

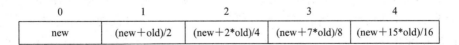

0	1	2	3	4
new	(new＋old)/2	(new＋2*old)/4	(new＋7*old)/8	(new＋15*old)/16

图 7.12　处理器负载统计

其中 new 是处理器当前的负载，old 是元素 cpu_load[i]的当前值。

(3) 执行当前进程调度类中的更新操作，更新当前进程的虚拟计时器或时间片，并在必要时请求调度。

(4) 如果必要(如已到时)，触发处理器间的负载平衡。

当当前进程终止时，它会请求调度，主动放弃处理器；当当前进程需要等待某些资源(如设备、内存、事件等)而无法继续运行时，它会把自己置为等待状态而后直接请求调度，主动放弃处理器；当当前进程的时间片耗尽或系统中出现了更值得运行的进程时，系统会在适当的时机(如在系统调用中、从核心态返回用户态之前、中断返回到核心态之前、退出临界区之时)请求调度，抢占当前进程的处理器，让更值得运行的进程投入运行。所谓请求调度实际上就是调用函数 schedule()，该函数完成进程的调度工作，其过程如下：

(1) 清除当前进程(prev)中的 TIF_NEED_RESCHED 标志，表示已被调度过。

(2) 调整当前进程的状态和队列。

① 如果当前进程处于 TASK_INTERRUPTIBLE 状态且已收到信号，或处于 TASK_WAKEKIL 状态且收到了 SIGKILL 信号，则该进程应该被唤醒，即应将它的状态改回 TASK_RUNNING，并留在队列中。

② 如果当前进程处于 TASK_INTERRUPTIBLE 状态但未收到信号，则调用它的调度类中的出队操作将当前进程从就绪进程队列中摘下。

③ 如果当前进程处于其它非运行状态，则调用它的调度类中的出队操作将当前进程从就绪进程队列中摘下。

(3) 如果当前处理器的就绪队列已空，说明它即将进入空闲状态，则检查其它处理器，试图从最忙的处理器中转移过来一批进程。

(4) 调用当前进程调度类中的归还操作，调整当前进程的调度信息，并将其还给就绪进程队列，准备参与新一轮调度。

(5) 按实时、普通、空闲的顺序分别调用各调度类中的选出操作，直到选出下一个投入运行的进程 next 为止。如果实时队列不空，选出的肯定是最高优先级的实时进程；如果普通队列不空，选出的应是虚拟计时器走得最慢的普通进程；只有当实时和普通进程就绪队列为空时才会选择空闲进程。

(6) 当新选出的进程不是当前进程时，实施进程切换。切换之后，当前处理器就绪队列中的 curr 指向 next 进程，或者说 next 变成了当前处理器的当前进程，prev 让出了处理器。若干滴答之后，当老的当前进程再次被选中时，处理器又会被切换回来，prev 进程恢复运行，再次变成当前处理器的当前进程。

如果未进行进程切换，调度函数 schedule()会立刻返回，当前进程继续运行；如果进行了进程切换，老的当前进程会停在调度函数 schedule()中，只有当它再次运行时，函数 schedule()才会返回。如果老的当前进程已经终止，函数 schedule()不会再返回。

进程切换又叫进程上下文切换或处理器现场切换，它先将当前处理器的现场保存在老当前进程 prev 中，而后用新当前进程 next 恢复处理器现场。进程切换的过程如下：

(1) 如果 next 进程没有用户虚拟内存，说明它是一个内核线程，仅在内核中运行，因而借用 prev 的虚拟内存即可，不需要再进行内存切换。如果 next 有用户虚拟内存，则需进行内存切换，包括：

① 将 next 的页目录加载到处理器的 CR3 寄存器中，实现页目录切换。

② 如果 next 与 prev 使用不同的 LDT，则将 next 的 LDT 装入 LDTR 中。

(2) 如果 prev 进程没有用户虚拟内存，说明它是一个内核线程，其虚拟内存也是从别的进程借用的，应该将其归还，即将它的 active_mm 清空。

(3) 执行宏 switch_to(prev，next，last)，实现真正的上下文切换。

```
#define switch_to(prev, next, last)                                      \
do {                                                                     \
        asm volatile("pushfl\n\t"                 /* 保存 EFLAGS   */    \
                     "pushl %%ebp\n\t"            /* 保存 EBP      */    \
                     "movl %%esp,%[prev_sp]\n\t"  /* 保存 ESP      */    \
                     "movl %[next_sp],%%esp\n\t"  /* 恢复 ESP      */    \
                     "movl $1f,%[prev_ip]\n\t"    /* 保存 EIP      */    \
                     "pushl %[next_ip]\n\t"       /* 恢复 EIP      */    \
                     "jmp __switch_to\n"          /* 函数调用      */    \
                     "1:\t"                                              \
                     "popl %%ebp\n\t"             /* 恢复 EBP      */    \
                     "popfl\n"                    /* 恢复 EFLAGS   */    \
                     : [prev_sp] "=m" (prev->thread.sp),                 \
                       [prev_ip] "=m" (prev->thread.ip),                 \
                       "=a" (last),                                      \
                     : [next_sp]  "m" (next->thread.sp),                 \
                       [next_ip]  "m" (next->thread.ip),                 \
                       [prev]     "a" (prev),      /* 给_switch_to 的参数 */ \
                       [next]     "d" (next)       /* 给_switch_to 的参数 */ \
                     : "memory");                                        \
} while (0)
```

宏 switch_to 所做工作如下：

① 将处理器的 EFLAGS、EBP 寄存器压入 prev 进程的系统堆栈，将栈顶位置保存在 prev 进程的上下文(thread_struct 结构)中。

② 从 next 进程的上下文中取出系统栈顶，存入 ESP，完成系统堆栈切换。

③ 将标号 1 的地址保存在 prev 进程的上下文中，作为下次运行的开始地址。

④ 从 next 进程的上下文中取出下次运行的开始地址，压入栈顶。

⑤ 跳转到函数__switch_to，完成其它切换工作，如将 next 进程的系统堆栈栈底位置写入当前处理器的任务状态段 init_tss 中、切换 GS 寄存器、Debug 寄存器、I/O 许可位图、FPU 状态等。

⑥ 函数__switch_to 的返回地址(next 进程下次运行的开始地址)已被压入栈顶。当函数__switch_to 执行完后，它的最后一条 ret 指令将把栈顶的地址弹出到处理器的 EIP 中。此后，处理器将使用 next 的地址空间和系统堆栈，开始运行 next 进程的程序，从而将处理器切换到了 next 进程。

新老进程系统堆栈的变化如图 7.13 所示。

(4) 如果 prev 进程处于 TASK_DEAD 状态，则释放它的 task_struct 结构。

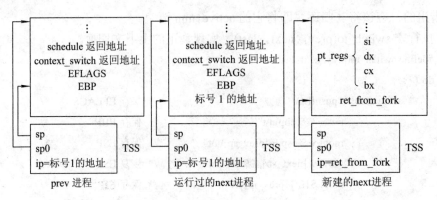

图 7.13　进程系统堆栈的变化

由此可见，prev 进程停止在标号 1 处。当 prev 再次运行时，它变成了新的 next 进程，切换程序根据它的处理现场切换系统堆栈，而后让它从标号 1 处恢复运行，弹出系统堆栈中的 EBP、EFLAGS，最后导致 schedule() 返回。整个调度过程就像 prev 进程调用了一次函数 schedule()，此时才正常返回一样，只是这个函数的执行时间比较长而已。

Linux 定义了一组系统调用，用于获取或设置进程的优先级、获取或设置进程的调度策略、获取或设置运行进程是处理器集、请求放弃处理器等。

7.3.6　Linux 调度器的增强

以调度器管理框架为基础，Linux 还实现了其它几项增强的调度功能，如针对多处理器环境的负载平衡、针对多用户环境的组调度等。

1. 负载平衡

在多处理器环境中，每个处理器都有自己的私有就绪进程队列，其中记录着等待该处理器的所有就绪态进程。当需要调度时，处理器仅检查自己的就绪队列，或者说仅从自己的就绪队列中选取下一个投入运行的进程。与公共队列(所有处理器共用一个就绪队列)相比，这种调度方式避免了处理器对就绪队列的竞争，简化了设计，提高了效率，但也带来了负载平衡问题。由于就绪队列是处理器私有的，如果不加控制，很容易出现队列间负载不均的现象，严重时会导致有的处理器极闲、有的处理器极忙，因而必须设法平衡处理器间的负载，以便充分发挥各处理器的作用，提高系统的整体性能。

确定队列负载的依据有两个，一是队列中所有进程的权重之和(rq 中的 load)，二是队列中就绪进程的总数(rq 中的 nr_running)。所谓负载平衡就是不断地从重负载队列中转移进程到轻负载队列中，以期维护处理器之间的负载均衡，提高进程的运行速度。然而并不是所有进程的迁移都能够提速，事实上由于缓存(如 TLB)等原因，将正在运行或刚刚运行过的进程迁移出去反而会使缓存失效，导致进程运行速度降低。另外，也不是每个进程都可在所有处理器上运行(在 task_struct 结构的 cpus_allowed 域中记录着进程可使用的处理器集合)，将进程迁移到它不能使用的处理器上显然也是不合适的。因而必须仔细地选择被迁移的进程。

处理负载平衡的时机大致有以下几个：

(1) 在新进程首次被唤醒时，可为其选择即将进入的就绪进程队列。

(2) 当进程加载新的执行映像时，老的缓存将失效，可为其选择新的就绪进程队列。

(3) 处理器即将进入空闲状态时，可从最忙的队列中迁移进程。

(4) 周期性时钟中断处理时，可全面检查各队列的负载情况，并在必要时触发软中断 SCHED_SOFTIRQ，从最忙的队列中迁移进程。

为了支持负载平衡，调度类中需要实现一些相应的操作，如操作 select_task_rq 用于为进程选择合适的就绪进程队列等。

2. 组调度

以往的调度都是以进程为单位的，其目标是尽力为各进程提供公平的处理器时间。然而有时候人们希望对进程进行分组，并希望调度器先保证组间的公平性，再保证组内进程的公平性。如在多用户环境中，希望尽力保证各用户都得到大致公平的处理器时间，不管这些用户运行了多少进程。

目前的 Linux 提供了两种分组方式，一是根据用户分组，二是根据任务分组，二者只能选择其一。管理员可以指定各组应得到的处理器带宽。

为了支持组调度，需要对调度器进行一些改造。由于 Linux 调度器建立在调度实体(包括 sched_entity 和 sched_rt_entity)的基础上，包含调度实体的任何对象都可以参与调度，因而这种改造比较简单。最基本的做法是定义任务组结构 task_group。在一个任务组结构中，每个处理器都有一个就绪进程队列和一个调度实体。任务组动态创建，按层次组织，任务组中还可能包含子任务组。每个进程都属于一个任务组。当进程就绪时，进程的调度实体被插入到所属任务组的就绪进程队列中，同时任务组的调度实体被插入到上层任务组的就绪进程队列中，最上层任务组的调度实体被插入到处理器的就绪进程队列 rq 中。图 7.14 是一个处理器的普通就绪进程队列。

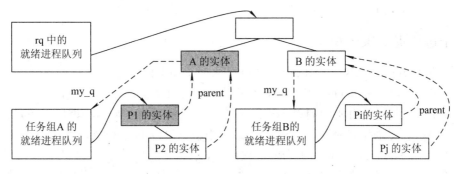

图 7.14 某处理器上的普通就绪进程队列

任务组实体的权重由管理员指定，任务组间根据权重分割处理器时间。

在时钟中断引起的更新操作中，调度器沿 parent 指针更新所有实体的虚拟计时器，并根据进程及任务组的时间片决定是否抢占当前进程。在选出操作中，调度器首先从处理器的 rq 队列中选出虚拟计时器最小的任务组，而后通过 my_q 找到任务组的就绪进程队列，再从该就绪队列中选出虚拟计时器最小的进程，因而调度器选出的是虚拟计时器最小的任务组中最值得运行的进程。如在图 7.14 中，可能选出的进程是任务组 A 中的 P1 进程。

7.4　进程终止

　　除了一些特殊的守护进程之外，一般进程的运行时间都是有限的，或者在有限的时间内完成处理工作，或者被内核或其它进程杀死。不管是因为完成工作而自愿终止还是因为其它原因而被迫终止，进程运行的终点都是终止。终止的进程不会再运行，它所占用的系统资源应该被释放，如内存、堆栈、task_struct 结构等。

　　进程所使用的资源，除系统堆栈和 task_struct 结构之外，都是自己申请的，自然应该由进程自己释放。进程在释放完自己的资源之后，应该请求调度，让出处理器。当然进程可以释放自己的系统堆栈和 task_struct 结构，但这种释放会引起一些问题，如：

　　(1) 有悖伦理。进程是由父进程创建的，自然应由父进程撤销。进程自己释放 task_struct 结构等于自行消亡，将使父进程无法获得子进程的退出原因和统计信息。

　　(2) 会引起中断处理故障。如果进程释放了自己的系统堆栈和 task_struct 结构，那么在调度器启动下一个进程之前，进程所在的处理器上将缺少当前进程。如果该处理器在此期间收到了中断，它将因缺少系统堆栈而无法正常处理。

　　(3) 无法进行正常的进程切换，因为进程切换需要用到当前进程的系统堆栈。

　　基于以上考虑，进程终止一般被分成两步：

　　(1) 进程自己执行退出操作 exit，释放占用的系统资源，而后向父进程发送信号，报告自己已经退出。

　　(2) 父进程响应进程退出信号，执行回收操作 wait，找到已经终止的子进程，回收其中的统计信息，释放其 task_struct 结构和系统堆栈，从而将进程彻底注销。

7.4.1　子进程退出操作 exit

　　为了保证进程能自己执行 exit 操作，Linux 采取了如下措施：

　　(1) 提供一个名为 exit() 的系统调用，允许应用程序在需要时调用 exit()。

　　(2) 如果应用程序没有明确调用 exit()，加载程序会在其返回后自动调用 exit()。

　　(3) 如果内核想杀死当前进程，它可以直接调用 exit()。由于内核运行在当前进程的环境中，内核调用 exit() 实际上相当于当前进程调用 exit()。

　　(4) 如果内核或当前进程想杀死未运行的进程，它可以向该进程发送信号，并将其唤醒，让被杀死的进程自己执行 exit()。

　　当然，第 0 号进程不能终止，正在处理中断的进程也不能终止。

　　函数 exit() 由当前进程自己调用，它是当前进程执行的最后一个函数，此后该进程将永远失去运行的机会，因而 exit() 不会返回。函数 exit() 完成的主要工作如下：

　　(1) 在进程的 flags 上加入标志 **PF_EXITING** 表示进程正在退出。

　　(2) 关闭进程上的定时器，包括实时和间隔定时器。

　　(3) 在进程的 exit_code 域中暂存退出代码。退出代码由退出进程提供，父进程可通过该代码获知子进程的退出原因。

(4) 如果当前进程是按 vfork 方式创建的，则创建者进程可能还在它的 vfork_done 队列上睡眠等待，需将其唤醒。

(5) 释放进程占用的系统资源及其管理子结构(包括进程的虚拟页、页表、页目录、虚拟内存区域、虚拟内存管理结构 mm_struct)，进程使用的用户信号量，进程打开的文件及文件描述符表 files_struct，进程的根目录、当前工作目录及 fs_struct 结构，进程收到的信号及信号处理结构 sighand_struct、signal_struct，进程的 I/O 许可位图，进程的名字空间 nsproxy 等。如果管理子结构是与其它进程共享的，释放操作仅仅是减少引用计数。在释放进程的虚拟内存之前，需将它的虚拟内存管理结构换成初始的 init_mm。

(6) 将进程的所有子进程都过继出去。如果退出进程所属的线程组不空，则将子进程过继给同组的其它进程是合适的，否则将子进程过继给所属名字空间中的回收进程(通常是 init)。

(7) 设置进程的退出状态 exit_state 并向父进程发送信号。

① 对不在线程组中的独立进程，将退出状态设为 EXIT_ZOMBIE，并向父进程发送退出信号，如 SIGCHLD，不改变进程的引用计数。

② 对线程组中的领头进程，如该进程是组中最后一个退出的进程，则将退出状态设为 EXIT_ZOMBIE，并向父进程发送退出信号，如 SIGCHLD，不改变进程的引用计数。

③ 对线程组中的领头进程，如该进程不是组中最后一个退出的进程，则将退出状态设为 EXIT_ZOMBIE，不向父进程发送退出信号，也不改变进程的引用计数。

④ 对线程组中的非领头进程，如该进程不是组中最后一个退出的进程，则将退出状态设为 EXIT_DEAD，不发送退出信号，将进程的统计信息累计到公共的 signal_struct 结构中，将进程从任务组、PID Hash 表、线程组、亲缘树中删除，并将其引用计数减 1。

⑤ 对线程组中的非领头进程，如该进程是组中最后一个退出的进程，则将退出状态设为 EXIT_DEAD，向父进程发送退出信号，如 SIGCHLD，将进程的统计信息累计到公共的 signal_struct 结构中，将进程从任务组、PID Hash 表、线程组、亲缘树中删除，并将其引用计数减 1。

(8) 如进程的退出状态为 EXIT_DEAD，则将其从任务组中、PID Hash 表、线程组、亲缘树中删除。

(9) 将进程的状态 state 改为 TASK_DEAD，请求调度。调度程序会将终止进程从就绪队列中摘下，并在完成进程切换工作之后将它的引用计数减 1。如此以来，线程组中的非领头进程的引用计数就会被减到 0，其 task_struct 结构和系统堆栈会被调度程序释放。由于独立进程和线程组中的领头进程的引用计数不会被调度程序减到 0，因而其 task_struct 结构和系统堆栈也不会被释放。

7.4.2 父进程回收操作 wait

独立进程和线程组中领头进程的 task_struct 结构和系统堆栈不会被调度程序释放，只能被父进程回收。当这些进程退出时，它们已向父进程发送了退出信号，如 SIGCHLD，报告了自己的退出消息。如果父进程此前已调用了函数 wait4( )、waitpid( )、waitid( )等，那么它肯定正在子进程的 wait_chldexit 队列上等待，子进程的退出信号会将其唤醒，唤醒后的父进程会回收已退出的子进程。如果父进程此前未调用函数 wait( )、waitpid( )等，那么它会在处理退出信号时回收已退出的子进程。如果父进程在退出信号处理中也未回收已退出的子进程，那么当父进程也退出时，这些已退出的子进程会被过继给其它进程，并最终被继父进程回收。因而，对退出进程的回收可能不够及时。

在回收操作 wait 中，可以通过参数 pid 指定要回收的子进程。

(1) pid 大于 0，表示要回收 PID 号为 pid 的子进程；

(2) pid 等于 0，表示要回收与当前进程同组的子进程；

(3) pid 小于 −1，表示要回收组号为 −pid 的子进程；

(4) pid 等于 −1，表示回收当前进程的任意一个子进程。

如果父进程在一个线程组中，那么它除了回收自己的子进程之外，还应回收同组进程的子进程。

由于牵涉到追踪调试，因而回收操作的实现非常复杂。但就回收本身而言，wait 操作所完成的工作比较简单，它顺序搜索线程组中所有进程的所有子进程，找满足 pid 要求的、退出状态为 EXIT_ZOMBIE 的子进程，而后将其回收。

(1) 将被回收进程 signal_struct 结构中的统计信息累计到父进程的 signal_struct 结构中，包括用户态时间、系统态时间、页故障次数、进程切换次数、I/O 操作次数等。

(2) 将用户要求的信息拷贝到当前进程的用户空间中。

(3) 将被回收进程的退出状态改为 EXIT_DEAD，将其从任务组、PID Hash 表、线程组、亲缘树中删除，最后释放它的 task_struct 结构和系统堆栈。

如果找到了满足 pid 要求的子进程，但子进程还未退出，那么父进程可以选择等待，也可以不等待。用户可通过参数指定是否需要等待。

进程的 task_struct 结构和系统堆栈被释放之后，进程就彻底从系统中消失了。

思 考 题

1. 创建者进程能否为新进程加载程序？

2. 既然所有进程共用同一个内核，为什么不能共用同一个系统堆栈？

3. 为什么要在系统堆栈中放一个管理结构？是否可以不要这种管理结构？

4. 在普通进程调度中是否可以不再使用时间片？完全根据虚拟计时器调度是否可行？可能会出现什么问题？

5. 如何实现处理器间的负载平衡？

6. 在多用户环境中，如何实现用户之间的平衡？

7. 什么叫抢占？Linux 内核是否允许抢占？抢占式调度有什么好处？又有什么缺点？

8. 什么叫实时进程？进程的实时性是如何保证的？

第八章　虚拟内存管理

　　在内核看来，一个进程就是一个以 task_struct 为代表的管理结构。内核通过管理结构创建、回收、调度系统中的进程，并不关心进程所执行的程序。然而在用户看来，一个进程就是一台虚拟的计算机，它有自己的虚拟内存用以存放程序和数据，有自己的虚拟处理器用以执行程序，并有自己的虚拟文件系统和虚拟外部设备等用于输入输出。内核的核心工作就是为每一个进程都虚拟出一台这样的虚拟机，其中处理器的虚拟化工作由调度器完成，内存的虚拟化工作由虚拟内存管理器完成。

　　虚拟内存管理器的主要设计目标是为每个进程都提供一块从 0 开始编址的、连续的、不受系统物理内存大小限制的大地址空间。进程的大地址空间是虚拟内存管理器利用物理内存和外部存储设备模拟出来的，虽在功能上等价于物理内存，但并不实际存在，所以被称为虚拟地址空间或虚拟内存。由于每个进程都有自己独立的虚拟地址空间，因而在系统中可以同时存在多个进程，每个进程都可执行任意大小的程序且互不干涉。一般情况下，一个进程不能执行另一个进程的程序，也不能访问另一个进程的数据，一个进程的问题不会影响其它进程的运行。也就是说，各虚拟地址空间是相互隔离的。

　　与物理内存管理器不同，虚拟内存管理器提供的主要功能包括动态地创建、回收和调整进程的虚拟地址空间，协助内存管理单元(MMU)实现虚拟地址到物理地址的转换，实现虚拟页面的动态建立和淘汰，实现虚拟地址空间的隔离、保护与共享，提供文件映射、动态链接、负载统计等其它服务。进程的虚拟地址空间随进程的创建而创建，随进程的终止而撤销。

8.1　虚拟内存管理结构

　　进程的核心工作是执行程序，被执行的程序及其数据、堆栈等必须被预先装入内存。在没有虚拟内存管理器的情况下，只能将程序、数据等一次性地全部装入物理内存(如分区法)，这种执行程序的方法虽然简单但却存在一些问题，如无法装入超过可用物理内存量的程序、难以实现进程之间的隔离与保护、并发的进程数受物理内存大小的限制、进程间切换的开销过大、程序的设计过分依赖于物理内存的配置、编程困难、移植困难等。为解决这些问题，人们提出了多种改进办法，如覆盖(通过覆盖那些暂时不用的程序或数据来复用内存)、交换(在内外存之间以进程为单位换入换出)等，但这些办法都不够理想。1978 年，Unix 操作系统第一次在 VAX 机上实现了基于分页机制的虚拟内存管理器，彻底解决了上述问题。虚拟内存的引入是操作系统发展史上一个里程碑，它改变了软件设计、运行和管理的方式，甚至改变了计算机系统的使用方式。

　　虚拟内存管理的基本思路是虚拟或制造假象，它使每个进程都认为系统中有足够大的内存，而且自己在独占该内存。虚拟或造假的工作由虚拟内存管理器负责，它的设计依据是程序运行的局部性规律，实现的基本方法是：

　　(1) 隔离，不让进程看到实际的物理内存，只给它看到一个美好的假象。

　　(2) 借用，借用容量更大的外存来存储暂时不用的程序和数据以扩充内存容量。

　　(3) 延迟，将链接、加载、复制、扩充等工作向后推迟，仅装入进程真正执行的程序和真正使用的数据，仅复制实际修改的虚拟页，仅扩充实际使用到的匿名页。

　　(4) 换入/换出，以页为单位，快速地在内、外存之间复制页面，保证进程当前使用的代码和数据都在物理内存中，暂时不用的数据都在外存中。

　　Linux 虚拟内存管理器的实现思路如图 8.1 所示：

　　(1) 将系统的物理地址空间和进程的虚拟地址空间都分成固定大小的页，为每个进程建立一个页表，以实现两个地址空间的隔离，使进程仅能看到自己的虚拟地址空间。

　　(2) 由虚拟内存管理器维护进程的页表，建立进程虚拟页与系统物理页之间的对应关系，利用系统硬件自动实现进程虚拟地址到物理地址的转换。

　　(3) 由虚拟内存管理器负责在内外存之间交换页面，将进程使用的虚拟页换入物理内存，将暂时不用的虚拟页换出物理内存，尽可能提高物理内存的利用率，从而用有限的物理内存为进程模拟出几乎无限的虚拟内存，给进程造成拥有大内存的假象。

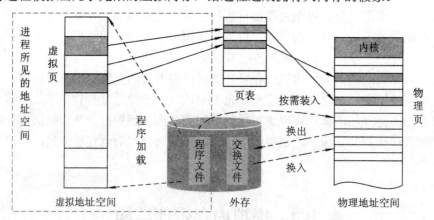

图 8.1　Linux 虚拟内存管理器的实现思路

　　在虚拟内存管理结构中，页表是最关键、最基础的数据结构，它记录着进程虚拟页与物理页之间的对应关系。在 Intel 的 32 位处理器中，页表分为两级，分别称为页目录和页表。每个进程都有自己的页目录和页表。虚拟内存管理器通过不断地调整进程的页目录和页表来管理进程的虚拟地址空间。页目录和页表虽仅是简单的数组，却具有强大的功能和极大的灵活性，概括如下：

　　(1) 页目录、页表的内容只能由虚拟内存管理器维护，进程无法看到、更无法修改。虚拟内存管理器保证不同进程的页表间不会出现重叠，从而保证进程的虚拟地址空间是独立的，相互之间是隔离的。

　　(2) 当虚拟页在内存时，页表项记录着映射关系。当虚拟页不在内存时，页表项记录着页面在外存的位置。页表项中还包含有丰富的控制信息，用以实现页的保护。

(3) 页表项甚至页表本身都是动态创建的，也可以动态删除。页表项可以为空，表示虚拟页不在内存。页目录项也可以为空，表示整个页表都不存在。页表的内容可以动态修改，页表所反映的映射关系可动态变化。虚拟页与物理页的映射关系不要求连续，也不要求有序。如果需要，还可以使页表的内容重叠，即将多个进程的虚拟页映射到同一个物理页，从而实现内存共享。进程切换时，页目录、页表也要随着切换。

页目录、页表描述了进程完整的虚拟地址空间。进程在用户态运行需要的所有信息都保存在它的虚拟地址空间中，进程用虚拟地址访问自己的程序和数据。然而，由于属性的不同，进程对自己虚拟地址空间的不同区域有不同的使用与管理方法，如程序代码可以执行但不能修改、数据可以读写但不能执行、堆栈可以动态增长等，因而不应将进程的虚拟地址空间看成完整的一块，而应将其划分成不同的区域。Linux 用 vm_area_struct 结构描述进程的虚拟内存区域，其中的主要内容如下：

(1) 开始虚地址 vm_start 和终止虚地址 vm_end。

(2) 存取许可 vm_page_prot 和标志 vm_flags。

(3) 映射文件 vm_file 和在文件中的开始页号 vm_pgoff。

(4) 操作集 vm_ops。

(5) 红黑树节点 vm_rb 和通用链表节点 vm_next。

(6) 指向匿名域的指针 anon_vma 和通用链表节点 anon_vma_chain。

(7) 优先树节点 prio_tree_node 或通用链表节点 list(联合、复用域)。

一个虚拟内存区域描述的是进程虚拟地址空间中具有相同属性的一段连续的虚拟地址区间，即[vm_start，vm_end-1]。虚拟内存区域的大小可变，最小为 1 页。

虚拟内存区域的属性分别由 vm_page_prot 和 vm_flags 描述。其中 vm_page_prot 描述区域中各虚拟页的存取许可特性，用于创建区域中各页目录、页表项的存取控制标志，如 R/W、U/S、A、D、G 位等；vm_flags 描述区域的整体存取控制特性，如 VM_READ(允许读)、VM_WRITE(允许写)、VM_EXEC(允许执行)、VM_SHARED(允许共享)、VM_GROWSDOWN(向下增长，即堆栈)、VM_SEQ_READ(内容将被顺序读)、VM_RAND_READ(内容将被随机读)、VM_DONTEXPAND(禁止扩展)等。

虚拟内存区域中的内容可能来源于文件(如程序、数据等)，也可能是匿名的(如堆栈、堆等)。如果虚拟内存区域是匿名的，vm_pgoff 是区域的开始虚页号。如果虚拟内存区域中的内容来源于一个文件，那么结构 vm_area_struct 中还记录着内容在文件中的位置，即文件 vm_file 中的区间[vm_pgoff × 4096，vm_pgoff × 4096+ vm_end- vm_start-1]。在老版本中，vm_pgoff 是区间在文件中的开始偏移量，在新版本中，vm_pgoff 是区间在文件中的开始页号。

文件区间与进程虚拟内存区域之间的映射方式共有两种：

(1) 共享映射。文件区间可按共享方式同时映射到多个进程的虚拟地址空间(建立的区域称为共享区域)，其内容在内存中只有一份拷贝，允许多个进程直接读写，修改后的结果将被直接写回到映射文件。

(2) 私有映射。文件区间可按私有方式同时映射到多个进程的虚拟地址空间(建立的区域称为私有区域)，各进程按 Copy on Write 方式共享文件内容，进程仅能修改自己的拷贝，修改后的结果不能直接写回到映射文件。

为了区分不同虚拟内存区域对特定事件(如缺页)的处理方法，Linux 为每个虚拟内存区域都定义了一个操作集 vm_operations_struct，其中的 open 和 close 是虚拟内存区域的打开和关闭操作，相当于构造和析构函数，fault 是页故障异常的处理操作。图 8.2 是常见的一种虚拟内存区域。

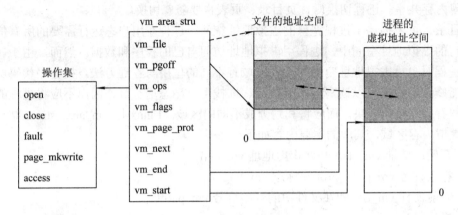

图 8.2　虚拟内存区域

　　一个进程的所有虚拟内存区域构成了它的有效虚拟地址空间，在虚拟内存区域内的地址是有效的，在所有虚拟内存区域之外的地址是无效的。进程的有效虚拟地址空间由结构 mm_struct 描述，如图 8.3 所示。虚拟地址空间中的内容称为执行映像(image)。

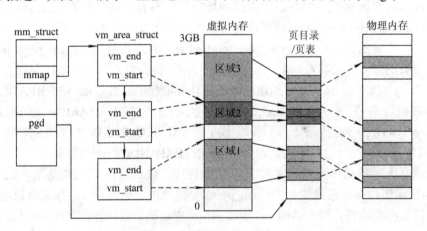

图 8.3　进程虚拟内存管理结构

　　结构 mm_struct 的主要内容包括如下几部分：

　　(1) 进程的页目录 pgd。每个进程都有自己的页目录，一般情况下，一个进程不应使用其它进程的页目录，除非特殊需要。

　　(2) vm_area_struct 结构队列 mmap 和红黑树 mm_rb。队列和红黑树都是有序的，虚拟地址小的区域在前，虚拟地址大的区域在后。建立红黑树的目的是为了加快对 vm_area_struct 结构的查找速度。

　　(3) 虚拟地址空间的布局。即进程执行映像的各部分在虚拟地址空间中的位置，包括程序(从 start_code 到 end_code)、数据(从 start_data 到 end_data)、堆栈(从 start_stack 到 3 GB)、堆(从 start_brk 到 brk)、初始参数(从 arg_start 到 arg_end)、环境变量(从 env_start 到 env_end)等。

(4) 统计信息。如进程虚拟地址空间的总页数、锁定的页数、共享的页数、预留的页数、堆栈页数、程序代码页数、文件映射页数、匿名页数、当前驻留在内存中的页数等。

并不是所有进程都需要虚拟内存管理结构,事实上,内核线程(包括 init_task)没有自己的 mm_struct 结构,当内核线程运行时,它们借用前一个进程的 mm_struct。在 task_struct 结构中,mm 指向自己的 mm_struct,active_mm 指向当前使用的 mm_struct,mm 可以为空。

在早期的系统中,Linux 仅用 mm_struct、vm_area_struct、页目录、页表等描述进程的虚拟地址空间,这些数据结构定义了一种正向映射关系,通过该映射关系可以方便地找到与一个虚拟页对应的物理页和文件页。然而在有些时候,如物理页回收时,还需要一种逆向映射关系,以便能同样方便地找到使用一个物理页或文件页的所有进程及该页在各进程中所对应的虚拟页。为此,新版本的 Linux 又引入了逆向映射关系。

1. 文件页到虚拟页的映射关系

如果虚拟页的内容来源于文件页且包含该文件页的文件区间仅被映射到一个进程的虚拟内存空间中,那么虚拟内存区域所建立的就是文件页与虚拟页的一一对应关系,通过虚拟内存区域可以方便地找到虚拟页对应的文件页和文件页对应的虚拟页。

如果包含某文件页的文件区间(大小可能不同)被同时映射到多个进程的虚拟地址空间中,那么每个进程都会为包含该页的文件区间建立一个虚拟内存区域,这些虚拟内存区域所建立的是文件页到虚拟页的一对多的映射关系。为了便于找到一个文件页对应的所有虚拟页,Linux 为每个文件建立了一个文件地址空间 address_space,在其中记录着映射到该文件的所有虚拟内存区域(被组织成优先树或双向链表)。给定一个文件页(页号为 pgoff),查它的 address_space,可得到包含该页的所有虚拟内存区域 vma,进而可算出该页在各进程虚拟地址空间中的虚拟地址:(pgoff - vma->vm_pgoff) × 4096 + vma->vm_start。

2. 物理页到虚拟页的映射关系

一个物理页的内容可能是动态创建的(匿名页),也可能来源于一个文件(映射页)。来源于文件的页可能属于共享区域,也可能属于私有区域。不同来源的物理页需要不同的逆向映射关系。

1) 匿名页

匿名页属于匿名的虚拟内存区域。一般情况下,一个物理页仅属于一个匿名虚拟内存区域,但有一些特殊的物理页,如 Copy on Write 页、共享内存页等,会同时属于多个匿名虚拟内存区域。值得注意的是,共享物理页的多个匿名虚拟内存区域具有相同的大小和属性,就是说物理页在各区域中的偏移量是相同的。

为了便于找到一个物理页对应的所有虚拟页,Linux 做了如下安排:

(1) 为每一类匿名虚拟内存区域定义一个匿名域结构 anon_vma,共享同样物理页、具有相同属性的虚拟内存区域被组织在一个 anon_vma 结构中(双向链表)。

(2) 复用 page 结构中的三个域,让_mapcount 记录映射到该页的虚拟页的个数(在几个进程的页表中)、mapping 指向 anon_vma 结构、index 记录页在虚拟内存区域中的页号。

给定一个物理页的 page 结构,查与之关联的 anon_vma 结构,可找到包含它的所有虚拟内存区域 vma，进而可算出它在各虚拟地址空间中的虚拟地址：(index - vma->vm_pgoff) × 4096 + vma->vm_start。

2）共享映射页

共享映射页属于共享区域，其内容来源于文件，可以被多个进程共用，包括读、写、执行，因而会同时出现在多个进程的页表中。共享类型的虚拟内存区域仅出现在文件的地址空间中。

为了便于找到共享页对应的所有虚拟页，Linux 复用了 page 结构中的三个域，在 _mapcount 中记录映射到该物理页的虚拟页的个数、让 mapping 指向文件的地址空间 address_space、在 index 中记录页在文件中的偏移量。

根据 index 查 address_space 可得到包含该页的所有虚拟内存区域 vma，进而可算出该页在各虚拟地址空间中的虚拟地址：(index - vma->vm_pgoff) × 4096 + vma->vm_start。

3）私有映射页

私有映射页属于私有区域，其内容来源于文件，可以被多个进程读和执行，但只能被一个进程修改。私有类型的虚拟内存区域出现在文件的地址空间中。

如果进程未对私有映射页实施写操作，那么它使用的是该页的正本。正本页的 page 结构的设置与共享映射页相同，获取物理页对应的虚拟页的方法也相同。

如果进程对私有页实施了写操作，那么它使用的就是该页的副本。虽然副本页的内容来源于文件页，但它不会出现在包含文件页的所有虚拟内存区域中，因而通过文件地址空间已无法确定与副本页对应的所有虚拟页。为了便于找到与副本页对应的所有虚拟页，Linux 做了如下处理：

（1）将包含副本页的虚拟内存区域同时加入文件地址空间和匿名域中。

（2）复用 page 结构中的三个域，让_mapcount 记录映射到该页的虚拟页的个数、mapping 指向 anon_vma 结构、index 记录页在文件中的页号。

给定一个副本页的 page 结构，查与之关联的 anon_vma 结构，可找到包含它的所有虚拟内存区域 vma，进而可算出它在各虚拟地址空间中的虚拟地址：(index - vma->vm_pgoff) × 4096 + vma->vm_start。

显然，一个 vm_area_struct 结构会同时出现在多个队列或树中，包括进程虚拟地址空间 mm_struct 中的单向队列 mmap 和红黑树 mm_rb，文件地址空间 address_space 中的双向队列 i_mmap_nonlinear 或优先树 i_mmap，匿名域 anon_vma 中的双向队列 head 等。结构 vm_area_struct 中的 vm_next 和 vm_rb 用于将自己加入进程的虚拟地址空间，list 或 prio_tree_node 用于将自己加入文件的地址空间，anon_vma 和 anon_vma_chain 用于将自己加入匿名域。

8.2　虚拟内存区域管理

在 32 位机器上，进程的地址空间有 4 GB。缺省情况下，Linux 将这 4 GB 的地址空间划分成两部分，内核使用高端的 1 GB，进程使用低端的 3 GB。在所有进程的地址空间中，内核部分是完全相同的，所不同的是低端部分。进程的虚拟地址空间指的主要是它的低端部分。

Linux 采用动态分区法管理进程的低端虚拟地址空间。在进程运行过程中，它的低端虚拟地址空间被逐步分割成多个虚拟内存区域，分别用于保存进程的程序、数据、用户堆栈、堆、动态链接器、函数库、映射文件等。在这些区域中，有些是在程序加载时建立的，有些是在运行过程中建立的，有些大小与位置是固定的，有些是不断变化的，因而需要预先确定进程虚拟地址空间的布局方式和虚拟内存区域的管理方法。

在 64 位机器上，进程的地址空间有 256TB，其中低端虚拟地址空间部分有 128TB，比较容易分割。

8.2.1 虚拟地址空间布局

一般情况下，进程的程序和数据区域是在程序加载时建立的，位于虚拟地址空间的最低端，且在运行过程中不再改变；堆区域紧接着数据区域，会在进程运行过程中增长或收缩，增长的方向应该是向上；初始参数和环境变量在进程加载时确定，位于堆栈区域中；堆栈区域位于虚拟地址空间中用户部分的最高端，会在进程运行过程中动态增长，增长的方向应该是向下；动态链接器、函数库、数据文件等区域是动态建立的，位于堆和堆栈区域之间，称为文件映射区，其增长方向可以向上，也可以向下。

Linux 为 32 位机器提供了三种虚拟地址空间的划分方案，如图 8.4 所示。

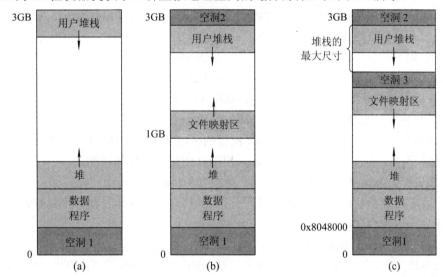

图 8.4 进程虚拟地址空间的布局

(1) 如果进程运行的程序是静态链接的，而且不需要映射数据文件，那么它就不需要建立文件映射区域，方案(a)是一种最佳的选择。在该方案中，堆和堆栈均向中间的空闲地带增长，有足够大的扩展余地和灵活性。

(2) 如果进程需要建立文件映射区域，它只能选择方案(b)或(c)。在方案(b)中，文件映射区的开始位置为 1 GB，向上增长。该方案为用户堆栈和文件映射区留下了较大的扩展空间，但限制了堆的大小。

(3) 在方案(c)中，文件映射区的开始位置为 3 GB − x，向下增长，其中 x 是用户堆栈的最大尺寸，可由用户指定，在 128 MB 到 512 MB 之间。该方案为堆和文件映射区留下了较大的扩展空间，但限制了堆栈的大小。

在虚拟地址空间中预留了多个空洞。空洞 2 与 3 通常较小(大小是随机生成的)，设置它们的目的是为了增加探测的难度，提高系统的抗攻击能力。空洞 1 的大小取决于编译器的设置，基本是固定的，且通常较大，也可以用做文件映射区。

文件映射区的开始位置记录在 mm_struct 结构的 mmap_base 域中。由于文件映射区的开始位置和扩展方向可能不同，因而 Linux 为每个虚拟地址空间提供了两个操作，其中 get_unmapped_area 用于在文件映射区中创建新的虚拟内存区域，unmap_area 用于释放文件映射区中的虚拟内存区域。

8.2.2　虚拟内存区域操作

虚拟内存区域是虚拟内存管理所需的重要数据结构，虽不参与地址转换，却参与页目录、页表项的建立，参与页面的换入/换出，是对页目录、页表的扩充。要管理好进程的虚拟地址空间，首要任务是管理好它的虚拟内存区域，包括虚拟内存区域的查找、建立、合并、拆分、扩展、释放等。

(1) 区域查找操作 find_vma。给定一个虚拟地址 addr，find_vma 操作会查出满足条件 addr < vm_end 且地址最小的虚拟内存区域，不要求 vm_start <= addr。

为了加快查找速度，find_vma 先检查上次找到的虚拟内存区域(命中率可达 35%)，只有无法命中时才搜索红黑树。

(2) 区域合并操作 vma_merge。给出一个虚拟内存区域，vma_merge 操作试图将其合并到相邻的区域中。满足如下条件的两个区域可以合并：

① 在虚拟地址空间中邻接，即前一区域的 vm_end 等于后一区域的 vm_start。
② 具有相同的整体存取控制特性，即 vm_flags 相同。
③ 操作集中没有 close 操作(有 close 操作的区域可能会被释放)。
④ 如果有映射文件，则映射文件必须相同且在文件中是邻接的。
⑤ 如果是匿名区域，则必须属于同一个匿名域(anon_vma 相同)。

一个区域可能与它的前一个区域或后一个区域合并，也可能同时与前后两个区域合并。合并操作会释放被合并的区域。

(3) 区域拆分操作 split_vma。给定一个虚拟内存区域[vm_start，vm_end-1]和区域中的一个虚拟地址 addr，操作 split_vma 将该区域从 addr 处拆分成两个相邻的区域，即[vm_start，addr-1]和[addr，vm_end-1]，两个区域的属性是相同的。

(4) 空闲区间分配操作 get_unmapped_area。给定一个长度 len 和一个建议的开始位置 addr，操作 get_unmapped_area 试图在进程的虚拟地址空间中找一块足够大的空闲区间，以便建立新的虚拟内存区域。

如果建议位置 addr 处有足够大的空闲虚拟地址区间，则选用该区间。否则，按照从高到低或从低到高的顺序搜索进程的虚拟内存区域，找足够大的空闲区间。为加快搜索速度，Linux 在 mm_struct 结构中记录下了上次搜索的终止位置 free_area_cache 和曾遇到的最大空洞的尺寸 cached_hole_size。如果所找区间的尺寸比 cached_hole_size 小，则从头开始搜索，否则从 free_area_cache 处搜索即可。

(5) 区域建立操作 do_mmap_pgoff 或 do_mmap。给定参数 addr、len、prot、flags、file 和 pgoff，区域建立操作试图建立一个新的虚拟内存区域[addr，addr+len-1]。如果参数中给出了映射文件 file，新区域将映射到文件区间[pgoff*4096，pgoff*4096+len-1]。

区域建立操作的流程如下：

① 根据参数对建立操作的合法性、安全性进行检查，对 addr 和 len 进行规约(页对齐)，并确定区域的整体存取控制特性 vm_flags，如读、写、执行、共享、锁定、增长方向等。

② 如果参数 file 不空，则根据参数 flags 确定文件的映射方式，如共享映射方式或私有映射方式。

③ 执行操作 get_unmapped_area，从进程的虚拟地址空间中分配长度为 len 的空闲虚拟内存区间[addr，addr+len-1]。此处的 addr 可能与参数 addr 不同。

④ 执行操作 vma_merge，试图将新区域[addr，addr+len-1]合并到已有的虚拟内存区域中。如合并成功，则不需要再建立新的区域，否则：

● 申请一个 vm_area_struct 结构并填写其内容。

● 为新建的虚拟区域指定操作集 vm_ops。文件映射区域的操作集通常为 generic_file_vm_ops，匿名共享映射区域的操作集通常为 shm_vm_ops，匿名私有映射区域的操作集通常为空。

● 将新建的虚拟内存区域插入到合适的队列或树中。

⑤ 如果区域的内容是锁定的(该区域的所有页必须总在内存中)，则通过模拟的页故障异常将该区域的所有页都读入内存。

(6) 区域释放操作 do_munmap。操作 do_munmap 试图释放进程虚拟地址空间中的一个区间[start，start+len-1]。释放之后，进程不能再访问该区间中的虚拟地址。对区间的释放可能会遇到以下几种情况：

① 区间覆盖某个区域，将整个区域释放即可。

② 区间位于某区域的前部，将区域拆分成两个，释放前一个，留下后一个。

③ 区间位于某区域的后部，将区域拆分成两个，释放后一个，留下前一个。

④ 区间位于某区域的中部，将区域拆分成三个，仅释放中间的区域。

所释放的区间可能不在任何区域中，可能覆盖某区域的一部分，可能覆盖整个区域，也可能覆盖多个区域。在区间覆盖的多个区域中，可能包括前一个区域的后部、后一个区域的前部和中间多个完整的区域。

释放一个虚拟内存区域包括释放该区域的所有虚拟页，即断开各虚拟页与物理页的映射关系，并释放各物理页。如果释放操作导致某些页表全部变空，这些页表也要被释放。当然，被释放区域的 vm_area_struct 结构要从各种队列或树中摘除并释放。

(7) 堆栈区域扩展操作 expand_stack。一般情况下，堆栈区域允许向下扩展。当处理器访问的堆栈地址 addr 小于堆栈区域的 vm_start 时，应该向下扩展堆栈区域，使其涵盖地址 addr。当然，addr 不能离 vm_start 太远，且用户堆栈的大小不能超限。

(8) 堆区域的调整操作 sys_brk。堆(heap)是用户虚拟地址空间的一部分。进程在执行过程中动态申请的内存(如 malloc)都位于自己的堆中。用户内存管理器负责堆空间的管理，它从进程虚拟内存管理器申请一大块空间而后再分割成小块分配给用户。当发现堆空间紧张时用户内存管理器会请求扩展堆的大小，当发现堆空间空闲时会请求收缩堆的大小。堆尺寸的调整由操作 sys_brk 完成。

堆通常在加载执行程序时建立，其位置记录在 mm_struct 结构中，位于 start_brk 和 brk 之间。Linux 用一个独立的虚拟内存区域描述进程的堆。

操作 sys_brk 的主要作用是调整堆区域的终止位置 brk。如果新位置小于老位置(收缩)，则释放新老位置之间的虚拟内存；如果新位置大于老位置(扩展)，则为新增空间建立一个新的虚拟内存区域，并将其与老的堆区域合并。

8.3 虚拟地址空间建立

在创建之初，进程的虚拟地址空间是从创建者进程中复制的(Copy on Write 方式)，甚至可能是与创建者进程共用的(如 vfork 方式)。因而，在新进程第一次运行时，它与创建者进程执行同样的程序且使用同样的数据和堆栈，唯一的区别是 fork() 函数的返回值。在运行过程中，如果希望改变自己的行为，进程可以通过 execve() 类的系统调用加载新的可执行程序，重建自己的虚拟地址空间，即用新的程序、数据、堆栈替换老的程序、数据、堆栈，从而让进程使用新的数据和堆栈，执行新的程序。

统计表明，程序(尤其是大型程序)中的许多代码(如各类错误处理代码)通常都不会被执行到，因而一次性地将程序全部装入内存是一种极为低效的加载方式，它既延长了加载时间，又浪费了内存空间。Linux 采用一种较为懒惰的加载方法，它仅建立进程虚拟地址空间与可执行文件的映射关系，即一组虚拟内存区域(vm_area_struct 结构)，将真正的装入工作推迟到实际使用时，何时使用就何时装入，用到多少就装入多少。

即使采用懒惰加载方法，仍然有可能造成内存空间的浪费。假如多个程序都调用了同一个库函数，那么该库函数就有可能被多个进程多次加载，占用多份物理内存空间。为解决这一问题，Linux 引入了动态链接(Dynamic Link)机制，将程序的链接工作也推迟到真正运行时，何时调用就何时链接，调用哪个函数就解析并加载哪个函数，且允许将一个共享库文件同时映射到多个进程的虚拟地址空间中。采用动态链接的可执行程序中不含库函数的内容，仅有库函数的名称和链接指示。

当然，进程也可以根据需要将数据文件映射到自己的虚拟地址空间中，以便直接访问文件的内容；可以在运行过程中扩充或收缩虚拟内存区域。因而，进程的虚拟地址空间是在进程创建时复制的，在程序加载时重建的，在运行过程中动态变化的。

8.3.1 可执行文件

进程在运行过程中加载的程序称为可执行程序，保存可执行程序的文件称为可执行文件。Linux 的可执行文件大致可分为四类：

(1) 静态链接的二进制文件。这类文件是自包含的，其中的程序已经被编译器转化成机器指令，程序运行需要的所有库函数都已被合并到文件中，将它加载到进程的虚拟地址空间即可开始执行。

(2) 动态链接的二进制文件。这类文件中的程序已经被编译器转化成机器指令，但它所引用的库函数并未被合并在一起，在执行这类程序的过程中需要不断地加载共享库并解析对库函数的符号引用。

(3) 脚本文件。这类文件是具有特定格式的文本文件,其意义需要专门的解释器来解释。加载脚本文件实际上是加载它的解释器程序,执行脚本文件也就是执行它的解释器程序,脚本文件的名称仅仅是传递给解释器的参数之一。

(4) 混杂文件。这类文件中的程序已经被编译器转化成了某种中间代码,但还不能直接加载执行,需要专门的解释器对其进行解释或进一步转化,如 Java 字节码或 Windows 执行文件。加载混杂文件实际上是加载它的解释器程序。

脚本文件和混杂文件的解释器也是经过编译、链接的二进制文件,因而上述四类可执行文件的加载实质是一样的,即根据二进制的可执行文件重建进程的虚拟地址空间。

当然,可执行文件是有格式的,不同格式的可执行文件有不同的加载和执行方法。加载的首要问题是理解可执行文件的格式。在系统初始化时,Linux 为它支持的每一种可执行文件格式都准备了一个 linux_binfmt 结构,并已将其注册在 formats 队列中,其中的操作 load_binary 用于加载特定格式的可执行文件,load_shlib 用于加载特定格式的共享库文件。区分可执行文件格式的方法大致有两种,一是位于文件头部的魔数(magic number),二是文件的扩展名。

Linux 支持的可执行文件格式有 ELF(Executable and Linkable Format)、a.out(Assembler Output Format,ELF 之前的标准格式)、script(脚本)、misc(混杂格式,如 Java 二进制代码)等,其中 ELF 是 Linux 采用的标准可执行文件格式。

ELF 是一种开放的标准,Linux 的目标文件(编译后的中间文件)、可执行文件、共享库文件、内核模块文件甚至 Linux 内核本身的映像文件都采用 ELF 格式。ELF 格式的文件可用于链接、加载和动态链接。

ELF 格式的文件中包含若干个节(section),如.text、.data、.bss、.got、.plt、.dynamic 等,每个节都由一个节头结构 Elf32_Shdr 描述,所有的节头结构组成一个数组,称为节头表。节头中包含节的名称、类型、在文件中的位置和大小、在虚拟地址空间中的位置等属性信息。节中的信息主要用于链接。

用于加载的 ELF 格式的文件(包括可执行文件和共享库文件)中包含若干个加载段(segment),如.text、.data、.interp、.dynamic 等,每个段都由一个程序头结构 elf_phdr 描述,所有的程序头结构组成一个数组,称为程序头表。程序头中包含段的类型、在文件中的位置和大小、在虚拟地址空间中的位置和大小等属性信息,涵盖了 vm_area_struct 结构的主要内容。32 位系统中的程序头由结构 elf32_phdr 描述,其定义如下:

```
typedef struct elf32_phdr{
    Elf32_Word      p_type;      // 类型,如 PT_LOAD、PT_INTERP 等
    Elf32_Off       p_offset;    // 在文件中的开始位置
    Elf32_Addr      p_vaddr;     // 在虚拟地址空间中的开始位置
    Elf32_Addr      p_paddr;     // 在物理地址空间中的开始位置
    Elf32_Word      p_filesz;    // 在文件中的长度
    Elf32_Word      p_memsz;     // 在虚拟地址空间中的长度
    Elf32_Word      p_flags;     // 存取权限,如 PF_R、PF_W、PF_X 等
    Elf32_Word      p_align;     // 段在文件和内存中的对齐方式
```

```
} Elf32_Phdr;
```

ELF 格式文件的头部是一个文件头 elfhdr，用于描述整个文件的组织结构，包括文件的类型、版本、适用的机型、程序头表的位置和大小、节头表的位置和大小、程序入口的虚拟地址等。通过文件头可以找到它的程序头表和节头表，进而找到所有的加载段和节。通常情况下，一个 ELF 格式的可执行文件被分成三大部分，前部是只读的，中部是可写的，后部是不需要加载的，如图 8.5 所示。

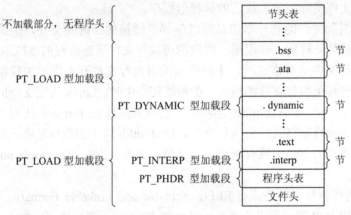

图 8.5　ELF 文件的格式

ELF 格式可执行文件的前部由文件头、程序头表和若干个只读的节组成，中部由若干个可读、可写的节组成，后部由注释、串表、符号表等节组成。前、中两部分各由一个 PT_LOAD 类型的程序头描述，都将在加载时被映射到进程的虚拟地址空间。其余的程序头用于描述加载段中的特殊区间，如类型为 PT_INTERP 的程序头所描述的段中记录着动态链接器文件的路径名，类型为 PT_DYNAMIC 的程序头所描述的段中记录着程序的动态链接信息。

8.3.2　加载函数

Linux 的标准函数库中提供了多个用于加载的函数，如 execl()、execle()、execlp()、execv()、execve()、execvp()等，这些函数接受参数的格式不同，但处理的方式大致相同，即将参数转化成统一的格式，而后进入内核(系统调用)，执行函数 sys_execve()。

函数 sys_execve()仅接受三个参数，分别是可执行程序的文件名 filename、传递给新程序的初始参数 argv 和环境变量 envp，其处理过程如下：

(1) 为当前进程选择一个负载最轻的处理器。若所选的不是当前处理器，则将当前进程迁移到新处理器上。由于当前进程正重建虚拟地址空间，它在当前处理器上的缓存即将失效，此时进行负载平衡对它的性能影响最小。

(2) 申请 1 页内存，将可执行文件名拷贝到内核中。

(3) 如果当前进程与其它进程共享同一个 files_struct 结构，则为其新建一个，内容从老结构中复制，包括文件描述符表。

(4) 为进程准备一个新的证书结构 cred，根据可执行文件的属性(如 SETUID 等)确定它的 euid、egid、cap_permitted 等安全标识。

(5) 创建一个新的 mm_struct 结构用以描述进程的新虚拟地址空间，为其创建一个新的页目录(内核部分从 swapper_pg_dir 中拷贝)和一个匿名的虚拟内存区域(位置在 3 GB 以下，用于描述新的用户堆栈)。

(6) 在新虚拟地址空间的[3G-x，3G)处创建新的用户堆栈，为其分配物理页，将可执行文件名、环境变量、初始参数等拷贝到内核并按顺序压入新建的用户堆栈。其中 x 是可执行文件名、环境变量、初始参数等的长度。

(7) 按只读方式打开可执行文件，读出它的前 128 个字节(文件头)。

(8) 遍历系统中的可执行文件格式队列 formats，顺序执行各结构中的 load_binary 操作，让它们识别已读入的文件头。

① 如果某个 load_binary 操作能识别文件头，它将根据可执行文件建立进程的虚拟地址空间，完成可执行文件的加载工作。

② 如果所有的 load_binary 操作都不能识别文件头，则加载失败。

显然，真正的加载工作是由可执行文件格式中的 load_binary 操作完成的。

8.3.3　ELF 文件加载

Linux 为 ELF 格式的可执行文件注册的二进制格式是 elf_format，其中的可执行文件加载操作是 load_elf_binary。ELF 文件的加载思路较为直观，即为每一个 PT_LOAD 类型的加载段创建一个虚拟内存区域。

对动态链接的可执行程序，除自身的加载段之外，还需要额外加载一个动态链接器，用于共享库的加载和全局符号的解析。动态链接器也是一个 ELF 格式的可执行文件，但允许重定位。如果可执行程序采用动态链接，那么它的可执行文件中肯定有一个类型为 PT_INTERP 的加载段，其内容是动态链接器文件的路径名，如/lib/ld-linux.so.2。

ELF 格式的可执行文件的加载过程如下：

(1) 将函数 sys_execve 读入的文件头转化成一个 ELF 格式的文件头，对其进行合法性检查。如果魔数、类型、机器型号等不符，则加载失败。

(2) 申请一块内存空间，将所有的程序头全部读入内存。

(3) 如果程序是动态链接的，则从类型为 PT_INTERP 的加载段中获取动态链接器的路径名。打开动态链接器文件，将它的文件头也读入内存，并对其进行合法性检查，如魔数、类型、机器型号、长度、权限等不符，则加载失败。

(4) 如果当前进程在一个线程组中，那么它与该组中的其它进程在共享当前的虚拟地址空间，加载新的可执行程序必然导致同组中的其它进程无法正常运行，因而应向它们发送 SIGKILL 信号(将其全部杀死)，并等待它们终止。如当前进程不是线程组的领头进程，还要将它转化成领头进程。

(5) 关闭进程上的所有时间间隔定时器。

(6) 如果当前进程与其它进程共用一个 sighand_struct 结构，则要为其复制一个新的，并将其中所有不是 SIG_IGN(忽略)的处理程序都换成 SIG_DFL(缺省)。

(7) 如果当前进程是按 vfork 方式创建的，那么创建者进程肯定还在当前进程的 vfork_done 队列上睡眠等待，需将其唤醒。

(8) 将当前进程的虚拟内存管理结构换成在 sys_execve()中新建的 mm_struct，将当前处理器的 CR3 换成新的页目录,而后递减老的 mm_struct 结构上的引用计数。如果老 mm_struct 结构的引用计数被减到 0,则逐个释放它的所有虚拟内存区域及区域中的虚拟页,并释放它的页表、页目录、LDT 等,最后释放老的 mm_struct 结构,从而释放进程的老虚拟地址空间。

(9) 确定进程新虚拟地址空间的布局方案,主要是确定其中的文件映射区开始位置 mmap_base 及操作 get_unmapped_area 与 unmap_area 的实现函数。

(10) 将新程序的名称记录在当前进程 task_struct 结构中的 comm 域中。

(11) 清除当前进程中 thread_struct 结构(现场)中的调试信息和 FPU 信息。

(12) 关闭当前进程中所有应该在加载时关闭的文件,这些文件记录在进程文件描述符表的位图 close_on_exec 中。

(13) 将用户堆栈下移若干页,在栈底留出一个随机大小的空洞。根据新堆栈的位置、大小、权限等,调整它的 vm_area_struct 结构及各堆栈页所对应的页目录、页表项,从而将新的用户堆栈加入到进程的新虚拟地址空间中。一般情况下,用户堆栈区域是向下增长的、匿名的私有区域,可读、可写但不可执行。再将用户堆栈区域向下扩展 20 页,为堆栈的增长留出余地。

(14) 顺序搜索程序头表,根据其中的参数(p_offset、p_filesz、p_vaddr、p_flags 等)为每一个 PT_LOAD 类型的加载段创建一个虚拟内存区域。注意:

① 区域的大小以加载段在文件中的长度为准,且被规约成页的倍数,因而可能比 p_filesz 大。

② 区域在文件中的开始位置必须是页的边界,因而可能比 p_offset 小。

③ 区域在虚拟地址空间中的开始地址必须是 p_vaddr&0xFFFFF000,因为可执行程序中的地址都是绝对的,不能重定位。

④ 区域的映射方式为私有的,进程对它们的修改不能直接写回文件。

⑤ 区域的读、写、执行权限由加载段的 p_flags 决定。

⑥ 由于页对齐的原因,前一个区域的尾部通常包含着后一个区域的头部,后一个区域的头部通常包含着前一个区域的尾部,如图 8.5 所示。

(15) 如果可执行文件中有.bss 节,它肯定位于最后一个加载段的尾部。.bss 节占用虚拟地址空间,大小是(p_memsz - p_filesz),但不占用文件空间。如果最后一个区域不能完全涵盖.bss 节,则为它的剩余部分建立一个匿名的虚拟内存区域(可读、可写但没有操作集),称为初始堆区域,如图 8.6 所示。将.bss 节所用内存全部清 0。

(16) 如果可执行程序是动态链接的,则需要加载链接器。常用的链接器文件是 /lib/ld-linux.so.2,类型为 ET_DYN,是一个 ELF 格式的可重定位文件。

① 申请一块内存空间,将链接器文件的所有程序头全部读入内存。

② 顺序搜索程序头表,根据其中的参数(p_offset、p_filesz、p_vaddr、p_flags 等)为每一个 PT_LOAD 类型的加载段创建一个虚拟内存区域。注意:

● 由于链接器程序中的地址是可重定位的,因而程序头中的 p_vaddr 仅是一个建议地址,真正的开始地址 vaddr 位于进程的文件映射区中,是临时分配的。但必须保证各区域的偏移量 vaddr-p_vaddr 是相同的。

● 区域的映射方式为私有的,进程对它们的修改不能直接写回文件。

● 如果链接器程序中有.bss 节,且最后一个区域无法将其完全涵盖,则为剩余的.bss 部分建立一个匿名区域(初始堆)。

③ 释放链接器文件的程序头，关闭动态链接器文件，释放其文件头。

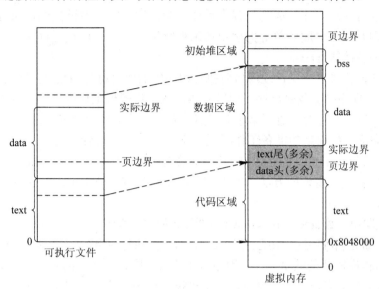

图 8.6　可执行文件与虚拟内存区域的映射

(17) 为共用的 vsyscall 页创建一个专门的虚拟内存区域，其大小为 1 页，可读、可执行，但不许修改，区域的操作集是 special_mapping_vmops。在新版本中，vsyscall 页位于用户虚拟地址空间中，其位置是动态分配的。

(18) 将进程的安全证书换成在函数 sys_execve()中新建的 cred 结构。

(19) 将 ELF 格式可执行文件的特殊信息保存在当前进程的 mm_struct 结构中(saved_auxv 数组)，包括 AT_SYSINFO 中的 vsyscall 入口地址、AT_BASE 中的链接器程序的入口地址、AT_ENTRY 中的新程序入口地址、AT_PHDR 中的程序头表位置、AT_PHNUM 中的程序头个数等。

(20) 在用户堆栈的栈顶压入处理器型号、16 字节的 PRNG 种子、saved_auxv 数组、指向各环境变量的指针 env、指向各参数的指针 argv、argc 等。真正的环境变量和参数在用户堆栈的栈底处，此处构造的是指针数组 env 和 argv。

(21) 在 mm_struct 结构中记录新程序的位置信息，如代码的开始与终止位置、数据的开始与终止位置、用户堆栈的开始位置、堆的终止位置、参数的开始和终止位置、环境变量的开始和终止位置等。

(22) 将系统堆栈栈顶中的 bx、cx、dx、si、di、bp、ax、gs、fs 清 0，并将其中的 ds、es、ss 设成用户数据段、将 cs 设成用户代码段，sp 设成新用户堆栈的栈顶。如果可执行程序是静态链接的，将栈顶中的 ip 设为可执行程序的入口；如果可执行程序是动态链接的，将栈顶中的 ip 设为链接器的入口。

(23) 释放可执行程序的程序头、文件头等，返回。

如果加载成功，函数 load_elf_binary 的返回将导致函数 sys_execve()的返回，并进而导致进程弹出系统堆栈的栈顶，从核心态返回用户态。返回用户态的进程将面对一个全新的虚拟内存空间，使用新的用户堆栈，开始新程序的执行。

8.3.4　动态链接器初始化

静态链接的可执行程序被成功加载之后会直接执行，但动态链接的可执行程序还不能直接执行，原因是程序对库函数等的引用还未被解析。为解析可执行程序中的符号引用，需要先执行动态链接器程序。

虽然动态链接器可以一次性地解析可执行程序中的所有符号引用(将符号替换成虚拟地址)，实现可执行程序的加载时链接。但较好的做法是将解析工作推迟到真正引用时，即在程序第一次引用符号时才对其进行解析。当然，为了实现符号的动态解析(或动态链接)，需要动态链接器完成一些前期的准备工作(预先运行的原因)，包括：

(1) 完成动态链接器自身的重定位。动态链接器的重定位表.rel.dyn 和.rel.plt 中记录着所有需重定位的位置及重定位的方法，所谓重定位就是将这些位置的地址转换成实际加载位置的虚拟地址。

(2) 从栈顶取出参数 argc、argv、envp 及新加载程序的程序头、入口地址、堆等位置信息。分析环境变量，确定新程序的链接方式(加载时链接还是执行时链接)、共享库的搜索路径等。

(3) 加载新程序需要的共享库。新程序需要的共享库记录在它的.dynamic 节中，其中的每个 DT_NEEDED 项描述一个共享库。一个可执行程序可能需要引用多个共享库，因而可能有多个 DT_NEEDED 项。当然，被加载的共享库可能还需要引用其它的共享库，因而共享库的加载过程是递归的。在加载共享库的过程中，会按私有映射方式创建多个虚拟内存区域，以记录共享库文件与进程虚拟内存之间的映射关系。

(4) 当把程序、动态链接器、共享库全部加载进来之后，按依赖关系的逆序对共享库和新程序进行重定位，主要内容包括：

① 解析.got 表中各全局数据符号的目的地址(仍记录在.got 表中)；

② 将.got.plt 的第 0 项设为自己的.dynamic 节的开始地址；

③ 将.got.plt 的第 1 项设为自己的链接映射结构 link_map 的开始地址；

④ 将.got.plt 的第 2 项设为动态链接器中符号解析函数_dl_runtime_resolve()的入口地址；

⑤ 将.got.plt 的其余各项设为它们在自己.plt 中的入口地址+6。

在新程序中，需要重定位的位置都在节.got 和.got.plt 中，重定位过程不需要搜索和修改全部虚拟地址空间，也不需要将新程序真正读入内存。

(5) 跳转到新程序的入口_start，再完成一些初始化工作，如在数组_ _exit_funcs 中注册退出程序等，而后执行下列程序：

　　　result = main (argc, argv, _ _environ MAIN_AUXVEC_PARAM);

　　　exit (result);

其中的 main 是新加载程序的真正入口，因而新程序将从 main 开始执行。

在新程序的执行过程中，如遇到了 exit()函数，进程将在该函数处终止，如未遇到 exit()函数，进程将在 main()函数正常返回后执行函数 exit()以便终止整个进程。

8.3.5　ELF 格式动态链接

动态链接器在做完前期的准备工作之后，开始执行新加载的应用程序，但并未解析新程序对共享库中各函数名的引用。事实上，解析工作被推迟到了真正引用时。

应用程序所引用的外界符号可大致分为两类，一是对外地全局数据(如全局变量)的引用，二是对外地全局函数的调用。引用或调用的位置分布在整个可执行程序中。为了便于管理，ELF 格式的可执行文件中定义了两个节.got 和.got.plt，合称全局偏移表 GOT(Global Offset Table)，专门用于集中存放可执行程序引用的各全局符号的目的地址。全局数据符号的目的地址记录在.got 节中，全局函数符号的目的地址记录在.got.plt 节中。编译器已将对全局数据符号的直接引用转化为对 GOT 表中相应项的间接引用。在动态链接器初始化时，已解析出各全局数据符号的目的地址，并已将其填入 GOT 表中，使对全局数据符号的间接引用可访问到真正的数据存储位置。

　　为了动态解析对外地全局函数的调用，在 ELF 格式的可执行文件中另外定义了一个.plt 节，称为过程链接表 PLT(procedure linkage table)。每个外地全局函数符号在 PLT 中都有一个对应项，其中包含由三条指令构成的程序片段，如下(寄存器 ebx 中的内容是.got.plt 节的开始地址)：

```
PLT0:    pushl      4(%ebx)            // 将 link_map 结构的地址压入堆栈
         jmp        *8(%ebx)           // 跳转到函数_dl_runtime_resolve()
PLTn:    jmp        *fn@GOT(%ebx)      // fn 在.got.plt 节中的地址
         pushl      $offset            // fn 在.rel.plt 节中的偏移量
         jmp        PLT0@PC            // 跳转到 PLT0
```

编译器已将对全局函数 fn 的调用转化成对 PLTn 的调用。

　　初始情况下，.got.plt 节的第 0 项是它的.dynamic 节的地址，第 1 项是自身的链接映射结构 link_map 的地址，第 2 项是符号解析函数_dl_runtime_resolve()的入口地址。函数 fn 在.got.plt 节中的地址是 PLTn+6，即紧接在 PLTn 之后的指令 pushl $offset 的地址。当应用程序首次调用函数 fn 时，PLT 中的程序片段将 fn 在.rel.plt 节中的偏移量 offset((offset/8)*4+12 是 fn 在.got.plt 节中的真正偏移量)和应用程序自身的 link_map 结构的地址压入堆栈，而后跳转到_dl_runtime_resolve()，进行符号解析。

　　函数_dl_runtime_resolve()搜索各共享库中的符号表(.symtab 节)，获得符号 fn 的虚拟地址 fnaddr，用该地址替换函数 fn 在.got.plt 节中的地址，而后修改堆栈，返回到地址 fnaddr 处，从而执行函数 fn。此后，当应用程序再次调用函数 fn 时，PLTn 会将其直接转到 fnaddr，不需要再次进行符号解析。如图 8.7 所示。

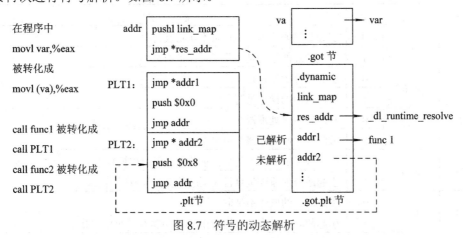

图 8.7　符号的动态解析

8.4　页故障处理

新建进程的虚拟地址空间是按 Copy on Write 方式从创建者进程中复制的，属于共享的虚拟地址空间，试图向其中写数据的操作必然会违反页表的保护约定，导致处理器产生页故障(Page fault)异常。

在进程刚加载完新程序之后，它的虚拟地址空间几乎是空的。加载操作仅在虚拟地址空间与可执行文件(包括共享库文件)之间建立了映射关系，并未真正将文件的内容读入内存。进程对虚拟地址空间的读、写、执行操作都会引起页故障异常。

当然，进程执行过程中的非法内存访问，如试图存取内核数据或访问无效虚拟地址等，也会引起页故障异常。

页故障异常是处理器提供给操作系统的重要管理机制，是虚拟内存得以实现的基础。如果没有页故障异常，诸如写时复制、按需加载、内存保护等机制都将无法实现。

8.4.1　页故障异常处理流程

当页故障异常发生时，处理器必须离开当前的工作，转去处理异常。页故障异常处理程序需要知道下列信息：

(1) 异常发生时处理器所在的地址空间或特权级。

(2) 引起页故障异常的虚拟地址，可能是下一条指令的地址也可能是当前指令欲访问的数据地址。

(3) 引起页故障异常的原因，如虚拟页不在内存(缺页)、虚拟页不许写等。由于引起页故障异常的原因大多是缺页，因而页故障异常又称为缺页异常。

处理器为页故障异常的处理提供了上述信息。当页故障异常发生时，处理器会自动在当前进程的系统堆栈上压入 EFLAGS、CS、EIP 和错误代码，用于指示异常产生的环境和异常产生的原因，与此同时，处理器还在 CR2 寄存器中存入了引起页故障异常的虚拟地址。目前的 Intel 处理器提供的错误代码共有 5 位，其意义如表 8.1 所示。

表 8.1　页故障异常的错误代码

位	名称	值	意　　义
0	P	0	引起故障的原因是虚拟页不在物理内存
		1	引起故障的原因是违反了页保护约定
1	W/R	0	引起故障的操作是读
		1	引起故障的操作是写
2	U/S	0	故障发生时处理器在核心态
		1	故障发生时处理器在用户态
3	RSVD	0	引起故障的原因不是页目录项中的保留位被置 1
		1	引起故障的原因是页目录项中的保留位被置 1
4	I/D	0	引起故障的操作不是取指操作
		1	引起故障的操作是取指操作(从不可执行的页中取指令)

页故障异常必须由操作系统内核处理。系统初始化程序已在 IDT 表中为页故障异常创建了中断门，入口程序是 page_fault，真正的处理程序是 do_page_fault。每当页故障异常发生时，处理器都会离开当前的工作，转去执行 do_page_fault，流程如图 8.8 所示。

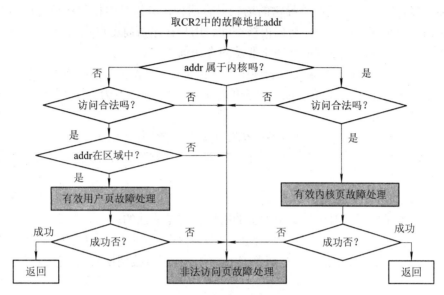

图 8.8　页故障处理流程

　　由于在处理页故障异常时还有可能出现新的页故障异常，为了避免 CR2 的内容被新的页故障异常覆盖，应首先将其中的故障地址暂存在变量 addr 中以备后用。

　　判断页故障异常是否合法的依据是：addr 所在地址空间(内核或用户空间)、异常发生时处理器所在空间(处理器的特权级)、引起页故障的错误代码、addr 所在的虚拟内存区域、当前进程的页目录/页表等。如果 addr 位于用户空间，搜索当前进程的虚拟内存区域树，可确定它所在的虚拟内存区域 vma，结果有下列几个：

　　(1) addr 在所有区域之上。

　　(2) addr 恰在某个区域内部。

　　(3) addr 在某个区域之下，但该区域允许向下扩展(用户堆栈)，且扩展后的区域能包含地址 addr。

　　(4) addr 在某个区域之下，且该区域不能向下扩展。

　　结果(1)和(4)说明进程访问了虚拟内存区域之外的无效地址，结果(2)和(3)表明进程访问的是有效虚拟地址。

　　如果页故障异常能被成功处理，那么程序 do_page_fault 会正常返回，引起异常的指令会被重新执行，此次应该能够成功。

　　如果页故障异常不能被成功处理，如无法分配新的物理内存、异常页对应的文件页不存在、异常页对应的交换页不存在等，说明系统发生了严重错误，可以向当前进程发送 SIGBUS 信号将其杀死，也可以通过杀死其它进程来回收物理内存。

8.4.2　非法访问页故障处理

　　页故障异常可能发生在取下一条指令的过程中，如 EIP 所指的虚拟代码页不在物理内存；也可能发生在当前指令的执行过程中，如指令所访问的虚拟数据页不在物理内存或不能按指令要求的方式访问等。页故障异常发生时，处理器可能正在用户空间也可能正在内核空间，引起页故障的虚拟地址可能在用户空间也可能在内核空间。虽然引起页故障异常的原因多种多样，但产生页故障异常的场景只有四种，分别是内核程序访问内核空间、内核程序访问用户空间、用户程序访问内核空间、用户程序访问用户空间。

页故障异常发生时，下列情况属于非法内存访问：

(1) 故障地址对应的页目录或页表项中的保留位被置 1。正常情况下，页目录或页表项中的保留位(如页目录项中的第 6 位、页表项中的第 7 位)应保持为 0，这些位为 1 表明当前进程的页表已被破坏。

(2) 故障地址在用户空间、处理器在执行中断处理程序。由于中断的异步性，无法预知被中断的当前进程，因而在中断处理程序(包括硬处理和软处理程序)中不应访问进程的用户虚拟地址。

(3) 故障地址在用户空间、处理器在执行内核线程。内核线程永远运行在内核中，没有自己的虚拟地址空间，它对用户虚拟地址的访问肯定是非法的。

(4) 故障地址在内核空间、处理器在执行用户程序。按照 Linux 的约定，用户程序的特权级都是 3，内核程序和数据的特权级都是 0，用户程序直接调用内核程序或访问内核数据都是非法的。

(5) 故障地址在用户空间且是无效的。进程的有效虚拟地址都位于它的虚拟内存区域中，在所有区域之外的用户虚拟地址都是无效的。

(6) 进程对故障地址的访问方式不符合约定。进程对各虚拟地址的访问约定记录在它的虚拟内存区域中，试图向不可写区域中写数据的操作是非法的，试图访问不可读、写、执行区域的任何操作都是非法的。

对非法内存访问的处理方法如下：

(1) 如果页故障发生时处理器正在用户空间执行程序，则向当前进程发送信号 SIGSEGV，而后返回。在返回用户态之前，进程会处理该信号。如果进程注册了 SIGSEGV 信号的处理程序，该程序将先被执行；如果进程未注册 SIGSEGV 信号的处理程序，内核将把它杀死。

(2) 如果页故障发生时处理器正在内核空间执行程序，则搜索异常列表(在节_ _ex_table 中)，看有没有为该异常预定处理程序(见 4.2.2 节)：

① 如有，则重置栈顶的 ip，而后返回。返回操作会跳转到预定的处理程序，由该程序处理此次的页故障异常。

② 如无，则显示与故障相关的现场信息，如指令地址、故障地址、页表项、堆栈等，而后终止进程。

8.4.3 有效用户页故障处理

如果引起页故障异常的是用户态的有效虚拟地址，且程序对它的访问方式是合法的，则应该设法处理该异常，使虚拟地址生效，以便程序能够正常执行下去。为此需要对该类合法页故障异常做进一步地分析，以便明确原因，确定处理方法。

确定处理方法的依据是页目录/页表项、错误代码和虚拟内存区域(尤其是其操作集中的

fault 操作)。根据页故障地址 addr 可以算出它所在的虚拟页,查当前进程的页目录、页表可以找到该虚拟页对应的页表项。如果在查找过程中发现页表不存在,则要临时为其创建一个新的页表。事实上,进程的页表都是动态创建的,新建页表中的所有页表项都是 0。页故障原因的判断条件及处理方法如表 8.2 所示。

表 8.2 页故障产生原因及处理方法

条件			页类型及故障原因	处理方法
页表项	fault 操作	错误代码		
全 0	非空		线性文件映射页/未读入	do_linear_fault
全 0	空		匿名页/未分配	do_anonymous_page
P=0、D=1			非线性文件映射页/未读入	do_nonlinear_fault
P=0、不全 0			交换页/已换出	do_swap_page
P=1、W=0		写操作	写时复制页/未复制	do_wp_page
P=1、W=1		写操作	已在别处处理	设置 D、A 标志
P=1、W=1		读操作	已在别处处理	设置 A 标志

重要的是前五类页故障的处理,其中交换页的故障处理将在 8.5 节讨论。

1. 线性文件映射页的故障处理

在为进程加载可执行程序或映射数据文件时,已建立了虚拟内存区域与文件区间之间的映射关系,但未将文件的内容读入物理内存,或者说还未建立起进程虚拟页与物理内存页之间的映射关系(页表项为 0)。当进程访问这些虚拟页时,自然会产生页故障异常。对这类页故障的处理思路十分明确:找到虚拟页对应的文件页,将其读入物理内存,而后修改页表项,将虚拟页映射到新读入的文件页即可。此后,当进程再次访问故障地址 addr 时,处理器便能顺利地将其转换成正确的物理地址,访问到正确的文件内容。

如果引起页故障异常的地址 addr 在虚拟内存区域 vma 的内部,那么该区域对应的文件是 vma->vm_file,包含 addr 的虚拟页所对应的文件页的页号是:

pgoff=(((addr&PAGE_MASK) - vma->vm_start)>>PAGE_SHIFT) + vma->vm_pgoff

其中 PAGE_MASK 是 0xFFFFF000,PAGE_SHIFT 是 12。

页故障处理的核心操作是将文件 vma->vm_file 中的第 pgoff 页读入内存。由于映射文件可能位于不同的文件系统,因而将其文件页读入内存的方法可能有差异。虚拟内存区域操作集中的 fault 操作记录着将文件 vma->vm_file 中的页读入内存的方法,目前常用的是 filemap_fault。

对文件的读写操作以页为单位。为了加快文件操作的速度,减少读写磁盘的次数,Linux 为每个文件都准备了一个文件页缓存。来自同一个文件的所有页,不管是被哪个进程读入的,都被记录在它的页缓存中。当需要读入某个文件页时,Linux 首先查该文件的页缓存。如果文件页已在其中且内容是最新的,则可直接使用。只有当文件页不在缓存中或其内容已陈旧时,才需要将其从文件中读入。当然,从文件中新读入的页也要加入页缓存。页缓存记录在文件的 address_space 结构中,被组织成一棵基数树,见 11.5 节。

为了减少页故障异常的次数,还应对获得的文件页做进一步检查。如果区域 vma 是私有的且引起页故障的动作是写,按照约定,应为该文件页创建一个副本,以免再次出现页故障。进程只能修改私有映射页的副本，且对它的修改不能再直接写回映射文件，因而需要将 vma 加入特定的匿名域中(可能已在匿名域中)，并在副本页的 page 结构上加入 PG_swapbacked 标志。

页的 page 结构也需要调整，如增加它的引用计数、让它的 mapping 指向文件的地址空间或匿名域结构、在 index 中记录页在文件中的页号等。

根据页的物理地址和虚拟内存区域的保护权限，可创建一个页表项，将其填入当前进程的页表之后，addr 即变成了有效虚拟地址。

2. 非线性文件映射页的故障处理

正常情况下，虚拟内存区域与文件区间之间的映射关系是线性的，区域中的第 i 个虚拟页对应区间中的第 i 个文件页。但从 2.5 版之后，Linux 允许建立非线性映射关系(通过系统调用 remap_file_pages())，即允许将区域中的某些虚拟页映射到文件的其它位置(区间内的其它页或区间外的某页)。为了记录这些非线性虚拟页的映射位置，Linux 对这些页的页表项进行了特殊设置：

(1) 页表项的 P 位被清 0；

(2) 页表项的 D 位被置 1(当 P 为 0 时，D 是未用的，可将其复用为 F 标志)；

(3) 文件页的页号被记录在页表项的其余各位中。

与线性文件映射页相似，当非线性文件映射页出现页故障时，说明与之对应的文件页还未读入内存，应该将其读入并修改页表项。

用页故障异常地址 addr 查虚拟内存区域树可以找到包含它的虚拟内存区域 vma，查当前进程的页目录、页表可获得与之对应的页表项 pte。如果 pte 中的 P 位为 0 但 F 位为 1，则说明该页是一个非线性文件映射页。重组 pte 可获得与虚拟页对应的文件页的页号 pgoff。从文件 vma->vm_file 中将第 pgoff 页读入内存，将其插入页缓存，而后用物理页号和虚拟内存区域的保护权限构造页表项，用新的页表项替换 pte 即可使 addr 变成有效虚拟地址。

从文件 vma->vm_file 中读入第 pgoff 页的方法与线性文件映射页相同。非线性文件映射页被读入之后，与之对应的文件页号 pgoff 被记录在 page 结构中的 index 域中。

3. 匿名页的故障处理

匿名页属于匿名区域(如进程的用户堆栈、堆等)，没有对应的映射文件，其内容是动态生成的。匿名页出现页故障说明还未为其分配物理页，处理的方法是为出现故障的匿名页指派一个内容全部为 0 的物理页。

Linux 内核在其 bss 节中专门定义了一个称为 empty_zero_page 的页，其内容全部为 0。在早期的版本中，Linux 用 empty_zero_page 处理匿名页的故障，实际是把所有的匿名页全部以只读方式映射到 empty_zero_page。当进程需要写匿名页时，写操作会引起另一次页故障异常，在新的异常处理中，Linux 才为进程复制一个内容全 0 的物理页。这种通过延迟分配时机来节约物理内存的效果并不明显，而且会增加页故障的次数。在新版本中，当进程访问未分配的匿名页时，Linux 按如下方式处理页故障异常：

(1) 如果还未为匿名区域指定匿名域，则为其创建一个 anon_vma 结构，并将匿名的虚拟内存区域插入到 anon_vma 的队列中。

(2) 从高端管理区中分配一个可迁移类型的物理页，将其内容清 0。

(3) 修改物理页的 page 结构，在 flags 中加入 PG_swapbacked 标志，让 mapping 指向 anon_vma 结构，在 index 中记录页在虚拟内存区域中的页号。

(4) 用页的物理地址和匿名虚拟内存区域的保护权限构造一个页表项，用新的页表项替换当前进程中的老页表项。

经过上述处理之后，匿名页已有对应的物理页，addr 也随之变成了有效虚拟地址。

4. 写时复制页的故障处理

写时复制(Copy on Write)页是应该在进程创建时复制而没有复制的页，它们在物理内存中，包含它们的虚拟内存区域允许写但页表项表示它们不允许写。写时复制页出现页故障说明进程对其实施了写操作，应该为其创建一个副本。

如果老的物理页属于匿名区域且已没有其它用户，如共用该物理页的其它进程已经终止等，则不需要进行页的复制，在当前的页表项上加入 R/W、A、D 标志，让当前进程直接使用老物理页即可。

如果老的物理页属于允许写的共享区域，则不需要进行页的复制，在当前的页表项上加入 R/W、A、D 标志，让当前进程直接使用老物理页即可。

正常情况下，写时复制页的故障处理方法是：根据当前的页表项找到老的物理页，申请 1 个新的物理页，将老物理页的内容复制到新的物理页中，用新的物理页创建一个新的页表项(允许写)，用新的页表项替换老的页表项。与此同时，老物理页的引用计数_mapcount 要被减 1。

即使老物理页的内容来源于映射文件，新复制的物理页也不能再写回映射文件。因而应将包含故障地址的虚拟内存区域加入到某个匿名域中，同时在新物理页的 page 结构中加入 PG_swapbacked 标志并让它的 mapping 指向该匿名域、index 记录页的虚拟页号(匿名页)或文件页号(私有文件页)。

8.4.4　有效内核页故障处理

如果引起页故障异常的虚拟地址位于内核空间，而且程序对它的访问是合法的，那么访问者肯定是内核本身。正常情况下，内核程序对内核空间的访问不应该出现页故障，除非引起故障的地址位于 VMALLOC_START 和 VMALLOC_END 之间。

VMALLOC_START 和 VMALLOC_END 之间的地址是为逻辑内存管理器预留的，大小为 128 MB(参见 6.3 节)。与 kmap 空间不同，在系统初始化时，Linux 并未为预留的逻辑内存管理空间建立页表。因而，初始情况下，在所有进程的页目录中，这块地址空间所对应的页目录项都是空的。当内核申请逻辑页块时，逻辑内存管理器会根据需要动态地建立页表，但仅会将新页表插入到第 0 号进程的页目录(init_mm.pgd)中，并未修改其余进程的页目录。当内核在这些进程的上下文中运行且访问到逻辑页块时，自然会引起页故障异常，如图 8.9 所示。

有效内核页的故障处理方法十分简单，同步一下当前进程的页目录即可。同步的方法是：找到故障地址在第 0 号进程中的页目录项，将其拷贝到当前进程的页目录中。

另外，当内核提升某个页面的访问权限(如将只读页改为可读写页)时，由于未及时刷新其它处理器的 TLB，也有可能出现页故障异常。这类页故障也是有效的，只要刷新处理器的 TLB 即可解决。

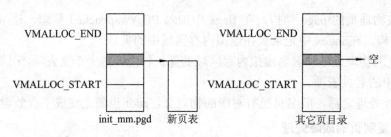

图 8.9　逻辑内存管理器维护的页目录/页表

8.5　页　面　回　收

即使采用了懒惰的内存复制、分配与加载策略，随着进程的运行和页故障异常的处理，分配给进程的内存量仍会不断增加。由于进程对内存的需求量通常会远远超过物理内存的配置量，因而若不采取有效措施设法回收部分页面的话，系统中的物理内存必将被很快耗尽，系统也将无法正常运行。

要回收的页面是已经分配出去、还未被归还的物理页，也就是正在被用户使用的物理页。页面回收的实质是页面借用，就是从使用者手中暂时借用一些物理页以备急用。借用的页面应是使用者暂时不用的，借用之后不应对使用者造成太大的影响；借用的页面需要归还，其中的内容需要被暂存起来，以便恢复。暂存页面内容的最佳位置是外存。页面回收的基本思路是将进程暂时不用的程序或数据转移(交换)到外存空间，从而回收它们占用的物理页面，是一种典型的时间换空间的管理方法。

页面回收的做法是可行的，原因如下：

(1) 由于局部化规律的存在，在一个小的时间间隔内，进程只会访问到很少几个页面。只要这几个页面在物理内存中，进程就可以正常地执行下去。其余的页面都可以不必放在内存中，换句话说，其余的页面都可以被回收。

(2) 万一不慎回收了正在使用的页面，进程的执行会立刻引起页故障异常，异常处理程序会将页面再次换入内存，后果是影响了进程的执行速度，但不会产生错误。

当然，在设计页面回收系统时需要解决许多问题，如什么时机触发页面回收？什么场合进行页面回收？如何选择被回收的页面？将页面交换到何处？如何再将它们交换回物理内存？如何提高换出/换入的速度？等等。事实上，页面回收是内存管理系统不可回避的工作，它涉及到操作系统的各主要方面，如内存管理、进程管理、进程间通信、文件系统、设备管理等，是内存管理系统中最复杂、最核心的工作之一。

8.5.1　页面换出位置

按照使用者的类型、用途及使用方式，可将分配出去的物理页大致分为以下几类：

(1) 不可回收页，如内核保留页、进程页表和系统堆栈所用页、被锁定的页等。大部分的不可回收页用于保存内核使用的管理结构，强行回收它们会造成不必要的麻烦，且代价较高，因而不应回收不可回收页。

(2) 可废弃页，如当前未用的缓存页、干净的文件映射页等。可废弃页的内容来源于文件且未被修改过，可直接回收。由于不需要写出，因而回收的代价最低。当再次需要时可从文件中再次将它们读入，不会造成信息丢失。

(3) 可同步页，如按共享方式映射到进程虚拟地址空间中的文件页、位于页缓存中的页、用作块设备缓冲区的页等。可同步页的内容来源于文件，在内存中仅有一份拷贝，但其内容已被修改。将修改后的内容写回(同步)文件之后即可将其回收。

(4) 可交换页，如用户进程使用的匿名页、按私有方式映射到进程虚拟地址空间中的文件页、共享内存页等。可交换页要么没有对应的文件，要么文件不许修改，在回收这类页面之前必须将其内容暂存在外存空间的某个地方，如交换文件中。

在可回收的页面中，由于可同步页有对应的映射文件且文件允许修改，因而它们的最佳换出位置应该是与之对应的文件页。在同步页的 page 结构中，mapping 指向映射文件的地址空间 address_space、index 中记录着页在文件中的偏移量(页号)，据此可方便地将其换出。由于同步页在文件中的位置未变，因而不需要做特别记录，将它们在各进程中的页表项清 0 即可。当进程再次访问到已换出的同步页时，页故障异常处理程序通过虚拟内存区域可再次找到它在映射文件中的位置，从而再次将其读入。

与同步页不同，可交换页的内容不能直接写回映射文件，必须另外为其在外存找一个暂存的位置。暂存交换页的外存设备称为交换设备(磁盘上的一个独立分区)，暂存交换页的文件称为交换文件(预先建立的大小固定的文件)，以下统称为交换文件(swap file)。由于交换文件的作用仅仅是暂存内存页面，因而不需要在其上建立复杂的管理结构(如文件系统)，将它们抽象成简单的页面数组即可。事实上，在使用之前，需要用专门的工具对交换文件进行格式化，格式化的目的是在其上建立管理结构。

Linux 在交换文件上建立的管理结构称为 swap_header，驻留在交换文件的第 0 页中，其主要内容有以下几个：

(1) 魔数，实际是一个标志，如"SWAPSPACE2"，表示这是一个交换文件。

(2) 页面总数，也就是最后 1 页的序号。

(3) 坏页总数，也就是交换文件中不可使用的页面数。

(4) 坏页数组，记录各个坏页的序号。

在一个交换文件中，除第 0 页和已明确声明的坏页之外，每一页都可暂存一个内存页面。在启用交换文件之时可将其中所有的可用页面都看成是空页，因为上次暂存的数据已毫无意义。为了管理交换文件上的页面分配与回收，Linux 为每个启用的交换文件建立了一个类型为 swap_info_struct 的管理结构，其主要内容包括如下几个：

(1) flags 表示交换文件的状态，如已准备就绪(SWP_WRITEOK)等。

(2) swap_file 指向打开的交换文件或交换设备特殊文件(file 结构)。

(3) bdev 指向交换文件驻留的块设备(block_device 结构)。

(4) prio 是交换文件的优先级。高优先级的交换文件会被优先使用。

(5) pages 是交换文件中可用的页面数。

(6) inuse_pages 是交换文件中已经分配出去的页面数。

(7) swap_map 是一个 short 类型的数组，交换文件中的每一页对应其中的一项，用于记录页面的使用情况。

Linux 允许同时启用多个交换文件，每一个交换文件有一个整数编号和一个优先级，用一个 swap_info_struct 结构描述。系统中所有的 swap_info_struct 结构按照优先级从大到小的顺序被组织在队列 swap_list 中，如图 8.10 所示。

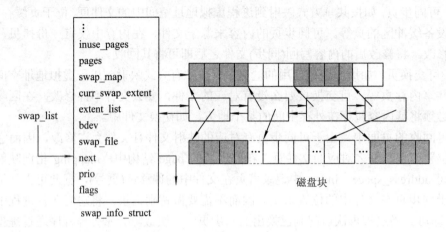

图 8.10　交换文件管理结构

交换文件需显式启用。启用操作 swapon 会打开指定的交换文件，读出其第 0 页中的管理结构 swap_header，而后根据管理结构中的内容填写与之对应的 swap_info_struct 结构。初始情况下，swap_map 中各元素的值都是 0(第 0 页和坏页除外)。

在将页面换出之前需先向交换文件申请空闲页。空闲页的分配方法是：

(1) 顺序搜索队列 swap_list，找一个未满的交换文件(swap_info_struct 结构)。

(2) 搜索其中的 swap_map 数组，找一个内容为 0 的项 i。

(3) 调整 swap_info_struct 结构，如将 swap_map[i]加 1，将第 i 页分配出去。

从交换文件中申请到空闲页后，即可将可交换页的内容暂存到其中，从而回收它所占用的物理页面。由于可交换页的换出位置是随机分配的，因而需要记录它的换出位置，以便再次将其换入。Linux 将页面的换出位置记录在进程的页表中。在 32 位 Intel 处理器中，记录换出位置的页表项(称为交换项)的格式如图 8.11 所示，其中的 type 是交换文件编号，offset 是页在交换文件中的序号。

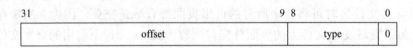

图 8.11　记录换出位置的页表项格式

可交换页被换出后，它在各进程中的页表项被改成上述形式。当进程再次访问到换出页时，页故障异常处理程序从页表项中即可获得页在交换文件中的位置，从而再次将其读入。

如果交换文件是磁盘分区，文件的第 i 页对应的就是分区的第 i 个逻辑块，直接向驱动程序发送请求即可对其进行读写操作。如果交换文件不是分区，对页的读写操作必须经过文件系统，性能会受到一定影响。为了提升换入/换出的速度，启用操作 swapon 会预先查询交换文件，确定各文件页所对应的逻辑块，并根据逻辑块的分布情况将交换文件划分成多个块组。一个块组是一组连续的交换文件页，它们在块设备上所对应的逻辑块也是连续的。

结构 swap_extent 用于描述块组，其内容包括块组的大小、在交换文件中的开始页号、在块设备中的开始块号等。一个交换文件的所有 swap_extent 结构被组织成一个有序队列，队头记录在 swap_info_struct 的 extent_list 域中，如图 8.10 所示。

一个交换设备仅需一个 swap_extent 结构，一个交换文件通常需要多个 swap_extent 结构。当需要读/写交换文件的某一页时，查 extent_list 队列可获得它在块设备上的逻辑块号，直接向驱动程序发送请求即可对其进行读写操作，不需要再经过文件系统。

8.5.2　页面淘汰算法

页面回收的核心是选择即将被淘汰的页面，即页面淘汰算法。在几十年的发展过程中，人们设计了多种页面淘汰算法，如先入先出算法(FIFO)、最久未使用算法(LRU)、二次机会算法(Second Chance)等。

早期的 Linux 采用加强的二次机会淘汰算法，在选择页面时需要参考的信息包括页表项中的访问位(A)和修改位(D)、page 结构中的 PG_referenced 标志、页面的引用计数(页面的用户数)等。页面回收的过程被分成两个阶段：

(1) 搜索进程的页表，对在内存中的虚拟页(P=1)做如下处理：

① 如果 A 为 1，则将 PG_referenced 置 1，将 A 位清 0，再给它一次机会。

② 如果 A 为 0 但 D 为 1，则先将页面的内容换出，再将其释放(递减引用计数)。

③ 如果 A 为 0 且 D 为 0，则直接将页面释放(递减引用计数)。

(2) 搜索 page 结构数组 mem_map[]，对其中的各 page 结构做如下处理：

① 如果页正被使用(引用计数不是 0)，则将它的 PG_referenced 清 0。

② 如果页空闲(引用计数为 0)但 PG_referenced 是 1，则将 PG_referenced 清 0。

③ 如果页空闲(引用计数为 0)且 PG_referenced 也是 0，则将其回收。

一个刚被进程访问过的页不会立刻被回收，它有两次存活的机会。第一次检查时它的 A 位被清 0，第二次检查时它的 PG_referenced 被清 0，第三次检查时才会真正将其回收。在释放之后、回收之前，如果页面又被进程访问到，那么该页可再次被引用(仍在内存)，不需要换入。经常使用的页面永远都不会被回收。Linux 的这种页面回收算法可有效地减少选择失误所造成的影响，是一种典型的"懒惰"处理方法。

新版本的 Linux 采用最久未使用算法(Least Recently Used，LRU)。LRU 的基本思想是回收最长时间未被使用的物理页，依据是程序的局部化规律，理由是若某页在很长时间内都没有被使用，则它在最近的将来也不会被使用。

LRU 算法的思路虽然简单，但实现起来却非常困难，原因是难以收集和比较页面的最近一次使用时机。在没有硬件支持的情况下，纯粹用软件的方法统计页面使用时机(如在页故障异常处理中更新页面的最近访问时间等)会使系统性能降低到无法容忍的地步。不幸的是，目前的大多数处理器，包括 Intel 处理器，都没有提供对 LRU 算法的支持。因而，实际实现的只能是近似的 LRU 算法。

较简单的近似实现是：定义一个物理页面队列，在适当的时机(不是每次内存访问时)根据页面的使用情况调整该队列，总是将最近使用过的页面移到队头，如此一来，位于队尾的页面肯定是最久未被使用的，可以被回收。确定页面使用情况的依据是页表项中的 A 位。页面每次被检查之后，它在各页表中的 A 位都被清 0。当再次检查到某个页面时，如果引用它在某个页表项中的 A 位为 1，说明该页最近被使用过，否则说明该页在两次检查之间未被使用过。

为了更便于操作，Linux 为物理内存的每个管理区(zone)都定义了五个页面队列，分别用于组织五种不同类型的物理页面(page 结构)，如表 8.3 所示。

表 8.3　LRU 队列及其意义

序号	名　　称	意　　义
0	LRU_INACTIVE_ANON	匿名的非活动页
1	LRU_ACTIVE_ANON	匿名的活动页
2	LRU_INACTIVE_FILE	来自映射文件的非活动页
3	LRU_ACTIVE_FILE	来自映射文件的活动页
4	LRU_UNEVICTABLE	不可淘汰页

同时，Linux 还在 page 结构的 flags 域中引入两个标志位，用 PG_referenced 记录页面最近的使用情况(来自 A 位)，用 PG_active 记录页面当前所处的队列(活动或非活动队列)。每当对页面进行检查时，Linux 都会根据它的最近使用情况(页表项中的 A 位)调整它的这两个标志，并根据其中的 PG_active 标志调整页面所处的队列。页面状态升迁的大致过程如图 8.12 所示，不含某些特殊情况，如从状态 1 到状态 3 的升迁。

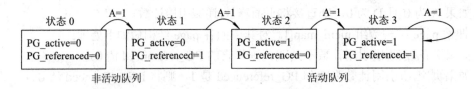

图 8.12　页面状态升迁图

页面状态的调整主要由两大模块负责，一是页故障处理程序，二是 LRU 淘汰算法。

在页故障处理中，新读入的文件页被直接加入到 LRU_ACTIVE_FILE 队列中，新创建的匿名页被直接加入到 LRU_ACTIVE_ANON 队列中，都处于活动状态。

在 LRU 淘汰算法中，页面状态的调整或候选回收页面的选择又被分成两大步。

1. 调整活动队列尾部若干页面的状态

活动队列包括匿名队列和文件队列，其中的页面已进行了排序，最近被用过的页面在队头，最久未用过的页面在队尾。尾部的页面是最久未调整过状态的页面。当同类型的活动队列与非活动队列的长度失衡时(活动页面数过多)，从活动队列的尾部选出若干个引用计数(_count)不是 0 的页面(引用计数为 0 的页面应该正在释放过程中，可以不予理会)，对其进行如下调整：

(1) 将满足下列条件(或的关系)的页面移到 LRU_UNEVICTABLE 队列中：

① 属于不可淘汰的虚拟内存区域；

② 已被锁定在物理内存中(不可淘汰)。

(2) 将满足下列条件(与的关系)的页面移到活动队列的队头(状态不变)：

① 在进程的虚拟地址空间中(正在被某进程的页表项引用)；

② 内容来源于文件;

③ 已被加锁(正在被读写)或最近被访问过(页表项中的 A 位是 1);

④ 内容是程序代码。

(3) 将其余类型的页面插入到相应非活动队列的队头(状态变化:2 到 0,3 到 1)。

2. 调整非活动队列尾部若干页面的状态

非活动队列包括匿名队列和文件队列,其中的页面已进行了排序,位于队尾的页面是不活动时间最长的页面,也是最有可能被回收的页面。根据物理内存的紧缺程度,从非活动队列的队尾选出若干个引用计数(_count)不是 0 的页面,对其进行如下调整:

(1) 对最近使用过的匿名页,将其迁移到状态 2 并移到活动队列的队头。

(2) 对最近使用过的文件页:

① 如 PG_referenced 是 1,则将其迁移到状态 3 并移到活动队列的队头。

② 如 PG_referenced 是 0,则将其迁移到状态 1 并移到非活动队列的队头。

(3) 对最近未使用过的页(包括匿名页和文件页):

① 如 PG_referenced 是 1,则将其迁移到状态 0 并选作后备淘汰页面。

② 如 PG_referenced 是 0,则让其保持在状态 0 并选作待淘汰页面。

待淘汰页面和后备淘汰页面都已长久未被使用,可以作为候选的淘汰页面。对候选淘汰页面的回收工作由以下三步完成:

(1) 如果候选淘汰页面在进程的页表中,则先断开各进程对它的引用,并将页面在外存的位置记录在页表项中(通过逆向映射关系可找到引用它的所有页表项)。

① 在线性文件映射页的页表项中记录 0。

② 在非线性文件映射页的页表项中记录页面在文件中的位置(P=0、D=1)。

③ 在匿名页的页表项中记录页面在交换文件中的位置(如图 8.11 所示)。

(2) 如果待淘汰页面是脏的,则将其写出。共享映射页面的内容可直接写回映射文件,其余页面的内容可写回交换文件(可能需要先向交换文件申请空闲页)。

① 由于后备淘汰页面的 PG_referenced 刚被清 0,因而应再给它 1 次机会,不用急着换出,将其移到非活动队列的队头即可。

② 如果页面还有其它用户或无法正常写出,应将其移到非活动队列的队头。

③ 如果页面写出还未完成(异步写),应将其移到非活动队列的队头。

④ 如果写出期间页面又被引用,应将其迁移到状态 2 并移到活动队列的队头。

(3) 将页面从页缓存或交换缓存中删除,而后还给伙伴内存管理器。

值得注意的是,如果物理页的内容来源于非线性虚拟内存区域,那么根据文件页号和虚拟内存区域并不能算出映射到该文件页的虚拟内存页号。因而,Linux 尽可能不去淘汰非线性映射页。如果必须淘汰非线性映射页,那么只能顺序搜索各非线性虚拟内存区域所对应的页表项,这将是一件十分费时的工作。

8.5.3 页面回收流程

页面可能在 LRU 队列中,称为 LRU 页面,也可能不在 LRU 队列中,称为非 LRU 页面。页面回收包括对 LRU 页面的回收和对非 LRU 页面的回收。

LRU 页面组织在各管理区中。在一个管理区内部，为了使页面回收工作更加公平，应该轮流搜索其中的各个 LRU 队列，即按大致相同的比例轮流调整各个队列尾部的页面状态(如上节所述)。在每个队列中一次搜索的页面数取决于当前内存的紧缺程度、区中内存的平衡程度、前期搜索的成功比例等，一般不超过 32 页。

非 LRU 页面通常是内核使用的，有着特殊的用途，如用做目录项缓存、inode 缓存等。当物理内存紧张时，非 LRU 中的页面也应该被回收。为了公平起见，应按大致相同的比例轮流从各个缓存中回收页面。在每个缓存中一次搜索的页面数取决于缓存的大小及 LRU 页面的搜索比例等。缓存页面的回收工作由各缓存的管理程序自己完成。

引起页面回收的原因只有一个：伙伴内存管理器在分配页块时发现物理内存紧缺(管理区中的空闲内存量在基准线之下)。

页面回收的场合有两个：当内存不太紧缺时，由专门的守护进程 kswapd 在后台进行页面回收；当内存十分紧缺时，由申请者进程直接进行页面回收。

1. 后台回收

在系统初始化时，Linux 为每个节点创建了一个 kswapd。kswapd 通常处于睡眠状态，但一旦醒来(被唤醒或自己睡醒)，都会检查自己节点内部的各个管理区。如果发现某管理区中的空闲内存量较少(低于基准线 HIGH)或空闲内存分布不合理(大块空闲内存量较少)，kswapd 都会设法回收物理内存，以维护节点内的内存平衡。

后台回收的流程如下：

```
for(priority = 12; priority >= 0; priority--){          // priority 表示内存紧缺程度
    for(i = pgdat->nr_zones - 1; i >= 0; i--){          // nr_zones 是节点中的管理区数
        if(区中匿名非活动队列过短)
            调整匿名活动队列队尾 32 页的状态;
        If(区中空闲内存过少 ‖ 分布不合理)
            break;
    }
    for(j = 0; i <= i; j++){
        回收管理区中的 LRU 页面;
        按相同比例回收非 LRU 页面;
    }
    if(所有管理区都已平衡 ‖ 回收了足够的内存页)
        break;
}
```

2. 直接回收

直接页面回收工作由申请者进程自己完成，回收的顺序应以伙伴内存管理器确定的管理区尝试序列为准，回收的流程如下：

```
for(priority = 12; priority >= 0; priority--){          // priority 表示内存紧缺程度
    按尝试序列顺序回收各管理区中的 LRU 页面;
    按相同比例回收非 LRU 页面;
```

```
    if(回收了足够的内存页)                        // 至少回收了 32 页
        break;
    if(已搜索的页数超过应回收页数的 1.5 倍)
        唤醒守护进程，完成部分延迟的页面写出操作；
}
```

8.5.4　优化措施

页面回收是极为费时的工作，为了加快回收速度，Linux 采用了多项优化措施。

1. 交换缓存

交换缓存(swap cache)是一种特殊的文件页缓存(page cache)，由一个专门的文件地址空间结构 swapper_space 描述(见 11.5)。交换缓存介于淘汰算法与交换文件之间，其作用有两个：

(1) 换出时，将脏的待淘汰页面加入交换缓存后，可按统一的方式将其写出。在成功写出之后，页面会被从交换缓存中删除。在删除之前，如果页面又被引用，可直接在交换缓存中找到它，能减少因淘汰算法失误所造成的不必要换入。

(2) 换入时，将第一个换入的页面加入交换缓存，可使共享该页的其它进程找到它在内存中的位置，从而将页表项的修改工作推迟到真正使用时。最后一个请求换入的进程将页面从交换缓存和交换文件中删除。在删除之前，如果页面又被淘汰，可省去新的换出操作(页面仍在交换文件中)。

交换缓存的查找依据是交换项(页面在交换文件中的位置)，如图 8.11 所示。

新换入的页面处于状态 0(PG_active=0、PG_referenced=0、A=1)，被插入在非活动队列的队头。当淘汰算法检查到该页时，它的状态会被改成 2，进入活动队列。

2. 团块回收

页面回收程序较易回收单个物理页，但较难回收连续的物理页块。为了回收较大的物理页块，Linux 引入了团块回收(Lumpy)机制。当系统中的大块物理内存(8 页以上)紧缺时，Linux 会启动团块回收机制。在选择候选淘汰页面时，淘汰算法会同时考察候选页面所在的整个页块，并将其中可回收的 LRU 页全部选为候选淘汰页面，不管它们的状态是否为非活动的。团块回收机制可增加大页块回收的几率。

3. 交换令牌

虽然 LRU 算法的成功率较高，但它毕竟无法预见未来，因而总是有失误的时候。严重时，刚淘汰的页面立刻又被引用，系统忙于换入换出，无法进行实质性工作，即出现所谓的颠簸(Thrashing)现象。为了避免颠簸，Linux 引入了交换令牌(Swap Token)。系统中仅有一块交换令牌。拥有交换令牌的进程可以免于换出，因而可拥有更多的物理内存，从而可更快地运行到终止。

交换令牌是抢占的。每当进行页面换入时，进程都试图抢占交换令牌。抢占的依据是：换入操作的频繁程度、等待令牌的时间间隔等。

4. 预先换入

换入操作需要读交换文件(实际是读块设备)，十分耗时。研究表明，在读操作中，最耗时的是磁头定位。因而,在完成一次磁头定位后应尽可能多读入一些页面。Linux 为它的文件系统实现了较为复杂的预读操作,也为交换文件实现了简单的预读操作,称为预先换入。为了支持预先换入,Linux 采取了三项措施:

(1) 以块(32 页)为单位分配交换文件上的空闲页面,以保证它们的连续性。

(2) 让换入操作一次从交换文件中读入多个连续页面,并将它们全部加入交换缓存。

(3) 在换入之前,先检查交换缓存,如页已在其中,可直接使用。

思 考 题

1. 进程是否可以没有自己的用户空间?是否可以没有自己的页目录?是否可以没有自己的 mm_struct 结构?

2. 当进程切换时它们的页目录也随着切换,为什么不会影响调度程序的执行?

3. 进程的虚拟地址空间还有没有其它布局方式?

4. 动态链接有什么好处?有什么问题?

5. 有哪些页面淘汰算法? Linux 使用的是哪种页面淘汰算法?有什么好处?

6. 系统中能否不要交换文件?如果没有交换文件会出现什么问题?

7. 堆有什么用?堆的大小能否改变?如何改变?

8. 为什么需要虚拟内存?没有虚拟内存会出现什么问题?

第九章　互斥与同步

虽然进程有各自独立的虚拟地址空间，一般情况下不会出现交叉引用的问题，但由于它们运行在同一个计算环境中，共用同一个内核，不可避免地会发生一些相互作用，如竞争独占资源、访问共享对象、协调多方动作等。独占资源(如处理器、外部设备等)同时只能由一个进程使用，对独占资源竞争的结果是一个进程获得，其它进程等待。共享对象(如共用的数据结构等)允许多个进程访问，但访问操作应是原子的，不应出现交叉重叠。相互协作的进程(如生产者与消费者进程)之间需要协调动作，以便保持步调一致。

为了使进程之间能够和谐共处、有序竞争，操作系统需要提供保证机制，大致包括互斥(Mutual Exclusion)与同步(Synchronization)。互斥是一种竞争机制，用于保护共享的独占资源。同步是一种协调机制，用于统一进程的步调。互斥是排外的、封闭的，表示资源属于自己，不许别的进程再动，因而多使用锁(Lock)。同步是开放的、合作的，在自己完成某个动作或用完某个资源之后会主动通知合作者或唤醒等待者，因而常使用信号灯或信号量(Semaphore)。

Linux 内核提供了多种互斥与同步机制，如自旋锁、序号锁、RCU、信号量、信号量集合等。除信号量集合之外，其余机制都是内核自己使用的，用于保护被所有进程共用的内核资源、协调核内进程的动作。可以说没有互斥与同步机制，就无法保证内核的和谐与稳定。

9.1　基　础　操　作

为了实现多处理器或并发环境中的互斥与同步机制，内核需要提供一些基础操作，如格栅操作、原子操作、抢占屏蔽操作、进程等待操作等。格栅操作用于设定一些特殊的控制点，以保证点后指令不会在点前指令完全完成之前开始执行，从而控制指令的执行顺序。原子操作是对单个内存变量的不可分割的基本操作(如变量加、减等)，用于保证某些特殊内存操作的完整性。抢占屏蔽操作用于控制进程的调度时机，如禁止某些场合下的进程调度等。进程睡眠与等待操作用于管理进程等待队列，以便在条件成熟时唤醒其中的进程。

9.1.1　格栅操作

正常情况下，编译或汇编器按序生成程序代码，处理器也按序执行程序代码，不会出现乱序现象。然而，为了提高执行速度，目前的汇编和编译器通常会对程序进行优化，如调整指令顺序等，处理器在执行指令期间也会采取一些加速措施，如高速缓存、乱序发射、并行执行等，因而进程对内存的实际访问顺序可能与程序的预定顺序不一致。大部分情况下，指令顺序的调整不会改变程序的行为，但也有一些例外，如将临界区内的指令移到临界区外执行就可能产生难以预料的后果。为了保证程序行为的一致性，Intel 处理器提供了特殊指令、GCC 编译器提供了优化格栅、Linux 操作系统提供了内存格栅操作，用于控制指令的执行顺序。

优化格栅用于防止编译器的过度优化，以保证所生成代码的正确性。Linux 实现的优化格式是宏 barrier，定义如下：

#define barrier()   _asm_ _volatile_("":::"memory")

宏 barrier 告诉编译器三件事：将要插入一段汇编代码(_asm_)、不要将这段代码与其它代码重组(_volatile_)、所有的内存位置都已改变(memory)，因而此前保存在寄存器中的所有内存单元的内容都已失效，此后对内存的访问需要重新读入，不能用已有的寄存器内容对程序进行优化。

内存格栅用于保证指令的执行顺序。在 Intel 处理器中，有些指令是串行执行的，可以作为内存格栅，如 I/O 指令、带 lock 前缀的指令、写控制寄存器的指令等。另外，Intel 处理器还专门引入了三条格栅指令，其中 lfence(读格栅)保证其后的读操作不会在其前的读操作完全完成之前开始，sfence(写格栅)保证其后的写操作不会在其前的写操作完全完成之前开始，mfence(读写格栅)保证其后的读写操作不会在其前的读写操作完全完成之前开始。

Linux 提供了多个内存格栅宏，它们其实就是对上述三条指令的包装，如下：

#define mb()	asm volatile("mfence":::"memory")	// 读写内存格栅
#define rmb()	asm volatile("lfence":::"memory")	// 读内存格栅
#define wmb()	asm volatile("sfence" ::: "memory")	// 写内存格栅

因而，格栅就是屏障，只有当前面的指令完全执行完之后其后的指令才会开始执行。在程序中插入格栅可以保证程序的执行顺序，虽然会影响程序的执行性能。

9.1.2 原子操作

由于机器指令的功能过于简单，一个稍微复杂的操作通常都必须用多条指令完成。如操作 x=x+3 通常被翻译成三条指令：将 x 的值读入到某个寄存器、将寄存器的值加 3、将寄存器的内容写回 x。考虑如下情形：

(1) 在第一条指令完成之后、第三条指令完成之前出现了中断；

(2) 在中断返回之前处理器再次访问了变量 x，如执行了 x=x+5。

此时，x 值的变化会出现不一致性，其结果是 x+3 而不是 x+8。

出现上述问题的原因是操作的原子性(不可分割)被破坏了。由于中断的出现，一个完整操作的中间被随机地插入了其它操作。这一问题的解决方法比较简单，关闭中断即可避免这种操作插入现象。

更复杂的情况出现在多处理器环境中，此时，一个变量可能被多个处理器同时访问。如两个处理器同时执行 x = x + 3 操作，其结果将是 x + 3 而不是 x + 6。引起这一问题的原因仍然是操作的原子性被破坏了(在 x 上同时施加了两个操作)。这一问题的解决需要处理器的支持，并需要操作系统提供相应的手段。

Intel 处理器提供了 lock 前缀，用于将一条内存访问指令(如 add、sub、inc、dec 等)转化成原子指令。如果某条指令之前有 lock 前缀，那么在执行该指令期间处理器会锁住内存总线，以保证不会出现多个处理器同时访问一个内存变量的现象。

为了保证 C 语言操作的原子性，Linux 定义了原子类型 atomic_t 并提供了一组该类型上的原子操作。原子类型实际就是整型，多被嵌入在其它结构中，定义如下：

```
typedef struct {
    int    counter;
} atomic_t;
```

在 Intel 处理器上，原子加法操作由 atomic_add 实现，其实现代码如下：

```
static inline void atomic_add(int i, atomic_t *v) {
    asm volatile ( LOCK_PREFIX "addl %1,%0"
      : "+m" (v->counter)
      : "ir" (i));
}
```

在多处理器平台上，宏 LOCK_PREFIX 就是 lock 前缀，用于保证加法操作的原子性，即保证在指令 add 执行期间不会有其它处理器访问变量 v。与原子加法操作的实现思路类似，Linux 还实现了多个其它的原子操作，如表 9.1 所示。

表 9.1　Linux 的原子操作

操 作 原 型	意　　义
int atomic_read(atomic_t *v)	读原子变量的值
void atomic_set(atomic_t *v, int i)	将变量 v 的值设为 i
void atomic_add(int i, atomic_t *v)	将变量 v 的值加上 i
int atomic_add_return(int i, atomic_t *v)	将变量 v 的值加上 i 并返回结果
void atomic_sub(int i, atomic_t *v)	从变量 v 中减去 i
int atomic_sub_return(int i, atomic_t *v)	从变量 v 中减去 i 并返回结果
int atomic_sub_and_test(int i, atomic_t *v)	从变量 v 中减去 i 并测试结果是否为 0
void atomic_inc(atomic_t *v)	将变量 v 的值加 1
int atomic_inc_and_test(atomic_t *v)	将变量 v 的值加 1 并测试结果是否为 0
void atomic_dec(atomic_t *v)	将变量 v 的值减 1
int atomic_dec_and_test(atomic_t *v)	将变量 v 的值减 1 并测试结果是否为 0
int atomic_add_negative(int i, atomic_t *v)	将变量 v 的值加上 i 并测试结果是否为负数
int atomic_xchg(atomic_t *v, int new)	将变量 v 的值与 new 互换

9.1.3　抢占屏蔽操作

在当前进程未主动放弃处理器的情况下，如果系统中出现了更值得运行的进程，那么应该将处理器从当前进程手中强行收回，以便让新就绪的进程尽快运行，这一过程称为抢占调度。抢占使处理器的分配更加合理，也可提升系统的反应能力，但会增加设计的复杂性。

抢占条件通常由中断处理程序创造，抢占时机通常在中断返回之前。如果中断之前的处理器运行在用户态，那么在从核心态返回用户态之前进行抢占调度不会引起不一致性问题。但如果中断之前的处理器运行在核心态，那么在中断返回之前进行的抢占调度就有可能导致内核数据的不一致性。如中断之前处理器正在修改内核中的某个链表，那么在修改完成之前的抢占调度有可能破坏该链表的一致性。早期的 Linux 禁止内核态抢占。新版本的 Linux 允许内核态抢占，但需要某种机制来控制抢占的时机。

控制内核态抢占的一种方法是关、开中断。在修改某些关键数据结构之前将中断关闭，在修改完成之后再将中断打开。但关、开中断的代价较高，因而 Linux 又引入了抢占计数 preempt_count(位于进程的 thread_info 结构中，如图 4.8 所示)，每个进程一个，表示该进程当前是否可被抢占。

操作 preempt_disable()将当前进程的抢占计数加 1，从而禁止抢占该进程。

操作 preempt_enable()将当前进程的抢占计数减 1，而后试图进行抢占调度。调度的条件是：当前进程上设置了 TIF_NEED_RESCHED 标志且当前进程的抢占计数是 0 且当前处理器的中断未被屏蔽。

上述两个操作都带有优化格栅，保证能使后面的程序看到它们的操作结果。由操作 preempt_disable()和 preempt_enable()括起来的区域允许中断，但不可抢占。

在从中断返回到核心态之前，如果当前进程的抢占计数不是 0，即使其上设置了 TIF_NEED_RESCHED 标志，善后处理程序也不会进行进程调度(如图 4.3 所示)。

9.1.4　睡眠与等待操作

正在运行的进程可以主动请求睡眠(sleep_on())，从而进入等待状态。进程可以在不可中断等待状态下睡眠，也可以在可中断等待状态下睡眠。进程可以预定一个睡眠时间，也可以不预定睡眠时间(长眠)。Linux 将睡眠进程挂在自己指定的等待队列中。等待队列由类型 wait_queue_head_t 定义，如下：

```
struct  _ _wait_queue_head {
    spinlock_t          lock;              // 保护锁
    struct list_head    task_list;         // 队列
};
typedef struct _ _wait_queue_head          wait_queue_head_t;
```

睡眠者进程先将自己包装在一个_ _wait_queue 结构中，而后挂在指定的等待队列上，最后请求调度(执行函数 schedule())，放弃处理器，进入等待状态。

```
struct  _ _wait_queue {
    unsigned int        flags;             // 标志，总是 1
    void                *private;          // 指向睡眠者进程的 task_struct 结构
    wait_queue_func_t   func;              // 睡眠到期后的处理函数
    struct list_head    task_list;         // 队列节点
};
typedef struct _ _wait_queue wait_queue_t;
```

如果进程预定了睡眠时间，Linux 会为其启动一个定时器。当定时器到期时，Linux 会将睡眠的进程唤醒(将其状态改为 TASK_RUNNING 并加入就绪队列)。如果进程在到期之前被唤醒，睡眠操作会返回剩余的睡眠时间。

未预定睡眠时间的进程只能被显式唤醒(wake_up())。唤醒操作顺序执行等待队列中各 _ _wait_queue 结构中的 func 操作，唤醒等待的进程。唤醒者进程可以指定被唤醒进程的状态和一次可唤醒的进程数量。

除了睡眠之外，进程还可以等待某个事件(又称为条件变量)。等待者进程可以将自己置于不可中断等待状态或可中断等待状态，且可以预定一个最长等待时间。Linux 用结构completion 描述这种条件等待队列，如下：

```
struct   completion {
    unsigned int            done;      // 0 表示等待的事件未发生，>0 表示已发生
    wait_queue_head_t       wait;      // 等待队列
};
```

欲等待某事件的进程通过 wait_for_completion()类的操作将自己置为等待状态并挂在等待队列中，而后请求调度，放弃处理器。此后进程将一直等待，直到自己等待的事件发生(done大于 1 并被唤醒)或等待了足够长的时间。

等待事件的进程可被操作 complete()或 complete_all()唤醒。操作 complete()将 done 加 1并唤醒队列中的第一个进程，操作 complete_all()将 done 加 0x7FFFFFFF 而后唤醒队列中的所有进程。

9.2　自　旋　锁

原子操作只能保证一条指令的原子性，因而仅能实现单个变量的互斥使用。若要实现一个数据结构的互斥使用，就需要保证一个程序片段的原子性，需要更复杂的互斥手段。自旋锁就是其中之一。

在操作系统中，一次只允许一个进程使用的资源称为独占资源或临界资源(Critical resource)，访问临界资源的程序片段称为临界区(Critical section)。自旋锁的主要作用是保证对临界资源的互斥使用，或者说保证临界区的原子性。

9.2.1　自旋锁的概念

实现进程互斥的方法很多，如纯软件方法(Peterson 算法)、纯硬件方法(开关中断)等，但最直观、最简洁的方法是锁(Lock)。锁用于保护使用时间很短的临界资源，每种临界资源都需要一把保护锁。进程在使用临界资源之前需要先申请到该资源的保护锁。获得锁的进程可以使用资源，但在用完之后应尽快将锁释放。在一个特定的时间点上，最多只有一个进程能获得某个特定的锁。在无法立刻获得锁时，进程忙等测试，因而又将这种保护锁称为自旋锁(spinlock)。由自旋锁保护的临界区的格式如下：

<加锁(spin_lock)>

<临界区(critical section)>

<解锁(spin_unlock)>

如果加锁操作成功，进程可立刻进入临界区，否则将在加锁操作中自旋等待。

自旋锁一般用在多处理器环境中。申请锁的进程和持有锁的进程运行在不同的处理器上，申请锁的进程通过简单的忙等测试等待持有锁的进程释放自旋锁。在单处理器环境中，自旋锁退化成了空语句，或简单的开、关中断操作。

自旋锁不能嵌套使用。持有自旋锁的进程再次申请同一个自旋锁会使程序进入死循环，导致死锁(无限期地等待自己解锁)。

为了实现自旋锁，至少需要定义一个锁变量和一组锁操作。锁变量用于记录锁的状态(忙、闲)，锁操作用于测试和修改锁的状态，实现加锁和解锁语义。锁变量必须是共享的，使用同一个自旋锁的所有进程或处理器看到的应该是同一个锁变量，因而锁通常用在内核中。当然，对锁状态的修改操作必须是原子的。

9.2.2　经典自旋锁

Linux 用类型 spinlock_t(或结构 spinlock)描述自旋锁。在 Intel 处理器上，结构 spinlock 的定义如下：

```
typedef struct arch_spinlock {
    unsigned int            slock;              // 记录锁状态
} arch_spinlock_t;
typedef struct raw_spinlock {
    arch_spinlock_t         raw_lock;
} raw_spinlock_t;
typedef struct spinlock {
    struct raw_spinlock     rlock;
} spinlock_t;
```

由此可见，自旋锁实际是一个经过多层包装的无符号整型变量，其值的意义取决于加锁与解锁算法的设计。在 Linux 的演变过程中，自旋锁的实现算法也在不断演变。

(1) 算法 1 把锁状态看成一个整数，1 表示锁闲，0 表示锁忙。加锁操作将锁状态减 1，如果减后的值不是负数，则获得锁，否则循环测试，直到锁的状态变成正数。解锁操作将锁状态置 1。减 1 与置 1 操作都是原子的。算法 1 的实现流程如图 9.1 所示。

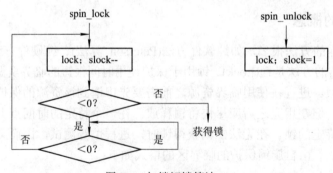

图 9.1　加锁解锁算法 1

(2) 算法 2 把锁状态看成一个位图，只用它的第 0 位，0 表示锁闲，1 表示锁忙。加锁操作在把第 0 位的值取出的同时将其置 1。如果取出的值是 0，则获得锁，否则循环测试，直到第 0 位变成 0。解锁操作将第 0 位清 0。位的检测与设置(清除)操作都是原子的，由带 lock 前缀的指令 BTS(位检测与设置)和 BTR(位检测与清除)实现。

上述两个算法实现了自旋锁的语义，可以保证在一个特定的时刻最多只有一个进程能获得自旋锁，但都存在着无序竞争的问题。假如在进程 1 持有锁 sl 期间，进程 2 和进程 3

先后申请了该锁，那么当进程 1 释放 sl 时，应该是进程 2 先获得，进程 3 后获得。但上述两种实现无法保证这一点。为此，Linux 又给出了算法 3。

(3) 算法 3 把锁状态看成两个无符号整数(8 位或 16 位)，一个为申请序号 req，一个为使用序号 use，两个序号的初值都是 0。加锁操作获得锁的当前申请序号同时将其加 1，而后比较自己获得的申请序号和锁的使用序号，如两者相等，则获得锁，否则忙等测试，直到锁的使用序号与自己的申请序号相等为止。解锁操作将锁的使用序号加 1。算法 3 的实现流程如图 9.2 所示。

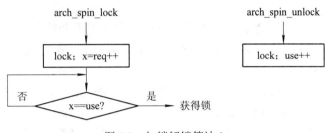

图 9.2 加锁解锁算法 3

当申请序号等于使用序号时，锁空闲。当申请序号大于使用序号时，锁繁忙(req-use-1 是等待自旋锁的进程数)。当有多个进程等待同一自旋锁时，它们将按申请的顺序获得锁，先申请者先得，后申请者后得，避免了无序竞争。算法 3 优于算法 1 和算法 2。

然而算法 3 不能避免持有锁的进程被抢占。一旦持有者进程被抢占，它将停留在自己的临界区中，无法及时执行解锁操作，会导致等待该锁的其它进程(或处理器)长时间自旋。因而，完整的加、解锁实现应包括抢占屏蔽，在加锁操作中屏蔽抢占，在解锁操作中使能抢占，如下：

```
void spin_lock(spinlock_t *lock) {
    preempt_disable();        // 抢占屏蔽
    arch_spin_lock(lock->rlock.raw_lock);
}
void spin_unlock(spinlock_t *lock) {
    arch_spin_unlock(lock->rlock.raw_lock);
    preempt_enable();         // 抢占使能
}
```

即使进程在持有锁期间被设置了 TIF_NEED_RESCHED 标志，抢占调度也不会立刻发生。事实上，抢占调度会被推迟到解锁之时，此时进程已退出了临界区。

9.2.3 带中断屏蔽的自旋锁

增加了抢占屏蔽的自旋锁已经比较可靠，但仍然可能让等待锁的进程长期自旋，原因是持有者进程可能被中断。若持有锁的进程被中断，处理器将转去执行中断处理程序，从而会延长其它进程的等待时间。更严重的是，如果中断处理程序再次申请同一个自旋锁，则会导致锁的嵌套使用，使系统无法继续运行(死锁)。为解决这一问题，Linux 又提供了带中断屏蔽的自旋锁，如下：

```
void spin_lock_irq(spinlock_t *lock) {
    local_irq_disable();            // 关中断
    spin_lock (lock);
}
void spin_unlock_irq(spinlock_t *lock) {
    spin_unlock(lock);
    local_irq_enable();            // 开中断
}
```

增加了关、开中断操作之后，可以保证持有锁的进程不会被中断，当然也就不会被抢占。然而上述两个操作对中断的处理不够精细。如果在 spin_lock_irq 执行之前中断已被关闭，那么在 spin_unlock_irq 之后无条件地打开中断就会带来问题。较好的做法是在加锁操作中保存中断状态(在 EFLAGS 中)，在解锁操作中恢复中断状态。为此，Linux 又提供了 spin_lock_irqsave(lock, flags)和 spin_unlock_irqrestore(lock, flags)。

操作 spin_lock_irqsave(lock, flags)完成三件事，一是将 EFLAGS 中的中断状态保存在 flags 中，二是关闭中断，三是执行 lock 上的加锁操作。

操作 spin_unlock_irqrestore(lock, flags)完成两件事，一是执行 lock 上的解锁操作，二是根据 flags 恢复 EFLAGS 中的中断状态。

9.2.4　读写自旋锁

增加了关、开中断之后的自旋锁已经比较完善，但仍然不够精细，因为它没有考虑进程对临界资源的使用方式。事实上，进程对临界资源的使用方式大致可分为两类，一是只读使用，二是读写使用。为了保证对临界资源的可靠使用，不应该允许多个进程同时修改(写)临界资源。当一个进程在写临界资源时，其它进程不应该写，也不应该读。然而，为了提高临界资源的利用率，应该允许多个进程同时读临界资源。当有进程在读临界资源时，其它进程可以同时读，但不应该写。

区分了读、写操作的自旋锁称为读写自旋锁。在同一时间段内，读写自旋锁保护的资源可能正在被一个进程写，也可能正在被多个进程读。读写自旋锁同样只适用于多处理器环境，在单处理器系统中，读写自旋锁或者为空，或者就是关中断和开中断。

Linux 用类型 rwlock_t 表示读写自旋锁。在 Intel 处理器上，rwlock_t 的定义如下：

```
typedef struct {
    unsigned int         rw;
} arch_rwlock_t;
typedef struct {
    arch_rwlock_t         raw_lock;
} rwlock_t;
```

由此可见，读写自旋锁实际是一个经过多层包装的无符号整数，其意义取决于加、解锁算法的设计。在较早的版本中，Linux 将 rw 分成两部分，其中的第 31 位用于记录写锁状态(0 为空闲、1 为繁忙)，其余 31 位用于记录读者个数(0 表示无读者)，锁的初值是 0。读加锁、解锁操作与写加锁、解锁操作的实现流程如图 9.3 所示。

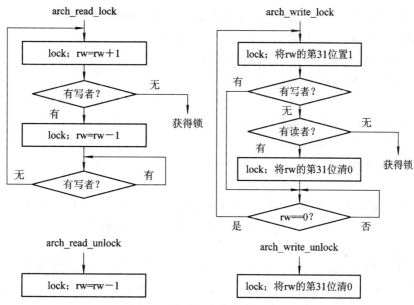

图 9.3 老读写自旋锁实现算法

在新的实现中，读写自旋锁的初值被设为 0x01000000，读加锁与写加锁操作的实现算法基本相同，都是先将锁的值减去一个常数，而后判断结果的正负。非负则获得锁，负则循环等待。不同的是，写加锁操作减去的常数是 0x01000000，读加锁操作减去的常数是 1。写解锁操作将锁的值加 0x01000000，读解锁操作将锁的值加 1。

如果锁是空闲的(既无读者也无写者)，读加锁与写加锁操作都会成功。如果有写者，读加锁与写加锁都会失败。如果有读者，只要读者个数不超过 0x01000000，读加锁操作都会成功，但写加锁操作肯定失败。读加锁操作成功的条件是没有写者，写加锁操作成功的条件是既无读者也无写者。新读写自旋锁的实现流程如图 9.4 所示。

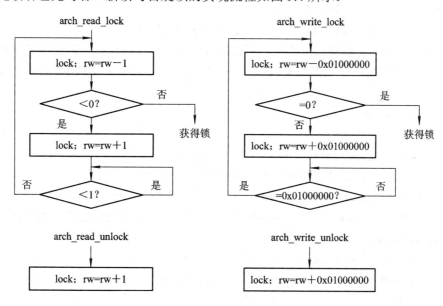

图 9.4 新读写自旋锁实现算法

当然，真正的读写自旋锁操作还要照顾到抢占，实现的函数如下。

```
void xx_lock (rwlock_t *lock) {       // xx 是 read 或 write
    preempt_disable();                // 抢占屏蔽
    arch_xx_lock(lock->raw_lock);
}
void xx_unlock(rwlock_t *lock) {      // xx 是 read 或 write
    arch_xx_unlock(lock->raw_lock);
    preempt_enable();                 // 抢占使能
}
```

为了照顾中断，Linux 还提供了 *xx*_lock_irq()、*xx*_unlock_irq()、*xx*_lock_irqsave()、*xx*_unlock_irqrestore()等操作(其中的 *xx* 是 read 或 write)。但 Linux 未解决读写自旋锁的无序竞争问题。

由读写自旋锁的实现可知，读锁是共享的，写锁是排他的。读锁允许嵌套使用，但写锁不能嵌套。读锁不会自动升级到写锁。读写自旋锁一般用于保护读多、写少的资源。

9.3 序 号 锁

读写自旋锁更偏爱读者，在读多写少的情况下，写者的等待时间会更长。为了照顾写者，Linux 又引入了序号锁。序号锁是一种读写锁，不过它更偏爱写者。

序号锁的写者不需要等待读者，只要没有其它写者，即可开始修改资源。为了与其它写者互斥，写者在使用资源之前需要先申请序号写锁。写者使用资源的过程如下：

```
write_seqlock(&seq_lock);             // 申请序号写锁
/* 临界区，读、写数据 */
write_sequnlock(&seq_lock);           // 释放序号写锁
```

序号锁的读者不需要预先申请锁，可直接对资源进行读操作，但读出的数据可能不准确(如正在被写者修改)，因而需要对读出的结果进行测试，并在必要时重读。读者使用资源的过程如下：

```
unsigned long seq;
do {
    seq = read_seqbegin(&seq_lock);   // 先获得序号
    /* 直接读数据，但读出的结果不一定正确，因而要测试 */
} while (read_seqretry(&seq_lock, seq));  // 根据序号确定读出的数据是否准确
```

序号锁由类型 seqlock_t 定义，其中包含一个序号和一个经典自旋锁，如下：

```
typedef struct {
    unsigned    sequence;             // 序号
    spinlock_t  lock;                 // 经典自旋锁
} seqlock_t;
```

初始情况下，序号 sequence 是 0，自旋锁 lock 处于空闲状态。

写加锁、解锁算法的实现如下：

```
void write_seqlock(seqlock_t *sl) {
    spin_lock(&sl->lock);          // 申请自旋锁
    ++sl->sequence;                 // 序号加 1
    wmb();                          // 内存格栅，保证内存中的数据确被修改
}
void write_sequnlock(seqlock_t *sl) {
    wmb();                          // 内存格栅，保证内存中的数据确被修改
    sl->sequence++;                 // 序号加 1
    spin_unlock(&sl->lock);         // 释放自旋锁
}
```

由此可见，序号锁中的序号是单调增长的。如果序号锁正被某个写者持有，它的序号肯定是奇数，否则，序号是偶数。

函数 read_seqbegin() 读出序号锁的当前序号，并保证读出的序号一定是偶数。

如果序号锁的当前序号与已读出的序号相等，函数 read_seqretry() 的返回值是假，表示读者读出的数据是准确的，可以直接使用。如果序号锁的当前序号与已读出的序号不等，函数 read_seqretry() 的返回值是真，表示读出的数据不准，需要重读。

当然，以上述函数为基础还可以实现带中断屏蔽的序号锁等。

9.4　RCU　机　制

锁的基本语义是互斥，即在一个特定的时间点上仅允许一个进程使用资源。这种严格的互限制会使操作串行化，且会使等待者进程空转，影响系统的性能。因而，对锁的改进大都集中在提高系统的并发性上，即在保证数据一致性的前提下尽可能地允许多个进程同时使用资源。

经典自旋锁所保护的资源不允许并发使用，只有锁的持有者能够使用资源，其它进程只能空转等待。读写自旋锁所保护的资源允许多个读者并发使用，但不允许写者与读者并发使用。序号锁所保护的资源允许写者与读者并发使用，但并发的结果是写者的工作有效而读者的工作可能需要重做，是一种伪并发。RCU(read-copy update) 机制所保护的资源允许写者和读者同时使用，并能保证读者和写者的工作同样有效。

9.4.1　RCU 实现思路

RCU 不是严格意义上的锁，它仅是一种使用资源的方法或机制。Linux 在 2.5 版中首次引入了 RCU 机制，在随后的发展中又对其进行了多次改进，形成了多个实现版本，如经典 RCU、层次(树形)RCU、微型 RCU 等，目前缺省的实现是层次 RCU。

RCU 的基本思想是对读者稍加限制，而对写者严格要求，因而读者的开销极小，而写者的开销稍大。所以，RCU 机制更适合保护读多写少的资源。

RCU 的读者不需要理会写者，只要需要即可进入临界区执行读操作。RCU 约定读者只

能在临界区中使用资源，且在使用之前必须先获得对资源的引用(指针)，而后再通过引用使用(读)资源；在临界区外，对资源的引用将失效，或者说，读者不能在临界区外使用资源；在临界区中的读者不允许抢占。读者使用资源的典型过程如下：

```
rcu_read_lock();                          // 进入临界区
p = rcu_dereference(gp);                  // 获得对资源 gp 的引用
if (p != NULL) {
    do_something_with(p);                 // 通过引用 p 使用资源，完成预定的工作
}
rcu_read_unlock();                        // 退出临界区
```

由于 RCU 资源可能正在被读者使用，因而写者不能直接修改资源。对写者来说，修改资源就是更新资源，就是发布资源的新版本，其过程如下：

(1) 创建老资源的一个拷贝，并对拷贝进行必要的修改，形成新版本。

(2) 用资源的新版本替换老资源，使更新生效。

(3) 维护老资源直到所有的读者都不再引用它，而后释放(销毁)老资源。

资源替换操作必须是原子的，因而替换完成之前的读者获得的是对老资源的引用，替换完成之后的读者获得的是对新资源的引用，新老版本并存，直到没有读者再使用老资源。写者使用资源的典型过程如下：

```
p = gp;
q = kmalloc(sizeof(*p), GFP_KERNEL);      // 创建一个新资源
spin_lock(&gp_lock);                      // 互斥写者
*q = *p;                                  // 复制老资源
do_something_with(q);                     // 在新资源上完成预定的修改操作
rcu_assign_pointer(gp, q);                // 替换老资源，发布新资源
spin_unlock(&gp_lock);
synchronize_rcu();                        // 等待所有读者释放老资源
kfree(p);                                 // 销毁老资源
```

从读者和写者的典型使用过程可以看出，RCU 的读者进程有临界区(称为读方临界区)，而写者进程没有临界区。如果读者进程位于读方临界区之外，则称它处于静止态(quiescent state)。如果处理器正在运行静止态的进程，则说该处理器处于静止态。显然，处于静止态的读者不再持有对 RCU 资源的引用，因而不会再使用 RCU 资源。如果在写者进程发布资源之时有 n 个读者进程(在 n 个处理器上)正在读方临界区中，那么当这 n 个进程(或处理器)都至少经历过一次静止态之后，即可肯定已没有进程再使用老的资源，可以放心地将其释放掉。每个处理器都至少经历一次静止态的时间间隔称为宽限期(Grace Period, GP)。写者进程在完成对资源的发布操作之后，至少需等待一个宽限期，然后才可放心地将老资源释放掉，如图 9.5 所示。

在图 9.5 中，运行在处理器 2 上的写者进程在 t1 时刻完成了资源发布。此时，处理器 0 和 3 都在读方临界区中，可能正在引用老资源，但处理器 1 处于静止态，未使用老资源。因此，处理器 2 在完成发布操作后必须等待，直到时刻 t2(所有处理器都至少经历过一次静止态)之后才可以放心地释放老资源。在 t1 之后新进入读方临界区的处理器(如处理器 1、0)

引用的肯定是新资源，老资源的释放不会对它们造成影响，不需要等待它们退出临界区。

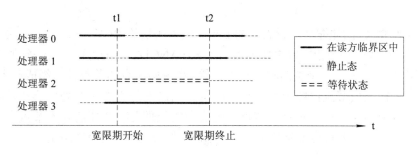

图 9.5 静止态与宽限期

为了实现 RCU 机制，Linux 定义了多个接口操作，大多数操作(可能是函数也可能是宏)的实现都比较简单，如下：

(1) 函数 rcu_read_lock()用于标识读方临界区的入口，一般情况下就是一个抢占屏蔽操作 preempt_disable()。

(2) 函数 rcu_read_unlock()用于标识读方临界区的出口，一般情况下就是一个抢占使能操作 preempt_enable()。

由 rcu_read_lock()和 rcu_read_unlock()界定的读方临界区可以被中断，但不许被抢占。如果 Linux 内核本身就不许抢占，上述两个函数等价于空操作，没有任何开销。

RCU 未提供写方临界区的界定函数 rcu_write_lock()和 rcu_write_unlock()，因而不能定义写方临界区。在任何时候，RCU 资源的写者都不能阻止读者读资源。

(3) 宏 rcu_dereference(p)用于获得一个被 RCU 保护的资源的指针，等价于参数 p，在宏中所做的变换仅仅为了告诉编译器不要对其进行优化。宏 rcu_dereference()只能在读方临界区中使用，所获得的指针也只能在读方临界区中使用且不能修改。

(4) 宏 rcu_assign_pointer(p, v)用于替换老资源或发布新资源，其结果是让指针 p 指向资源 v。宏 rcu_assign_pointer()只能被写者使用，在其定义中包含着一个优化格栅 barrier，用于保证此前对 v 的修改都已生效，此后对 p 的引用都是最新的。

(5) 函数 synchronize_rcu()仅能被写者使用，用于等待此前位于读方临界区中的所有读者都退出临界区，或者说等待当前的宽限期终止。

(6) 函数 call_rcu()仅能被写者使用，用于向 RCU 注册一个回调函数。当宽限期终止时，RCU 会执行此回调函数，完成写者进程预定的处理工作。与 synchronize_rcu()不同，执行 call_rcu()的写者进程不需要等待，因而 call_rcu()可以用在中断处理程序中。

9.4.2 RCU 管理结构

显然，RCU 实现的关键是如何标识宽限期的开始和终止，或者说如何追踪各处理器的当前状态(静止与否)。经典 RCU 定义了一个全局位图 cpumask，其中的每一位对应一个处理器。在宽限期开始时，经典 RCU 设置位图 cpumask，将各处理器的对应位都置 1。此后，各处理器分别监视自己的状态，并在进入静止态时将自己在 cpumask 中的位清 0。一旦 cpumask 被清空，说明所有处理器都至少经历了一次静止态，一个宽限期也就随之终止。当然，位图 cpumask 不能被多个处理器同时修改，因而需要一个自旋锁的保护。然而不幸的是，随着处理器数量的增加，保护位图 cpumask 的自旋锁会变成竞争的焦点，限制了 RCU 的伸缩性。

为了提高 RCU 的伸缩性，新版本的 Linux 引入了层次 RCU。层次 RCU 将处理器分成若干组，每组称为一个节点。组中处理器的个数(FANOUT)可静态配置，缺省值为 64。层次 RCU 为每个节点定义了一个位图和一个保护锁。系统中所有的节点被组织成一个树形结构，每个下层节点在上层节点位图中有一个对应位。当进入静止态时，处理器通常只需清除自己在所属节点中的对应位。只有将节点位图清空的处理器才需要清除本节点在上层节点中的对应位。当根节点的位图被清空时，说明所有的处理器都至少经历了一个静止态，宽限期随之终止，如图 9.6 所示。

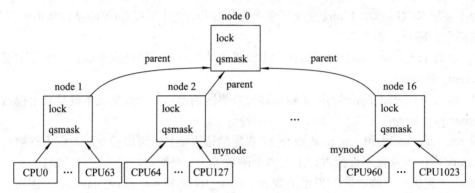

图 9.6   层次 RCU 管理结构

在图 9.6 中，1024 个处理器被分成 16 组，每组 64 个。CPU0～CPU63 共用 node1 中的位图 qsmask 和保护锁，CPU64～CPU127 共用 node2 中的位图 qsmask 和保护锁等等。节点 node1～node16 共用根节点 node0 中的位图 qsmask 和保护锁。当进入静止态时，CPU0～CPU63 仅需要清除 node1 中的位图 qsmask，CPU64～CPU127 仅需要清除 node2 中的位图 qsmask，依此类推。只有将 node i(i = 1～16)中的位图清空的处理器才需要清除节点 i 在 node 0 中的对应位。对 node i(i = 1～16)来说，同时竞争其中保护锁的处理器数不会超过 64 个。对 node 0 来说，同时竞争其中保护锁的处理器数不会超过 16 个。因而，层次 RCU 增加了保护锁的数量，减少了竞争同一个保护锁的处理器的个数，降低了保护锁的竞争压力，提高了 RCU 的伸缩性。

经典 RCU 的另一个问题是必须由各处理器自己清除位图 cpumask，因而不得不经常唤醒睡眠中的处理器，会影响节能效果。为解决这一问题，层次 RCU 在 PERCPU 数据区中为每个处理器定义了一个状态计数器 dynticks，其初值为 1。当处理器进入空闲状态时，它的 dynticks 被加 1，变成偶数；当处理器退出空闲状态时，它的 dynticks 被再次加 1，又变成奇数。当空闲状态(dynticks 为偶数)的处理器被中断时，它的 dynticks 被加 1，变成奇数；当中断处理完毕再次进入空闲状态时，处理器的 dynticks 又被加 1，变成偶数。因而，dynticks 为偶数标志着处理器处于空闲状态。由于空闲处理器不会引用 RCU 资源，所以它在位图 qsmask 中的状态位可以不用检查，处理器也不用被唤醒。

系统在运行过程中会多次启动宽限期，但宽限期不能重叠，一个宽限期终止之后才能启动另一个宽限期。在一个特定的时刻，系统可能在宽限期内，也可能在宽限期外。在完成资源发布需要等待宽限期时，如果系统在宽限期外，写者进程可以立刻启动一个新宽限期，并在该宽限期终止时释放老资源；如果系统正在宽限期内，那么当前宽限期的终止并不代表使用老资源的进程已全部离开读方临界区，写者进程需启动下一个宽限期，并等待下一个宽限期终止，如图 9.7 所示。

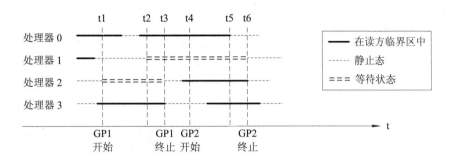

图 9.7　重叠的宽限期

在图 9.7 中，处理器 2 在 t1 时刻启动了宽限期 1(GP1)，该宽限期到 t3 时刻终止。假如处理器 1 在 t2 时刻完成了对资源 s 的替换，由于 t2 在宽限期 1 内，不能立刻启动新宽限期，所以处理器 1 必须等待宽限期 1 终止之后才能启动宽限期 2(GP2，从 t4 到 t6)。虽然在 t5 时刻已没有处理器再引用资源 s，但对它的释放却被延迟到了 t6 时刻以后，因此宽限期的设定其实不够精确。在 t3 到 t4 期间，系统不在任何宽限期内。

由于系统中不断有宽限期启动和终止，为了描述的方便，Linux 给每个宽限期指定了一个标识号，称为宽限期号 gpnum。在系统运行过程中，宽限期号单调增长。

宽限期可能很长，等待宽限期终止的处理器显然不应空转(忙等测试)。为提高系统性能，Linux 提供了两种等待宽限期终止的方式，一是同步等待，二是异步等待。

需要同步等待的进程调用函数 synchronize_rcu()，先将自己挂在某个等待队列中，而后请求调度，放弃处理器。此后进程将一直等待，直到宽限期终止后被唤醒。在等待期间，处理器会转去运行其它进程。

需要异步等待的进程调用函数 call_rcu()，向 RCU 注册一个回调函数，而后继续运行。在宽限期终止后，系统会在适当的时机调用回调函数，完成预定的善后处理工作，如释放老资源等。

显然，在一个处理器上可能会注册多个回调函数，且它们等待的宽限期可能不同，因而应为每个处理器准备多个回调函数队列。Linux 对回调函数队列进行了简化，仅为每个处理器定义了一个队列(由结构 rcu_head 构成)，但将其分成了四段，如下：

(1) 队头部分称为 nxtlist 队列，其中的回调函数所等待的宽限期已经终止。

(2) 第二部分称为 wait 队列，其中的回调函数正在等待当前宽限期的终止。

(3) 第三部分称为 ready 队列，其中的回调函数在当前宽限期终止之前注册，正在等待下一个宽限期的终止。

(4) 队尾部分称为 next 队列，其中的回调函数是新注册的。

回调函数队列由一个队头指针 nxtlist 和四个队尾指针(由指针数组 nxttail[]描述)组成，前一个队列的队尾就是后一个队列的队头，如图 9.8 所示。新注册的回调函数被插入队尾，并被逐渐移向队头。nxtlist 队列中的回调函数可以立刻执行，也可以延迟后批量执行。在每个宽限期终止时，通过调整队尾指针即可向队头迁移回调函数。

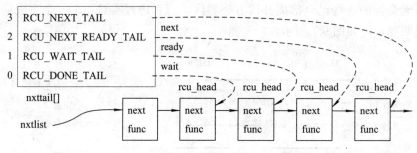

图 9.8　回调函数队列

Linux 用结构 rcu_data 管理各处理器的 RCU 信息，每个处理器一个，定义在 PERCPU 数据区中。结构 rcu_data 中主要包含如下内容：

(1) 本处理器在层次 RCU 结构中所属的节点 mynode。

(2) 本处理器在所属节点中的序号，也就是在节点位图 qsmask 中的位置。

(3) 本处理器当前等待的宽限期(简称 GP)号 gpnum。

(4) 本处理器已处理过的宽限期号 completed。

(5) 本处理器进入静止态时的宽限期号 passed_quiesc_completed。

(6) 本处理器是否已经历过宽限期 passed_quiesc，0 表示未经历。

(7) 本处理器的空闲状态计数器 dynticks，偶数表示处理器在空闲状态。

(8) 在本处理器上注册的回调函数队列 nxtlist 和 nxttail[]等。

系统中的每个处理器都属于一个节点，所有的节点组成一个树形结构。直接管理处理器的节点称为叶节点，管理节点的节点称为中间节点，最上层的中间节点称为根节点。特别地，当系统中的处理器数少于 FANOUT 时，只需要一个根节点即可。节点由结构 rcu_node 描述，其中的主要内容有如下几个：

(1) 节点在层次 RCU 结构中所处层次 level。根节点所处层次是 0。

(2) 父节点 parent。根节点的 parent 是 NULL。

(3) 本节点在父节点中的序号，也就是在父节点位图 qsmask 中的位置。

(4) 本节点所管理的处理器范围，从逻辑编号 grplo 到 grphi。中间节点所管理的处理器是它的所有低层节点所管理处理器的总和。

(5) 静止态位图 qsmask。叶节点位图 qsmask 中的一位描述一个处理器的状态，0 表示处理器已经历过静止态。中间节点位图 qsmask 中的一位描述一个低层节点的状态，0 表示低层节点管理的所有处理器都已经历过静止态。

(6) 静止态位图的初值 qsmaskinit。在启动宽限期时，用 qsmaskinit 初始化 qsmask。

(7) 自旋锁 lock，用于保护位图 qsmask。

(8) 本节点正在等待的宽限期号 gpnum，初值是 0。

(9) 本节点最近已处理过的宽限期号 completed，初值是 0。

Linux 用一个全局结构 rcu_state 管理系统中所有的节点，称为 rcu_sched_state。结构 rcu_state 中主要包含如下内容：

(1) 一个 rcu_node 结构数组，其中包括所有的 rcu_node 结构。

(2) 一个整型数组 levelcnt，记录各层的节点数。

(3) 一个整型数组 levelspread，记录各层中的节点扇出度数。

(4) 一个指针数组 rda，指向各处理器的 rcu_data 结构。

(5) 一个无符号长整数 gpnum，记录当前的宽限期号，初值是-300。

(6) 一个无符号长整数 completed，记录最近已终止的宽限期号，初值是-300。

(7) 一个无符号长整数 jiffies_force_qs，记录当前宽限期的预设终止时刻(比启动时刻的 jiffies 大 3 个滴答)。

在系统初始化时，已设置了上述各结构的初值。

9.4.3 宽限期启动

宽限期由写者进程在当前处理器上启动。启动宽限期的条件是系统当前不在宽限期内(系统的 completed 号等于 gpnum 号)。宽限期启动的过程如下：

(1) 将系统(全局结构 rcu_state)中的 gpnum 号加 1。

(2) 将所有节点的 qsmask 都设为自己的 qsmaskinit、gpnum 设为系统的 gpnum、completed 设为系统的 completed(比 gpnum 小 1)。

(3) 如果当前处理器的 completed 号小于节点的 completed 号，说明当前处理器未注意到又过了一个宽限期，因而需将当前处理器的 completed 号改为节点的 completed 号，并顺序前移当前处理器的回调函数队列(wait 到 nxtlist、ready 到 wait、next 到 ready)。

(4) 将当前处理器的 ready 和 next 队列中的回调函数都移到 wait 队列中，让它们在新宽限期终止时执行。将当前处理器的 gpnum 设为节点的 gpnum 号(也就是系统当前的宽限期号)，并将 passed_quiesc 清 0。

RCU 的回调注册函数 call_rcu()由写者进程在当前处理器上调用，其处理过程如下：

(1) 如果当前处理器的 completed 号小于节点的 completed 号，说明当前处理器未注意到又过了一个宽限期，因而需将当前处理器的 completed 号设为节点的 completed 号，并顺序前移当前处理器的回调函数队列(wait 到 nxtlist、ready 到 wait、next 到 ready)。

(2) 如果当前处理器的 gpnum 号小于系统的 gpnum 号，说明当前处理器未注意到其它处理器又启动了宽限期，则将当前处理器的 gpnum 号设为节点的 gpnum 号，并将它的 passed_quiesc 清 0。

(3) 初始化一个 rcu_head 结构(next 为空、func 指向新注册的回调函数)，将其插入到当前处理器的 next 队列中。

(4) 如果系统目前不在宽限期内(系统的 completed 等于 gpnum)，则启动一个新宽限期。如果系统目前已在宽限期内，则不用(也不能)启动新的宽限期。

RCU 的同步等待函数 synchronize_rcu()由写者进程在当前处理器上调用，其处理过程如下：

(1) 初始化一个类型为 rcu_synchronize(定义如下)的局部变量。

```
struct rcu_synchronize {
        struct rcu_head        head;
        struct completion      completion;      // 其中包含一个等待队列
};
```

(2) 调用函数 call_rcu()注册回调函数 wakeme_after_rcu()，并试图启动新宽限期。

(3) 将写者进程挂在 completion 的等待队列中，而后请求调度，放弃处理器，进入等待状态，直到被唤醒：

① 如系统目前不在宽限期中，call_rcu()会启动一个新宽限期。当新宽限期终止时，RCU 会执行函数 wakeme_after_rcu()，将写者进程唤醒。

② 如果系统目前在宽限期中，call_rcu()不会启动新宽限期。RCU 会在下一个宽限期终止时执行函数 wakeme_after_rcu()，将写者进程唤醒。

9.4.4 宽限期终止

宽限期终止的条件是所有处理器都至少经历过一次静止态。由于在临界区中的读者进程不允许抢占，因而只要某处理器上发生了进程调度，即可肯定该处理器已退出了读方临界区，或者说经历过了静止态。

然而，若让调度函数 schedule()直接更新节点中的静止态位图 qsmask，必然会延长调度函数的执行时间(需先获得自旋锁)，降低系统性能。所以，Linux 仅让调度函数在当前处理器的 rcu_data 结构上设置一个标志 passed_quiesc，表示该处理器已经历过静止态，将位图 qsmask 的更新工作延迟到周期性时钟中断处理中。

如果处理器处于空闲状态，那么它肯定在静止态。虽然空闲处理器的周期性时钟中断可能被暂停，但它在位图 qsmask 中的标志位不会被检查，因而不会影响宽限期的终止。如果空闲处理器被中断，它会离开空闲状态。在中断处理完后，如果有进程就绪，处理器会进行调度(经历了静止态)，否则会再次进入空闲态，也经历了静止态。

如果处理器处于活动状态，它会收到周期性的时钟中断。在周期性时钟中断处理中，RCU 完成如下的工作：

(1) 如果中断之前处理器正在执行用户态程序，则可以肯定处理器正处于静止态，设置它的 passed_quiesc 标志。

(2) 如果处理器正在运行空闲进程且中断前不在中断处理程序中，则可以肯定处理器正处于静止态，设置它的 passed_quiesc 标志。

(3) 如果当前宽限期已持续了太长时间，说明某些处理器可能出现了停顿现象(在活动状态但长期未调度，如在关中断或抢占屏蔽状态下长期循环)，则应报告停顿情况，并清除各空闲处理器在节点中的状态位，试图强行终止当前宽限期。

(4) 如果下列条件之一满足，则激活当前处理器的软中断 RCU_SOFTIRQ：

① 当前处理器的 passed_quiesc 标志是 1。

② 当前处理器的 nxtlist 队列不空(有就绪的 RCU 回调函数)。

③ 当前处理器的 ready 队列不空且系统在宽限期外(需启动新的宽限期)。

④ 当前处理器还未对上一个宽限期的终止进行处理。

⑤ 当前处理器未注意到当前宽限期的启动。

⑥ 系统在当前宽限期中滞留了太长时间。

显然，实质性的 RCU 处理工作被推迟到了软中断 RCU_SOFTIRQ 的处理程序中。

(1) 如果当前宽限期已经持续了太长时间(3 个滴答以上)，则试图强行终止它。方法是按如下方式处理位图 qsmask 中非空的每一个叶节点：

① 如果节点中的某处理器处于空闲状态(dynticks 为偶数)，则清除它在 qsmask 中的状态位。

② 如果某节点的 qsmask 被清空，则清除它在上层节点中的状态位。如果根节点的 qsmask 被清空，说明当前宽限期已经终止，则：

- 将系统的 completed 和所有节点的 completed 都设为系统的 gpnum。
- 如果当前处理器的 ready 队列不空，则启动一个新的宽限期。

(2) 如果当前处理器的 completed 号小于节点的 completed 号，则将其 completed 号设为节点的 completed 号，并顺序前移它的回调函数队列。

(3) 如果当前处理器的 gpnum 号小于系统的 gpnum 号，则将当前处理器的 gpnum 号设为节点的 gpnum 号，并将它的 passed_quiesc 清 0。

(4) 如果当前处理器的 passed_quiesc 是 1，说明该处理器已经历过静止态。如果该处理器在所属节点中的状态位还未清除，则：

① 将当前处理器的 next 队列移到 ready 队列中。

② 清除当前处理器在节点 qsmask 中的状态位。

③ 如果节点的 qsmask 被清空，则清除它在上层节点中的状态位。如果根节点的 qsmask 被清空，说明当前宽限期已经终止，则：

- 将系统的 completed 和所有节点的 completed 都设为系统的 gpnum。
- 如果当前处理器的 ready 队列不空，则启动一个新的宽限期；否则，将 wait 队列移到 nxtlist 中。

(5) 如果当前处理器上的 nxtlist 队列不空，则顺序执行其上的各个回调函数，并调整各回调函数队列。

由此可见，Linux 实现的宽限期是很不精确的，但它能够保证 RCU 的语义。不精确的宽限期可能会延迟回调函数的执行，也可能会延长写者进程的等待时间，但不会造成 RCU 资源的不一致性。与自旋锁或序号锁不同，基于宽限期的 RCU 机制仅与处理器数有关而与资源数量无关，可用于保护更多的资源，具有更好的伸缩性。

RCU 机制的大部分工作都由写者进程负责，读者进程的开销很小，因而通常仅用 RCU 保护读多写少的资源(对 RCU 资源的写操作不应超过 10%)。另外，RCU 的读方临界区可以嵌套，并可包含任意形式的代码，只要不在临界区中阻塞或睡眠即可。由于读者不需要锁，因而 RCU 机制的死锁几率极小。

虽然 RCU 常被用做互斥机制，但它实际上具有同步能力。使用 synchronize_rcu() 的进程会挂起等待，直到所有的处理器都至少经历过一次静止态。Linux 还定义了一些扩展接口函数，用于实现受 RCU 保护的链表操作、Hash 表操作、数组变长操作等。

9.5 信 号 量

锁和 RCU 机制的互斥能力是受限的。由自旋锁保护的资源不能长期占有，由序号锁和 RCU 保护的资源不能经常修改。另外，锁不具有同步能力，RCU 无法实现特定进程间的同步。因而在锁和 RCU 之外，还需要提供其它的互斥与同步手段。

可以兼顾互斥与同步的机制是由 Dijkstra 提出的信号量(Semaphore)。信号量上的 P 操作将信号量的值减 1，若结果非负，进程将获得信号量，否则进程将被挂起等待，直到被其它进程的 V 操作唤醒。V 操作将信号量的值加 1，若结果为负，需要唤醒一个或全部的等待进程。当然，对信号量的加减操作必须是原子的。

信号量是一种十分灵活的机制，可以用做互斥，也可以用做同步。当初值为 1 时，可以用信号量实现互斥，它所保护的资源仅有一个，不能被一个以上的进程同时使用。当初值为 0 时，可以用信号量实现同步，在其上执行 P 操作的进程会被阻塞，直到被其它进程的 V 操作唤醒。当初值大于 1 时，可以用信号量保护复合型资源(资源数由初值规定)，这类资源可以被多个进程同时使用，但每个进程只能使用其中的一个。

与自旋锁不同，信号量的 P、V 操作可以用在同一个进程中，也可以分开用在不同的进程中。如果同一个信号量的 P、V 操作位于不同的进程中，那么被 P 操作阻塞的进程就需要由其它进程的 V 操作唤醒，因而信号量天生具有同步能力。

9.5.1　经典信号量

早期的 Linux 遵循传统的信号量语义，先对信号量进行加、减操作，再判断其值的正负。在新的版本中，Linux 先判断信号量的当前值，再进行操作，信号量的值保持非负。当信号量的值大于 0 时，P 操作将其减 1；当信号量的值等于 0 时，P 操作将进程挂起等待。当等待队列为空时，V 操作将信号量的值加 1；当等待队列不空时，V 操作仅唤醒在队头等待的进程。新的实现能减少进程间的竞争。Linux 用函数 down()实现 P 操作，用函数 up()实现 V 操作，所用经典信号量的管理结构由 semaphore 描述，如下：

```
struct semaphore {
    spinlock_t        lock;        // 自旋锁
    unsigned int      count;       // 信号量的当前值
    struct list_head  wait_list;   // 进程等待队列
};
```

无法获得信号量的进程被包装在结构 semaphore_waiter 中，并被挂在队列 wait_list 上等待，如图 9.9 所示。

```
struct semaphore_waiter {
    struct list_head    list;       // 队列节点
    struct task_struct  *task;      // 等待者进程的 PCB 结构
    int                 up;         // 唤醒标志
};
```

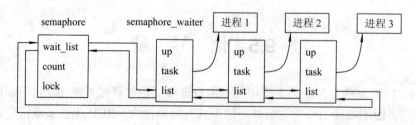

图 9.9　信号量管理结构

在信号量上等待的进程可能处于不可中断等待状态(TASK_UNINTERRUPTIBLE)、可中断等待状态(TASK_INTERRUPTIBLE)或可杀死状态(TASK_UNINTERRUPTIBLE|TASK_WAKEKILL)，申请者进程还可以预定一个最长等待时间。

在信号量上睡眠的进程可能被 up()或信号唤醒，也可能因为睡眠超时而自醒。当进程被 up()唤醒时，其 semaphore_waiter 结构中的 up 为 1，其它情况下的 up 为 0。被 up()唤醒的进程将获得信号量，被信号唤醒或自醒的进程可能未获得信号量。

为了兼顾信号量的不同使用场合，Linux 实现了五种不同的 down()函数。当信号量的当前值大于 0 时，这些函数的处理方法都相同，即将信号量的值减 1。当信号量的当前值为 0 时，这五种函数的处理方法各有不同，如表 9.2 所示。

表 9.2 信号量为 0 时的五种 down 函数

操作函数	等待状态	唤醒方式	返回值
down()	TASK_UNINTERRUPTIBLE	只能被 up 操作唤醒	0：获得
down_interruptible()	TASK_INTERRUPTIBLE	被 up 操作唤醒	0：获得
		或被信号唤醒	-EINTR：未获得
down_killable()	TASK_UNINTERRUPTIBLE | TASK_WAKEKILL	被 up 操作唤醒	0：获得
		或被 SIGKILL 唤醒	-EINTR：未获得
down_trylock()	不等待	不需要唤醒	0：获得，1：未获得
down_timeout()	TASK_UNINTERRUPTIBLE	被 up 操作唤醒	0：获得
		或睡眠时间到后自醒	-ETIME：未获得

Linux 仅提供了一个 up()函数，用于匹配不同形式的 down()函数。如果信号量的 wait_list 队列为空，函数 up()仅将信号量的当前值加 1。如果信号量的 wait_list 队列不空，说明有进程正在等待该信号量，函数 up()会将队头的 semaphore_waiter 结构从队列中摘下，将其中的 up 置 1，而后将它所指的进程唤醒。

当进程从 down()函数中醒来后，如发现自己的 up 标志为 1，即可肯定自己是被 up 操作唤醒的，且已经获得了信号量。

对信号量及其等待队列的操作必须在自旋锁 lock 的保护下进行，且需要关闭中断。当然，在进入等待状态之前进程必须释放自旋锁，在被唤醒之后还需再次获得自旋锁。

9.5.2 互斥信号量

在内核中，虽然信号量可用于同步，但它最常见的用途仍然是互斥。用做互斥的信号量初值为 1，需配对使用，不允许嵌套，且必须由持有者释放。测试表明，互斥用的信号量通常都处于空闲状态，即使忙碌，在一个信号量上等待的进程数也不会太多。针对这一特殊情况，Ingo Molnar 给出了一种优化设计，称为互斥信号量(mutex)。

互斥信号量由结构 mutex 描述，其定义与 semaphore 类似，如下：

```
struct mutex {
    atomic_t        count;          //1 表示闲，<1 表示忙
    spinlock_t      wait_lock;      // 保护用的自旋锁
    struct list_head    wait_list;      // 进程等待队列
```

```
        struct thread_info  *owner;                    // 信号量的持有者
    };
```

互斥信号量上的 P 操作由函数 mutex_lock()实现，V 操作由函数 mutex_unlock()实现。

函数 mutex_lock()的实现思路与 down()相似，它首先将互斥信号量的当前值(count)减 1，而后判断结果的正负。如果减 1 后的结果为 0，则申请者进程获得互斥信号量；如果减 1 后的结果为负，则申请者进程需要等待。与 down()不同的是，在将申请者进程插入等待队列之前，函数 mutex_lock()还对持有者进程进行了一个测试。如果互斥信号量的持有者正在某个处理器上运行，那么一般情况下该信号量会在近期内被释放，因而申请者进程可以进行忙等测试，直到互斥信号量被持有者释放且被当前进程获得(等价于自旋锁)、或持有者进程被调离处理器、或当前进程需要调度。只有在忙等测试失败(持有者未运行或申请者需调度)时，函数 mutex_lock()才将申请者进程插入等待队列 wait_list 的队尾等待(等价于经典信号量)。

函数 mutex_unlock()的实现思路与 up()相似，它首先将互斥信号量的当前值(count)加 1，而后判断结果的正负。如果加 1 后的结果小于 1，说明有等待该互斥信号量的进程，则唤醒队列中的第一个等待者，否则无需进行唤醒操作。

如果互斥信号量处于空闲状态，那么函数 mutex_lock()和 mutex_unlock()都仅需要三条指令，其实现代码中甚至不需要自旋锁的保护，开销极小。如果互斥信号量不是太忙，申请者通过简单的忙等测试即可获得信号量，实现的开销也不大。只有在很特殊的情况下，互斥信号量的申请者才会被迫进入等待状态。测试表明，互斥信号量比经典信号量的速度更快、伸缩性更好。事实上，在目前的 Linux 内核中，互斥信号量的应用范围已远远超过了经典信号量。

与经典信号量相似，Linux 还实现了 mutex_lock_interruptible()、mutex_trylock()、mutex_lock_killable()等函数，它们的不同之处在于申请者进程等待时的状态。

9.5.3 读写信号量

不论是经典信号量还是互斥信号量都没有区分读者和写者。事实上，由于读者和写者对资源的使用方式不同，它们获取信号量的方式也应不同。区分了读者和写者的信号量称为读写信号量，由结构 rw_semaphore 描述，其定义如下：

```
    struct rw_semaphore {
        rwsem_count_t          count;          // 信号量的当前值
        spinlock_t             wait_lock;      // 保护用的自旋锁
        struct list_head       wait_list;      // 进程等待队列
    };
```

信号量的当前值 count 是一个计数，可以被看成有符号长整数，也可以被看成无符号长整数，且被分割成两个相等的部分(hcn 和 lcn)。在 32 位机器上，两部分的长度各为 16 位，在 64 位机器上，两部分的长度各为 32 位。低半部分 lcn 中记录着当前持有该读写信号量的进程数，不管是读者还是写者。高半部分 hcn 有两种意义，0 表示既没有写者也没有等待者但可能有读者，负数表示有写者或等待者，写者与等待者的总量为(0-hcn)，hcn 的值不会大于 0。读写信号量的初值是 0。

等待信号量的进程以结构 rwsem_waiter 的形式被顺序插入信号量的 wait_list 队列。结构 rwsem_waiter 中包含一个队列节点 list、一个指向等待者进程的指针 task 和一个标志 flags(1 表示进程在等待读，2 表示进程在等待写)。

读者进程用函数 down_read() 申请读信号量，用函数 up_read() 释放读信号量。写者进程用函数 down_write() 申请写信号量，用函数 up_write() 释放写信号量。图 9.10 是 Linux 在 32 位机器上实现的读写信号量算法。

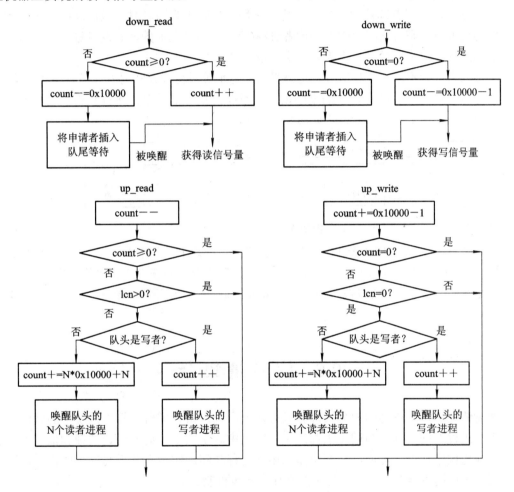

图 9.10　读写信号量操作算法

当信号量非负时，读者将其值加 1 后获得读信号量。此后到来的读者只需将其值加 1 后即可获得该读信号量，直到有写者申请写信号量。

当信号量为 0 时，写者将其值减去 0x10000-1 表示有 1 个写者获得了写信号量(hcn 为 0xFFFF，lcn 为 1)。此后到来的读者和写者都无法再获得信号量。

当信号量为负数时，说明它正被写者拥有，读者进程将信号量的值被减去 0x10000(在高端累计等待者的数量)后进入等待队列等待。

当信号量不是 0 时，说明它正被使用，写者进程将信号量的值被减去 0x10000(在高端累计等待者的数量)后进入等待队列等待。

等待队列中的进程都处于 TASK_UNINTERRUPTIBLE 状态。

当读者释放信号量时，其值被减 1。如果结果非负，说明没有等待者；如果结果为负但低端部分大于 0，说明虽已有写者等待但信号量还在被读者持有，写者仍无法获得；只有当结果为负且低端部分为 0 时，才需要唤醒等待者进程。

当写者释放信号量时，其值被加上 0x10000-1。如果结果为 0，说明没有等待者；如果结果为负，说明有等待者，需要将它们唤醒。

不管读者还是写者都按顺序唤醒等待者进程。当队头为写者时，只能唤醒一个进程；当队头为读者时，则可连续唤醒多个读者进程(第一个写者之前的所有读者进程，计 N 个)。被唤醒的进程获得了信号量，不需要再次竞争。

与读写自旋锁不同，读写信号量是公平的，它平等对待读者和写者。当有写者申请时，即使信号量正在被读者持有，新到来的读者也不能再获得信号量。进程获得读写信号量的顺序肯定与它们申请的顺序一致，如图 9.11 所示。

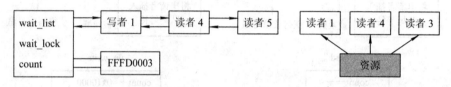

图 9.11　读写信号量实例

在图 9.11 中，进程按读者 1、读者 2、读者 3、写者 1、读者 4、读者 5 的顺序申请资源，读者 1、2、3 正在读资源，写者 1 在等待，导致读者 4 和读者 5 也等待。当读者 1、2、3 都释放资源后，写者 1 获得资源(count 为 0xFFFD0001)。当写者 1 释放资源后，读者 4、5 才获得资源(count 为 2)。

9.6　信号量集合

通常情况下，进程之间的公共部分只有内核，且内核管理着计算机系统中的软硬件资源，因而进程之间的互斥与同步大都发生在内核中。事实上，前面讨论的锁和信号量机制都只能在内核中使用。然而，相互协作的用户进程之间确实也有互斥与同步的需求，因而还需要为进程提供能在用户空间使用的互斥与同步机制。

在设计用户空间使用的互斥与同步机制时需照顾到如下几个特点：

(1) 用做互斥或同步的实体(锁或信号量)应能被进程在用户空间共享。前述的锁或信号量都定义在内核中，它们自然地被所有进程共享，一个进程操作所引起的状态变化可以立刻被其它进程看到，因而所有进程都可以利用它们实现互斥与同步。然而进程的用户空间是私有的，进程对自己用户空间的操作无法被其它进程感知到，因而不能用定义在用户空间的实体实现用户空间的互斥与同步，所用的实体只能定义在内核中。

(2) 在用户空间使用的互斥与同步机制应具有一定的死锁预防能力。内核中的程序本身具有较高的质量，且经过了反复测试，基本不会再出现死锁问题。然而用户程序的质量通常不高，可能会引起死锁。

(3) 不能保证处于用户空间临界区中的进程不被中断或抢占。当在核心态运行时，进程可以通过关闭中断或屏蔽抢占来保证对处理器的占有。当在用户态运行时，进程一般不能关闭中断，也不能屏蔽抢占，因而不能再采用基于忙等测试的互斥机制。

Linux 为用户进程提供的互斥与同步机制称为信号量集合，是在 Unix System V 中首先引入的三种进程间通信机制(信号量、消息队列、共享内存)之一。

9.6.1　管理结构

信号量集合是定义在内核中的一种实体，为了让它能被用户空间的进程使用，操作系统内核需为其提供一组系统调用接口和与之对应的管理机制，包括命名方法、创建方法、使用方法、销毁方法等。Linux 借鉴文件的管理思路来管理它的信号量集合。

与文件类似，Linux 为它的每个信号量集合定义了一个证书(结构 kern_ipc_perm)，用于描述它的基本属性，如信号量集合的键值(外部名称)key、内部标识 id、创建者的 uid 和 gid、拥有者的 uid 和 gid、访问权限 mode、序列号 seq、安全证书 security 等。其中键值 key 是一个整数或者魔数，是用户为信号量集合起的名称。信号量集合由键值命名，由 id 号标识。进程使用信号量集合的过程如下：

(1) 通过其它途径(如预先约定)获得信号量集合的键值。

(2) 打开信号量集合，核对访问权限，获得 id 号。第一个打开者创建信号量集合。

(3) 通过 id 号对信号量集合进行初始化，而后对其进行 P、V 操作。

(4) 由最后一个使用者释放并销毁信号量集合。

如图 9.12 所示，进程 1 和进程 2 共用键值为 1234 的信号量集合，进程 3 和进程 4 共用键值为 2345 的信号量集合。

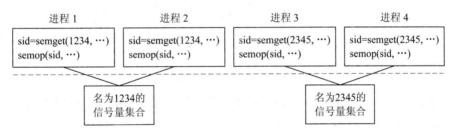

图 9.12　进程与信号量集合的关系

与 9.5 节所述的信号量不同，一个信号量集合中可能包含多个信号量(个数由创建者指定)，其中的每个信号量都可用于一种资源的互斥或一组进程的同步。通过系统调用，用户进程可以单独操作(P、V 操作)集合中的一个信号量，也可以同时操作集合中的多个信号量(SP、SV 操作)。进程对信号量集合的一次操作要么全部成功(获得所有信号量)，要么全部失败(进程等待)。利用信号量集合，进程可以一次性获得所需的全部信号量，从而可避免占有且等待现象的发生，是避免死锁的有效手段。Linux 用结构 sem_array 描述信号量集合，其定义如下：

```
struct sem_array {
    struct kern_ipc_perm    sem_perm;        // 证书
    time_t                  sem_otime;       // 最近一次操作的时间
```

time_t	sem_ctime;	// 最近一次改变的时间
struct sem	*sem_base;	// 信号量数组
struct list_head	sem_pending;	// 待操作队列
struct list_head	list_id;	// undo 结构队列
int	sem_nsems;	// 集合中的信号量数
int	complex_count;	// 挂起的复合操作数

};

该结构表明，一个信号量集合中有 sem_nsems 个信号量，每个信号量由一个 sem 结构描述(其主要内容是信号量的当前值)，所有的信号量被组织在数组 sem_base 中。在内核中，Linux 用 id 号标识信号量集合，用在数组 sem_base 中的索引标识信号量。信号量集合的结构如图 9.13 所示。

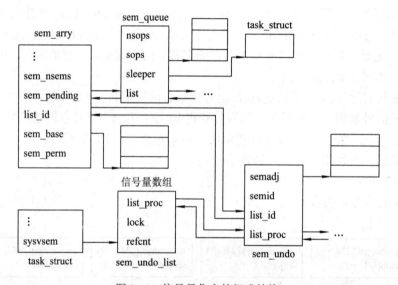

图 9.13　信号量集合的组成结构

对信号量集合的一次操作由一组 sembuf 结构描述。结构 sembuf 的定义如下：

struct sembuf {

unsigned short	sem_num;	// 信号量在数组 sem_base 中的索引
short	sem_op;	// 信号量操作
short	sem_flg;	// 操作标志

};

一个 sembuf 结构表示的是对信号量集合中一个信号量的一次操作，其意义是在第 sem_num 个信号量上加上值 sem_op。显然，sem_op 为–1 表示的是 P 操作，sem_op 为 1 表示的是 V 操作。由一组 sembuf 描述的操作或者同时成功，或者同时失败。

如果操作失败，除了将申请者进程挂在队列中等待之外，还必须将它未完成的操作记录下来，以便在适当的时机重新执行。Linux 将操作失败的进程及其未完成的操作包装在结构 sem_queue 中，挂在信号量集合的 sem_pending 队列中对待。

如果操作成功，还应该累计进程对各信号量的操作结果，以便回退。事实上，当用信号量做互斥时，进程通常在进入临界区时申请信号量，在退出临界区时释放信号量。若进程在临界区中意外终止，它所持有的信号量就不会被释放，就有可能导致其它进程无限期等待。当用信号量做同步时，有的进程会在其上执行 P 操作(等待)，有的进程会在其上执行 V 操作(唤醒)。若负责 V 操作的进程意外终止，执行 P 操作的进程也可能进入无限期等待。为了避免上述两种死锁现象的发生，Linux 为进程使用的每个信号量集合都准备了一个 sem_undo 结构，其主要内容是一个整型数组，用于记录进程对各信号量的累计逆操作。属于一个进程的所有 sem_undo 结构被组织在一个队列中，结构 task_struct 中的 sysvsem 指向队头。属于一个信号量集合的所有 sem_undo 结构也被组织在一个队列中，结构 sem_array 中的 list_id 指向队头。当进程终止时，exit 函数会根据队列 sysvsem 中的各个 sem_undo 结构对各信号量集合进行回退操作，以消除进程对它们的影响。操作回退是信号量集合用于避免死锁的又一有效手段。

毫无疑问，系统在运行过程中会创建多个信号量集合，因而需要一种结构来组织其中的 sem_array 结构。在早期的版本中，Linux 用一个静态的全局指针数组(长度为 128)来组织信号量集合，虽然简单但不够灵活。新版本的 Linux 废弃了指针数组，改用 IDR(ID Radix) 树来组织系统中的 sem_array 结构。IDR 树是一种可动态增长的 Radix 树，最多可扩充至 6 层，每层的节点数可达 64 个。利用 IDR 树可建立起 id 号与信号量集合的映射关系。进一步地，Linux 又将 IDR 树组织在 IPC 名字空间(见图 7.4)中，并允许为不同的进程组建立不同的 IDR 树，从而使信号量集合的管理更加灵活。图 9.14 是一个两层的 IDR 树。

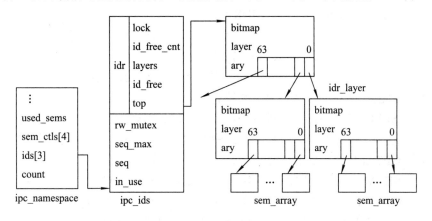

图 9.14 基于 IDR 树的信号量集合管理结构

IDR 树自右向左、自下向上生长。当名字空间中的信号量集合数小于 64 时，只需要右下角的一个节点。当集合数大于 64 时，IDR 会自动向上扩充出一个中间节点(也由结构 idr_layer 描述)，并逐步向左扩充各个叶节点，形成一个二层的 IDR 树。当集合数大于 64*64 时，IDR 会再向上扩充出一个中间节点，形成三层的 IDR 树，依此类推。节点由结构 idr_layer 描述，其中有三个重要的域，如下：

(1) ary 是一个指针数组，长度为 64。中间节点的每个指针可指向一个叶节点，叶节点的每个指针可指向一个 sem_array 结构。

(2) bitmap 是一个位图(64 位)。在叶节点中，某位为 0 表示与之对应的指针是空闲的。在中间节点中，某位为 0 表示与之对应的下层节点中有空闲指针。

(3) layer 是一个整数，表示节点在 IDR 树中所处的层数。叶节点在第 0 层。

在创建信号量集合时，自顶向下逐层检查各节点的位图 bitmap，可找到编号最小的空闲槽位，新建的信号量集合就插在该槽位中。按自顶向下的顺序将槽位在各节点中的索引号拼接起来得到的就是信号量集合的索引号，(索引号+32768*序列号 seq)就是信号量集合的 id 号。给定一个 id 号，可算出它的索引号，将索引号按树的层数分段(每段 6 位)，以每段中的值为索引按自顶向下的顺序查各层中的 ary 数组，即可找到与之对应的 sem_array 结构。因而，用 IDR 树管理的信号量集合极为灵活、高效。

9.6.2　信号量操作

信号量集合的打开操作由函数 semget()完成，需要的参数有三个，一是信号量集合的键值 key，二是集合中的信号量数，三是信号量集合的访问权限。打开操作搜索申请者进程的名字空间(实际是它的信号量集合树)，以确定键值为 key 的信号量集合是否已在其中。如果在，说明该信号量集合已被其它进程创建，只需对其进行适当的权限检查并返回它的 id 号即可。如果不在，说明该信号量集合还未被创建，需要创建一个新的信号量集合，并返回它的 id 号。在创建新的信号量集合时需完成如下几项工作：

(1) 申请一块内存空间用做 sem_array 结构和信号量数组。

(2) 在当前 IDR 树中为新信号量集合找一个空槽位，确定其索引号和 id 号。

(3) 初始化 sem_array 结构，设置其中的 key、id、seq、uid、gid 等。

(4) 将新建的 sem_array 结构插入 IDR 树中。

在获得信号量集合的 id 号之后，可以通过函数 semctl()对其进行管理操作，如：

(1) 操作 SEM_INFO 用于获取当前名字空间中信号量集合的状态信息，如允许创建的最大信号量集合数、每集合中的最大信号量数、允许创建的最大信号量数、每调用中允许的最大操作数、已经创建的信号量集合数等。

(2) 操作 SEM_STAT 用于获取特定信号量集合的状态信息，如集合的证书、集合中的信号量数、最近一次操作时间、最近一次改变时间等。

(3) 操作 GETALL 用于获取信号量集合中各信号量的当前值。

(4) 操作 SETALL 用于设置信号量集合中所有信号量的当前值。

(5) 操作 GETVAL 用于获取信号量集合中某一特定信号量的当前值。

(6) 操作 SETVAL 用于设置信号量集合中某一特定信号量的当前值。

(7) 操作 IPC_SET 用于设置特定信号量集合的证书，包括 uid、gid、访问权限等。

(8) 操作 IPC_RMID 用于销毁特定的信号量集合，包括释放它的 sem_array 结构和与之相关的所有 sem_undo 结构，当然还需唤醒等待该信号量集合的所有进程。

对信号量集合的 P、V 操作由同一个函数 semop()完成。老的 semop()函数需要三个参数，分别是在打开操作中获得的信号量集合的 id 号、sembuf 结构数组 sops 及数组中的 sembuf 结构数 nsops。新的 semop()函数中又增加了一个最长等待时间 timeout。

函数 semop()首先将参数中的 sops 数组拷贝到内核，而后对其中的各个操作进行检查，结果有二：

(1) 数组 sops 中的所有操作都能成功(信号量的当前值被操作之后仍然非负)。

① 将 sops 中的各个 sem_op 加到各指定的信号量上，完成操作。

② 从 sem_undo 中的各指定位置减去 sops 的各个 sem_op，记录逆操作。

③ 由于本次成功的操作改变了信号量的当前值，因此应检查信号量集合上的等待队列。如果某组等待的操作已经可以全部完成，则完成它，并将等待的进程唤醒。

(2) 数组 sops 中的操作不能全部成功(被操作之后，有些信号量的当前值为负)。

① 将操作记录在一个 sem_queue 结构中但不执行，将填好的 sem_queue 结构挂在信号量集合的等待队列 sem_pending 上。

② 如果请求者指定了最长等待时间，则启动一个定时器。

③ 将请求者进程的状态改为 TASK_INTERRUPTIBLE，调度，等待被唤醒。

④ 在被其它进程的信号量操作唤醒后，进程等待的操作肯定已经完成，只需将 sem_queue 结构从队列中摘下并释放即可。

信号量集合是 Linux 提供给用户进程使用的最主要的同步与互斥手段。信号量集合可以由进程分别打开，也可由父进程打开并将其 id 号复制到子进程中。信号量集合有数量限制，在使用完之后应该将其释放并销毁。

思 考 题

1. 是否可用自旋锁实现两个进程之间的同步？
2. 抢占屏蔽与关中断有什么区别？能否用抢占屏蔽代替关中断？
3. 为什么需要多种自旋锁？试述各种自旋锁的适用场合。
4. 试分析序号锁保护的资源是可靠的。
5. 试分析 RCU 保护的资源是可靠的。
6. 使用 RCU 的多个进程之间是否会出现死锁？
7. 与经典信号量相比，互斥信号量有什么特点？读写信号量有什么特点？
8. Linux 的信号量集合采取了什么措施来预防死锁？
9. 比较 IDR 树与静态数组的优劣。

第十章　进 程 间 通 信

利用锁、信号量、RCU 等可以协调进程的动作，实现进程间的互斥与同步，但所传递的信息量极少，难以用于进程间通信。为了使相互协作的进程能够更好地工作，除了互斥与同步之外，还需要提供一些进程间的通信机制，如通知机制、信息传递机制、信息共享机制等。

早期的 Unix 仅提供了两种进程间通信机制，分别是用于通知的信号和用于传递数据的管道。1983 年，AT&T 在 Unix System V 中引入了三种新的进程间通信机制，分别是信息队列、共享内存和信号量集合。在随后的发展中，System V 的三种通信机制被吸收进 POSIX 标准，但两者使用了完全不同的 API，因而具有完全不同的实现方式。

Linux 继承了 Unix 的传统，提供了多种进程间的通信机制，如用于通知的信号，用于交换信息的管道和消息队列，用于共享信息的共享内存等。在所有的通信手段中，信号是最基本的，管道与消息队列是最直观的，共享内存是最快速的。当然，通过网络协议既可实现不同计算机间的进程通信，也可实现同一计算机内部的进程通信。事实上，网络协议是一种最复杂的进程间通信机制。

10.1 信　　号

信号(Signal)是用于通知事件的一种机制。当内核有事情需要通知进程时，它可以发送信号。当一个进程有事情需要通知另一个进程时，它也可以发送信号。信号还是一种原始的进程间同步机制，一个进程可以暂停工作等待被其它进程的信号唤醒。与其它通信机制不同，信号是 Linux 必备的一种通信机制，是 Linux 内核不可分割的一部分。

最早的信号机制是由 Unix System V 引入的。BSD 4.2 解决了信号中的许多问题，BSD 4.3 又对其做了进一步的加强和改善。POSIX.1 定义了一个标准的信号接口，POSIX.4 又对其进行了扩充。目前几乎所有的 Unix 变种，包括 Linux，都提供了和 POSIX 标准兼容的信号机制。

10.1.1　信号定义

信号的格式和意义都是预先约定好的，一个信号表示一种类型的事件。能产生信号的实体称为信号源，主要的信号源是内核和进程。内核通过信号将系统内发生的事件通知进程，如进程执行了非法操作、进程使用的资源超限、用户输入了 Ctrl-C、进程启动的定时器已到期等。一个进程也可以向另一个或一组进程发送信号，用来通知事件、控制作业等，如通过向一个进程发送 SIGKILL 信号来将其杀死等。

Unix 通常用一个无符号长整数作为位图来表示信号，其中的一位对应一种信号。Linux 用一个整数数组作为位图来表示信号，数量可以更多。缺省情况下，Linux 支持的信号有 64 个，其中 1 到 31 为普通信号，32 到 63 为实时信号，第 0 个信号保留未用。普通信号的意义是固定的，实时信号的意义由用户自定义，且可传递附加信息。表 10.1 是 Linux 的普通信号。

表 10.1　普通信号及其意义

信　号	意　义	信　号	意　义
1) SIGHUP	终端断链	17) SIGCHLD	子进程终止或暂停
2) SIGINT	Ctrl-C	18) SIGCONT	让被停止进程继续运行
3) SIGQUIT	Ctrl-\	19) SIGSTOP	停止进程运行
4) SIGILL	非法指令	20) SIGTSTP	Ctrl-Z，挂起
5) SIGTRAP	断点	21) SIGTTIN	后台进程读终端
6) SIGABRT, SIGIOT	进程异常终止	22) SIGTTOU	后台进程写终端
7) SIGBUS	总线错误	23) SIGURG	收到有紧急标志的包
8) SIGFPE	浮点异常	24) SIGXCPU	CPU 用时超限
9) SIGKILL	杀死进程	25) SIGXFSZ	文件大小超限
10) SIGUSR1	用户自定义	26) SIGVTALRM	虚拟定时器到期
11) SIGSEGV	段违例	27) SIGPROF	概略定时器到期
12) SIGUSR2	用户自定义	28) SIGWINCH	进程终端窗口大小变化
13) SIGPIPE	管道已经断裂	29) SIGIO, SIGPOLL	异步 I/O 事件
14) SIGALRM	实时定时器到期	30) SIGPWR	电源失效
15) SIGTERM	终止进程	31) SIGSYS, SIGUNUSED	保留未用
16) SIGSTKFLT	堆栈错		

Linux 系统中的每个进程都可能收到信号，而且可以用不同的方式处理信号。进程对信号的处理方式有下列几种：

(1) 阻塞。将到来的信号记录下来但不处理，直到阻塞被解除。

(2) 忽略(SIG_IGN)。不接收或不处理信号，直接将其丢弃。

(3) 缺省(SIG_DFL)。由内核按缺省方式处理信号。

(4) 自定义。由进程自己注册的用户态信号处理程序处理信号。

Linux 内核提供了五种缺省的信号处理方式，分别是：

(1) 夭折(abort)。把进程虚拟地址空间中的内容存入文件 core 后终止进程。

(2) 终止(exit)。直接终止进程，不生成 core 文件。

(3) 忽略(ignore)。忽略或丢弃收到的信号。

(4) 停止(stop)。让进程停止运行。

(5) 继续(continue)。如果进程已被停止，则让其恢复运行；否则忽略信号。

信号必须由接收者进程自己处理，处理方法由接收者进程自己决定。如果信号的接收者当前未在运行态，那么它对信号的处理就不会很及时。

另外，信号没有优先级，信号处理的先后顺序完全取决于系统的设计。信号可能被接收者忽略或阻塞，因而接收者可能感觉不到某些信号的到来，也就是说信号可能会丢失。

10.1.2 信号管理结构

在早期的版本中，Linux 用定义在 task_struct 结构中的位图 signal 记录进程已收到且未处理的信号，用位图 blocked 记录进程当前要阻塞的信号，用 sigqueue 结构队列记录信号的附加信息。当位图 signal&(~blocked) 不空时，说明进程收到了未被阻塞的信号，应该在适当的时机执行一下这些信号的处理程序。进程预定的信号处理程序记录在它的 signal_struct 结构中，其主要内容是一个数组，每一种信号对应其中的一项，用于记录进程预定的信号处理程序及处理信号时的特殊要求。

老的信号管理结构十分直观，但未照顾到线程组的特殊需求。事实上，线程组中的进程可以作为个体接收信号，也可以作为整体接收信号。作为个体接收的信号只需自己处理即可，但作为整体接收的信号却可被线程组中的任一进程处理。为了区分整体与个体信号，新版本的 Linux 保留了 task_struct 结构中的 blocked 位图，但却将 signal 位图与信号队列合并到了 sigpending 结构中。进程作为个体所收到的信号记录在 task_struct 结构的 pending 队列中，作为整体所收到的信号记录在 signal_struct 结构的 shared_pending 队列中，一个线程组中的所有进程共享同一个 signal_struct 结构。进程预定的信号处理方式被从结构 signal_struct 中分离出来，形成了独立的 sighand_struct 结构，其主要内容是一个 action 数组 (数组长度为 64)，记录着进程对各信号的处理程序及处理时的特殊要求。新版本的信号管理结构如图 10.1 所示。

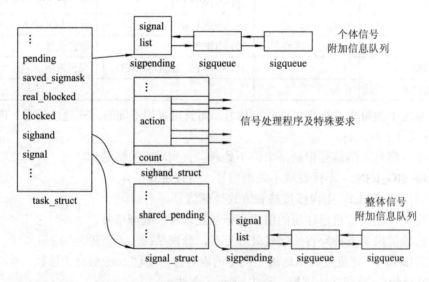

图 10.1 进程的信号管理结构

注意，信号是从 1 开始编码的，信号 i(i>0) 对应位图 blocked 和 signal 的第 i−1 位。

由于 signal_struct 结构是线程组中所有进程共享的，因而除了可用它记录收到的信号之外，还可在其中记录一些组内进程共享的其它信息，如：

(1) 线程组的各类统计信息，包括：

① 累计消耗的用户态时间、核心态时间等。

② 进程运行的实际总时间。

③ 累计产生的主(需读磁盘)、次(不需读磁盘)页故障异常的次数。

④ 驻留在内存中的最大页数。

⑤ 累计产生的输入输出量，如读入的字节数、写出的字节数、读操作的次数、写操作的次数等。

(2) 线程组能够使用的各类资源的上界，包括可消耗的处理器时间、可使用的优先级、可创建文件的大小、可使用数据区的大小、可使用堆栈区的大小、可驻留内存的页数、可创建的进程数、可打开的文件数、可挂起的信号数、可挂起的消息长度等。

(3) 三类时间间隔定时器的管理信息，包括用于实时定时的高精度定时器、三类间隔定时器的定时间隔、虚拟和概略定时器的当前值等。

(4) 与线程组关联的终端。

(5) 用于等待子进程终止的进程等待队列等。

10.1.3 信号处理程序注册

每个进程的 task_struct 结构中都有一个指向 sighand_struct 结构的指针，其中记录着进程对各种信号的处理方式，主要是各种信号的处理程序。当然，多个进程(如同一线程组中的进程)可以共用一个 sighand_struct 结构。结构 sighand_struct 的定义如下：

```
struct sigaction {
    _sighandler_t          sa_handler;              // 信号处理程序
    unsigned long          sa_flags;                // 信号的特殊处理需求
    _sigrestore_t          sa_restorer;             // 善后处理程序
    sigset_t               sa_mask;                 // 处理信号时的新增阻塞位
};
struct k_sigaction {
    struct sigaction       sa;
};
struct sighand_struct {
    atomic_t               count;                   // 引用计数
    struct k_sigaction     action[_NSIG];           // 信号处理程序列表，_NSIG 等于 64
    spinlock_t             siglock;                 // 保护用自旋锁
    wait_queue_head_t      signalfd_wqh;            // 等待接收该信号的进程队列
};
```

第 0 号进程的 sighand_struct 结构是静态建立的，它的所有信号处理程序都是缺省(SIG_DFL)的。其它进程的 sighand_struct 结构都是动态建立的。在创建之初，进程要么与创建者共用同一个 sighand_struct 结构，要么从创建者复制一个 sighand_struct 结构，因而在创建之初，进程处理信号的方式与创建者进程完全相同。

在为进程加载新的执行程序之前，加载程序会为进程建立独立的 sighand_struct 结构，并对其进行清理。在清理后的 sighand_struct 结构中，用户自定义的所有处理程序都被换成了缺省的 SIG_DFL，所有的 sa_mask 和 sa_flags 也都被清空。

运行中的进程可以通过系统调用(如 signal()、sigaction()、rt_sigaction()等)更改自己对各信号的处理方式，包括注册自己定义的信号处理程序。函数 signal()是较老的一个系统调用(即将被淘汰)，仅能设置信号处理程序。函数 sigaction()可以设置一个信号的处理程序及阻塞掩码、特殊标志等，但由于结构的变化，也将被淘汰。函数 rt_sigaction()是目前建议的系统调用，可用于设置一个信号处理的所有部分。

进程设置的信号处理程序可以是缺省(SIG_DFL)、忽略(SIG_IGN)或自定义的函数。如果进程设置的信号处理程序是一个自定义的用户空间函数，那么 sigaction 结构中的 sa_handler 将指向该函数。如果进程将某信号的处理程序换成了忽略，那么它此前收到的该种信号会被清除。由于信号 SIGCONT、SIGCHLD、SIGWINCH 和 SIGURG 的缺省处理是忽略，因而若进程将这四个信号的处理程序换成了缺省，那么它此前收到的这些信号也会被清除。

SIGKILL 和 SIGSTOP 是内核专用的信号，它们的处理方式不能被更改。

系统调用 sigprocmask()专门用于设置或获取进程的阻塞掩码 blocked。

10.1.4　信号发送

与其它形式的通信机制不同，信号是由发送者直接送给接收者的，接收者不需要采取任何接收动作。也就是说，信号的发送和接收都是由发送者进程负责的，操作系统只需要提供信号的发送操作即可。发送信号的进程必须在运行状态，但接收信号的进程却可以在任意状态。处于可中断等待状态或停止状态的进程可能会被收到的信号唤醒。

在早期的 Unix 系统中，发送信号实际就是在接收者进程的 signal 位图中设置一个标志。信号的接收者只知道收到了某类信号，却不知道信号的来源和数量。在 Linux 的早期实现中，实时信号可以带一个附加信息，这些附加信息被挂在接收者进程的信号队列中，因而实时信号有了数量的概念。新版本的 Linux 给普通信号也准备了附加信息，可用于通报信号的来源，但为了与老版本兼容，普通信号仍没有数量的概念。

信号的附加信息被包装在结构 sigqueue 中，其中内嵌的结构 siginfo 用于描述附加信息本身，主要内容如下：

(1) 域 si_signo 中记录着信号的编码，从 1 开始。

(2) 域 si_code 中记录着信号的来源，如内核、用户、定时器等。

(3) 联合_sifields 中记录着各信号特定的附加信息，如发送者的 pid、uid 等。

信号的接收者可以是一个特定的进程，也可以是一个线程组。作为线程组所收到的信号可以被组中的所有进程看到，也可以被组中的任意一个进程处理，但只能被处理一次。不管被哪个进程处理，作为线程组收到的信号都会影响到组中所有的进程。

发送信号的进程至少需要提供四个参数，分别是信号编号、附加信息、接收者进程、目标类别(线程组或单个进程)等。发送信号时完成的工作主要有如下几件：

(1) 解决停止与继续信号的矛盾问题，防止它们在接收者进程中共存。

① 如果要发送的是停止信号(SIGSTOP、SIGTSTP、SIGTTOU、SIGTTIN)，则应将接收者及其线程组此前已收到的继续信号全部清除。

② 如果要发送的是继续信号(SIGCONT)，则应将接收者及其线程组此前已收到的停止信号全部清除，并唤醒接收者线程组中所有停止态的进程。

(2) 丢弃接收者进程要忽略的信号。在接收者进程中，处理程序为 SIG_IGN 的信号是被忽略的，处理程序为 SIG_DFL 的 SIGCHLD、SIGCONT、SIGURG 或 SIGWINCH 信号也是被忽略的。接收者进程当前阻塞的信号不能被忽略。

(3) 确定新信号将要进驻的接收队列。一个信号只能被加入到一个队列中，信号所在队列由参数中的目标类别决定，可能是 task_struct 结构中的 pending 或 signal_struct 结构中的 shared_pending 队列。

(4) 丢弃重复收到的普通信号。根据传统的信号语义，不需要记录普通信号的接收次数。因而，如果要发送的普通信号已在选定的接收队列中，可将其直接丢弃。

(5) 发送信号。

① 向对象内存管理器申请一个空闲的 sigqueue 结构，用发送者提供的参数填写该结构，并将其挂在接收队列的队尾。为了防止拒绝服务类攻击，Linux 限制了一个进程可用的 sigqueue 结构数。

② 如果有等待该信号的进程(signalfd_wqh 队列不空)，则将其中的一个唤醒。

③ 将信号在队列位图 signal 中的标志位置 1，表示收到了该信号。

(6) 善后处理。

① 如果接收者是单个进程，在下列情况下，不需要特别的善后处理：

● 信号正被接收者阻塞。

● 接收者进程正处于停止状态。

● 接收者进程当前未在处理器上运行且其上已有待处理的信号。

② 如果接收者是一个线程组，则在其中选一个满足下列条件之一的进程用来处理该信号：

● 未阻塞该信号且正在运行的进程。

● 未阻塞该信号、不在停止状态且无其它待处理信号的进程。

如果组中的所有进程都不能满足上述条件，则不需特别处理。

③ 如果信号(包括 SIGKILL)对接收者是致命的(处理动作是终止进程)，则向线程组中的所有进程发送 SIGKILL 信号，并将处于可中断等待状态或醒后终止状态的进程全部唤醒，以便让它们尽快终止。

④ 如果信号对接收者不是致命的但为其选定的处理者进程处于可中断等待状态，则将其唤醒。

大部分信号都是由内核发送给进程或线程组的，只有一小部分信号是在进程之间互相发送的。系统会对进程之间互相发送的信号进行严格的权限检查。Linux 提供了多个系统调用以便于在进程之间互发信号，主要有以下几个：

(1) 函数 kill()。在未引入线程组时，该函数用于向一个进程或进程组发送信号。在引入线程组之后，该函数的意义取决于接收者进程的 pid：

① pid>0，用于向一个线程组发送信号，pid 是接收者线程组的 ID 号。

② pid=0，用于向发送者进程所在的线程组发送信号。

③ pid=-1，用于向当前线程组之外的所有其它线程组发送信号。

④ pid<-1，用于向进程组中的所有进程发送信号，-pid 是进程组的 ID 号。

(2) 函数 tgkill()用于向一个特定的进程(由 TGID 和 PID 标识)发送信号。

（3）函数 tkill()是 tgkill()的特例，仅指定了 PID 而未指定 TGID，接收者进程可位于任意一个线程组中。

（4）函数 rt_sigqueueinfo()用于向一个线程组发送一个带附加信息的信号。

（5）函数 rt_tgsigqueueinfo()用于向一个特定的进程发送一个带附加信息的信号。

10.1.5　信号处理

进程可以在任何状态下接收信号，但只能在从核心态返回用户态之前处理信号，见图 4.3。也就是说，信号是由接收者进程在特定时刻自己处理的，有可能不够及时。由于内核守护线程不会返回用户态，因而它们不会处理信号。

进程先处理发给自己的信号(在 task_struct 结构的 pending 队列中)，再处理发给线程组的信号(在 signal_struct 结构的 shared_pending 队列中)。但进程并不按到达的顺序处理信号。一般情况下，进程会按编号从小到大的顺序处理队列中未被阻塞的信号。然而有些信号是由进程在执行过程中的异常操作引起的，属于同步信号，如 SIGSEGV、SIGBUS、SIGILL、SIGTRAP、SIGFPE 等，应该优先处理。对同一种信号来说，先收到的先被处理。处理过的信号会被从队列中摘除。当队列中的一种信号被彻底处理完之后，它在位图 signal 中的标志也会被清除。

进程处理信号的方法由它的 sighand_struct 结构决定。如果信号的处理程序是忽略 (SIG_IGN)，那么简单地将其丢弃即可。

如果信号的处理程序是缺省(SIG_DFL)，那么由内核处理即可。内核对不同信号的缺省处理方法也不同，大致可分为如下几类：

（1）忽略。信号 SIGCONT、SIGCHLD、SIGWINCH 和 SIGURG 的缺省处理动作是忽略，即将信号直接丢弃。

（2）停止。信号 SIGSTOP、SIGTSTP、SIGTTIN 和 SIGTTOU 的缺省处理动作是停止，即将进程所在线程组中的所有进程(包括自己)都设为停止状态。

（3）终止。其它信号的缺省处理动作都是终止，即终止进程所在线程组中的所有进程(包括自己)。终止线程组中其它进程的方法是向它们发送 SIGKILL 信号，终止自己的方法是执行函数 exit()。

如果信号的处理程序是用户自定义的，则需要进入用户空间执行一次这一用户态处理程序。由于进程还未返回到用户空间，按照 Intel 处理器的约定，不能从高特权级向低特权级转移控制，因而不能直接调用处理程序。但由于进程正处在返回用户空间的过程中，其返回状态，包括用户堆栈的栈顶、用户空间下一条指令的地址等，都已记录在进程的系统堆栈中(由 pt_regs 结构描述，见图 4.2)，因而只要将 pt_regs 结构中的 ip 换成信号处理程序的入口地址(sighand_struct 结构中的 sa_handler)，而后让进程正常返回，它就会立刻转去执行自己定义的信号处理程序。

然而，对 ip 域的简单修改破坏了进程的原有返回状态，使得进程在执行完信号处理程序之后无法再返回它在用户空间的应有位置。因而，Linux 将自定义信号处理程序的执行过程分成了如下六步：

（1）将系统堆栈栈顶的 pt_regs 结构暂存起来。

（2）修改进程的用户堆栈，在其中压入必须的参数，如信号编号、附加信息等。

(3) 将 pt_regs 结构中的 ip 改为自定义信号处理程序的入口地址。

(4) 返回用户态,让进程执行自定义的信号处理程序。

(5) 在完成处理工作之后,让信号处理程序通过系统调用再次进入内核。

(6) 在内核中将进程的系统堆栈恢复到修改之前的状态,而后让进程再次返回。

可以将进程系统堆栈栈顶的 pt_regs 结构暂存在内核中,也可以将其暂存在用户堆栈中。按照 Intel 处理器的约定,内核程序可以修改用户空间的数据,因而可以修改用户堆栈。Linux 将进程的 pt_regs 结构暂存在用户堆栈中。

较困难的是让信号处理程序在完成工作之后再次进入内核。强行要求信号处理程序调用一个特定的函数不是一个好办法,因为这会引起程序员的反感,万一遗忘还会导致严重的进程错误。一种解决办法是在用户堆栈的栈顶压入一段善后程序,并通过修改用户堆栈将信号处理程序的返回地址改成善后程序的入口,由这段善后程序负责执行系统调用,以再次进入内核。Linux 压到用户堆栈中的善后程序由三条指令组成,如下:

```
popl  %eax                    // 弹出栈顶的参数
movl $_NR_sigreturn, %eax    // 将系统调用号存入 EAX 寄存器中
int $0x80                     // 再次进入内核,执行恢复程序 sys_sigreturn()
```

然而,在堆栈中压入代码是一种非正常的程序执行手段。当堆栈页被禁止执行时(如 Intel 64 中的 NXB 被置 1),这种手段将无法使用。因而,新版本的 Linux 将上述善后程序移到了 vsyscall 页(见 4.4.4 节)中。由于 vsyscall 页总在进程的虚拟地址空间中,且以共享库 (linux-gate.so)的面目出现,对它的调用总是可行的。

既然可以通过修改用户堆栈让信号处理程序返回到预定的善后程序,当然也可以让它返回到正常的返回地址。但由于在执行信号处理程序之前需要修改进程的阻塞掩码 blocked(阻塞不希望收到的新信号),因而在执行完信号处理程序之后还应恢复阻塞掩码。阻塞掩码的修改必须在内核中进行,所以再次进入内核是必须的。

由此可见,执行自定义信号处理程序需要使用到用户堆栈。如果进程的用户堆栈出现了问题(如堆栈溢出),上述处理方法必将无法工作。为此,Linux 允许进程通过系统调用 sigaltstack()定义自己的替换堆栈,专门用于执行用户自定义的信号处理程序。替换堆栈的位置记录在 task_struct 中,开始位置为 sas_ss_sp,大小为 sas_ss_size。

为了操作方便,Linux 将用户堆栈(或替换堆栈)的栈顶定义成了一个结构,称为 rt_sigframe,如图 10.2 所示。

进程系统堆栈的栈顶(pt_regs 结构)被保存在用户堆栈的 uc_mcontext 域中,阻塞掩码被保存在用户堆栈的 uc_sigmask 域中。信号处理程序的返回地址被保存在 pretcode 域中,通常就是 vsyscall 页中的善后程序入口地址。

信号的附加信息被压入用户堆栈的栈顶(info 域)。Linux 内核通过寄存器向信号处理程序传递参数,包括 EAX 中的信号编号、EDX 中的附加信息(info 域的地址)、ECX 中的 ucontext 结构等。

进程的新阻塞掩码是老阻塞掩码与位图 sa_mask 的按位或,有时还需要加上当前处理的信号。如此一来,在信号处理程序的执行过程中,虽然进程可以被中断,可以收到新的信号,但不会被不希望见到的信号打扰。

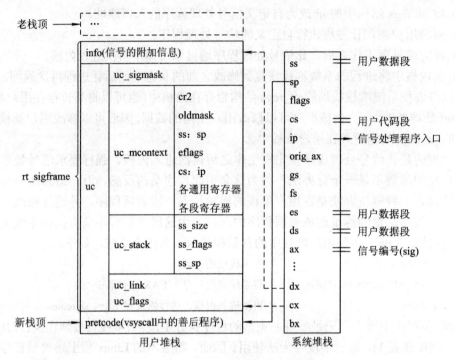

图 10.2 用户堆栈和系统堆栈的栈顶结构

经过上述修改之后，返回到用户态的进程会自然转入自定义的信号处理程序，且可看到需要的参数。当信号处理程序执行完后，最后一条 ret 指令会将控制转移到 vsyscall 页中的善后程序。善后程序通过 int $0x80 再次进入内核，转去执行函数 sys_rt_sigreturn()。

函数 sys_rt_sigreturn()用保存在用户堆栈中的信息恢复进程的 blocked 位图和系统堆栈。恢复之后，进程系统堆栈中的 sp 又指向了用户堆栈的老栈顶(相当于弹出了栈顶的 rt_sigframe 结构)，ip 又指向了正常的返回地址。当函数 sys_rt_sigreturn()执行完毕之后，进程又一次从核心态返回用户态，会再次检查进程上是否有待处理的信号。

如果还有待处理的信号，进程会继续处理它们。特别地，若信号的处理程序仍然是用户自定义的，系统会再次修改进程的用户堆栈、系统堆栈，再次进入用户空间执行自定义信号处理程序，并在处理完后再次进入内核完成清理工作。

如果进程上已没有待处理的信号，则进程会返回到正常的用户态，从此前被中断的位置恢复正常运行。整个信号处理过程附着在中断处理之后，相当于前一次中断处理或系统调用的延续。

如果进程在执行自定义信号处理程序的过程中再次进入内核(如执行系统调用或被中断)，那么信号处理程序的执行就会被打断。如果进程上还有其它的待处理信号，那么当进程从核心态返回用户态时，就会执行新的信号处理程序。也就是说信号处理的过程可能是嵌套的。如果不希望发生这种嵌套现象，应在执行信号处理程序时阻塞其它的信号，如在 sigaction 结构的 sa_mask 位图中声明需阻塞的信号等。

值得注意的是 Linux 对信号 SIGCHLD 的处理。正常情况下，当线程组中最后一个进程终止时，它应该将自己的退出状态设为 EXIT_ZOMBIE 并向父进程发送 SIGCHLD 信号(见 7.4.1 节)。如果父进程为 SIGCHLD 自定义了处理程序，该信号会被父进程正常处理，如 init

进程。然而通常情况下，进程为 SIGCHLD 指定的处理程序都是忽略。按照 POSIX 约定，进程对 SIGCHLD 的忽略处理是反复执行函数 wait4()，以回收所有处于僵死态的子进程。事实上，早期的 Linux 就是这样处理 SIGCHLD 信号的。这种约定虽然有效，但显得十分古怪(进程对信号 SIGCHLD 的缺省处理是忽略、忽略处理是回收子进程)。在新版本中，Linux 修正了信号 SIGCHLD 的发送和处理方法，如下：

(1) 如果父进程为 SIGCHLD 指定了自定义的处理程序，则正常发送，正常处理。

(2) 如果父进程为 SIGCHLD 指定的处理程序是缺省，则直接将其丢弃。

(3) 如果父进程为 SIGCHLD 指定的处理程序是忽略，则将子进程的退出状态改为 EXIT_DEAD，并将它的 task_struct 结构的引用计数减 1。如此以来，调度程序就会直接将子进程释放，不再需要麻烦父进程回收了。

10.1.6 信号接收

正常情况下，信号是异步的。进程不知道什么时候会收到信号，也不知道什么时候会处理信号。异步的信号虽然简单，但却让人觉得难以掌控。为此，新版本的 Linux 又提供了同步信号处理方式。

如果进程想用同步方式处理自己收到的信号，它可以采用如下方法：

(1) 通过系统调用 signalfd()或 signalfd4()创建一个文件描述符，并在其中指定想要接收的信号种类(不包括 SIGKILL 和 SIGSTOP)。

(2) 通过系统调用 sigprocmask()阻塞想要同步接收的信号。

(3) 在需要时，直接通过系统调用 read()读新建的文件描述符。如果进程已收到了指定的信号，read()会返回信号的描述信息，包括信号的编号和附加信息。如果进程还未收到指定的信号，进程将被挂在 sighand_struct 结构的 signalfd_wgh 队列中等待，直到指定的信号到来。

(4) 当不再需要同步接收信号时，可通过系统调用 close()关闭信号的描述符。

进程通过 read()操作读出的信号会自动从进程的信号队列中删除。

由 signalfd()或 signalfd4()创建的文件描述符也可用在通用的 poll()或 select()中，以查询或监视想要同步接收的信号。执行 poll()或 select()的进程会被阻塞，直到收到需要的信号或等待超时。

利用系统调用 sigsuspend()或 rt_sigsuspend()也可以实现信号的同步处理。想同步处理信号的进程可以定义一个阻塞位图，将希望接收信号的阻塞位清 0，而后通过函数 sigsuspend()或 rt_sigsuspend()将进程的阻塞位图换成新定义的阻塞位图，并将自己挂起。如此以来，只有当期望的信号到来时，进程才会被唤醒。进程被唤醒后，其上的阻塞位图会被恢复，进程此前执行的函数 sigsuspend()或 rt_sigsuspend()会正常返回。

利用系统调用 sigpending()或 rt_sigpending()可以查询进程已收到、未被阻塞、未被处理的信号位图。

10.2 管 道

虽然可以带一个附加信息，但信号所传递的信息量毕竟十分有限，因而信号较适合于通知，却难以胜任大量信息的传递。要实现进程之间的大数据量通信，还必须提供其它的通信手段，如管道(Pipe)。管道机制最早由 AT&T 的 M. D. Mcllroy 提出，于 1973 年被引入 Unix 操作系统。管道是一项重要的发明，它使 Unix 具有了将小程序组合成大工具的能力，使 Unix 的优雅哲学(小的就是美的)得以充分体现。

10.2.1　管道的意义

正常情况下，进程的虚拟地址空间是相互独立的，除内核之外，在不同进程的虚拟地址空间中没有重叠的部分，进程之间没有自然的通信渠道，无法进行直接通信。然而，若抽象掉程序、数据等的实际含义，可以将进程的虚拟地址空间看成一个字节的容器。只要在两个容器之间建立一条管道(Pipe)，一个进程中的字节(数据)就可以自然地流动到另一个进程中，如图 10.3(a)所示。因而，管道是进程间一种最自然的通信方式。

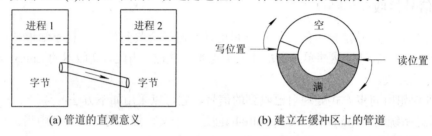

(a) 管道的直观意义　　　　　　　　　(b) 建立在缓冲区上的管道

图 10.3　基于管道的进程间通信

在 Linux 的 Shell 命令中，管道由 '|' 标识。由 '|' 链接起来的多个命令会创建多个进程(每个命令对应一个进程)，进程间建立有自然的管道，前一个命令(或进程)的标准输出会被管道转化为后一个命令(或进程)的标准输入。如在命令 "ls -l | wc -l" 中，ls 的输出(当前目录的内容)被管道直接递交给命令 wc，用以统计其中的行数。

与现实世界中的管道不同，用于通信的管道具有如下特点：

(1) 管道是单向的，数据只能从入口进程流向出口进程，不能逆向流动。

(2) 管道中流动的数据是字节流，没有结构，通信的格式需要双方自己约定。

(3) 管道是可靠的、有序的、先进先出的，流出的数据与流入的数据完全一致。

(4) 管道有容量限制，当管道满时，发送端无法再发送字节；当管道空时，接收端无法再取出字节。

10.2.2　匿名管道

在多年的发展过程中，人们给出了多种管道实现方法。在两个进程之间建立 Socket 链接之后可以实现它们之间的通信。同一系统中的两个进程也可以利用普通文件实现通信(一个进程向文件尾部写数据，另一个进程从文件头部读数据)。然而，利用 Socket 实现的通信需要经过网络协议层的转换，其中有许多无谓的打包、拆包操作，开销较大。利用普通文件进行的通信不够灵活、速度较慢且浪费外存空间。因而，实用的管道应是对 Socket 或普通文件的简化。目前的 Linux 利用伪文件系统(称为 pipefs)实现管道，该文件系统已在系统初始化时注册并安装。

既然管道仅用作通信，那么管道文件就应该是一种临时文件，没有必要在外存设备上真正将其建立起来。如果用一块内存空间来模拟管道文件(如图 10.3(b)所示)，那么对它的读写操作就可直接在内存中进行，从而可大大提升通信速度。基于上述考虑，Linux 用内存中的临时文件实现其经典的管道。由于这种管道是动态建立和撤销的，在文件系统中没有体现，也没有名称，故被称为匿名管道。

匿名管道的建立由系统调用 pipe()或 pipe2()完成。两个系统调用的功能一样，只是后者比前者多一个标志，可用于设置管道文件的属性，如非阻塞读写等。函数 pipe()或 pipe2()会在 pipefs 的根目录中创建一个管道文件，并将其分别按只写和只读方式打开，而后返回两个文件描述符(两个整数，分别代表两个打开的文件)，其中的第 0 个描述符表示管道文件的读端口或出口，只能用于从中读数据，第 1 个描述符表示管道文件的写端口或入口，只能用于向其中写数据。也就是说，执行函数 pipe()或 pipe2()的进程会动态地创建一个管道文件，并得到它的两个端口的描述符，此后该进程可以用普通的 write()操作向入口端写数据并用 read()操作从出口端读数据，以实现基于管道的通信。

当然，单个进程的自我通信是没有意义的。要想利用匿名管道实现双进程间的通信，就必须将管道的一端交给另一个进程。然而，文件描述符是进程私有的，在一个进程中使用另一个进程的文件描述符是非法的，因而不能直接将管道文件描述符交给另一个进程，除非这两个进程是父子关系。如果进程 A 在执行完 pipe()或 pipe2()之后创建进程 B，那么 A 的整个文件描述符表都会被 B 继承，包括其中的两个管道文件描述符。此后，只要进程 A 关闭管道文件的一端，进程 B 关闭管道文件的另一端，即可在两进程之间建立起一个单向的管道，实现父子进程之间的通信。如果进程 A 在执行完 pipe()或 pipe2()之后创建两个进程 B 和 C，那么 B 和 C 都会继承 A 的文件描述符表，包括其中的两个管道文件描述符。此后，只要进程 B 关闭管道文件的一端，进程 C 关闭管道文件的另一端，即可在两进程之间建立起一个单向的管道，实现兄弟进程之间的通信。事实上，利用匿名管道只能实现父子进程或兄弟进程之间的通信，如图 10.4 所示。

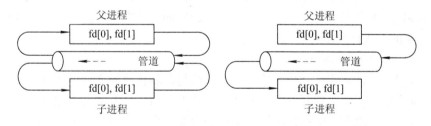

图 10.4　父子进程之间的通信管道

为了提高内存的利用率，管道所用的内存空间也是动态分配的，每次至少 1 页，缺省情况下管道的大小可达 16 页，如图 10.5 所示。

在图 10.5 中，buffers 是管道缓冲区的最大允许页数，nrbufs 是管道中的当前页数，curbuf 是位于管道首部的物理页。物理页的分配由写操作负责。当写操作发现管道尾部的剩余空间不够用时，它向物理内存管理器申请 1 个高端页，并将其链接在管道的尾部。当读操作将管道头部的物理页读空后，它直接将其释放。

管道是典型的生产者/消费者问题，其操作具有自然的同步能力。当写操作发现管道满时，写进程被挂在 wait 队列上等待，直到被读进程唤醒。当读操作发现管道中的内容不够读时，读进程被挂在 wait 队列上等待，直到被写进程唤醒。

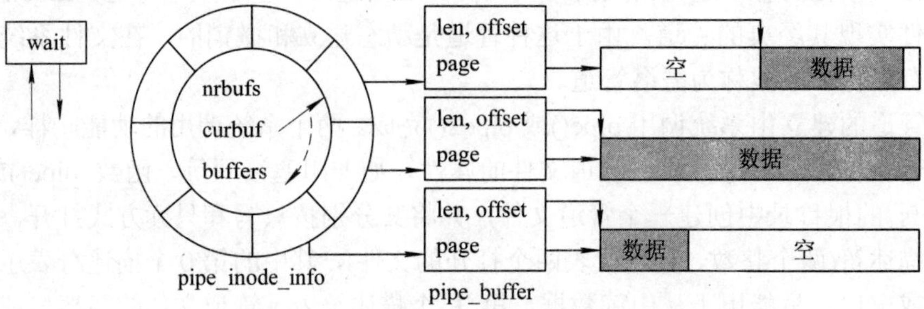

图 10.5　匿名管道的管理结构

　　生产者在发送完毕之后可以直接通过 close()操作关闭自己一方的管道。当读完管道中的数据后，消费者会得到一个 EOF(End of File)标志，此时，它可以关闭自己一方的管道。当两方都关闭以后，管道才会被释放。如果消费者因为某种原因而提前关闭管道，那么生产者会在写操作中发现管道已经断裂(读方已不存在)，会收到一个 SIGPIPE 信号。生产者可以在 SIGPIPE 信号的处理程序中关闭管道。

10.2.3　命名管道

　　匿名管道简单但能力有限，只能用于父子、兄弟进程之间的通信，不能成为一种通用的进程间通信机制，原因是匿名管道"无名"、"无形"，只能被隐式地继承而不能被显式地声明。只有当管道"有名"、"有形"时，它才可能被任意两个进程打开，从而实现任意两个进程之间的通信。称这种"有名"、"有形"的管道为命名管道(FIFO)。

　　命名管道是外存设备上的一种特殊类型的文件，类型为 FIFO，且有一个永久性的名字。与普通文件不同，由于不需要在其中真正保存数据，因而命名管道仅需要一个管理结构(文件控制块 inode)，不需要占用外存设备的其它存储空间。只要知道命名管道的名称，所有进程都可按需要的方式打开命名管道，并通过它实现进程间的通信。

　　使用命名管道的方法如下：

　　(1) 读进程按只读方式打开命名管道文件，获得命名管道的文件描述符。

　　(2) 写进程按只写方式打开命名管道文件，获得命名管道的文件描述符。

　　(3) 写进程向管道中写数据，读进程从管道中读数据，实现相互通信。

　　(4) 通信完成之后，各自关闭命名管道文件。

　　命名管道的管理结构与匿名管道的相同。第一个打开命名管道的进程创建管理结构。通常情况下，执行打开操作的进程会被阻塞直到命名管道的另一端也被打开。按读方式打开的命名管道不能写，按写方式打开的命名管道不能读，但命名管道允许按读写方式打开。按读写方式打开的命名管道既允许读又允许写，是一种双向的管道。

　　与匿名管道不同，一个命名管道可以被多个进程打开。也就是说，一个命名管道可以同时有多个写者和多个读者。写入命名管道的数据被按序保存在缓冲区中，不区分写者；读者从缓冲区的头部按序读出数据，也不区分读者。数据被读出后即从命名管道中消失。显然，命名管道比匿名管道功能更强，也更加灵活。

10.3　消　息　队　列

不管是命名管道还是匿名管道，在其中传递的都是没有经过任何包装的裸数据。这种通信方式的效率虽然很高，但却丢失了通信所需要的许多信息，如发送者、接收者、时间、类型、长度、边界等。因而管道通信的适用范围十分有限，有必要提供更符合人类习惯的进程间通信机制，如消息队列(Message Queue)。

与面向连接的管道通信不同，消息队列是一种面向消息的、无连接的异步通信机制，更像是基于邮箱(Mailbox)的通信。发送者将包装后的消息放到邮箱中，接收者在方便的时候从邮箱中取走自己需要的整条消息。消息的发送者和接收者不需要同时存在。通过消息队列，发送者和接收者之间可以建立起多种形式的通信关系，如一对一、一对多、多对一、多对多等。

早期的 Linux 仅实现了符合 Unix System V 规范的消息队列，所采用的管理机制与信号量集合相似(见 9.6)。新版本的 Linux 增加了符合 POSIX 标准的消息队列，所采用的管理机制与文件系统相同。

10.3.1　System V 消息队列

1970 年，为了支持数据库和事务处理，Bell 实验室在自己内部的 Unix 版本中首次引入了三种进程间通信(Interprocess Communication，IPC)机制，包括消息队列、信号量集合和共享内存。1983 年，在 System V 发布之时，这三种 IPC 机制被正式集成到了 Unix 操作系统中，遂被统称为 Unix System V 的 IPC 机制。

System V 的三种 IPC 机制具有相似的编程接口和使用方法。与信号量集合相似，Linux 为它的每个消息队列都定义了一个证书(结构 kern_ipc_perm)，用于描述消息队列的基本属性，如键值(外部名称)key、内部标识 id、创建者的 uid 和 gid、拥有者的 uid 和 gid、访问权限 mode、序列号 seq、安全证书 security 等。其中键值 key 是一个整数或者魔数，是用户为消息队列起的名称。消息队列由键值命名，由 id 号标识。进程使用消息队列的过程如下：

(1) 通过其它途径(如预先约定等)获得消息队列的键值。

(2) 打开消息队列，核对访问权限，获得 id 号。第一个打开者创建消息队列。

(3) 通过 id 号对消息队列进行初始化，而后在其上执行发送、接收操作。

(4) 由最后一个使用者释放并销毁消息队列。

消息队列是动态创建的。Linux 用结构 msg_queue 描述消息队列，主要内容如下：

(1) 证书 q_perm 是一个 kern_ipc_perm 结构，描述消息队列的基本属性。

(2) 字节数 q_cbytes 是一个无符号长整数，表示队列中当前的消息总长度。

(3) 消息数 q_qnum 是一个无符号长整数，表示队列中当前的消息条数。

(4) 容量 q_qbytes 是一个无符号长整数，表示队列的最大容量(字节数)。

(5) 队列 q_messages 是通用链表的表头，用于组织队列中的所有消息。

(6) 队列 q_receivers 是通用链表的表头，用于组织等待从队列中接收消息的进程。

(7) 队列 q_senders 是通用链表的表头，用于组织等待向队列中发送消息的进程。

图 10.6 是消息队列的管理结构，如下所示。

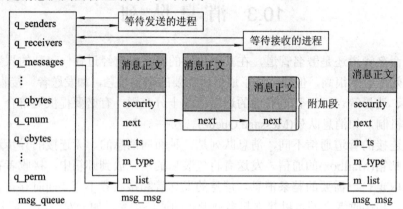

图 10.6　System V 的消息队列管理结构

发送到队列中的消息由正文和消息头构成，消息头由结构 msg_msg 描述，如下：

```
struct msg_msg {
    struct list_head      m_list;        // 队列节点
    long                  m_type;        // 消息类型
    int                   m_ts;          // 消息正文的长度
    struct msg_msgseg     *next;         // 消息正文的附加段
    void                  *security;     // 消息的安全标识
};
```

正常情况下，消息正文紧跟着消息头。如果消息较短(包装后的长度不超过一页)，整条消息会被集中存放在一块连续的内存空间中。如果消息较长(包装后的长度超过一页)，消息正文会被分成几部分，每一部分的长度都不超过一页。长消息的第一部分带着消息头，其余部分(称为附加段)的前面带一个指针，用于将长消息的所有附加段串成一个单向队列。消息头中的 next 是附加段队列的队头。

消息队列具有同步能力。当消息队列达到或接近容量极限，无法再容纳新的消息时，发送进程被挂在 q_senders 中等待；当消息队列中没有需要类型的消息时，接收进程被挂在 q_receivers 中等待。

早期的 Linux 用一个静态的全局指针数组(长度为 128)组织系统中的消息队列，虽然简单但不够灵活。新版本的 Linux 改用 IDR(ID Radix)树来组织消息队列，每个 IPC 名字空间一棵，IDR 树的树根记录在 IPC 名字空间中，如图 10.7 所示。消息队列的 ID 号 id、在 IDR 树中的索引号 idx 与序列号 seq(记录在证书结构 kern_ipc_perm 中)之间的关系为 id=idx+32768×seq, idx=id%32768。

打开消息队列的操作是 msgget()，需要的参数有两个，一是消息队列的键值 key，二是消息队列的访问权限。打开操作搜索申请者进程的名字空间(实际是它的 IDR 树)，以确定键值为 key 的消息队列是否已在其中。如果在，说明该消息队列已被其它进程创建，只要申请者能通过它的权限检查，即可返回它的 id 号。如果不在，说明该消息队列还未被建立，需要创建一个新的消息队列，并返回它的 id 号。

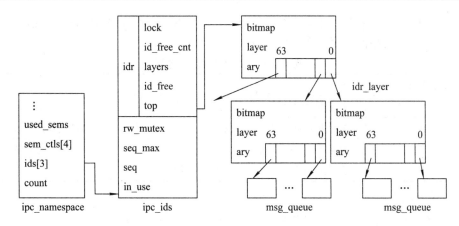

图 10.7　基于 IDR 树的消息队列管理结构

创建新消息队列的工作如下：

(1) 在当前 IDR 树中为新消息队列找一个空槽位，确定其索引号和 id 号。

(2) 创建一个 msg_queue 结构，设置其中的 key、id、seq、uid、gid 等域，并将其插入到 IDR 树中。

在获得消息队列的 id 号之后，通过函数 msgctl() 可对其进行管理操作，如：

(1) 通过操作 MSG_INFO 获取当前名字空间中消息队列的状态信息，包括允许创建的最大消息队列数、单个消息的最大长度(字节)、单个消息队列的最大容量(字节)、单个消息中的最大附加段数、当前已创建的消息队列数等。

(2) 通过操作 MSG_STAT 获取特定消息队列的状态信息，包括队列的证书、队列中的消息数、队列中的字节数、最近一次发送时间、最近一次接收时间等。

(3) 通过操作 IPC_SET 设置特定消息队列的属性，包括 uid、gid、访问权限、队列的最大容量等。消息队列有容量限制，虽然容量是可调的。

(4) 通过操作 IPC_RMID 销毁特定的消息队列，包括其中的所有消息，同时唤醒在该消息队列上等待的所有进程。

向消息队列发送消息的操作是 msgsnd()，需要的参数有消息队列的 id 号、用户空间中的消息缓冲区、消息正文的长度和特殊的发送要求(如非阻塞发送)等。每个消息都有一个类型，其含义由发送者和接收者自己约定(见表 10.2)。消息类型与消息正文一起记录在消息缓冲区中，类型在前(占四个字节)正文在后。消息发送的过程如下：

(1) 根据 id 号找到消息队列(msg_queue 结构)，进行必要的权限检查。

(2) 如果消息队列已没有足够的空间来接纳新的消息，且发送者未声明非阻塞发送，则将发送者进程挂在队列 q_senders 中等待，直到接收者为其腾出足够的空间。

(3) 如果可以接收新消息，则将用户缓冲区中的消息正文读入内核，将其加上消息头(msg_msg 结构)后挂在队列 q_messages 中。如果消息正文较长，要将其拆分成附加段。

(4) 如果队列 q_receivers 中有等待接收消息的进程，且新到来的消息能满足其中某个等待者的需求，则将该等待进程唤醒。

从消息队列中接收消息的操作是 msgrcv()，需要的参数有消息队列的 id 号、用户空间中的消息缓冲区、消息正文的长度、期望接收的消息类型和特殊的接收要求(如非阻塞接收)

等。与管道不同，接收者可以通过消息类型指定自己期望接收的消息(不一定是队列中的第一个消息)。消息类型的含义如表 10.2 所示。

表 10.2　消息类型的含义

消息类型(mtype)	含　义
=0	接收队列中的第一条消息，不管消息的类型
>0	接收队列中类型为 mtype 的第一条消息，同类型的消息先到先接收
<0	接收队列中类型最小的消息，只要其类型值不超过-mtype。同类型的消息先到先接收，消息类型作为优先级使用

消息接收的过程如下：

(1) 根据 id 号找到消息队列(msg_queue 结构)，进行必要的权限检查。

(2) 如果消息队列中没有满足要求的消息，且接收者未明确声明非阻塞接收，则将接收者进程挂在队列 q_receivers 中等待，直到被发送者唤醒。

(3) 如果消息队列中有满足要求的消息，则将其从队列中摘下，将其内容拷贝到用户空间的缓冲区中，并释放消息所占用的内存空间。

(4) 如果队列 q_senders 中有等待发送消息的进程，则唤醒其中的第一个等待者。

值得注意的是，队列中的每条消息都是完整的实体，消息与消息之间有严格的边界，消息只能被整条发送和接收，不能仅发送或接收部分消息。另外，等待发送或接收消息的进程处于可中断等待状态，可被信号唤醒。被信号唤醒的发送或接收者进程将错误返回，表示发送或接收失败。

System V 的消息队列虽然灵活，但存在着一些问题，如：

(1) 与 Linux 的其它 I/O 机制不兼容。在 Linux 中，所有的输入/输出都已被统一在虚拟文件系统的框架之内，但消息队列是一个例外。虽然消息队列借用了文件系统的实现思想，但其标识方法(键值而不是文件名)、使用方法(不是打开、读写、关闭)等都与标准的文件操作不同，需要为其提供专门的管理工具。

(2) 难以确定销毁时机。消息队列是一种无链接的通信机制，不需要通信各方同时存在。也就是说消息队列可以离开发送者和接收者进程独立存在，通过消息队列可以向未来某个时刻启动的进程传递信息。消息队列的这一特性使内核无法确定其销毁时机，过早销毁会丢失队列中的消息，忘记销毁则会使队列及其中的消息成为内存垃圾。

事实上，System V 的三种 IPC 机制中都存在上述问题。所以有人建议应尽量避免使用 System V 的消息队列，而代之以命名管道或 POSIX 消息队列。

10.3.2　POSIX 消息队列

POSIX 的 IPC 是模仿 System V 的 IPC 制定的，目的是为了解决 System V 的上述问题。POSIX 的 IPC 也包含三种机制，分别是消息队列、信号量集合和共享内存。POSIX 称 IPC 机制中的单个个体为对象，如一个 POSIX 消息队列被称为一个消息队列对象。

与 System V 的 IPC 不同，POSIX 将自己的三种 IPC 机制全都集成在了虚拟文件系统框架之内，或者说 POSIX 将它的 IPC 对象也都看成是文件，采用与普通文件相同或相似的方式来操作和使用它们。在 POSIX 中，IPC 对象的标识方式不再是键值而是文件名，如

"/myqueue"。在使用 IPC 对象之前需要用 open()操作将其打开并获得描述符。如果指定名称的 IPC 对象不存在，open()操作会为其创建一个新的对象。在获得 IPC 对象的描述符后，可以对其进行需要的操作，如在消息队列对象上进行发送、接收操作，在信号量对象上进行 P、V 操作等。用完后的 IPC 对象需要用 close()操作关闭。

POSIX 在每个 IPC 对象上都关联了一个引用计数，用于记录该对象被打开的次数。对象每被打开一次，它的引用计数就被加 1，每被关闭一次，它的引用计数就被减 1。引用计数为 0 的对象可被销毁。在对象被销毁之后，新的 open()操作会再次创建指定名称的 IPC 对象。

为了管理 POSIX 的消息队列，Linux 为它的每个 IPC 名字空间都专门建立了一个名为 mqueue 的伪文件系统(用户不可见)。与常见的文件系统不同，mqueue 中仅有一个根目录，每个动态创建的消息队列对象都是根目录中的普通文件。在系统初始化时，mqueue 已被注册并安装，它的安装结构已被记录在 IPC 名字空间中。

与 System V 的消息队列不同，POSIX 的消息队列具有双重身份。在 mqueue 文件系统中，消息队列是普通文件，其描述结构是 inode 和目录项(dentry 结构)；在 IPC 中，消息队列就是消息队列，其描述结构中定义有消息的等待队列和进程的等待队列。因而 POSIX 的消息队列描述结构是两种身份的组合。Linux 为 POSIX 消息队列所定义的管理结构是 mqueue_inode_info，如图 10.8 所示。

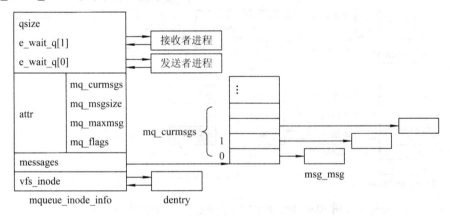

图 10.8　POSIX 单个消息队列的管理结构

POSIX 消息队列的队列属性由域 attr 描述，其中的主要内容包括 mq_maxmsg(消息队列容量，即最多可容纳的消息数)、mq_msgsize(单个消息的最大长度，单位为字节)、mq_curmsgs(队列中当前的消息数)和 mq_flags(队列的操作标志，如是否允许非阻塞发送和接收等)。消息队列的容量是在创建时指定的，在使用过程中不可再改变。

在 POSIX 消息队列中，用于暂存消息的不是一个链表而是一个指针数组 messages，其大小与队列属性中的最大消息数 mq_maxmsg 相等。与 System V 的消息队列相同，POSIX 的消息也被包装在结构 msg_msg 中，但消息类型 m_type 被重新解释成了优先级。在数组 messages 中的消息按优先级排序，优先级低的在前，优先级高的在后。messages[0]所指消息的优先级最低，messages[mq_curmsgs-1]所指消息的优先级最高。进程接收的总是优先级最高的消息。

如果消息队列已满，发送者应该等待，e_wait_q[0]是发送者进程等待队列；如果消息队列已空，接收者应该等待，e_wait_q[1]是接收者进程等待队列。与 System V 的等待队列不同，POSIX 的等待队列是有序的，高优先级的进程在前，低优先级的进程在后。

与 System V 的消息队列不同，POSIX 允许为消息队列选择一种通知方式，如信号，以支持异步接收。当空消息队列首次收到新消息时，如果 e_wait_q[1]中没有等待的接收者，系统将向预定消息的接收者发送一个信号。信号的编号记录在 mqueue_inode_info 结构的 notify 域中，信号的接收者记录在 notify_owner 域中。进程可以通过系统调用 mq_notify() 预定消息。

POSIX 消息队列的文件属性由域 vfs_inode 描述，其主要内容包括访问权限 i_mode、inode_operations 操作集、file_operations 操作集等。每个 inode 结构都关联着一个目录项结构 dentry，其中记录着消息队列的名称和组织关系，如父、子关系等。系统中所有的目录项，包括消息队列目录项，都被组织在一个名为 dentry_hashtable 的全局 Hash 表中。消息队列目录项的 Hash 值是根据队列的名称和根目录的地址算出的。给出一个消息队列名，查 IPC 名字空间可获得 mqueue 文件系统的根目录，查表 dentry_hashtable 可找到消息队列的 dentry 结构和与之关联的 inode 结构，进而可获得该消息队列的管理结构 mqueue_inode_info。图 10.9 是 IPC 名字空间中消息队列的组织结构。

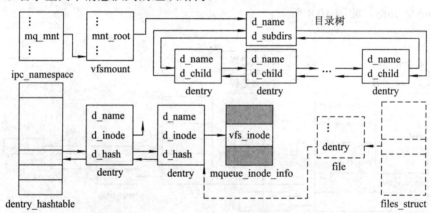

图 10.9　IPC 名字空间中消息队列的组织结构

当进程打开消息队列时，Linux 会根据名称查 Hash 表 dentry_hashtable。如果指定名称的消息队列不在该 Hash 表中，则要为其创建一个新对象。进程在创建新消息队列时需要指定访问权限和属性。新消息队列的创建过程如下：

(1) 创建一个 dentry 结构，将其 d_name 设为新消息队列的名称。

(2) 将新建的 dentry 插入到 mqueue 文件系统的根目录(作为根目录中的普通文件)和 Hash 表 dentry_hashtable 中。

(3) 创建一个 mqueue_inode_info 结构(包括 messages 数组)并对其进行初始化，包括设置其中的 vfs_inode 部分(i_mode、i_uid、i_fop 等)和属性部分 attr，而后将新建的 dentry 与 vfs_inode 关联起来。

(4) 创建一个 file 结构，设置它的 f_mode、f_path、f_pos、f_op 等，并将其插入到进程的文件描述符表中。结构 file 在文件描述符表中的索引就是新消息队列的描述符。

如果进程要打开的消息队列在表 dentry_hashtable 中，说明它已被其它进程创建，其 dentry 和 mqueue_inode_info 结构已经存在。此时的打开操作仅需完成两件事，一是核对进程的访问权限，二是创建一个新的 file 结构并将其插入到进程的文件描述符表中。

在获得消息队列的描述符之后，可以向其发送消息。向消息队列发送消息的操作是 mq_timedsend()，需要的参数有消息队列的描述符、用户空间的消息缓冲区、消息正文的长度、消息的优先级、最长等待时间等。消息的发送过程如下：

(1) 用消息队列的描述符查进程的描述符表，找到与之对应的 file 结构，进而得到它的 dentry 结构、inode 结构和 mqueue_inode_info 结构，进行必要的权限检查。

(2) 将用户空间的消息拷贝到内核，将其包装在 msg_msg 结构中，将其类型 m_type 设为消息的优先级。

(3) 如果队列已满且不允许非阻塞发送，则启动一个高精度定时器，而后按优先级从大到小的顺序将发送者进程挂在 e_wait_q[0]中等待。进程醒来的原因有三：

① 定时器到期，说明一直没有接收者读取消息，发送失败。

② 收到信号，说明进程遇到了需要紧急处理的事件，发送失败。

③ 队列中出现空缺，说明已有消息被用户取走，可以再次尝试发送。

(4) 如果队列未满或已出现空缺，则将消息按优先级从小到大的顺序插入到数组 messages 中。

(5) 如果队列上有等待的接收者，则唤醒 e_wait_q[1]中的第一个进程(优先级最高)。如果没有等待的接收者，且队列中没有其它的消息，则通知预定的接收者。

从消息队列中接收消息的操作是 mq_timedreceive()，需要的参数有消息队列的描述符、用户空间的消息缓冲区、缓冲区的长度、消息的优先级、最长等待时间等。消息的接收过程如下：

(1) 用消息队列的描述符查进程的描述符表，找到与之对应的 file 结构，进而得到它的 dentry 结构、inode 结构和 mqueue_inode_info 结构，进行必要的权限检查。

(2) 如果队列已空且不允许非阻塞接收，则启动一个高精度定时器，而后按优先级从大到小的顺序将接收者进程挂在 e_wait_q[1]中等待。进程醒来的原因有三：

① 定时器到期，说明一直没有消息到来，接收失败。

② 收到信号，说明进程遇到了需要紧急处理的事件，接收失败。

③ 队列中出现新消息，可以再次尝试接收。

(3) 如果队列非空，则将优先级最高的消息从 messages 数组中摘下，将其内容和优先级拷贝到用户空间的消息缓冲区中，而后释放消息所占用的内核内存空间。

(4) 如果有等待发送的进程，则唤醒 e_wait_q[0]中的第一个等待者。

当不再需要向消息队列发送消息或从消息队列接收消息时，进程可以将打开的消息队列关闭。关闭操作是 close()，所需的参数是消息队列的描述符，所完成的工作是释放描述符所对应的 file 结构。与普通文件的关闭操作一样，消息队列的关闭操作也不会将队列对象销毁。

彻底销毁消息队列的操作是 mq_unlink()，需要提供的参数是消息队列的名称。操作 mq_unlink()所完成的工作与创建相反，包括：

(1) 根据名称查 Hash 表 dentry_hashtable 找到与之对应的 dentry 并进行权限检查。

(2) 递减 dentry 中的引用计数。如果引用计数大于 0，说明该消息队列还有用户，不能将其销毁。如果引用计数为 0，则销毁消息队列：

① 释放队列中的所有消息。

② 释放队列的 mqueue_inode_info 结构，包括其中的 massages 数组。

③ 将 dentry 结构从 dentry_hashtable 表和目录树中删除并释放。

由此可见，POSIX 消息队列本身并未定义引用计数，它使用的引用计数实际是从目录项结构 dentry 中借用的。

10.4　共 享 内 存

虽然用管道和消息队列可以实现进程之间的通信，但它们的通信代价都比较高。在通信时，发送方需要将数据从用户空间拷贝到内核空间，接收方需要将数据从内核空间再拷贝回用户空间。数据的来回拷贝既浪费了内存又浪费了时间，应该尽量避免。

事实上，如果能在两个进程之间建立一块共用的物理内存空间，那么它们之间就可以直接交换信息。一个进程对共用内存空间的修改可以立刻被另一个进程看到，数据不需要在进程之间来回拷贝，参与通信的进程不需要执行专门的发送和接收操作，通信过程也不需要内核介入，因而可极大地提升通信的速度。这种利用共用物理内存空间实现的进程间通信称为共享内存(shared memory)，是一种最快速的通信方式。共享内存的问题是它可能被多个进程同时访问。为了保证通信的可靠性，需要其它手段来实现进程间的互斥与同步。当然，互斥与同步操作会降低通信的速度。

由于正常情况下的进程之间没有共享的虚拟内存，因而共享内存的建立需要操作系统内核的支持。Linux 提供了多种建立共享内存的系统调用，如共享文件映射、System V 方式的共享内存、POSIX 方式的共享内存等。

10.4.1　共享文件映射

文件映射的作用是建立虚拟内存区域，即在文件区间与进程虚拟地址空间之间建立映射关系。映射之后的文件可以直接访问，就像它们已被读入内存一样，不需要再执行专门的 read()、write() 操作。若进程访问的内容未被读入内存，处理器会产生页故障异常，虚拟内存管理器会找到与之对应的文件页并将其读入。因此，文件映射是进程使用文件的一种极为简洁的方法。如果将一个文件区间同时映射到多个进程的虚拟地址空间中(在每个进程中建立一个虚拟内存区域)，那么该文件区间就会变成进程之间的公共内存区间。也就是说，可以利用文件映射在进程之间建立共享内存。

可执行文件的加载操作(exec 类操作)是一种隐式的文件映射操作，mmap() 是一种显式的文件映射操作。加载操作建立的是私有映射(对应的虚拟内存区域称为私有区域)，且一次会建立多个虚拟内存区域。mmap() 操作既可建立私有映射也可建立共享映射(对应的虚拟内存区域称为共享区域)，且一次仅会建立一个虚拟内存区域。

如果进程仅在私有区域上执行读操作，那么系统仅会在物理内存中保留一份文件内容。用于保存文件内容的物理页出现在多个进程的页表中，是它们的共享内存区间。如果进程在私有区域上执行了写操作，虚拟内存管理器会立刻为其建立一个私有的拷贝。私有拷贝不再是进程之间的共享区间，一个进程写入其中的内容无法被其它进程看到，也不会被写入映射文件，因而利用私有映射无法实现进程之间的通信。与私有区域不同，不管进程在共享区域上执行读操作还是写操作，虚拟内存管理器仅会在物理内存中保留一份文件内容，用于保存文件内容的物理页可能被共享它的所有进程访问。按共享方式映射同一文件区间的所有进程都可对其进行读写操作，一个进程写入的内容可以立刻被其它进程看到，进程对共享区间的修改结果也会被写回映射文件。因而，利用共享文件映射可以实现进程之间的通信，如图 10.10 所示。

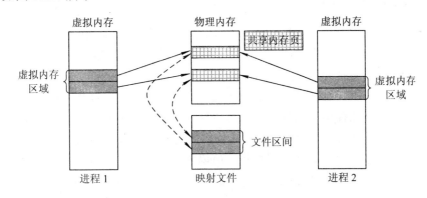

图 10.10　通过共享文件映射实现的共享内存

在图 10.10 中，文件中的两页按共享方式被同时映射到进程 1 和进程 2 的虚拟地址空间中，这两页的内容在物理内存中仅有一个拷贝，进程 1 和进程 2 都可对这两个物理页进行读写操作，一个进程对它的修改可以立刻被另一个进程看到，修改结果也会被写回映射文件。进程 1 和进程 2 通过共享文件映射建立起了共享内存。

用于建立文件映射的操作是 mmap()，该函数需要 6 个参数，分别是文件描述符 fd、区间在文件中的开始位置 offset、区间的长度 length、虚拟内存区域的开始位置 addr、映射方式 flags(私有、共享等)和虚拟内存区域的访问权限 prot(读、写)。如果申请者未指定参数 addr，虚拟内存管理器将为其选择一个适当的映射位置。即使申请者指定了 addr，虚拟内存管理器也不一定将其映射到这一指定的位置。操作 mmap() 的返回值是虚拟内存区域的实际开始地址。

用共享文件映射虽可建立起共享内存，但却必须有真实的映射文件，而且进程对共享内存的使用还伴随着文件 I/O 操作(共享内存页的初值来源于文件，进程间通信的结果也要写回文件)，通信的开销较大。如果映射文件的作用仅仅是为了建立共享内存，那么对它的读写操作都是没有必要的。为了简化共享内存操作，Linux 扩充了 mmap()，允许进程建立匿名的共享映射。匿名共享区域没有对应的映射文件，区域中的共享页是在使用过程中动态创建的，其初值都是 0，进程对共享页的修改也不会被写回映射文件。因而，用匿名共享区域建立的共享内存不需要映射文件，进程之间的通信也不会引起文件 I/O 操作，可极大地提升通信性能。创建匿名共享区域的操作也是 mmap()，其中的 flags 应设为 MAP_SHARED|MAP_ANONYMOUS(共享且匿名)，fd 会被忽略。

匿名共享区域的问题是无名。进程创建的每个匿名共享区域都是独立的，无法指定哪些 mmap()操作应该映射到同一个匿名文件。也就是说，无法让两个进程分别执行 mmap() 操作而建立起共享内存区域。唯一的用法是让父进程创建一个匿名共享区域，而后创建子进程，将该区域复制到子进程中(参见图 7.6)。事实上，与匿名管道相似，通过匿名共享映射只能在父子、兄弟进程之间建立起共享内存。

当进程加载新的可执行文件时，它原来的虚拟内存区域会被释放，不管该区域是有名的还是匿名的。当然，进程也可以通过操作 munmap()主动释放映射区域。释放之后，进程无法再访问共享内存页，也无法再通过共享区域参与进程之间的通信。

10.4.2　POSIX 共享内存

匿名共享映射虽提升了通信性能，但却仅能用在父子、兄弟之间，仍然不是创建共享内存的最佳方法。为解决共享文件映射的上述问题，POSIX 建议所用的共享映射文件不应该驻留在外存，而应该属于某个内存文件系统，如 Tmpfs。

通常的文件系统都建立在外部存储设备之上。与内存相比，外存设备的容量较大，保存在其中的信息不会在掉电后丢失，因而可以在文件系统中存储永久性的文件。但由于处理器无法直接访问外存设备，因而在使用之前需要将其中的数据读入物理内存(又称缓存)，使用之后又需要将缓存中的数据写回设备，所以外存文件的访问速度通常较慢。加快文件访问速度的方法有多种，其中之一是将内存看成存储设备(又称 Ramdisk)，在其上建立文件系统后将常用的文件转存到其中。由于 Ramdisk 的文件都在内存中，因而访问速度较快。Ramdisk 的主要问题是需要专门的驱动程序、大小无法动态调整、需要在缓存和 Ramdisk 之间来回拷贝数据等，因而已逐步被淘汰。

与 Ramdisk 不同，Ramfs 直接建立在缓存机制之上，其中的文件全被保存在页缓存之中。Ramfs 的大小可以动态调整，数据不需要来回拷贝，也不会消耗额外的物理内存空间。然而，Ramfs 所占用的缓存无法被淘汰，也无法被回收，无限制地向其中转存文件会耗尽所有的物理内存空间，所以 Ramfs 仅能用于特殊的目的，如用做 rootfs。

与 Ramdisk 不同，Tmpfs 是一个文件系统而不是块设备。与 Ramfs 相似，Tmpfs 的文件也全都保存在页缓存中，但与 Ramfs 不同的是 Tmpfs 有上界限制，不会耗尽所有的物理内存空间，而且 Tmpfs 所占用的物理内存可以被换出到交换文件，因而可以被回收。也就是说 Tmpfs 具有 Ramfs 的所有优点却比 Ramfs 更有弹性，是目前较好的一种内存文件系统。在任何时候，超级用户都可以使用 mount 命令安装自己的 Tmpfs 文件系统。每个安装的 Tmpfs 实例都有两个上限，其中 max_blocks 是该实例可用的最大内存块数，max_inodes 是该实例可创建的最大文件数。Tmpfs 的上限记录在它的超级块中。在安装时可以指定 Tmpfs 实例的上限，在安装之后还可以通过重装来修正它的上限。在初始化时，系统已经在目录 "/dev/shm/"上安装了一个 Tmpfs 文件系统，POSIX 的共享内存就建立在该 Tmpfs 文件系统之上。

POSIX 的共享内存对象同时也是 Tmpfs 文件系统中的普通文件，称为共享内存文件，每个共享内存文件都有独立的名称。知道名称的所有进程都可用函数 shm_open()或 open() 将其打开，而后用函数 mmap()将其映射到自己的虚拟地址空间中，从而创建共享的虚拟内存区域。Linux 用结构 shmem_inode_info 描述 POSIX 的共享内存对象，其中含有一个 inode 结构，用于描述对象的文件属性。结构 shmem_inode_info 的定义如下：

```
struct shmem_inode_info {
    spinlock_t              lock;            // 保护锁
    unsigned long           flags;           // 是否预留交换空间
    unsigned long           alloced;         // 已分配给文件的页数
    unsigned long           swapped;         // 在交换文件中的页数
    unsigned long           next_index;      // 访问过的最大文件页号+1
    struct shared_policy    policy;          // NUMA 内存分配策略
    struct page             *i_indirect;     // 间接映射表
    swp_entry_t             i_direct[16];    // 直接映射表
    struct list_head        swaplist;        // 队列节点
    struct inode            vfs_inode;       // 内嵌的文件描述结构 inode
};
```

　　共享内存对象(同时也是共享内存文件)是动态创建的，其中的内存页也是动态创建的。在真正被使用之前，共享内存页并不存在。在第一次被访问之时，共享内存页才被创建出来。使用中的共享页可能在物理内存中，也可能在交换文件中。在物理内存中的共享页肯定在页缓存或交换缓存中，可以从中将其找到。在交换文件中的共享页不在任何缓存中，需要一种专用结构记录它们的存储位置。Linux 用 shmem_inode_info 中的两个映射表来记录各共享页的存储位置，其中的直接映射表中记录前 16 页的存储位置，间接映射表中记录其余各页的存储位置。只有当共享映射文件超过 16 页时才会为其创建间接映射表。间接映射表也是一个物理页，可将其看成是一个指针数组，其中的指针被分成两等份。前一半的指针各自指向一个物理页，这些物理页被看成映射表，其中的每一项记录一个共享页的存储位置；后一半的指针也各自指向一个物理页，但这些物理页还是指针数组，其中的每个指针都指向一个映射表(物理页)，映射表中才记录着共享页的存储位置，如图 10.11 所示。在32 位机器上，若页的大小是 4 KB，一个共享内存文件的大小可达到 2 TB。

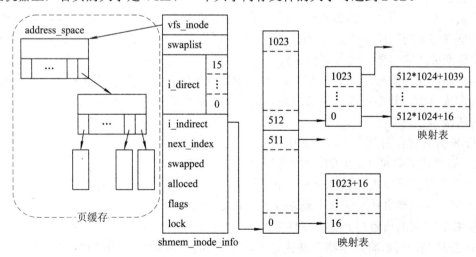

图 10.11　POSIX 共享内存管理结构

进程在打开共享内存对象时需给出它的文件名。如果指定名称的文件不存在，说明该共享内存对象还未被创建，需要为其创建一个新的对象，包括与之关联的共享内存文件。创建新共享内存对象的过程如下：

(1) 解析共享内存文件的路径名，创建一个 dentry 结构，将其 d_name 设为新共享内存文件的名称。

(2) 将新建的 dentry 插入到 Tmpfs 文件系统的指定目录树中(作为普通文件)，同时插入到 Hash 表 dentry_hashtable 中。

(3) 创建并初始化一个 shmem_inode_info 结构，特别地将内嵌 inode 结构中的 inode 操作集设为 shmem_inode_operations、文件操作集设为 shmem_file_operations。

(4) 将新建的 dentry 与 inode 关联起来，从而完成共享内存对象的创建。

(5) 创建一个 file 结构(打开文件对象)，设置它的 f_mode、f_path、f_pos、f_op 等属性，并将其插入到进程的文件描述符表中。结构 file 在文件描述符表中的索引就是新共享内存对象的描述符。

新建共享内存文件的长度总是 0，需用系统调用 truncate()或 ftruncate()设置其长度。共享内存文件的长度实际上就是共享内存对象的最大允许长度，并非文件的实际长度。

如果进程要打开的共享内存对象已经存在，说明它已被其它进程创建。此时的打开操作仅需核对访问权限和创建 file 结构。

在获得共享内存对象的文件描述符后，即可用普通的 mmap()操作、按共享方式将其映射到进程的虚拟地址空间中。如果映射成功，mmap()会创建共享的虚拟内存区域并返回区域的开始虚拟地址。

与普通的文件映射一样，系统并未将共享内存文件读入内存。因此，对共享页的第一次访问肯定会引起页故障异常。在页故障异常处理中，系统才真正地为共享内存对象(同时也是共享内存文件)分配物理内存。为共享内存文件新分配的物理页都是全 0 页，这些页会被加入到进程的页表、共享内存文件的页缓存和匿名 LRU 队列中。此后访问该共享页的其它进程也会引起页故障异常，但异常处理程序会在共享内存文件的页缓存中查到与之对应的物理页，从而可直接将其加入到自己的页表中。在每个进程都经历过一次页故障异常之后，共享内存中的物理页就会同时出现在多个进程的页表中，能够被这些进程同时访问到，因而也就变成了它们之间的共享内存页。

当物理内存紧缺时，页面淘汰算法会从 LRU 队列中选择若干个最近未使用过的页作为候选的淘汰页面，其中可能包括共享内存页。如果某个共享页被选为淘汰页，那么淘汰算法会对其做如下处理：

(1) 断开各进程对共享物理页的引用。

(2) 如果共享物理页是脏的，则：

① 在交换文件中为其临时分配一个交换页，将其位置记录在映射表中。

② 将共享物理页从页缓存中删除并加入到交换缓存中。

③ 将物理页的内容写到交换文件中。

(3) 在适当的时机将共享物理页从交换缓存中删除，还给伙伴内存管理器。

当被淘汰的共享内存页再次被访问到时，会再次引起页故障异常。异常处理程序查共享内存对象的映射表可以找到共享页在交换文件中的存储位置，从而可将其换入：

(1) 如果页面还在交换缓存中，说明它还未被回收，可以直接使用，则：

① 将页面从交换缓存中删除并加入到页缓存中。

② 将共享页在映射表中的位置清空，表示它已不在交换文件中。

③ 释放页面在交换文件中的交换页。

④ 将页面加入到进程的页表中。

(2) 如果页面不在交换缓存中，那么它肯定在交换文件中，则：

① 申请一个物理页，将其加入到页缓存和匿名 LRU 队列中。

② 将页面内容从交换文件读入到新申请的物理页中。

③ 将共享页在映射表中的位置清空，表示它已不在交换文件中。

④ 释放页面在交换文件中的交换页。

⑤ 将页面加入到进程的页表中。

(3) 如果页面在页缓存中，说明它已被其它进程换入，只需将其加入进程的页表即可。

由此可见，对 POSIX 共享内存页的访问通常不会引起 I/O 操作，除非它们已被换出。

在用完之后，进程可以通过操作 munmap() 释放自己的共享虚拟内存区域并关闭共享内存文件，甚至还可以通过 unlink() 操作删除共享内存文件。删除之后的共享内存文件不能被再次打开，但已映射该文件的进程还可以继续使用它。如果进程都未明确地删除共享内存文件，在系统关机之后，Tmpfs 中的文件也会自动消失。

10.4.3　System V 共享内存

虽然 POSIX 的共享内存机制已比较完善，但因它提出的时间较短，其使用范围不如 System V 的共享内存广泛，因而 Linux 仍然实现了 System V 的共享内存机制。与老版本不同，新的 System V 共享内存机制仅是对 POSIX 共享内存的包装，不再是独立的实现。在系统初始化时，Linux 专门为 System V 的共享内存安装了一个伪 Tmpfs。

与信号量集合和消息队列相同，System V 的共享内存对象也用键值标识。进程使用共享内存的过程是：打开共享内存对象，核对访问权限，获得 id 号(第一个打开者创建共享内存对象)；将打开的共享内存对象绑定到自己的虚拟地址空间，获得它的开始虚地址 vaddr；通过 vaddr 访问共享内存，实现信息共享；用完后断开与共享内存对象的绑定；最后销毁共享内存对象。

Linux 用结构 shmid_kerne 描述 System V 的共享内存对象，如下：

```
    struct shmid_kernel {
        struct kern_ipc_perm    shm_perm;          // 证书
        struct file             *shm_file;         // 共享内存文件
        unsigned long           shm_nattch;        // 绑定次数
        unsigned long           shm_segsz;         // 共享内存区间的大小
        time_t                  shm_atim;          // 最近一次绑定的时间
        time_t                  shm_dtim;          // 最近一次断开绑定的时间
        time_t                  shm_ctim;          // 最近一次改变的时间
        pid_t                   shm_cprid;         // 创建者进程的 PID
        pid_t                   shm_lprid;         // 最近一个使用者进程的 PID
        struct user_struct      *mlock_user;       // 用户统计信息
```

```
};
```

与 System V 的消息队列相同，系统中的共享内存对象也被组织在 IDR 树中，每个 IPC 名字空间一棵，IDR 树的树根记录在 IPC 名字空间中，如图 10.7 所示。

打开共享内存对象的操作是 shmget()，需要的参数有键值、长度和访问权限。如果指定键值的共享内存对象已在 IDR 树中，打开操作仅对其做一些必要的权限检查并返回它的 id 号。如果指定键值的共享内存对象不在 IDR 树中，打开操作会创建一个新的共享内存对象并返回它的 id 号。创建新共享内存对象的过程如下：

(1) 在 System V 专用的 Tmpfs 文件系统中创建一个名为 "SYSV*xxxxxxxx*" 的共享内存文件(其中的 *xxxxxxxx* 是共享内存对象的键值)，包括文件的 dentry 结构和 shmem_inode_info 结构，并设置共享内存文件的长度。

(2) 为新建的共享内存文件创建一个 file 结构，记录其打开信息。

(3) 创建一个 shmid_kernel 结构，设置其中的各个域，将其插入到 IDR 树中。共享内存文件的 inode 号就是共享内存对象的 id 号(在 IDR 树中的索引+32768 × seq)。

与 POSIX 的共享内存机制不同，System V 所用的 Tmpfs 文件系统是不可见的，而且 shmget()也未将新文件的 dentry 结构插入到 Hash 表 dentry_hashtable 中，因而用文件名(如 "/SYSV*xxxxxxxx*")无法访问到 System V 的共享内存对象。

共享内存对象被打开之后，可以通过 shmctl()查询或设置属性，如查询当前名字空间中有关共享内存的状态信息、查询特定共享内存对象的状态信息、锁定或解锁共享内存页、设置特定共享内存对象的属性、销毁特定的共享内存对象等。

与 POSIX 的共享内存对象相似，打开后的 System V 共享内存对象也不能直接使用。在使用之前，进程需要将共享内存对象绑定或映射到自己的虚拟地址空间中。绑定共享内存对象的操作 shmat()实际是对 mmap()的包装。操作 shmat()根据 id 号找到共享内存对象 shmid_kernel 和与之关联的共享内存文件，对其进行权限检查后以共享方式将共享内存文件映射到进程的虚拟地址空间，创建虚拟内存区域并获得它的虚拟首地址。

成功绑定之后，进程即可通过虚拟首地址使用共享内存。当然，在使用过程中会不断地产生页故障异常。与 POSIX 的共享内存机制相似，System V 的共享页也是在异常处理过程中逐步创建出来的，并会在使用过程中不断地被换出、换入。

使用完后，进程可以通过 shmdt()操作断开与共享内存对象的绑定。操作 shmdt()实际是对 munmap()的包装，其作用是释放绑定时建立的虚拟内存区域。如果此前已有进程试图销毁该共享内存对象，而且已没有进程再绑定它，那么该共享内存对象将被真正地销毁。

思　考　题

1. 在操作系统中为什么需要提供多种进程间的通信机制？
2. 信号(Signal)和中断有什么共同点？有什么不同点？
3. 信号的作用是什么？信号与其它几种机制有何区别？是否可用其它机制代替信号？
4. 父进程与子进程的信号处理程序有什么关系？
5. Linux 在什么情况下会处理信号？

6. 既然有了命名管道，为什么还需要匿名管道？

7. 既然有了 POSIX 的 IPC 机制，为什么还需要 System V 的 IPC 机制？

8. 能不能将 POSIX 的消息队列包装成 System V 的消息队列？就像共享内存一样。

9. 与 System V 的 IPC 机制相比，POSIX 的 IPC 机制有什么特点？

10. 比较一下几种不同的内存文件系统的优劣。

11. 分析一下文件系统在进程间通信中的作用。用文件系统来管理管道、消息队列、共享内存等会带来什么好处？

12. 在打开 System V 的消息队列和共享内存时，得到的 ID 号并不是它在 IDR 树中的索引，而是由索引号与序列号算出的一个合成值(id=idx+32768*seq)，试分析这样处理的好处。

13. 对用户来说，共享内存与其它虚拟内存有什么异同？对内核来说，共享内存与其它虚拟内存有什么异同？

第十一章　虚拟文件系统

即使提供了虚拟内存、互斥与同步、进程间通信等支持机制，进程仍然无法正常工作，原因是还未为其提供与外界交互的手段，即 I/O 机制。离开了 I/O 机制的支持，进程既无法接收外界信息，也无法输出处理结果，就会失去存在的意义。

事实上，计算机系统中除了处理器、内存、中断、时钟等核心硬件资源之外，通常还配置有多种外部设备，如磁盘、光盘等存储设备，网卡等通信设备，键盘、鼠标等输入设备，显示器、打印机等输出设备。如果说处理器、内存等是大脑的话，那么外部设备就是计算机系统的五官和四肢。显然，外部设备管理是操作系统的核心任务之一。

在所有的外部设备中，外部存储设备是最重要的一类，操作系统对其进行了一系列的抽象。外存设备上的存储空间被抽象成了逻辑块的数组，用户可以以块为单位对其进行随机访问，因此外存设备又被称为块设备。块设备上存储的信息被抽象成了文件，一个块设备上的所有文件被组织在一个目录结构中，因此单个块设备上的信息管理系统又被称为物理文件系统。不同块设备上的物理文件系统被统一组织起来，形成了单一的虚拟文件系统 (Virtual File System，VFS)。块设备驱动程序负责物理块设备操作的实施，块设备管理层负责逻辑块数组的抽象，物理文件系统负责单个块设备中的存储空间与文件的管理，虚拟文件系统负责物理文件系统的管理。

进一步地，Linux 将系统中所有的外部设备全都抽象成了文件(称为设备特殊文件或设备文件)，用普通的文件操作统一了千差万别的设备操作，从而统一了外部设备的管理。因此，虚拟文件系统是 I/O 系统的总接口，是现代操作系统的核心之一。

11.1　虚拟文件系统管理结构

虚拟文件系统是由 SUN 公司首先提出的，最初的设计目标有四个，分别是可同时支持多种类型的物理文件系统；可屏蔽物理文件系统之间的差别，统一物理文件系统的使用；可为在网络上共享文件提供支持；允许用户开发并以模块方式动态加载自己的物理文件系统。

经过多年的努力，VFS 达到并超过了自己的设计目标，演变成了 Unix 系列操作系统的标准输入/输出管理系统。事实上，除了管理物理文件系统之外，VFS 还管理着系统中的各类外部设备。VFS 与物理文件系统和块设备管理程序合作共同完成了块设备的管理，与字符设备管理程序合作完成了字符设备的管理，与网络协议和网络设备管理程序合作完成了网络设备的管理。

11.1.1　虚拟文件系统框架

如果仅从块设备管理的角度观察，VFS 与物理文件系统合作主要完成三项管理工作，其中逻辑块的组织与管理工作主要由物理文件系统负责，文件的组织与管理工作由物理文件系统与 VFS 共同负责，物理文件系统的管理工作主要由虚拟文件系统负责。块设备管理程序、物理文件系统与 VFS 之间的关系如图 11.1 所示。

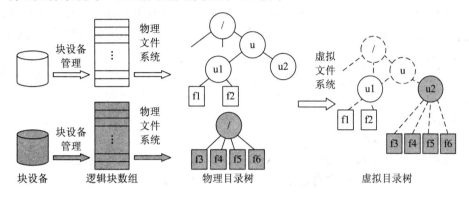

图 11.1　VFS 与物理文件系统和块设备管理程序间的关系

然而，VFS 不是真实的文件系统，它仅存在于内存之中，在外存上并没有对应的实体(所以称为虚拟文件系统)。VFS 中的实体和管理结构都是在使用过程中动态生成的，会在系统关闭时自动消亡。

事实上，VFS 仅是一个管理框架，它定义上下两个层次的接口。物理文件系统通过下层接口被插入到 VFS 框架中。只要实现了下层接口，VFS 就认为它是一个物理文件系统。用户通过 VFS 的上层接口使用 I/O 系统，如安装、卸载物理文件系统，组织与读写文件，操作外部设备等。VFS 将用户请求的文件或设备操作转交给下层的物理文件系统或设备管理程序，因此 VFS 又被称为虚拟文件交换机(Virtual File Switch)，如图 11.2 所示。

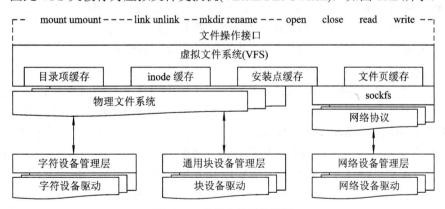

图 11.2　虚拟文件系统框架

为了实现对物理文件系统的管理，实现上下层接口之间的转接，VFS 建立了一整套数据结构，包括超级块结构 super_block、索引节点结构 inode、目录项结构 dentry 等，每一个结构中都包含一到多个操作集。设计物理文件系统的核心工作是实现这些结构中的操作集。

11.1.2　超级块结构

VFS 管理的最重要的实体或对象是物理文件系统。为描述物理文件系统，VFS 专门定义了超级块结构 super_block，又称为文件系统类。Linux 为它的每个活动的物理文件系统都建立了一个超级块实例，就像为每个进程都建立一个 task_struct 结构一样。超级块结构中记录着物理文件系统的所有管理信息，大致包括如下几类：

(1) 底层块设备。除了一些特殊的伪文件系统之外，大部分的物理文件系统都建立在块设备之上。块设备的设备号记录在域 s_dev 中，逻辑块设备的描述结构(即结构 block_device，见 12.1.3 节)记录在域 s_bdev 中。

(2) 块尺寸。文件系统以块为单位读写底层块设备，每次至少一块。不同物理文件系统可以选用不同的块尺寸，但一旦选定就不可再更改，除非重建该物理文件系统。物理文件系统所选用的块尺寸记录在域 s_blocksize 中。块尺寸是一个逻辑单位，必须是物理单位(扇区尺寸，512 字节)的整倍数，通常与页的尺寸相同，如 4096 字节。

(3) 文件的最大尺寸。理论上说，文件的尺寸可以无限大，只要块设备能够存储它。然而实际上，由于受到管理结构的限制，各个物理文件系统都限制了它的最大文件尺寸。物理文件系统允许存储的最大文件尺寸记录在域 s_maxbytes 中。

(4) 类型。文件系统类型(由结构 file_system_type 描述)中记录着获取物理文件系统管理信息(即超级块)的方法，每类文件系统一个。物理文件系统所属的类型记录在域 s_type 中。

(5) 状态。在域 s_flags 中记录着物理文件系统的当前状态，如是否已安装就绪、是否为只读安装、是否可被用户使用、是否允许访问其中的块设备特殊文件、是否允许执行其中的程序、是否限制更新文件中的最近存取时间等。另外，域 s_dirt 是一个脏标志，表示超级块中的信息是否曾被修改过。

(6) 根目录。每个物理文件系统都将自己的文件组织成一棵目录树(实际是一个非循环图)，树根称为根目录。域 s_root 指向物理文件系统的根目录。

(7) 管理队列。属于同一物理文件系统的所有 inode 结构被组织在一个队列中，队头为域 s_inodes。属于同一物理文件系统的所有 file 结构被组织在一个队列中，队头为域 s_files。

(8) 超级块操作集。域 s_op 指向超级块操作集 super_operations 的一个实例，其中记录着物理文件系统实现的超级块管理操作(如写出、释放等操作)、inode 管理操作(如分配、写出、清理、删除、销毁等操作)、文件系统管理操作(如同步、重装、冻结、解冻等操作)等。

(9) 配额管理。配额用于界定一个用户可用的外存空间和 inode 的上限。域 dq_op 指向配额操作集 dquot_operations，内含配额的分配、获取、写出、释放、销毁等操作。

(10) 私有信息。除了上述的公共信息之外，每个物理文件系统还可以定义一个私有的结构，用于记录自己特有的管理信息。域 s_fs_info 指向物理文件系统的私有结构。

系统中所有的超级块结构被组织在一个全局链表 super_blocks 中。属于同一类型的所有超级块结构也被组织在一个链表中，表头是文件系统类型结构中的 fs_supers。

11.1.3　索引节点结构

超级块用于描述物理文件系统，物理文件系统所管理的主要实体是文件。文件是按一定形式组织起来的一组信息，包含两方面的内容，一是文件数据，二是元数据(用于描述文件的组织与管理信息)。作为管理者，文件系统并不关心文件数据的具体内容，所关心的是文件的元数据。文件元数据常被组织成文件控制块(File Control Block，FCB)，Linux 称为索引节点(Index Node)，由结构 inode 定义。VFS 的结构 inode 是对各类文件控制块共有特征的抽象，用于统一描述不同物理文件系统中的文件，也可称之为文件类。VFS 将它使用的每一个文件都看成 inode 类的一个实例。进一步地，VFS 将它使用的设备、目录、管道、符号链接等输入/输出实体(简称 VFS 实体)全都看成虚拟的文件，并用 inode 类统一描述它们，从而统一了 Linux 的所有输入/输出实体。

结构 inode 中包含输入/输出实体的所有属性信息，但不包含文件的名称和正文。事实上有些实体，如设备、管道等，也没有正文。结构 inode 中主要包含如下几类属性：

(1) 所属物理文件系统。由 inode 描述的每个实体都属于一个物理文件系统，其中的域 i_sb 指向物理文件系统的超级块结构。

(2) 标识符。物理文件系统用无符号长整数 i_ino 标识自己的实体。i_ino 在一个物理文件系统内是唯一的，但不是全局唯一的。i_ino 与 i_sb 合起来才能够唯一地标识一个 VFS 实体。

(3) 属主。每个 VFS 实体都属于一个用户，该用户就是这一实体的属主。属主由 UID、GID 标识，分别记录在 inode 结构的 i_uid 和 i_gid 域中。

(4) 模式。实体模式 i_mode 是一个无符号小整数(16 位)，其中记录着实体的类型和访问权限等信息，其格式如图 11.3 所示。

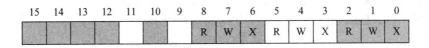

图 11.3　实体模式域的格式

在 i_mode 域中，最高 4 位表示实体的类型。目前的实体类型包括命名管道、字符设备、目录、块设备、普通文件、符号链接、Socket 等。

第 11 位是 SUID 标志，第 10 位是 SGID 标志，第 9 位是 SVTX 标志。

第 6～8 位是文件属主的访问权限(读、写、执行)，第 3～5 位是同组用户的访问权限(读、写、执行)、第 0～2 位是其它用户的访问权限(读、写、执行)。

(5) 大小。域 i_size、i_blocks 和 i_bytes 中记录的都是实体的大小(如普通文件所占用的外存空间、块设备的容量等)，关系是 i_size = i_blocks × 512 + i_bytes。

(6) 时间。在 inode 结构中，i_atime 是实体最近一次被访问的时间、i_mtime 是实体正文最近一次被修改的时间、i_ctime 是实体属性最近一次被修改的时间。

(7) 状态。域 i_state 中记录着 inode 结构的状态，包括 I_NEW(正在创建)、I_DIRTY_SYNC(已被改变但不需要同步)、I_DIRTY_DATASYNC(数据部分已被改变)、I_DIRTY_PAGES(有脏的数据页)、I_WILL_FREE(即将被释放)、I_FREEING(正在被释放)、I_CLEAR(inode 是干净的)、I_SYNC(正在同步过程中)等。

(8) 设备信息。如果 inode 描述的是字符或块设备，那么它的 i_rdev 域中记录的是设备号，i_bdev 或 i_cdev 域中记录的是设备的逻辑描述结构。

(9) 硬链接信息。一个 inode 结构可以被加入到多个目录中，从而使实体拥有多个路径名。硬链接计数(域 i_nlink)表示该 inode 在不同目录中出现的次数。

(10) 引用计数。域 i_count 中记录着该 inode 结构的当前用户数。

(11) 操作集。对实体元数据的操作方法记录在操作集 inode_operations 中。域 i_op 指向实体自己的 inode_operations 实例，其中包含数十个操作，如：

① 文件创建操作 create 用于在目录中创建一个指定名称的新文件。

② 查找操作 lookup 用于获得目录中某指定名称的文件的 inode 结构。

③ 链接操作 link 用于为文件建立一个新的硬链接(起一个新的名称)。

④ 删除操作 unlink 用于删除文件的一个指定名称的硬链接。

⑤ 目录创建操作 mkdir 用于在目录中创建一个指定名称的子目录。

⑥ 目录删除操作 rmdir 用于删除目录中的一个指定名称的子目录。

⑦ 符号链接操作 symlink 用于为实体建立一个新的符号链接或软链接。

⑧ 换名操作 rename 用于更换一个实体的名称。

⑨ 设备文件创建操作 mknod 用于创建一个指定名称的新设备特殊文件。

⑩ 属性获取操作 getattr 用于获取实体的属性。

⑪ 属性设置操作 setattr 用于设置实体的属性。

⑫ 长度重置操作 truncate 用于设置文件的长度属性。

对实体正文(如文件、管道、设备中的数据)的操作方法记录在操作集 file_operations 中。域 i_fop 指向实体自己的 file_operations 实例，其中主要包含如下几个操作：

① 打开操作 open 用于完成实体打开时的特定初始化工作。

② 释放操作 release 用于完成实体关闭时的善后处理工作。

③ 读写头定位操作 llseek 用于设置文件读写头的位置。

④ 文件同步读操作 read 用于读实体中的数据或从实体中接收数据。

⑤ 文件同步写操作 write 用于向实体中写数据或向实体中输出数据。

⑥ 文件异步读操作 aio_read 用于读实体中的数据或从实体中接收数据。

⑦ 文件异步写操作 aio_write 用于向实体中写数据或向实体中输出数据。

⑧ 映射操作 mmap 用于为映射到该文件的虚拟内存区域指定操作集。

⑨ 目录读操作 readdir 用于读目录文件中的内容。

⑩ 控制操作 ioctl 用于向字符或块设备发布控制命令。

⑪ 同步操作 fsync 用于将缓存中的文件内容同步到物理文件系统中。

⑫ 文件锁操作 lock 用于使能文件的内容锁。

(12) 地址空间。地址空间 address_space 是文件的页缓存。指针 i_mapping 指向文件当前使用的地址空间，域 i_data 是一个嵌入在 inode 中的 address_space 结构。

(13) 私有信息。除了上述的公共信息之外，每个物理文件系统都为它的文件定义了特殊的管理结构，用于记录文件的私有信息，如各文件块的存储位置等。域 i_private 指向文件的私有管理结构。

VFS inode 是输入/输出实体在内存中的表示，只有即将使用的实体才需建立 inode 结构。但由于 inode 结构的建立比较费时，所以应该将经常使用的 inode 结构缓存起来。为了缓存系统中的 inode 结构，Linux 定义了一个名为 inode_hashtable 的 Hash 表、一个名为 inode_unused 的空闲 inode 队列、一个名为 inode_in_use 的在用 inode 队列和一个名为 b_dirty

的脏 inode 队列。域 i_hash 用于将 inode 结构插入 Hash 表，域 i_list 用于将 inode 结构插入其它三个队列之一。在图 11.4 中，inode 0 处于非活动状态(结构有效但已无用户)，inode 1 和 inode 2 都处于活动状态，但 inode1 是干净的而 inode 2 是脏的(修改后的内容还未被写回块设备)。脏 inode 应该也是活动的 inode。另外，inode1 和 inode2 属于同一个物理文件系统。

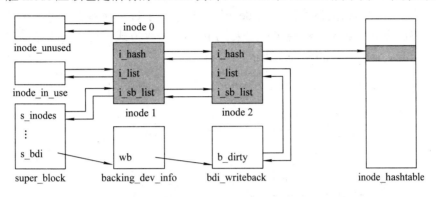

图 11.4 inode 结构队列

11.1.4 目录项结构

虽然 inode 结构中包含了文件实体的主要描述信息，但其中缺少了实体名称和实体间的组织关系，因此还不够完整。在物理文件系统中，用于描述实体间组织关系的常用手段是目录。一个目录通常就是一张表，其中的一个表项(称为目录项)记录着一个实体名称与一个 FCB 的对应关系。除最上层的目录(称为根目录)之外，每个目录又都包含在其它目录之中，因而目录之间形成了一种自然的树状或网状组织关系。从根目录开始，按名称逐层搜索各个目录表，可以找到物理文件系统中任意一个实体的 FCB 结构。将实体名称与 FCB 分开的好处是可以给一个实体起多个名称，因而可以从多条路径搜索到同一个实体。

为了在内存中描述实体间的组织关系，VFS 对各物理文件系统的目录项进行了抽象，定义了虚拟目录项结构 dentry，其中的主要内容如下：

(1) 实体名称。实体名称就是文件或目录名，记录在域 d_name 中。

(2) 实体描述结构。实体描述结构即实体的 inode 结构，记录在域 d_inode 中。域 d_name 和 d_inode 描述了实体名称与 inode 之间的一个对应关系。如果一个实体有多个名称，VFS 会为其创建多个 dentry 结构，它们指向同一个 inode 结构，并被域 d_alias 串成一个链表，表头为 inode 中的 i_dentry。

(3) 父目录。域 d_parent 指向父目录项。根目录的父目录就是自己。

(4) 目录树。属于一个目录的所有实体的 dentry 结构被它们的 d_child 域串成一个队列，队头为父目录 dentry 结构中的 d_subdirs 域。各目录项的 d_subdirs 队列组合起来构成一棵目录树，如图 11.5 所示。

(5) Hash 表。为了加快 dentry 的查找速度，除目录树之外，Linux 还为 dentry 结构建立了一个 Hash 表 dentry_hashtable。域 d_hash 用于将目录项插入到 Hash 表中。

(6) 安装点标志。域 d_mounted 非 0 表示该目录上安装了物理文件系统。

(7) 操作集。目录项操作集 dentry_operations 中记录着目录项特有的操作方法，如 Hash

值计算方法 d_hash、名字比较方法 d_compare、inode 释放方法 d_iput、目录项释放方法 d_release、目录项删除方法 d_delete、目录项生效方法 d_revalidate 等。

由此可见，inode 是对实体本身的抽象，dentry 是对实体间组织关系的抽象。VFS 为它的每个实体都定义了一个 inode 结构，同时还会为其定义至少一个 dentry 结构。与 inode 结构相似，只有即将使用的实体才需建立 dentry 结构。由于目录项的建立比较耗时且使用频繁，因而应将已建立的 dentry 结构缓存起来。Linux 用两种方式管理 dentry 结构的缓存，一是目录树，二是 Hash 表，如图 11.5 所示。

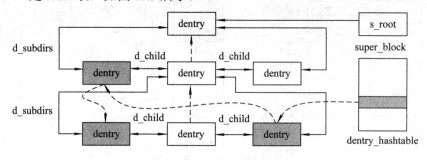

图 11.5　目录项结构之间的关系

11.2　文件系统管理

常见的计算机系统中通常配有多种块设备，如磁盘、光盘、U 盘等，每一种块设备上都可能安装着物理文件系统，如 EXT3、NTFS、FAT、ISO9660 等。出于某些特殊的目的，Linux 还会建立不需要块设备的虚文件系统，如 sysfs、proc、pipefs、mqueue、shm 等，因而运行着的 Linux 系统中常会包含多种物理文件系统，每一种物理文件系统都有自己独特的文件组织方法与操作方法。为了统一管理各种不同类型的物理文件系统，屏蔽它们之间的差别，VFS 提供了一系列的文件系统管理手段，如物理文件系统的注册、安装、重装、卸载等。按照 VFS 的约定，只有注册过的物理文件系统才能够安装，只有安装后的物理文件系统才能够使用。

11.2.1　文件系统注册

文件系统管理的首要工作是为即将使用的物理文件系统建立超级块结构，大致可分为两步，一是申请一块能容纳 super_block 结构的物理内存，二是填写其中的管理信息，难点在第二步。由于不同类型的物理文件系统有不同的信息组织方式，因而 VFS 不可能理解所有的物理文件系统，无法直接读取其管理信息，更何况有些物理文件系统(如 sysfs、proc 等)并非建立在块设备之上，也无处读取其管理信息。能够为 VFS 提供管理信息的只有物理文件系统自己。因而，VFS 要求即将使用的每种物理文件系统都必须注册一个结构 file_system_type，在其中声明一个获取管理信息、填写超级块结构的方法。

结构 file_system_type 又称为物理文件系统类型，其中的主要内容如下：

(1) 名称 name 是该文件系统的类型名，如"ext3"、"vfat"、"ntfs"等。

(2) 标志 fs_flags 是文件系统的特殊要求，如是否需要块设备等。

(3) 获取操作 get_sb 用于收集物理文件系统的管理信息并将它们填写到超级块结构中，从而为物理文件系统创建一个 super_block 结构的实例。

(4) 清理操作 kill_sb 用于物理文件系统卸载时的善后处理。

(5) 超级块队列 fs_supers 中排列着属于该类型的所有超级块结构。

系统中已注册的 file_system_type 结构被其中的 next 指针串成一个单向链表，表头为 file_systems，如图 11.6 所示。

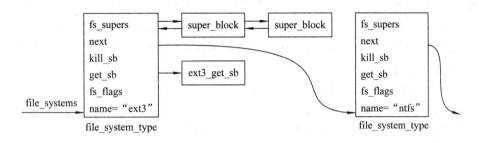

图 11.6　文件系统类型注册表

系统将要使用的每类物理文件系统都要在 file_systems 中注册一个 file_system_type 结构，但不允许重复注册。没有注册的文件系统无法安装，因而也无法使用。如果物理文件系统的实现代码被编译在内核中，注册工作已在系统初始化时完成；如果物理文件系统的实现代码未编译在内核中，注册工作将在安装(模块插入)时进行。

11.2.2　文件系统安装

注册操作仅仅向 VFS 声明了一个 file_system_type 结构，并未建立起物理文件系统的管理结构，因而注册后的物理文件系统还不能使用。为物理文件系统建立管理结构的工作由安装程序负责。在被安装之后，物理文件系统的超级块结构 super_block 被建立，其目录树也被嫁接在 VFS 的某个目录(称为安装点)之上，形成了统一的全局视图，如图 11.7 所示。只有在安装工作完成之后，物理文件系统才能够使用。

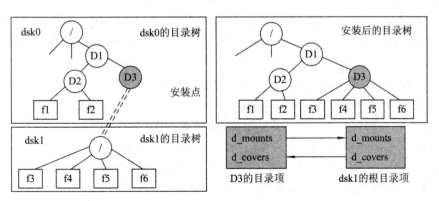

图 11.7　文件系统的目录树嫁接

在嫁接之前，每个物理文件系统都有自己独立的目录树，多棵目录树放在一起形成的是目录树森林。将目录树森林嫁接在一起的方法是用各目录树的根去覆盖它的安装点目录。在图 11.7 中，块设备 dsk0 和 dsk1 上分别安装着不同的物理文件系统，两个物理文件系统的目录树相互独立，D3 是 dsk0 的一个目录。当把 dsk1 中的物理文件系统安装在目录 D3 上之后，两棵目录树就拼接在了一起，dsk1 的根目录覆盖了 dsk0 的 D3 目录，或者说目录 /D1/D3 变成了 dsk1 的文件系统的根，文件 f6 的路径名变成了/D1/D3/f6。

如果文件系统 B 被安装在文件系统 A 的某个目录之上，那么 B 是 A 的子文件系统，A 是 B 的父文件系统。位于最顶层的文件系统是所有其它文件系统的祖先，称为根文件系统。显然，根文件系统必须预先建立起来。在早期的 Linux 版本中，通常将来自根块设备的文件系统预装成根文件系统，并通过 dentry 中的指针在子文件系统的根目录与父文件系统的安装点目录之间建立连接关系。随着 Linux 的发展，人们发现这种安装方法存在许多问题，如难以更换根文件系统、一个文件系统仅能安装一次而且仅能安装在一个点上、一个安装点上仅能安装一个文件系统、每个进程都可以看到整棵目录树等等。为解决上述问题，新版本的 Linux 采取了如下改进措施：

(1) 在系统初始化时，预先建立了一个伪文件系统用做整个系统的根文件系统，其类型为 rootfs。伪根文件系统是一种内存文件系统(Ramfs)，仅有一个空的根目录，用于安装实际的根文件系统。

(2) 在子文件系统的根目录与父文件系统的安装点目录之间不再建立直接的连接关系，各文件系统通过安装点结构 vfsmount 间接地连接起来。

(3) 分割文件系统名字空间，允许为每个名字空间建立一棵全局目录树，使进程仅能看到自己名字空间中的目录树，而不再是全系统的目录树。

安装点结构 vfsmount 描述文件系统之间的安装关系，每个已安装的文件系统都至少有一个安装点结构。若一个文件系统被安装多次，Linux 会为其建立多个 vfsmount 结构。在安装点 vfsmount 中，mnt_sb 指向子文件系统的超级块、mnt_root 指向子文件系统的根目录，mnt_parent 指向父文件系统的安装点结构、mnt_mountpoint 指向位于父文件系统中的安装点目录，这四个域合起来表明子文件系统 mnt_sb 的根目录 mnt_root 被嫁接在父文件系统 mnt_parent 的目录 mnt_mountpoint 上。子文件系统的特殊安装需求记录在域 mnt_flags 中。

一个文件系统上可以安装多个子文件系统，子文件系统上还可以再安装子文件系统，因而系统中的 vfsmount 自然地形成了一种树形组织结构。域 mnt_child 将各兄弟文件系统的 vfsmount 串成一个队列，队头是父 vfsmount 结构中的域 mnt_mounts。从根文件系统的 vfsmount 开始，搜索 vfsmount 树，可以找到已安装的任意一个子文件系统，但速度较慢。为了加快文件系统的查找速度，Linux 另创建了一个 vfsmount 结构的 Hash 表 mount_hashtable，其 Hash 值由父文件系统的 vfsmount 和安装点目录的 dentry 算出。给出一个安装点目录，查 mount_hashtable，可以找到安装在其上的第一层子文件系统。

安装点结构 vfsmount 中的域 mnt_ns 指向文件系统所属的名字空间 mnt_namespace。安装在同一名字空间中的所有文件系统的 vfsmount 结构被它们的 mnt_list 域串成一个链表，表头为 mnt_namespace 结构中的 list。文件系统安装点结构的组织形式与物理文件系统的实际安装方式一一对应，如图 11.8 所示。

在图 11.8 中，文件系统 1 安装在文件系统 0 的 A 目录上，文件系统 2 安装在文件系统

0 的 B 目录上。B 目录的内容被文件系统 2 的根目录覆盖，其中的文件 f2 和目录 C 被隐藏，在 B 目录中看到的是文件系统 2 的 F 和 G 子目录。文件系统 3 安装在文件系统 1 的 D 目录和文件系统 2 的根目录上，覆盖掉了 D 目录和整个文件系统 2 的内容，在 D 和 B 目录中看到的都是文件系统 3 的 H 和 I 子目录。文件系统 1 和 2 是文件系统 0 的子文件系统，文件系统 3 是文件系统 1 和 2 的子文件系统，文件系统 1 和 2 是兄弟文件系统。

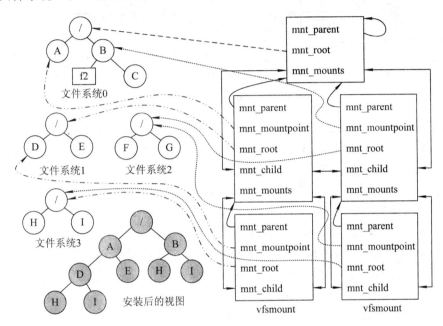

图 11.8　文件系统安装结构

物理文件系统只能由超级用户安装，安装时需提供多个参数，如物理文件系统所在块设备的特殊文件名 dev_name、安装点目录的路径名 dir_name、文件系统类型名 type、特殊的安装要求 flags 等。文件系统的安装过程大致如下：

(1) 解析安装点目录的路径名，获得它的目录项结构 dentry 和所在文件系统的安装点结构 vfsmount。新文件系统的安装点目录必须在已安装的目录树上，且必须是一个目录。如果所给的安装点目录上已安装了其它文件系统，那么此处获得的 vfsmount 描述的应该是在该目录上的最新一次安装，或者说是覆盖在安装点之上的最上一层文件系统，dentry 应该是覆盖在安装点目录上的最上一层文件系统的根目录。如果安装点目录是图 11.8 中的目录/B，那么解析所得的安装点应该是文件系统 3 的根目录。

(2) 搜索队列 file_systems 队列，找到名为 type 的 file_system_type 结构。如果名为 type 的文件系统类型还未注册，则请求模块加载程序将该类型的物理文件系统实现模块插入到内核中，并注册其文件系统类型。

(3) 申请一个空的安装点结构 vfsmount。

(4) 执行 file_system_type 结构中的 get_sb 操作，为新安装的物理文件系统创建超级块结构 super_block，并为其根目录创建 dentry 结构和 inode 结构。

(5) 为新建的 vfsmount 结构建立社会关系，如图 11.9 所示。

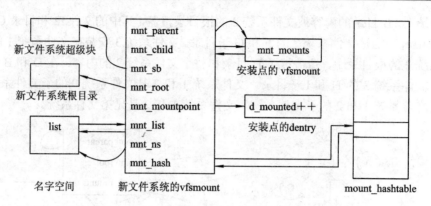

图 11.9 新安装结构的社会关系

特别地，类型为 rootfs 的根文件系统是在系统初始化时由函数 init_mount_tree()安装的，是系统中的第一个文件系统。根文件系统是一种 Ramfs，其管理信息都是动态生成的。由于根文件系统不需要嫁接在其它文件系统之上，因而其安装过程是从第(2)步开始的，其中的参数 type 是 "rootfs"，与之对应的 file_system_type 结构中的 get_sb 操作是 rootfs_get_sb()，完成的工作如下：

(1) 创建一个超级块结构，对其作如下设置：

① 标志 s_flags 中包含 MS_NOUSER，表示该文件系统不为用户所见；

② 设备号 s_dev 是动态生成的，主设备号为 0，域 s_bdev 为空；

③ 块尺寸 s_blocksize 是 4096 字节，文件的最大尺寸 s_maxbytes 是文件页缓存的最大尺寸(在 32 位机器上为 $2^{43}-1$，在 64 位机器上为 $2^{63}-1$)；

④ 超级块操作集 s_op 是 ramfs_ops。

(2) 创建一个根 inode 结构，对其作如下设置：

① i_ino 为 0；

② inode 操作集是 ramfs_dir_inode_operations；

③ 文件操作集是 simple_dir_operations；

④ 地址空间 i_mapping 中的操作集 a_ops 是 ramfs_aops。

(3) 创建一个根目录项结构 dentry，对其作如下设置：

① 名称为 "/"，操作集 d_op 为空，d_parent 指向自己；

② 标志 d_flags 中包含 DCACHE_UNHASHED，表示该目录项不在 Hash 表 dentry_hashtable 中。

在根文件系统的安装点结构 vfsmount 中，mnt_parent 指向自身，mnt_mountpoint 指向自己的根目录项，mnt_child 等队列都是空的。值得一提的是，根文件系统的 vfsmount 结构并未插入到 Hash 表 mount_hashtable 中。事实上，由于根文件系统是整个名字空间的根(mnt_namespace 结构中的 root 指向根文件系统的 vfsmount)，未嫁接在任何文件系统之上，也没有查找其 vfsmount 结构的必要。

在安装点结构的社会关系中，Hash 表 mount_hashtable 的主要作用是方便 vfsmount 的查找，以便快速确定嫁接在某一安装点上的子文件系统。在早期的 Linux 中，安装点与子文件系统的根目录是绑定在一起的，从安装点目录可以直接找到子文件系统的根目录，如图 11.7

所示。这种绑定安装方式方便了路径名的解析，但却降低了安装的灵活性，如无法将一个文件系统同时嫁接在多个安装点上。Hash 表 mount_hashtable 的引入解除了安装点与根目录之间的绑定关系，极大地提高了安装的灵活性，如：

(1) 为一个物理文件系统建立多个 vfsmount 结构之后，可将其同时嫁接在多个安装点上，如图 11.8 中的文件系统 3 就被同时嫁接在两个安装点上。

(2) 修改安装结构和它所处的社会关系，即可将已安装的文件系统从一个安装点移到另一个安装点。

(3) 新建一个 vfsmount 结构，即可将已安装文件系统的某个子目录树嫁接到一个新的安装点上，使其可在多个位置同时被访问到。

(4) 修改安装结构中的标志 mnt_flags 即可改变文件系统的安装方式(称为重装 remount)，如由只读安装到读写安装等。

(5) 能够提供满足特殊需求的新式安装，如共享安装、主从安装等。

11.2.3 文件系统卸载

除根文件系统 rootfs 之外，其它文件系统都是动态安装的，也可以被动态卸载。在从计算机系统上将可移动介质(如 U 盘)拔下之前应该先卸载其上的文件系统。在卸载文件系统时，用户需提供文件系统的安装点目录和特殊的卸载需求。如果用户提供的是块设备特殊文件名，需先查出其安装点目录。如果一个块设备上的文件系统被同时安装在多个目录上，用块设备特殊文件名卸载文件系统会引起歧义。

正在使用的文件系统(如其上有未关闭的文件、有作为进程 pwd 的目录、有未卸载的子文件系统等)称为忙文件系统，不能卸载。

文件系统卸载操作 umount 大致完成如下几件工作：

(1) 解析安装点目录的路径名，做必要的合法性检查。

(2) 如果用户要强行卸载文件系统且超级块操作集中提供了 umount_begin 操作，则执行该操作。

(3) 如果要卸载的文件系统是当前进程的根，则将其改装成只读文件系统。

(4) 断开文件系统的安装点结构 vfsmount 的社会关系，并将其释放。

(5) 如果文件系统已无其它安装位置，则将其从系统中清除，包括执行文件系统类型中的 kill_sb 操作、释放它的超级块结构等。

卸载过程中的许多实质性、事务性的工作都在 kill_sb 操作中完成，如将对该文件系统的所有修改全部写回到底层块设备中(称为文件系统同步)、释放属于该文件系统的所有目录项和 inode、执行超级块操作集中的 put_super 操作、关闭底层块设备等。

11.3 文 件 管 理

VFS 的文件系统管理子系统提供的是对全局目录树的粗粒度管理，如其中的安装操作用于将新的目录子树拼接在全局目录树上，卸载操作用于从全局目录树中删除不再使用的目录子树，所管理的单位是子树，无法对单个节点(如文件、目录等)实施管理。负责全局目录树细粒度管理的子系统称为文件管理子系统，其主要工作包括：

(1) 与物理文件系统合作，解析节点的路径名，获得文件或目录的物理描述信息，从中抽取出 VFS 关心的元数据，建立 inode 和 dentry 结构。

(2) 将最近使用的文件与目录的路径信息缓存起来，形成统一的目录项缓存，以加快路径名的解析速度，并维护缓存信息与物理文件系统的一致性。

(3) 与物理文件系统合作，向用户提供文件与目录的创建、删除、移动等服务。

VFS 通过全局目录树来组织、管理系统中的文件，不管它们来自哪个物理文件系统。然而作为最高一级的管理机构，VFS 并不管理文件的实现细节，如文件在块设备中的存储位置等。事实上，文件的真正管理者仍然是物理文件系统，VFS 的作用仅仅是屏蔽各类物理文件系统的管理差异，为用户提供统一的文件管理接口。

11.3.1　路径名解析

VFS 实现文件管理的主要依据是全局目录树。在全局目录树中，任何一个节点，不管它属于哪个物理文件系统，都有一个路径名。从根目录到任一特定节点的路径称为绝对路径，将绝对路径上的所有目录名串连起来(用 '/' 隔开)就构成了节点的绝对路径名。从当前工作目录到特定节点的路径称为相对路径，将相对路径上所有的目录名串连起来就构成了节点的相对路径名。绝对路径名和相对路径名都可用于标识文件和目录。

当要访问一个文件或目录时，进程可以提供绝对路径名，也可以提供相对路径名。对一个进程来说，绝对路径名是相对于其主目录(home 目录)的路径名，相对路径名是相对于其当前工作目录的路径名。在进程的管理结构 task_struct 中，fs 域总是指向一个 fs_struct 结构，其中的 root 是进程的主目录，pwd 是进程的当前工作目录。在图 11.10 中，B 是进程的主目录，H 是进程的当前工作目录。虽然全局目录树很大，但进程所能看到的仅有其中的一部分，即以 B 为根的目录子树。在进程运行过程中，它的主目录和当前工作目录都可以改变，但新目录必须在全局目录树中。系统调用 chroot 用于改变进程的主目录，chdir 用于改变进程的当前工作目录。

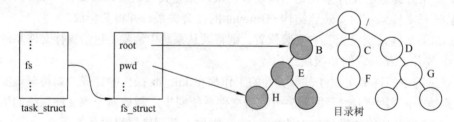

图 11.10　进程的主目录和当前工作目录

在访问一个文件或目录之前，首要的任务是找到路径名所标识的实体，并为其建立 inode 和 dentry 结构，这一过程称为路径名解析。Linux 用 path 结构描述实体的路径信息，其中包含一个 vfsmount 和一个 dentry 结构，定义如下：

```
struct path {
    struct vfsmount     *mnt;          // 实体所在文件系统的安装点结构
```

```
        struct dentry        *dentry;        // 实体本身的目录项结构

    };
```

Linux 用 path_lookup() 系列的函数实现路径名解析。要解析的路径名是一个由 '/' 分隔的字符串，如 "/./usr/bin/../local/././bin//emacs" (等价于 "/usr/local/bin/emacs")。除最后一个子串之外，其余各子串都是路径上的目录名。最后一个子串可能是文件名，也可能是目录名。路径名中的一个子串称为一个子路径名。

由于进程给出的路径名都是相对路径名，因而在解析之前需要先确定此次解析的参考点或出发点。一般情况下，如果路径名的首字符是 '/'，参考点应该是进程的主目录；如果路径名的首字符不是 '/'，参考点应该是进程的当前工作目录。在新版本中，Linux 还允许进程自己指定解析的参考点。所谓路径名解析实际就是从参考点出发，依照各子路径名的指示，沿着全局目录树逐步前行，直到最后一个子路径名所指示的节点。所以路径名的解析过程实际就是对各子路径名进行顺序分析的过程。

为记录路径名解析的结果，需定义一个 path 结构，将其初值设为参考点目录。此后，每解析一个子路径名，就对 path 结构做一次调整，将已解析出的中间实体记录在其中。在解析过程中，path 总是指向当前目录；在解析完成后，path 指向解析的结果(整个路径名所标识的实体)。设 name 是下一个要解析的子路径名，解析的过程如下：

(1) 检查当前目录的权限。当前进程必须拥有当前目录的执行权限。

(2) 在当前目录附近找名为 name 的 dentry。name 的值可能是下列三种之一：

① "." 表示当前目录，不需要前行，也不需要调整 path 结构。

② ".." 表示当前目录的父目录，需调整 path 结构，让它指向父目录。一般情况下，dentry 结构中的 d_parent 就是其父目录，但也有特例：

● 如果当前目录是当前进程的主目录，那么其父目录仍是自己。

● 如果当前目录是某个子文件系统的根目录，则需向上跨越安装点。

● 如果父目录是一个安装点目录，则需向下跨越安装点。

③ 其余格式的子路径名表示当前目录中的一个子目录或文件。由于该子目录或文件可能已被解析过，其 dernty 结构可能已在目录项缓存中，因而应先根据 name 的 Hash 值查目录项的 Hash 表 dentry_hashtable，找父目录为 path.dentry、名字为 name 的 dentry 结构，结果有二：

● 在缓存中。执行目录项操作集中的 d_revalidate 操作，以确保该 dentry 结构的有效性，而后调整 path 结构。

● 不在缓存中。创建一个新的 dentry 结构，执行当前目录 inode 操作集中的 lookup 操作，请求物理文件系统在当前目录中查找名为 name 的实体、读入其管理信息并创建 inode 结构，而后调整 path 结构。

(3) 跨越安装点。如果找到的 dentry 是一个安装点目录，则需向下跨越安装点。

(4) 跨越符号链接。如果找到的 dentry 是一个符号链接，则需跨越该符号链接。

(5) 让 name 指向下一个子路径名。如果 name 不空，则从(1)开始解析下一段子路径名。如果 name 为空，path 中记录的就是解析结果。

判断目录是否为安装点的依据是其 dentry 结构中的 d_mounted 标志。若 d_mounted 的值大于 0，说明该目录上安装有文件系统，其内容已被覆盖，不能作为路径中的一个节点，也不应该在其上停留，而应向下跨越该安装点目录，走到安装在其上的文件系统的根目录上。根据已获得的安装点目录的 path 结构，查 Hash 表 mount_hashtable，可以找到安装在其上的文件系统及其根目录，path 应指向该根目录。由于新找到的根目录仍然可能是安装点，因而这种向下跨越可能需要多次，如图 11.11 所示。

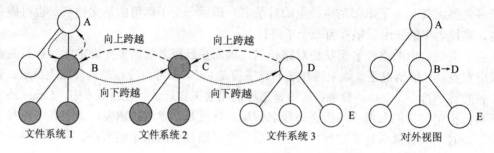

图 11.11　安装点跨越

在图 11.11 中，在目录 B 上安装着文件系统 2，在目录 C 上安装着文件系统 3。当解析 A 目录下的 B 子目录时，解析程序发现 B 是安装点，因而需查 mount_hashtable 获得安装在 B 上的子文件系统的根 C。由于 C 也是安装点，因而需再查 mount_hashtable 获得安装在 C 上的子文件系统的根 D。D 才是对 A 目录下 B 子目录的解析结果。

当需要查找当前目录的父目录时，有可能需要向上跨越安装点，原因是当前目录可能为某个子文件系统的根目录。由于根目录项的 d_parent 总是指向自身，无法通过它找到其父目录，只能向上跨越安装点。若 path 是已解析出的当前目录，且该目录是某子文件系统的根，则 path.mnt->mnt_parent 指向父安装点结构，path.mnt->mnt_mountpoint 指向安装点目录。由于新找到的安装点目录仍然可能是某子文件系统的根目录，因而这种向上跨越有可能需要多次。向上跨越之后，path 应指向最底层安装点目录的父目录。在图 11.11 中，目录 D 的父目录是 A，它跨越了 C 和 B。

符号链接是一种特殊文件，其内容是另一个文件或目录的路径名，因而更像是一个指针。如果要解析的路径名中包含符号链接，则整个路径名的解析过程应被分成三步：

(1) 解析符号链接之前的路径名，让 path 指向符号链接自身。

(2) 跨越符号链接，过程是先读出符号链接文件的内容，再从头开始解析其中的路径名，让 path 指向目标实体，如图 11.12 所示。

(3) 解析符号链接之后的路径名，让 path 指向最终的实体。

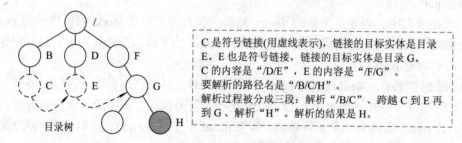

> C 是符号链接(用虚线表示)，链接的目标实体是目录 E。E 也是符号链接，链接的目标实体是目录 G。
> C 的内容是 "/D/E"，E 的内容是 "/F/G"。
> 要解析的路径名是 "/B/C/H"。
> 解析过程被分成三段：解析 "/B/C"、跨越 C 到 E 再到 G、解析 "H"。解析的结果是 H。

图 11.12　符号链接跨越

符号链接实体的 inode 操作集中肯定包含一个 follow_link 操作，用于读出其中的路径名。

如果符号链接的目标实体仍然是符号链接，则需要再次跨越。因此对符号链接的跨越是一个递归的过程，Linux 限制了递归的深度，如 8 层。

在跨越符号链接时，path 结构被重新初始化，其中的前期解析结果被丢弃，因而符号链接只能向前跨越，不能回溯。如路径名"/B/C/.."的解析结果是目录"F"而不是"B"。

若路径名的最终解析结果是符号链接，则可跨越也可不跨越，由参数声明。

如果在目录项缓存中找不到需要的 dentry 结构，说明该目录项在近期内未被访问过，因而需要为其新建 dentry 和 inode 结构。当然，新建的 dentry 结构要被插入到目录项缓存中，包括 Hash 表 dentry_hashtable 和目录项树，如图 11.5 所示；新建的 inode 结构要被插入到 inode 缓存(Hash 表 inode_hashtable)中。新目录项及其 inode 结构中的信息来源于物理文件系统。通过父目录的 inode 操作集中的 lookup 操作可请求物理文件系统从该父目录中获取指定名称的物理实体，并获取其管理信息。如果要解析的实体也不在物理文件系统之中，说明该实体还未被创建，其管理结构还不存在，那么新目录项的 d_inode 域应该为空，但新目录项仍要被插入到目录项缓存中。

由路径名的解析过程还可以看出，进程无法向上跨越自己的主目录。因而，只要给不同的进程设定不同的主目录，就可以使它们仅看到自己的目录子树，从而区分它们的文件系统名字空间，避免进程之间的相互干扰。

当不再需要某个 dentry 或 inode 结构时，可通过函数 dput()或 iput()将其释放。释放操作递减 dentry 或 inde 结构上的引用计数，只有当引用计数被减到 0 时才真正将它们销毁。当然，在销毁之前需要将结构中的内容同步到物理文件系统中。值得注意的是，销毁 dentry 或 inode 结构仅仅意味着内核不再缓存与之对应的实体信息，并非销毁物理实体本身。

11.3.2　文件管理操作

以全局目录树和路径名解析为基础，VFS 提供了多种文件管理服务，如子目录的创建与删除、硬链接的创建与删除、文件与符号链接的创建、实体的移动、实体属性的设置等。Linux 用户可以利用这些服务来组织、管理自己的 VFS 实体，包括目录、普通文件、设备特殊文件、符号链接、命名管道等。VFS 按大致相同的方式实现文件管理服务，其操作过程大致分为三步，一是解析路径名以获得实体所在父目录及实体本身的 dentry 和 inode 结构，并进行权限检查；二是执行父目录的 inode 操作集中的相应操作，请求物理文件系统完成实体的物理管理操作；三是调整相关实体的 dentry 结构，以便在目录项缓存和全局目录树中反映实体的变化。文件管理操作的流程如图 11.13 所示。

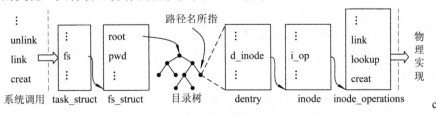

图 11.13　文件管理操作流程

(1) 硬链接创建 link 或 linkat。创建一个硬链接就是为实体起一个别名。可以为一个实体创建多个硬链接，它们可以位于不同的目录下，但必须在同一个物理文件系统中。硬链接创建操作需要两个路径名，其中老路径名标识目标实体，必须存在且不能是目录，新路径名是给实体起的新名称。VFS 为新链接创建一个新的目录项，将其插入目录项缓存中，并执行其父目录的 inode 操作集中的 link 操作，以请求物理文件系统完成硬链接的物理创建。如果老路径名所标识的是一个符号链接，那么新硬链接所指向的是符号链接本身而不是符号链接的目标实体。

(2) 硬链接删除 unlink 或 unlinkat。删除一个硬链接就是删除实体的一个路径名。工作有二，一是释放实体的 dentry 结构；二是执行父目录的 inode 操作集中的 unlink 操作，请求物理文件系统删除目录项，并递减实体的硬链接计数 i_nlink。如果实体的 i_nlink 已被减到 0，说明实体的最后一个访问路径已被删除，应释放它的 inode 结构。如果实体的 inode 结构已没有用户，应执行超级块操作集中的 delete_inode 操作，请求物理文件系统释放它所占用的外存空间和管理结构，以完成实体的物理删除。如果路径名所标识的是一个符号链接，该操作仅删除符号链接本身而不影响链接的目标实体。

(3) 子目录创建 mkdir 或 mkdirat。Linux 用户可以创建新的子目录来更好地组织自己的文件。创建子目录操作需要两个参数，一是新子目录的路径名，二是新子目录的访问权限。真正的创建操作由父目录的 inode 操作集中的 mkdir 完成，该操作请求物理文件系统完成子目录的物理创建。新子目录的 dentry 应出现在目录树中。

(4) 子目录删除 rmdir。要删除的子目录应该是空的，而且不能是安装点，也不能是进程的主目录或当前工作目录。父目录的 inode 操作集中的 rmdir 操作会请求物理文件系统完成子目录的物理删除。被删除之后，子目录的 dentry 和 inode 结构也要释放。

(5) 文件创建 creat。要创建一个新文件至少需要两个参数，一是文件的路径名，二是文件的访问权限。父目录的 inode 操作集中的 create 操作会请求物理文件系统完成新文件的物理创建。新文件的 dentry 应出现在目录树中。

(6) 特殊文件创建 mknod 或 mknodat。特殊文件包括字符设备特殊文件、块设备特殊文件、命名管道、Socket 等，其作用是借助文件的描述与组织方式来管理这些输入/输出实体，并非为了在其中存储数据。在创建设备特殊文件时需要提供路径名、访问权限和设备号。父目录的 inode 操作集中的 mknod 操作会请求物理文件系统完成新文件的物理创建。新文件的 dentry 应出现在目录树。

(7) 符号链接创建 symlink 或 symlinkat。符号链接是一种特殊文件，其正文中保存的不是数据而是全局目录树中另一个实体的路径名。符号链接所指实体可以不存在(称为虚悬链接)。创建符号链接就是创建一个符号链接类型的新文件。父目录的 inode 操作集中的 symlink 操作会请求物理文件系统完成符号链接文件的物理创建。

符号链接的内容可以通过 readlink 操作读出，符号链接的删除由 unlink 操作完成。

(8) 实体移动 rename 或 renameat。移动实体就是将文件系统中的某个指定实体从当前位置移动到新的位置，或者说改变实体的路径名。实体的新老位置必须在同一个物理文件系统中。如果老路径名是目录，那么新路径名要么不存在，要么必须是空目录。如果新路径名已存在，它将被覆盖。如果老路径名是符号链接，那么移动的是符号链接本身而不是它所指的实体。移动操作仅修改实体的目录项，不改变实体本身。移动工作分三步进行，一是执行老路径中父目录的 inode 操作集中的 rename 操作，请求物理文件系统删除老目录项、添加新目录项，完成实体的物理移动；二是更换老目录项的名称，并按新名称和新位置将其重新插入到目录项缓存和目录项树中；三是释放新目录项(可能会将其删除)。

(9) 实体属性设置。文件系统实体的属性包括属主(uid、gid)、访问权限(读、写、执行)等。当实体被创建时，其 uid 被设为进程的 fsuid，gid 被设为进程的 fsgid 或父目录的 gid，访问权限由创建者提供。在实体被创建出来之后，其属性还可以改变。Linux 提供了多个系统调用用于设置实体的属性，其中 chown 类操作用于设置实体的属主，chmod 类操作用于设置实体的访问权限。当然，设置属性操作也需要一定的权限，通常只能由属主或超级用户执行。如果父目录的 inode 操作集中提供了 setattr 操作，则由该操作完成属性的物理设置；否则，Linux 仅修改实体 inode 结构中的属性并将其标记为脏的，实体物理属性的改变要等到 inode 被同步时才能完成。

11.4　文件 I/O 操作

管理文件的目的是为了更方便、更高效地使用文件。从用户的角度看，文件的内容千差万别，其使用方式也各种各样。但从 VFS 的角度看，对文件的使用方式只要两种，即向文件中写数据和从文件中读数据。因此，VFS 的核心任务是提供文件 I/O 服务，以便更加高效地读写文件中的数据。可以说，VFS 的其它子系统，如文件系统管理、文件管理等，都是为文件 I/O 操作服务的。

要读写文件中的数据至少需要知道文件的路径名、数据在文件中的开始位置、数据在内存中的开始位置、数据长度等，所以每次 I/O 操作都需要路径名解析和权限检查。由于经常需要反复读写同一个文件，因而重复的路径名解析和权限检查会严重影响文件 I/O 操作的性能。为了减少路径名解析的次数，VFS 在读写操作之外又提供了文件打开和关闭操作，由打开操作专门负责文件路径名的解析和权限检查。

11.4.1　文件描述符表

打开与关闭操作的核心工作是维护进程的文件描述符表。进程对文件的所有读写操作都必须经过其文件描述符表。

有了打开和关闭操作之后，文件 I/O 操作一般分三步完成，即打开文件、反复读写文件、关闭文件。在对文件进行读写操作之前，进程通过打开操作声明自己要操作的文件(路径名)及要操作的方式。VFS 在收到进程的打开请求之后，解析文件的路径名，找到文件的 inode 结构，对其进行权限检查。一旦通过权限检查，VFS 就为进程创建一个 file 结构，在其中记录此次路径名解析的结果，并将其插入到进程的文件描述符表中。file 结构在文件描述符表中的索引称为文件描述符(file descriptor)。此后，当需要读写已打开的文件时，进程只需在读写操作中提供文件的描述符即可，不需要再提供文件的路径名。VFS 根据文件描述符查进程的文件描述符表，即可找到与之对应的 file 结构，利用 file 结构即可完成进程请求的所有文件 I/O 操作。在完成文件 I/O 操作之后，进程再通过关闭操作释放与之对应的 file 结构。因此，增加了打开与关闭操作之后，不管进程对文件进行多少次读写操作，系统仅需解析一次路径名。由于文件描述符表的存在，繁琐的路径名解析工作变成了简单的查表工作，极大地提高了文件 I/O 操作的性能。

由于文件读写操作都是由进程发起的，而不同的进程可能以不同的方式读写不同的文件，因而 Linux 为每个进程都维护了一张文件描述符表。在进程的 task_struct 结构中，有一个指向 files_struct 结构的指针(见 7.1 节)，其中的主要内容是一个 file 结构的指针数组，也就是进程的文件描述符。换句话说，进程的文件描述符表实际就是一个 file 结构的指针数组，一个文件描述符就代表着一个 file 结构。一个 file 结构描述一个进程对一个文件的一种 I/O 操作方式，称为打开文件对象。显然，file 结构是 VFS 用于实现文件 I/O 操作的核心。在 Linux 的发展过程中，file 结构的定义发生了一些变化，但其主要内容被保留了下来，大致有以下几个：

　　(1) 文件路径 f_path。VFS 用结构 path 描述文件的路径，其中的域 dentry 指向文件的目录项，目录项中的 d_inode 指向文件的 inode。因此，通过 f_path 可找到目标文件的所有描述信息，或者说 f_path 就是文件路径名的解析结果。

　　(2) 读写头位置 f_pos。文件的读写方式有两种，一是顺序，二是随机。缺省情况下，Linux 按顺序方式读写文件，下一次读写操作的开始位置记录在 f_pos 中。每一次成功的 I/O 操作之后，f_pos 的值都会被调整。由于 f_pos 的存在，用户省掉了位置记录工作，并可在读写操作中少提供一个位置参数。

　　(3) 文件操作模式 f_mode。记录进程在打开时申请并经 VFS 批准的文件操作方式，如只读、只写、既读又写等。进程对文件的 I/O 操作方式必须遵循该模式的约定。

　　(4) 文件操作集 f_op。文件操作集是一个 file_operations 结构(见 11.1.3)，其中记录着各种文件操作方法，如 open、release、llseek、read、write、mmap 等。文件被打开之后，对它的所有操作都由该操作集中的对应方法实现。

　　(5) 地址空间 f_mapping。地址空间由结构 address_space 描述，实际是一个文件页的缓存，用于暂存来自文件或即将写入文件的数据页，见 11.5。

　　(6) 引用计数 f_count。引用计数用于记录 file 结构的当前用户数。当 f_count 为 0 时，file 结构应该被释放或回收。

　　进程每打开一个文件，VFS 都会为其创建一个 file 结构。同一进程多次打开同一个文件会创建多个 file 结构，不同进程打开同一个文件也会创建不同的 file 结构。为一个进程创建的所有 file 结构都记录在它的 files_struct 结构中。在早期的版本中，Linux 在 files_struct 结构中为每个进程预建了一个一页大小的文件描述符表，可在其中记录 1024 个 file 结构。通常情况下，进程的文件描述符表都会有一些浪费，但当进程同时打开太多文件时，其描述符表又不够用。新版本的 Linux 改进了文件描述符表的管理方式，专门定义了一个 fdtable 结构来描述进程的描述符表。缺省情况下，文件描述符表的大小为 32 或 64。在运行过程中，VFS 会根据需要为进程更换 fdtable 结构，从而调整其文件描述符表的大小。结构 fdtable 和 files_struct 的定义如下：

```
    struct fdtable {
        unsigned int        max_fds;            // 文件描述符表的大小
        struct file         **fd;               // 文件描述符表
        fd_set              *close_on_exec;     // 需要在加载时关闭的文件描述符
        fd_set              *open_fds;          // 各文件描述符的状态
        struct rcu_head     rcu;                // RCU 回调节点
```

```
            struct fdtable              *next;
        };
        struct files_struct {
            atomic_t                    count;                  // 引用计数
            struct fdtable              *fdt;                   // 当前使用的 fdtable
            struct fdtable              fdtab;                  // 缺省的 fdtable
            spinlock_t                  file_lock;              // 保护锁
            int                         next_fd;                // 下一个可用的文件描述符
            struct embedded_fd_set      close_on_exec_init;     // 缺省的 close_on_exec
            struct embedded_fd_set      open_fds_init;          // 缺省的 open_fds
            struct file                 *fd_array[NR_OPEN_DEFAULT];
        };
```

在 files_struct 中，fd_array 是缺省的文件描述符表，大小为 NR_OPEN_DEFAULT(一个长整数中的位数，如 32 或 64)；类型 embedded_fd_set 和 fd_set 都是位图，其中的一位描述一个文件描述符的使用情况，0 表示空闲。

只有第 0 号进程(即 init_struct)的 files_struct 结构是静态建立的,其余各进程的 files_struct 结构都是从创建者进程中复制的。第 0 号进程的 files_struct 结构定义如下：

```
        struct files_struct    init_files = {
            .count      = ATOMIC_INIT(1),
            .fdt        = &init_files.fdtab,
            .fdtab      = {
                .max_fds        = NR_OPEN_DEFAULT,
                .fd             = &init_files.fd_array[0],
                .close_on_exec  = (fd_set *)&init_files.close_on_exec_init,
                .open_fds       = (fd_set *)&init_files.open_fds_init,
                .rcu            = RCU_HEAD_INIT,
            },
            .file_lock = _ _SPIN_LOCK_UNLOCKED(init_task.file_lock),
        };
```

由此可见，第 0 号进程使用的是缺省的 fdtable 结构、缺省的文件描述符表 fd_array 和缺省的位图 close_on_exec_init 与 open_fds_init。

在创建之初，新进程要么与创建者进程共用同一个 files_struct 结构，要么从创建者进程中复制一个 files_struct 结构。值得注意的是，所复制的内容不包括 file 结构。因而在复制之后，创建者进程的各 file 结构会同时出现在新老进程的文件描述符表中，两个进程用同一个描述符所访问的 file 结构是相同的，它们对文件的操作会相互影响(如读写头的位置等)。复制完成之后，不管是创建者进程还是被创建者进程，新打开的文件都会使用独立的 file 结构，不会自动与其它进程共用。

缺省情况下，进程在加载新程序时会保留已打开的文件，如标准输入、标准输出、标准错误等，仅有一些特别声明的文件(在位图 close_on_exec 中)会在加载时关闭。

在进程运行过程中，若它同时打开的文件数超过了其文件描述符表的容量，VFS 会采用 RCU 方式(见 9.4 节)自动为其更换新的、更大的文件描述符表，过程如下：

(1) 为进程创建新的 fdtable 结构，同时为其创建新的描述符表 fd 及新的位图 open_fds 和 close_on_exec。新描述符表应比老表大一倍，新位图的位数应与新表的长度一致。新的 fd、close_on_exec 和 open_fds 的内容是从老表中复制的。

(2) 让进程 files_struct 结构中的 fdt 指向新的 fdtable 结构，使其成为进程新的当前描述符表；

(3) 如果老的 fdtable 结构不是缺省的 fdtab，则通过 call_rcu()向 RCU 注册一个回调函数，让它在宽限期结束时释放老的 fdtable 结构。

图 11.14 是进程文件描述符表的一个示意图，其中的虚线为缺省部分，实线为当前使用部分。在为进程更换文件描述符表之后，定义在 files_struct 结构中的缺省描述符表 fdtab 以及 fd_array、close_on_exec_init、open_fds_init 等都会被搁置不用，是一种小的浪费。当然可以将缺省的文件描述符表定义在 files_struct 结构之外，从而节省这部分内存空间。然而对大部分的进程来说，缺省的文件描述符表已经够用，直接将其定义在 files_struct 结构中可以加快进程创建的速度。

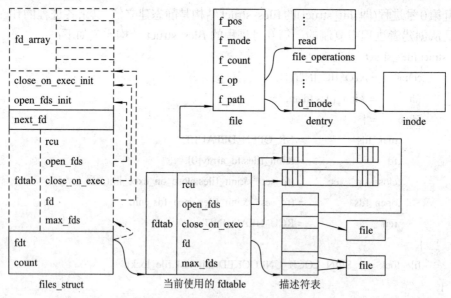

图 11.14　进程的文件描述符表

不管进程当前使用的是哪个描述符表，其中的 file 结构指针数组都是连续的，打开操作所获得的文件描述符都是 file 结构在数组 fd 中的索引。

11.4.2　文件打开与关闭

文件打开操作由系统调用 open()负责，需要的参数包含文件路径名、文件操作方式及特别的操作要求、文件访问权限(仅在创建文件时需要)等。除文件路径名解析之外，open()操作还负责文件的创建、file 结构的创建、文件描述符的分配等工作。

(1) 路径名解析与权限检查。对文件路径名的解析工作分两步进行，一是解析文件所在父目录的路径名，二是在父目录中解析指定的文件名。路径名解析的结果有两种，一是找到了要打开的文件，获得了它的 dentry 和 inode 结构；二是找不到要打开的文件，仅获得了 dentry 结构，无 inode 结构。

如果要打开的文件不存在，但用户声明了 O_CREAT 标志，则应在父目录中为其创建一个指定名称的文件，并创建它的 inode 结构，见 11.3.2 节。

如果文件不存在且用户未声明 O_CREAT 标志，或文件创建失败，或权限检查失败，则整个打开操作失败。

(2) file 结构创建。为了不至于被 file 结构耗尽内存，Linux 限制了可以同时打开的文件总数。只要系统中已打开的文件总数不越线，就从专门的 Cache 中为此次打开操作分配一个 file 结构并将其初值设置如下：

① f_path.mnt 指向文件所在文件系统的 vfsmount 结构；

② f_path.dentry 指向要打开文件的 dentry 结构；

③ f_mapping 指向要打开文件的地址空间(inode 中的 i_mapping)；

④ f_op 指向要打开文件的缺省文件操作集(inode 中的 i_fop)；

⑤ f_pos 指向文件的开始位置(等于 0)；

⑥ f_count 等于 1。

如果文件操作集中定义了 open 操作，则应执行它。通常情况下，若要打开的不是普通文件，其缺省文件操作集中的 open 操作会更换 file 结构中的文件操作集。

如果用户指定了 O_TRUNC 标志，还要请求物理文件系统将文件的长度截成 0。

新建的 file 结构还要插入到超级块结构的 s_files 队列中。

(3) 文件描述符分配。新建的 file 结构必须插入到进程的文件描述符表中，因而需要在其中寻找一个空位置。如果进程当前使用的文件描述符表已满，还要为其换一个更大的描述符表。在进程当前使用的 fdtable 结构中，位图 open_fds 记录着各文件描述符的状态，标记为 0 的文件描述符都是空闲的，从中选择一个即可(通常选择最小的空闲文件描述符)。新文件描述符在位图 open_fds 中的标记位应该置 1。如果用户指定了 O_CLOEXEC 标志，描述符在位图 close_on_exec 中的标记位也应该置 1。

如果成功，执行打开操作的进程会得到一个文件描述符。此后，对该进程来说，该文件描述符就是所打开文件的标识，进程可反复使用该文件描述符操作文件。

由于文件描述符仅是 file 结构在文件描述符表中的索引，而文件描述符表也仅是一个指针数组，因而可将一个 file 结构插入到表中的不同位置，从而给一个打开文件多个不同的描述符，如图 11.14 所示。Linux 提供了系统调用 dup()、dup2()、dup3() 等，专门用于复制文件的描述符，其中 dup() 将新描述符的选择工作交给内核，dup2() 让用户指定新描述符，dup3() 让用户指定新描述符和它在位图 close_on_exec 中的标记方式。

当不再需要操作某个已打开的文件时，进程可请求系统将其关闭。文件关闭操作由系统调用 close() 完成，唯一的参数是要关闭文件的描述符。关闭操作完成的工作如下：

(1) 找到进程当前使用的 fdtable 结构，清除要关闭的文件描述符在位图 open_fds 和 close_on_exec 中的标记位，找到要关闭的 file 结构，将其在描述符表中的指针清空。

(2) 如果 file 结构的文件操作集中定义了 flush 操作，则执行它。

(3) 将 file 的引用计数 f_count 减 1。若 f_count 已被减到 0，则应释放 file 结构，如将

其从超级块的 s_files 队列中摘下、释放对 dentry 和 vfsmount 结构的引用等。在释放之前，若发现 file 结构的文件操作集中定义了 release 操作，还要执行一次 release。真正的释放操作由注册到 RCU 的回调函数完成，该函数在宽限期结束时销毁 file 结构。

11.4.3　文件内容读写

在已打开文件上的 I/O 操作大致可分成两步，一是根据文件描述符查进程的文件描述符表，找到与之对应的 file 结构，并进行必要的合法性检查；二是执行文件操作集中的对应操作，请求物理文件系统完成真正的文件 I/O 操作，如图 11.15 所示。

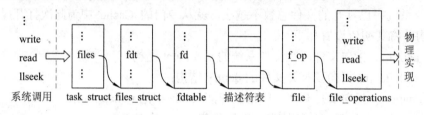

图 11.15　文件 I/O 操作流程

（1）读写头调整 lseek 或 llseek。刚被打开时，file 结构中的读写头总是指向文件的开始位置。每次读写操作完成之后，读写头的位置都会顺序后移。通过系统调用 lseek()或 llseek()可请求 VFS 调整读写头的位置，以便为下一次的读写操作做好准备。如读写头的位置越过了文件尾，则读操作的结果是 0，写操作会增加文件的长度，甚至会在文件中生成空洞。

（2）文件读 read。读文件内容的系统调用是 read()，需要三个参数，分别是文件描述符、数据缓冲区的开始位置、数据长度。数据在文件中的开始位置由 file 结构中的读写头指定。真正文件的读操作由文件操作集中的 read 操作完成。

（3）文件写 write。写文件内容的系统调用是 write()，需要三个参数，分别是文件描述符、数据缓冲区的开始位置、数据长度。数据在文件中的开始位置由 file 结构中的读写头指定。真正文件的写操作由文件操作集中的 write 操作完成。

（4）文件映射 mmap。文件映射用于将文件中的一块连续区间映射到进程的虚拟地址空间中，即为进程新建一个虚拟内存区域(见 8.2 节)。映射成功之后，进程可通过虚拟内存地址直接访问文件，对文件的读写操作由虚拟内存管理器完成。目前 Linux 实现的系统调用称为 mmap_pgoff()，需要六个参数，分别是虚拟地址、长度、各虚拟页的存取许可特性、区域的整体存取控制特性、文件描述符、在文件中的开始位置。

在读写操作中需要进行简单的合法性检查，以保证操作方式与打开时的声明一致且所给的缓冲区是有效的。

文件操作集中的 read、write 操作通常由物理文件系统或设备驱动程序提供。由于数据文件的读写操作通常要经过文件缓存，为了使用统一的缓存管理机制，一般将文件操作集中的 read、write 设成 VFS 提供的通用操作，如 do_sync_read 和 do_sync_write。

除常规的 read()、write()之外，Linux 还提供了其它几种用于读写文件内容的系统调用，其中 readv()用于将指定文件中一块连续的数据读到多个内存缓冲区中，writev()用于将多个内存缓冲区中的数据顺序写入到指定的文件中，preadv()用于将指定文件中指定位置的一块连续数据读到多个内存缓冲区中，pwritev()用于将多个内存缓冲区中的数据顺序写入到指定文件中的指定位置。系统调用 preadv()和 pwritev()不自动调整读写头的位置。

11.5　文件缓存管理

不管是直接文件读写(通过 read、write 类系统调用)还是间接文件读写(通过 mmap 类系统调用)，读写文件内容的操作通常都需要访问外部存储设备，其性能远低于内存访问。为了提高文件操作的性能，操作系统通常将重要的和常用的文件内容暂存在内存中，以备后用。用于暂存文件内容的内存空间称为文件缓存。当需要从文件中读取数据时，操作系统会搜索它的文件缓存，如果需要的数据块已在其中，就可直接使用而不需再访问外存设备。当需要向文件中写入数据时，操作系统会将数据块加入缓存，并在其中进行块的合并、重组、排序，直到时机成熟时再一次性地将它们写到设备上。由于局部化规律的存在，在一个小的时间段内，进程可能会反复访问一些文件块，因而缓存的使用可以极大地减少外存设备的访问次数，提高文件操作的性能。

11.5.1　缓存管理基数树

早期的 Linux 使用两个全局共用的 Hash 表来管理文件缓存，一个称为块缓存(buffer cache)，其单位为块(尺寸可变)，另一个称为页缓存(page cache)，其单位为页(尺寸固定)。全局的双缓存管理结构存在一些问题，如内容来源复杂，容易冲突；访问者需要互斥，性能不高；两个缓存中的内容重复，一致性难以保证等。因而，新版本的 Linux 合并了块缓存和页缓存(其单位为页)，废弃了全局 Hash 表，改用基数(Radix)树来管理文件缓存。在新版本中，Linux 为每个文件都建立了一个独立的缓存(基数树)，不同文件的缓存间不会再互相影响，因而大大提升了缓存管理的灵活性和访问速度。

用做缓存管理的基数树是动态创建的，其中的节点由结构 radix_tree_node 描述。下面是结构 radix_tree_node 的简化定义：

```
struct radix_tree_node {
        unsigned int        height;
        unsigned int        count;
        struct rcu_head     rcu_head;
        void                *slots[64];
        unsigned long       tags[2][2];      // 假设 long 型整数的长度是 32 位
};
```

结构 radix_tree_node 的核心是指针数组 slots，其中的每个指针称为一个槽位，其值或者为空或者指向一个实体。在叶节点中，slots 的每个成员可指向一个 page 结构，用于记录一个文件页在物理内存中的缓存位置。在中间节点中，slots 的每个成员可指向一个下层的 radix_tree_node 结构，用于将各 radix_tree_node 结构组织成 Radix 树。缺省情况下，一个 slots 数组中包含 64 个指针，其中非空的指针数记录在 count 域中。

叶节点的高度是 1，中间节点的高度是其下层节点的高度加 1。节点高度记录在 height

域中。

　　与 IDR(ID Radix)树不同，缓存管理基数树主要用作文件页的查找而不是 ID 号的分配，因而不需要用专门的位图来记录各槽位的使用情况，但却需要位图来记录各缓存页的状态。目前的 Linux 为每个节点准备了两个位图，分别是脏页位图 tags[0]和回写位图 tags[1]。在叶节点中，tags[0][i]为 1 说明 slots[i]所指的是脏页，tags[1][i]为 1 说明 slots[i] 所指的页正在回写过程中。在中间节点中，tags[0][i]为 1 说明以 slots[i]为根的子树中有脏页，tags[1][i]为 1 说明以 slots[i]为根的子树中有正在回写的页。

　　基数树的根由结构 radix_tree_root 定义，如下：

```
struct radix_tree_root {
    unsigned int            height;        // 树高，缓存容量可达 2^(6 × height) 页
    gfp_t                   gfp_mask;      // 页的特殊分配要求
    struct radix_tree_node  *rnode;        // 基数树的根节点
};
```

　　图 11.16 是一个高度为 2 的基数树，可用于缓存大小不超过 $64 \times 64 \times 4KB$ 的文件。

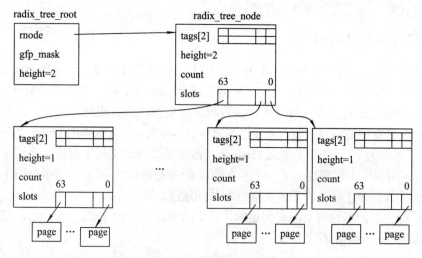

图 11.16　基于基数树的文件缓存

　　基数树的组织结构很像多级页表，它的查找方式也与多级页表相似。给出一个文件页号的二进制表示，从第 0 位开始，按树的高度将其分段(每段 6 位，如图 11.17 所示)，以每段中的值为索引按自顶向下的顺序查各节点中的slots数组，即可找到与之对应的page结构。以图 11.16 为例，用文件页号中的 1 级节点索引查根节点可得到一个叶节点，用页索引查叶节点可找到文件页号所对应的物理页。

图 11.17　文件页号的分段方法

　　初始的基数树中没有节点，radix_tree_root 结构中的 height 为 0，rnode 为空。当第一次向树中插入文件页时，Linux 根据页在文件中的偏移量算出它的文件页号，根据页号确定树

的高度(保证树的容量能涵盖该页号)，而后以页号为索引、按从上到下的顺序为每一层创建一个节点，构造出一个单分支基数树，并让 radix_tree_root 结构中的 rnode 指向根节点，最后将要缓存的文件页插入到叶节点的指定槽位中。在随后的插入操作中，基数树会向两个方向不断扩展。如果要插入的文件页号在树的表示范围内，但对应的中间节点或叶节点不存在，Linux 会自动为其创建中间节点或叶节点，从而向下扩展基数树；如果要插入的文件页号超出了树的表示范围，Linux 会为当前根节点创建父节点，从而增加树的高度和容量，向上扩展基数树。

当然，缓存管理基数树也会随着文件页的删除而收缩。通常情况下，只要将文件页所对应的槽位及标志清空即可将其从基数树中删除，但也有一些例外。若页的删除操作导致叶节点变成空闲的(count 为 0)，则要将叶节点从基数树中删除。若某节点的删除操作导致其父节点也变成空闲的，则要将空闲的父节点从基数树中删除。若删除操作导致根节点变成空闲的，则要释放整棵基数树。因此，基数树的通常收缩方式是从下到上、从叶子到根的。然而，若删除操作导致根节点仅剩余一棵最小的子树(slots[0]所指向的子树)，则要将树的根节点换成当前根节点的最小孩子，以便压缩树的高度。基数树的这类收缩方式是从上到下的。

11.5.2　文件地址空间

文件的基数树记录在它的地址空间(address space)中。在目前的 Linux 版本中，地址空间是一个重要的数据结构，是物理内存与块设备(又称后备存储 backing store)之间的桥梁，由结构 address_space 定义。除文件专用的基数树之外，地址空间中还包含与文件相关的其它管理信息，主要有以下几个：

(1) 域 host 指向所属文件的 inode 结构。Linux 为每个文件定义了一个地址空间，系统中的每个地址空间都属于一个文件。文件 inode 结构中的域 i_mapping 指向它的地址空间，域 i_sb 指向文件所属的超级块 super_block。超级块结构中的域 s_bdev 指向文件所在的块设备 block_device。对文件的读写操作都要转化为对块设备的读写操作，并由块设备驱动程序最终完成。

(2) 域 page_tree 是基数树的根。Linux 为每个文件都建立了一棵基数树，用于记录来自该文件的各页在内存中的存储位置，见 11.5.1。

(3) 域 nrpages 中记录着在基数树中缓存的文件页数。

(4) 域 flags 是一个位图，低端部分记录着新物理页的申请需求，高端部分记录着地址空间的状态，如在做 I/O 操作时出现了错误、地址空间中的页不可回收等。

(5) 域 i_mmap 是优先树的根。Linux 为每个文件都建立了一棵优先树，用于组织映射到该文件的所有线性虚拟内存区域。优先树是一种二叉搜索树，其索引是虚拟内存区域在文件中的开始页号、终止页号及区域长度。

(6) 域 i_mmap_nonlinear 是虚拟内存区域队列的队头。Linux 还为每个文件准备了一个队列，用于组织映射到该文件的所有非线性虚拟内存区域。

优先树和虚拟内存区域队列定义了文件的逆向映射关系，见 8.1 节。给定一个文件页，查地址空间中的优先树和虚拟内存区域队列，可得到包含该页的所有虚拟内存区域，进而可算出该页在各虚拟地址空间中的虚拟地址。

地址空间结构与 inode、基数树等结构的关系如图 11.18 所示。

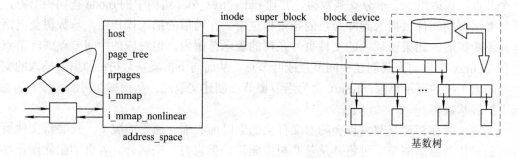

图 11.18　地址空间及其相关结构间的关系

(7) 域 a_ops 指向地址空间操作集。每个地址空间都有一个操作集，其中的操作函数用于在块设备和文件缓存之间传递数据。操作集由结构 address_space_operations 定义，其中的主要操作有以下几个：

① 读操作 readpage 和 readpages 用于将文件中连续的一或多个页读到缓存中。

② 写操作 writepage 和 writepages 用于将缓存中的一或多个页写回到文件中。

③ 阶段写操作 write_begin 和 write_end 用于将缓存中的一或多个页分两阶段写回到文件中，常用在日志文件系统中。

④ 置脏操作 set_page_dirty 用于设置缓存中某个页的脏标志。

⑤ 同步操作 sync_page 用于将缓存中的某个脏页刷新到后备文件中。

⑥ 块转换操作 bmap 用于将一个文件块号转化成块设备中的逻辑块号。

⑦ 直接 I/O 操作 direct_IO 用于直接读写块设备，不需再经过文件缓存。

地址空间操作集由物理文件系统提供，但其中大部分操作都是通用的。

11.5.3　缓存管理机制

Linux 提供了一组通用的接口函数用来管理文件缓存。不管文件来自哪个物理文件系统，它们使用的缓存都具有同样的管理结构，因而应具有同样的对外接口。虽然 Linux 未定义标准的缓存接口操作集，但可将它提供的缓存管理操作大致分成如下几类：

(1) 缓存页创建，如 page_cache_alloc()，用于申请一个新的缓存页。缓存中的物理页都是从伙伴内存管理器中动态申请的，但申请时的特殊需求由地址空间中的 flags 提供。新缓存页的创建操作实际是对物理页分配操作的一种包装，见 6.2.3 节。

(2) 缓存页插入，如 add_to_page_cache()，用于将一个物理页插入到缓存中。在插入之前，应该已在物理页和文件页之间建立了映射关系，如其 page 结构中的 mapping 已指向缓存所在的地址空间、index 记录着与之对应的文件页号。物理页在基数树中的位置由文件页号决定。

通常情况下，插入到缓存的物理页同时还会被插入到 LRU 的非活动队列中。如果物理页上设置有 PG_swapbacked 标志，表示该页的内容不能直接写回文件(如私有映射页、共享内存页、匿名页等)，则应将页插入到 LRU_INACTIVE_ANON 队列中，否则应将页插入到 LRU_INACTIVE_FILE 队列中。

新页被插入缓存之后，其上的锁标志(PG_locked)也会同时被设置，表示物理页已被加锁，可以直接对其进行读写操作。

(3) 缓存页删除，如 remove_from_page_cache()，用于从缓存中删除一个物理页。删除后的物理页不再出现在基数树中，其 page 结构中的 mapping 会被清空。

(4) 文件页查找，如 find_get_page()，用于在缓存中查找保存特定文件页内容的物理页。如果物理页在缓存中，则得到它的 page 结构，否则得到一个空指针。

以页查找操作为基础，还可以提供其它查找服务，如在找到的缓存页上加锁、为不在缓存中的文件页申请物理页并将其插入缓存、查找一组连续的文件页、查找所有的脏缓存页、查找所有正在写回的缓存页等。

(5) 缓存页读入，如 read_cache_page()，用于将文件页的内容读入到缓存页中。Linux 目前采用的读入操作是异步的，基本的读入流程如下：

① 查缓存。如果需要的文件页不在其中，则：

● 创建一个新的缓存页，将其插入到缓存(同时加锁)和 LRU 队列中。

● 执行地址空间操作集中的 readpage 操作，从物理文件系统中将需要的文件页读入到新建的缓存页中。

② 查状态。如果缓存页的内容不是最新的(未设置 PG_uptodate 标志)，则：

● 申请缓存页上的锁。可能会等待，直到 PG_locked 标志被成功设置。

● 如果缓存页的内容不是最新的，则执行地址空间操作集中的 readpage 操作，从物理文件系统中将需要的文件页读入到缓存页中；如果缓存页的内容已是最新的，则解锁。

③ 调状态。如缓存页在 LRU 队列中，则按如下方式调整它的状态和所在的 LRU 队列(见 8.5.2 节)：

● 将非活动(无 PG_active 标志)、未使用(无 PG_referenced 标志)的页改为非活动、已使用(有 PG_referenced 标志)的页(状态 1)。

● 将非活动、已使用的页改为活动(有 PG_active 标志)、未使用的页(状态 2)。

● 将活动、未使用的页改为活动、已使用的页(状态 3)。

在读入期间，缓存页上的锁保持不变。页被读入以后，其上的锁会被释放(标志 PG_locked 被清除)，PG_uptodate 标志也会被设置。

同步读操作与异步读操作的过程一样，不同的是请求者进程需要等待，直到缓存页上的 PG_locked 标志被清除。

以单缓存页读入操作为基础，还可以提供其它服务，如将多个不连续的文件页一次性读入到缓存中、将多个连续的文件页一次性读入到缓存中(常用于超前读)等。

(6) 缓存页写出，如 write_cache_pages()，用于将文件缓存中的脏页写回到文件中。可以将一个文件缓存中的所有脏页全部写回到文件中，也可以仅写出特定范围(从文件的第 m 页到第 m+n 页)内的脏页。写操作通常是异步的，其流程如下：

① 查缓存。遍历基数树，找出指定范围内的所有脏缓存页。

② 查状态。如果某脏缓存页上已设置了 PG_writeback 标志，说明该页正在写出过程中，应等待，直到其上的 PG_writeback 标志被清除。

③ 申请锁。可能会等待，直到脏缓存页上的 PG_locked 标志被成功设置。

④ 调状态。清除各脏缓存页 page 结构中的脏标志。遍历优先树，找到包含脏缓存页的

所有共享虚拟内存区域和与之对应的进程页表，重设指向脏缓存页的各页表项，清除其中的 D 位。

⑤ 写数据。执行地址空间操作集中的 writepage 操作，让物理文件系统将脏缓存页中的数据写回到文件中。

页被写出之后，其上的 PG_writeback 和 PG_locked 标志都会被清除。

(7) 缓存页同步，如 sync_page()，用于请求块设备驱动程序尽快处理在其请求队列中等待的块设备操作请求，完成真正的文件页读写操作，见 12.1.4 节。

同步操作由地址空间操作集中的 sync_page 实现。

11.5.4　文件读写操作

有了文件缓存以后，只有当页不在缓存或虽在缓存但内容已非最新时才需要从文件中读入页，当然，新读入的文件页都要被插入到缓存中。将文件页读入缓存的方式大致有两种，一是通过超前读操作，一次性将多个文件页读入缓存；二是通过缓存页读入操作，仅将需要的单个文件页读入缓存。

在两种情况下系统会通过缓存取用文件页，一是在缺页异常处理中，当发现某文件映射页不在物理内存中时；二是在进程运行中，当需要从某个打开的文件中读入数据时。异常处理程序从缓存中取用的是完整的文件页，页被整个插入到进程页表中，可被直接引用，无需特别处理。进程从缓存中取用的往往不是完整的文件页，且不能直接引用缓存页，需要将其中的数据拷贝到用户缓冲区(buffer)中。因而 read 类系统调用通常完成两件工作，一是通过缓存获得需要的文件页，二是根据读写头的位置和数据长度从页中挑选出进程需要的数据并将其拷贝到用户缓冲区中。

当进程在打开文件上执行 write 类系统调用时，需要完成的工作大致有下列四件：

(1) 执行地址空间操作集中的 write_begin 操作，将写入数据要覆盖的文件页读入到缓存中。如果写入数据能覆盖整个页面，其内容可不要求最新，甚至可不读入。如果还未为文件页分配逻辑块，则要请求物理文件系统为其分配逻辑块。

(2) 将用户缓冲区中的内容拷贝到缓存页的指定位置，更新缓存页的内容。

(3) 调整缓存页的状态和所在的 LRU 队列。更新内容后的缓存页是最新的，可被直接引用。

(4) 执行地址空间操作集中的 write_end 操作，将页设置为脏的，并更新文件的大小、修改时间等属性信息。

因此，write 类系统调用仅将数据拷贝到缓存页中，并未将其写入文件。当下列情况发生时，缓存中的脏页才会被真正写回到文件中：系统中出现了太多的脏页、淘汰算法决定回收某个脏的共享映射页、进程在文件或文件系统上执行了同步操作、文件的 inode 结构即将被销毁、物理文件系统即将被卸载或重装等。脏缓存页的写出操作由地址空间操作集中的 writepage 或 writepages 实现。

由此可见，物理文件系统可在两个位置接管文件 I/O 操作，一是提供专用的文件操作集，二是使用通用的文件操作集但提供专用的地址空间操作集。如果文件 I/O 操作使用了缓存，最好是采用第二种设计方法。

思 考 题

1. 为什么需要虚拟文件系统? 虚拟文件系统的作用是什么?

2. 虚拟文件系统中有哪些关键数据结构? 这些数据结构是在什么时候建立的?

3. 虚拟文件系统是如何完成上、下层操作之间的转换的?

4. Linux 中有几种类型的文件?

5. 文件操作集 file_operations 与地址空间操作集 address_space_operations 之间有什么关系?

6. 早期的 Linux 用一个全局统一的 Hash 表管理页缓存, 新版的 Linux 为每个文件都建立一棵基数树来管理页缓存, 试分析这样改进的好处。

7. 什么叫硬链接? 什么叫符号链接? 为什么要引入符号链接?

8. 文件描述符是什么? 在一个进程中多次打开同一个文件得到的文件描述符是否相同? 相同的文件描述符在不同的进程中是否指同一个文件?

9. 为什么物理文件系统需要注册? 为什么物理文件系统需要安装? 注册和安装之间有什么关系?

第十二章　物理文件系统

虚拟文件系统虽然功能强大，但却仅仅是一个框架，并不真正管理外存中的文件。事实上，物理文件系统才是文件的真正管理者。

早期的物理文件系统都建立在真实的块设备之上，主要负责逻辑块的分配与释放、文件内容的组织与管理(文件块到逻辑块的转换)、文件的组织与管理(文件名到控制块的转换)等。物理文件系统的管理信息记录在块设备中，即使掉电也不会丢失。

随着 Linux 的发展，人们逐渐认识到文件是一种通用的抽象手段，文件系统是一种定义良好的操作接口。除了可以表示存储在块设备中的真实实体之外，还可以用文件描述动态生成的信息，如内核中各子系统的状态等。这类动态生成的文件可以称为虚文件，用于管理虚文件的系统可以称为虚文件系统。将虚文件系统插入到 VFS 框架之后，用户可以用常规的文件操作接口查看、修改虚文件，进而查看内核的状态、修改内核的参数等。为此 Linux 开发了多种不需要物理块设备支持的虚文件系统，如 proc、sysfs 等，极大地提高了内核的透明度和管理质量。

在近期的发展中，开发者们开始借助虚文件系统的管理机制来管理 Linux 的其它子系统，如管道、消息队列、共享内存等。这种纯粹在内核中使用、用户无法看到的虚文件系统可称为伪文件系统，如 pipefs、mqueue、shm 等。

从虚拟文件系统的角度看，不管文件系统能否为用户所见，不管其信息是否驻留在物理块设备之上，只要实现了 VFS 的下层接口，它就是一个物理文件系统。

12.1　块设备管理

除了用于特殊目的的伪文件系统和虚文件系统之外，主流的物理文件系统都建立在块设备之上。块设备与字符设备和网络设备一道，构成了 Linux 的三大外部设备。

块设备的典型代表是磁盘、光盘、U 盘等。一个完整的块设备又可以分成多个分区，每个分区上都可以建立一个物理文件系统。与字符设备和网络设备相比，块设备具有自己的特点，如总是被抽象成块的数组、总可利用序号对其中的块进行随机访问、基本访问单位是块而不是字节、I/O 操作一般要经过缓存等。

由于块设备的上述特点，Linux 定义了较为复杂的块设备管理层来专门管理系统中的块设备。块设备管理层用结构 gendisk 描述块设备的物理特征，用结构 block_device 描述块设备的逻辑特征。前者所描述的设备可称为物理块设备，后者所描述的设备可称为逻辑块设备。物理块设备的操作单位是扇区，逻辑块设备的操作单位是块。

12.1.1　块设备的用户表示

Linux 把自己的每个块设备看成是一个特殊的数据文件，称为块设备特殊文件，并在/dev 目录中给每个块设备特殊文件指派了一个文件名，如/dev/hda1、/dev/sda2 等。一个块设备特殊文件代表的是系统中的一个特定块设备(如/dev/sde 代表的是一块 U 盘)或特定块设备中的一个特定分区(如/dev/hda1 代表的是第一块 IDE 磁盘的第一个分区)。块设备特殊文件中的第 i 块对应着块设备中的第 i 块。与普通文件一样，块设备特殊文件也可以被打开并被读写。向块设备特殊文件的第 i 块写入的数据实际被写入到了块设备的第 i 块中，从块设备特殊文件的第 i 块中读出的数据实际是块设备第 i 块中的数据。

Linux 的用户用块设备特殊文件的文件名来标识块设备，Linux 内核却用设备号来标识块设备。设备号的类型为 dev_t，由两部分组成，其中的主设备号(major)标识的是块设备整体，如整块磁盘，次设备号(minor)标识的是块设备中的分区。一个块设备号可以唯一地标识一个块设备，正如一个 PID 可以唯一地标识一个进程一样。

为了实现文件名与块设备号之间的转换，Linux 复用了块设备特殊文件的 VFS inode 结构，将实体的类型(块设备)和访问权限记录在 i_mode 域中，将块设备的大小记录在 i_size 域中，将块设备的设备号记录在 i_rdev 域中。

解析一个特定的块设备特殊文件名，可以得到它的 VFS inode 结构，从中可以获得块设备的设备号，据此可找到它的逻辑和物理表示结构。打开一个块设备特殊文件实际上打开的是与之对应的块设备，为该文件指定的操作集不同于普通的文件操作集，其中的 read、write 操作读写的是块设备本身而不是块设备特殊文件。由此可见，块设备特殊文件仅仅是块设备的一种用户态表示，它在系统中仅有一个 inode 结构，并无实际的数据块。块设备特殊文件的主要作用是实现文件名与设备号之间的转换。

12.1.2　块设备的物理表示

在物理上，每个块设备都有自己特殊的属性，如大小、操作方法等。为了统一管理系统中所有的块设备，Linux 抽象出了各类块设备的共同属性和操作方法，定义了结构 gendisk 用于描述整体的物理块设备(如整块磁盘)，定义了结构 hd_struct 用于描述块设备中的单个分区。

结构 gendisk 中包含一个物理块设备的主要描述信息，如图 12.1 所示。

(1) 每个物理块设备都有一个唯一的主设备号，记录在 major 中。其中的每个分区都拥有同样的主设备号，但却有不同的次设备号。一个物理块设备可以拥有多个次设备号，从 first_minor 开始，共 minors 个。

(2) 分区表 part_tbl 用于记录物理块设备的分区情况，实际是一个指针数组，其中的每个指针都指向一个 hd_struct 结构。物理块设备的第 0 号分区 part0 具有特殊的意义，它从分区的角度描述物理块设备自身，因而总是存在的。第 0 号分区是整个物理块设备的代表。

(3) 虽然一个物理块设备可能包含多个分区，但各个分区的操作方式应该是相同的。Linux 要求它的每个物理块设备驱动程序都提供一个操作集 block_device_operations，用于实现物理块设备特定的操作，如 open、release、ioctl、media_changed 等。

(4) 与字符设备不同，对块设备的读写操作通常不会立刻实施，而是被包装成请求并被挂在物理块设备的请求队列中排队。物理块设备可按某种调度策略对等待的请求进行合并、重组、排序等，以期尽量减少块设备操作的次数，提高块设备操作的性能。显然，一个物理块设备仅需要一个请求队列(域 queue)，对该块设备的所有操作请求，不管是对哪个分区的，都应被挂在同一个队列上排队。当时机成熟时，Linux 会按照某种特定的顺序，一次性地处理掉队列中的所有请求。

(5) 结构 gendisk 仅定义了物理块设备的通用属性，块设备特殊的描述信息可以被包装在专门的结构中，记录在 private_data 域内。

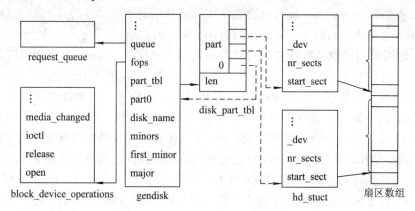

图 12.1　单个物理块设备的描述结构

结构 hd_struct 中包含一个分区的主要描述信息，如图 12.1 所示。

(1) 物理块设备的基本访问单位是扇区，可将一个物理块设备抽象成一个扇区的数组，将一个分区抽象成该数组中的一块连续区间，从 start_sect 扇区开始，共 nr_sects 个扇区。第 0 号分区的 start_sect 是 0，nr_sects 是整个物理块设备的扇区总数。

(2) 结构 hd_struct 中的__dev 是一个内嵌的 device 结构，其中包含分区的名称、类型、所属总线和一个 kobject 结构。系统中所有的分区被它们的 device 结构组织成一棵拓扑树，用于描述块设备的拓扑结构，见图 3.11。第 0 号分区代表整个物理块设备，是拓扑树中其余分区的父节点。

系统中所有物理块设备的 gendisk 结构被组织在 Hash 表 bdev_map[]中，Hash 值是主设备号。数组 bdev_map[]中的每个指针指向一个 probe 结构，拥有同样 Hash 值的 probe 结构被串成一个单向链表，如图 12.2 所示。结构 probe 的定义如下：

```
struct probe {
    struct probe        *next;              // 拥有同样 Hash 值的下一个 probe 结构
    dev_t               dev;               // 开始设备号，包括主设备号和次设备号
    unsigned long       range;             // 物理设备所拥有的次设备号数量
    struct module       *owner;            // 模块
    kobj_probe_t        *get;              // 特定操作，用于获得物理设备的 kobject 结构
    int (*lock)(dev_t, void *);            // 特定操作，用于获得设备相关的锁，常为 NULL
    void                *data;             // 指向物理设备的 gendisk 或字符设备的 cdev
}
```

缺省情况下，数组 bdev_map[]中的指针全都指向同一个缺省的 probe 结构。

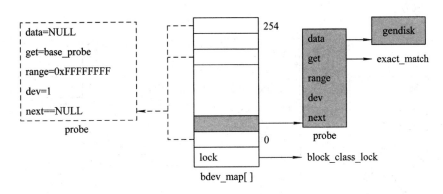

图 12.2　物理块设备组织结构

当物理块设备被它的驱动程序检测到时，它的 gendisk 结构会被创建，块设备中存储的分区表会被分析，与之相关的分区结构 hd_struct 会被逐个创建并加入到 gendisk 的分区表中。初始化之后的 gendisk 先被包装在 probe 结构中，再被注册到数组 bdev_map[]中(替换掉缺省的 probe)。根据主设备号查数组 bdev_map[]可以方便地找到设备的 gendisk 结构。当然，分区结构的建立时机也可推迟到块设备第一次被打开之时。

除了 gendisk 和 hd_struct 之外，不同种类的物理块设备还定义了自己专用的管理结构(记录在 gendisk 结构的 private_data 域中)，如 SCSI 磁盘的 scsi_device 和 scsi_disk 结构、IDE 磁盘的 ide_drive_t 和 ide_disk_obj 结构等。特定物理块设备的管理工作需依赖它们自己的私有管理结构。

12.1.3　块设备的逻辑表示

结构 gendisk 和 hd_struct 主要是给块设备驱动程序使用的，所描述的是块设备的物理特征。每类块设备驱动程序都会在自己的 gendisk 结构中注册操作集和请求队列。对驱动程序来说，以扇区为单位操作块设备是方便而灵活的，因而 gendisk 和 hd_struct 中的基本单位都是扇区。但对块设备的上层用户(如物理文件系统)来说，扇区的尺寸过小，通常无法满足它们的需求。事实上，物理文件系统通常以块(由若干连续的扇区组成)为单位操作块设备。即使操作的是同一个物理块设备，不同物理文件系统所使用的块尺寸也可能不同。为了实现不同操作单位(块与扇区)之间的转换，需要再为块设备定义一种逻辑表示方式。

Linux 用结构 block_device 描述块设备的逻辑特征。对块设备的用户来说，一个 block_device 结构唯一地标识了一个逻辑(或虚拟)块设备，虽然它实际上可能只是某个物理块设备中的某个分区。逻辑块设备的用户看到的是一个逻辑块的数组而不再是扇区的集合。结构 block_device 中的主要内容有以下几个，如图 12.3 所示。

(1) 逻辑块设备的设备号 bd_dev，等价于某个物理分区的设备号。

(2) 逻辑块设备所对应的物理块设备 bd_disk(指向结构 gendisk 的指针)。

(3) 逻辑块设备所对应的物理分区 bd_part(指向结构 hd_struct 的指针)。

(4) 逻辑块的尺寸 bd_block_size。

(5) 逻辑块设备的持有者 bd_holder。内核的某个组件，如物理文件系统。

(6) 所属逻辑块设备 bd_contains(代表物理分区的逻辑块设备从属于代表整个物理块设

备的逻辑块设备)。

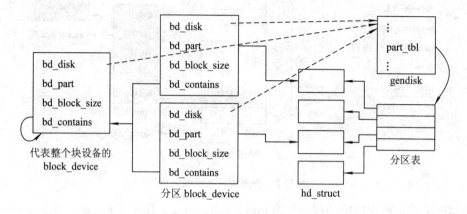

图 12.3　逻辑块设备与物理块设备之间的关系

系统中所有的 block_device 结构被其中的节点 bd_list 串联成一个双向链表，表头是 all_bdevs。搜索链表 all_bdevs 可以找到任何一个 block_device 结构，但效率较低。为了便于 block_device 结构的管理，Linux 将一个 block_device 结构与一个 VFS inode 结构包装在一起，定义了一种新的容器结构 bdev_inode，如下：

```
struct bdev_inode {
    struct block_device    bdev;
    struct inode           vfs_inode;
};
```

定义结构 bdev_inode 的目的是为了借用 VFS 的管理结构(如 inode 缓存、超级块操作集等)来管理系统中的逻辑块设备，即 block_device 结构。事实上，在系统初始化时，Linux 创建了一个伪文件系统 bdev，专门用于组织它的 bdev_inode 结构。在打开块设备时，Linux 为其创建的实际是一个 bdev_inode 结构，其中的 vfs_inode 会被插入到 VFS 的管理结构之中。以逻辑块设备的设备号为索引查 VFS 的 inode 缓存可获得该块设备的 inode 结构，通过 container_of()函数可算出包含它的 bdev_inode 结构，进而可得到与之绑定的 block_device 结构。虽然一个物理块设备可以有多个特殊文件，但它仅拥有一个设备号，因而仅能有一个 block_device 结构。

当然，在与 block_device 绑定的 VFS inode 结构中还可以记录逻辑块设备的其它管理信息，如逻辑块设备的大小、访问权限、块尺寸等，直接从逻辑块设备中读取的页被缓存在该 VFS inode 的地址空间中。

用户在使用物理块设备之前需通过打开操作创建或获得它的 block_device 结构。如果块设备曾经被打开过，通过块设备号可以找到它的 block_device 结构；如果块设备未被打开过，则需为其创建新的 block_device 结构。一个块设备可以被多次打开，但仅会为其创建一个 block_device 结构。块设备被打开的过程如下：

(1) 解析块设备特殊文件的路径名，获得它的 VFS inode 结构，进行必要的权限检查，从中取出块设备的设备号 rdev。

(2) 如果块设备曾被打开过，那么它的 block_device 结构应该已被创建并被记录在块设备特殊文件的 VFS inode 结构的 i_bdev 域中，可以直接得到。

(3) 即使块设备特殊文件的 VFS inode 结构的 i_bdev 为空，它的 block_device 结构也可能在缓存中。以设备号 rdev 为 Hash 值在 inode_hashtable 中查 bdev 文件系统中的 VFS inode，如果能在其中找到与之对应的 bdev_inode 结构，那么其中的 bdev 就是所需的 block_device 结构，可以直接得到。

(4) 如果设备号为 rdev 的 VFS inode 结构不在 inode 缓存中，则需为其新建一个：

① 创建一个新的 bdev_inode 结构，初始化其中的 inode 和 block_device 结构，如 block_device 结构中的 bd_dev 和 bd_block_size 等。

② 将 bdev_inode 中的 VFS inode 结构插入到 bdev 文件系统的管理队列中。

③ 将 bdev_inode 中的 block_device 结构插入到 all_bdevs 链表中。

④ 建立块设备特殊文件的 VFS inode 与块设备的容器结构 bdev_inode 之间的链接关系，如图 12.4 所示。

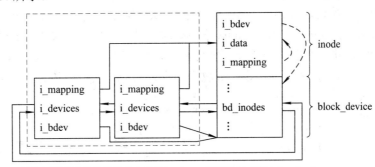

图 12.4 块设备特殊文件与块设备 bdev_inode 结构间的关系

⑤ 为逻辑块设备(即 block_device 结构)指派物理块设备和分区：

● 如果要打开的是整个块设备(第 0 号分区)，则根据主设备号从数组 bdev_map[]中找出物理块设备的 gendisk 结构，从其分区表中找出第 0 号分区的 hd_struct 结构，将它们分别记录在 block_device 结构的 bd_disk 和 bd_part 域中，并执行 gendisk 中的 open 操作，完成物理块设备硬件的初始化。

● 如果要打开的是块设备的非 0 号分区，则先打开整个块设备，再根据块设备的主、次设备号找出与之对应的 gendisk 和 hd_struct 结构，并将它们分别记录在 block_device 结构的 bd_disk 和 bd_part 域中。打开非 0 号分区时不需要执行 gendisk 中的 open 操作。

(5) 创建一个 file 结构，将其填入当前进程的文件描述符表中。新 file 结构的操作集为 def_blk_fops。

当块设备特殊文件的 VFS inode 被释放时，VFS 会断开它与 bdev_inode 结构的链接。当引用 block_device 的最后一个块设备特殊文件的 VFS inode 被释放时，整个 bdev_inode 结构才会被释放。

12.1.4 请求队列

在打开之后的块设备上可以进行正常的读写操作。与字符设备不同，对块设备的操作请求一般不会立刻交给设备的硬件，而会被稍稍延迟。Linux 的块设备管理层会收集对各个物理块设备的操作请求，直到时机成熟时再对其进行批量处理。延迟并批量处理块设备请求会带来许多好处，如可以将相邻的操作合并在一起，从而减少操作的次数；可以对收集到的操作进行适当的重组、排序，从而使操作方式更加合理等。为了收集物理块设备操作请求，Linux 采取了两项措施，一是为每个物理块设备都准备了一个请求队列，二是将对物理块设备的每一次读写操作都包装成一个请求结构并挂在设备自身的请求队列中排队。

Linux 用结构 request 描述物理块设备操作请求。一个请求表示在物理内存和物理块设备之间的一次数据传送。从内存到块设备的数据传送称为写操作，从块设备到内存的数据传送称为读操作。一个 request 结构仅能表示一类操作，要么读，要么写，且所操作的逻辑块在设备上必须是连续的。

描述请求的参数主要有三类，一是数据在块设备上的位置和长度，二是数据在内存中的位置和长度，三是数据传送的方向。数据在物理块设备上的位置由扇区号标识，在内存中的位置由物理页的 page 结构和在页中的偏移量标识，传送方向由操作命令标识(读或写)。在早期的版本中，一次请求描述的是块设备上的一块连续扇区与物理内存中的一块连续区间之间的数据传送。在新的实现中，Linux 不再要求这种连续性，一次请求可以对应多个不连续的内存缓冲区，并允许在一个请求中包装多个数据传送。为此，在 request 之外，Linux 又引入了结构 bio，用于描述物理块设备和物理内存之间的一次数据传送，如图 12.5 所示。

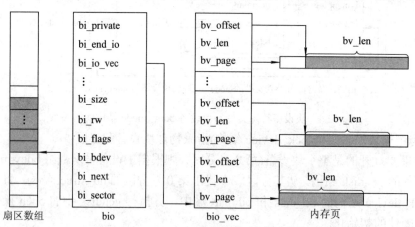

图 12.5　一个 bio 结构所描述的数据传送

在 bio 结构中，bi_bdev 是参与此次数据传送的逻辑块设备，bi_sector 是数据在块设备中的开始扇区号，bi_size 是数据的长度(单位是字节)，bi_io_vec 是一个结构数组，记录着数据在物理内存中的位置，bi_vcnt 是数组中的结构数，bi_rw 和 bi_flags 是数据传送的方向和特殊要求，它们共同描述了一次完整的数据传送。另外，bi_end_io 指向一个善后处理函数，用于数据传送完毕后的清理；bi_private 是驱动程序专用的信息。

一个 request 中可以包含多个 bio 结构，它们被串成一个双向链表。在一个 request 中，所有的 bio 按 bi_sector 排序(从小到大)，它们所操作的扇区必须是连续的，所请求的传送方向也必须是一致的，如图 12.6 所示。针对一个物理块设备的所有未处理的请求都被组织在该设备的请求队列中。每个物理块设备都有一个请求队列，结构 gendisk 中的 queue 指向该队列，如图 12.1 所示。

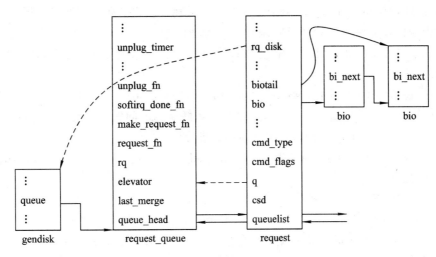

图 12.6　物理块设备的请求队列

请求队列由结构 request_queue 描述，其中包含如下信息：

(1) 请求队列的队头 queue_head。用于组织待处理的操作请求，即 request 结构。

(2) I/O 调度器 elevator。将请求挂在队列 queue_head 中的主要目的是为了对其进行合并、排序、重组等，也就是调度。不同的物理块设备可以采用不同的请求调度策略，域 elevator 中记录着物理块设备选用的 I/O 调度器，俗称电梯算法。目前 Linux 提供的 I/O 调度器有先来先服务调度器(noop)、死线调度器(deadline)、预估调度器(as)、完全公平调度器(cfq)等。用户可根据需要为各物理块设备选择 I/O 调度器，目前缺省的调度器是 cfq。I/O 调度器的主要内容是一个操作集，其中包括 bio 合并操作、请求合并操作、请求插入操作、请求分发操作等。

(3) 空闲请求池 rq。在系统运行过程中，结构 request 的使用十分频繁，需要不断地创建和释放。如果因为物理内存紧张而无法创建 request 结构，系统对块设备的操作请求将无法递交，严重时会影响物理内存回收，甚至会导致系统崩溃。为解决上述问题，Linux 为每个请求队列都准备了一个空闲请求池，在其中预留了一些(至少 4 个)空闲的 request 结构，以备急需。

(4) 队列上限 nr_requests。虽然适当地收集请求可提高块设备操作的性能，但收集的请求数也不宜太多。当队列中的请求数超过 nr_congestion_on 时，说明该队列出现了拥塞，需降低请求产生的速度；当队列中的请求数超过上限 nr_requests(缺省值为 128)时，说明队列已满，应将新的请求者进程挂在请求池 rq 的队列中等待。

(5) 请求队列管理操作，主要包括如下几个：

① 新请求创建操作 make_request_fn。该操作用于将新的请求加入到请求队列中，常用的是函数 __make_request()。

② 物理块设备拔出操作 unplug_fn。当物理块设备处于插入(或冻结)状态时，它接收但不处理请求，新到达的请求被挂在队列中排队；当物理块设备被拔出(或激活)时，它执行队列中的 unplug_fn 操作，一次性地处理完队列中的所有请求。设备被拔出的条件很多，如队列满、等待超时、设备同步等。

③ 请求处理操作 request_fn。操作 request_fn 是物理块设备驱动程序必须提供的核心操作，用于驱动块设备硬件，处理针对块设备的操作请求。当物理块设备被拔出时，该操作被执行，在设备上等待的请求会被该操作逐个处理，各请求所要求的操作(读、写块设备)会被逐个执行。

④ 块设备软中断处理操作 softirq_done_fn。如果队列中的请求过多，对它们的处理时间就可能很长，严重时会影响其它工作的处理。为解决这一问题，Linux 将大量的操作请求交给块设备软中断 BLOCK_SOFTIRQ(具体的处理方法由 softirq_done_fn 定义)。

(6) 定时器 unplug_timer、定时间隔 unplug_delay、队列上限 unplug_thresh 等用于控制物理块设备的拔出时机。

当物理块设备被发现时，系统会为其建立私有的管理结构，如 SCSI 的 scsi_device，其中肯定包括一个请求队列。在物理块设备被初始化的同时，它的请求队列也会被初始化，其中的 I/O 调度器和请求队列管理操作都会被指定。当物理块设备被驱动程序发现时，它的 gendisk 结构会被建立，其中的 queue 域就被设成私有管理结构中的请求队列。由于该队列已被初始化，因而可以直接使用。

12.1.5　请求递交

请求队列中的 request 结构是动态创建并加入的。物理文件系统将自己的数据传送需求包装在 bio 结构中，而后通过函数 generic_make_request()递交给块设备管理层。物理文件系统每次仅递交一个 bio，它所表示的逻辑块在设备上是连续的(由若干个连续的扇区组成)。若物理文件系统要读写不连续的逻辑块，它需要创建多个 bio 结构。特别地，读、写 bio 的善后处理函数分别是 mpage_end_io_read()和 mpage_end_io_write()。

函数 generic_make_request()完成如下的处理工作：

(1) 对请求的大小、位置等进行合法性检查。

(2) 如果 bio 是对物理分区的操作请求，那么其中的 bi_bdev 指向的是代表分区的逻辑块设备，bi_sector 是相对于分区开始位置的扇区号，需要将 bi_bdev 改成代表整个物理块设备的 block_device 结构，将 bi_sector 改成相对于物理块设备开始位置的扇区号，从而将对物理分区的操作请求转化为对物理块设备的操作请求。

(3) 执行物理块设备请求队列中的 make_request_fn 操作，完成新请求的递交。

一般情况下，系统为请求队列指定的 make_request_fn 操作都是_ _make_request()。函数_ _make_request()是块设备 I/O 调度器的对外接口，其基本的思路是将新到来的 bio 结构交给物理块设备的 I/O 调度器，由 I/O 调度器根据自己的调度策略决定下一步的处理方法，大致有以下三种：

(1) 将 bio 结构合并到某 request 的队尾。如果 I/O 调度器发现新 bio 的开始位置与队列中某个 request 结构的终止位置在物理上是邻接的且它们的传送方向一致，则可将新 bio 插入到该 request 结构的队尾(域 biotail 指向队尾)。

如果新 bio 的加入使该 request 与其后的 request 变成邻接的，且它们的传送方向也一致，则可以将后一个 request 中的 bio 合并到该 request 中，并将后一个 request 释放。

(2) 将 bio 结构合并到某 request 的队头。如果 I/O 调度器发现新 bio 的终止位置与队列中某个 request 结构的开始位置在物理上是邻接的且它们的传送方向一致，则可将新 bio 插入到该 request 结构的队头(域 bio 指向队头)。

如果新 bio 的加入使该 request 与前一个 request 变成邻接的,且它们的传送方向也一致,则可以将该 request 中的 bio 合并到前一个 request 中,并将该 request 释放。

(3) 为 bio 创建一个全新的 request 结构。如果 I/O 调度器发现新 bio 不与队列中任何 request 邻接,或虽然邻接但传送方向不一致,无法将新 bio 合并到已有的 request 结构中,则必须为其新建一个 request。新 request 结构的内容大都来自 bio 结构,且会被 I/O 调度器插入到队列中的合适位置。

由于队列中加入了新的请求,因而需要调整物理块设备的状态。如果队列此前是空的,一般应将块设备置为插入(或冻结)状态;如果请求者特别指定或块设备不需要按批量方式处理操作请求,则应立刻将其拔出。其它情况下不需要对块设备的状态做特别处理,新请求将一直留在请求队列中等待,直到物理块设备被拔出。

12.1.6　请求处理

不管引起拔出的原因是什么,一旦物理块设备被拔出,它的 unplug_fn 操作就会被执行。虽然不同种类的物理块设备可能为自己指定不同的 unplug_fn 操作,但它们最终都会执行队列中的 request_fn 操作。

操作 request_fn 由底层的块设备驱动程序提供,用于批量处理请求队列中的块设备操作请求,即处理队列中的各个 request 结构。如果请求队列中有多个 request 结构,各结构的处理顺序由物理块设备自己的 I/O 调度器决定。

不同种类的物理块设备对操作请求的处理方法也不同。IDE 类磁盘的驱动程序会将一个 request 结构翻译成对 DMA 控制器和磁盘控制器的设置操作,从而启动一到多次数据传送。SCSI 类磁盘的驱动程序会将一个 request 结构翻译成一组 SCSI 命令,并通过 SCSI 总线将其发送给 SCSI 目标器(target),从而启动一次数据传送。

总之,物理块设备的底层驱动程序会将一个 request 结构翻译成一组硬件操作,从而控制底层的硬件设备完成预定的数据传送操作,即将数据由物理内存写到指定的扇区中,或将指定扇区中的数据读到物理内存的预定位置。

处理后的 request 结构会被从队列中摘下,其中各个 bio 中的善后处理程序 bi_end_io 会被执行,request 及其中的 bio 结构会被释放,等待者进程也会被唤醒。

12.2　EXT 文件系统

虽然 Linux 已可支持数十种物理文件系统,但 EXT(Extended File System)系列的文件系统一直是它的核心。EXT 是多种 Linux 发布中的缺省文件系统,是 Linux 物理文件系统的典型代表。

在开发之初,Linux 的文件系统是从 Minix 中借来的。由于 Minix 的文件系统是为教学设计的,容量小、名字短,不大适合在正式系统中使用,因而在 1992 年发布的 0.96c 版中,Linux 引入了虚拟文件系统 VFS 和扩展文件系统 EXT。EXT 是专门为 Linux 设计的第一个物理文件系统,其最初的设计灵感来源于 UFS(Unix File System),后又从 FFS(Fast File System)

中借鉴了大量的设计理念，形成了 EXT2 文件系统。在 2001 发布的 2.4.15 版中，Linux 又在 EXT2 中集成了日志机制以便提高系统的可靠性，由此形成了 EXT3 文件系统。2008 年，受 CFS(Cluster File System)的启发，EXT3 的容量被扩展、块管理算法被改善，形成了 EXT4 文件系统。

物理文件系统的设计比较复杂，其设计工作大致包括三个方面，一是确定物理文件系统在块设备上的布局并定义物理文件系统的管理结构，二是设计逻辑块和 inode 的管理算法，三是实现 VFS 的底层接口，包括超级块操作集、inode 操作集、文件操作集、地址空间操作集等。

12.2.1　EXT 文件系统布局

EXT 文件系统建立在块设备之上，它的每个实例可用于管理块设备的一个分区。为了管理方便，EXT 将一个分区看成一个大的逻辑块数组，并将该数组划分成一系列等尺寸的块组(Block Group)。一个块组中包含一组连续的逻辑块。块组中的逻辑块除用于存储文件数据之外，还需要存储块组自身的管理信息，如块位图、inode 位图、inode 表等，并需要备份全文件系统的管理信息，如超级块、块组表等。

在图 12.7 所示的 EXT 文件系统布局中，超级块和块组表属于冗余信息，不需要在每个块组中备份。事实上仅有几个块组中含有备份信息，如块组 1、块组 3^n、块组 5^n、块组 7^n 等。块组自身的管理信息是独立的，没有备份。

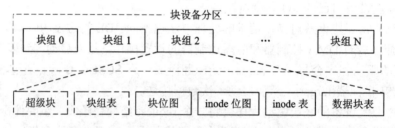

图 12.7　EXT 文件系统在块设备上的布局

超级块中记录着 EXT 文件系统的总体描述信息，其长度虽只有 1024 字节，却占用 1 个完整的逻辑块。第 0 块组的超级块中可能有一个引导扇区，备份的超级块中都没有引导扇区。图 12.8 所示是三类块组的布局结构。

块组表是一个结构数组，其中的一个结构描述一个块组的状态。单个块组结构的长度为 32 字节，块组表的大小=块组个数×32 字节，占用一到多个逻辑块。

块位图占用 1 个逻辑块，其中的每一位描述块组中一个逻辑块的使用情况，是逻辑块分配与回收的依据。若逻辑块的大小为 4 KB，那么一个块组中可含 4096×8=0x8000 个逻辑块，大小可达 128 MB，第 m 块组的第 n 位描述的是块设备中第 m×0x8000+n 个逻辑块的使用情况。

EXT 的 inode 位图占用 1 个逻辑块，其中的每一位描述块组中一个 EXT inode 的使用情况，是 EXT inode 管理的依据。若逻辑块的大小为 4 KB，那么一个块组中最多可定义 0x8000 个 EXT inode。在实际系统中，单个块组中定义的 EXT inode 数通常远小于 0x8000，如 0x3f40。第 m 块组的第 n 位描述的是整个 EXT 中第 m×0x3f40+n+1 个 inode 的使用情况。

0	引导扇区	空
	超级块	
	空	
	空	
1～i	块组表	
i+1	块位图	
i+2	inode 位图	
i+3～m	inode 表	
m+1 ⋮	数据块表	

第0块组的布局

0	空
	超级块
	空
	空
1～i	块组表
i+1	块位图
i+2	inode 位图
i+3～m	inode 表
m+1 ⋮	数据块表

有备份块组的布局

0	块位图
1	inode 位图
2～n	inode 表
n+1 ⋮	数据块表

无备份块组的布局

图 12.8　不同类型的块组布局

inode 表是一个 EXT inode 结构的数组,其中的一个结构描述一个 EXT 实体的状态。inode 表是在 EXT 文件系统创建时建立的,其中的 inode 数是固定的。EXT 的每个 inode 占用 0x80 字节,单个块组中的 inode 表会占用多个逻辑块。不管一个 EXT 文件系统管理多少个块组,它的 inode 都是统一编号的(从 1 开始),如第 0 块组中的 inode 号从 1 到 0x3f40,第 1 块组中的 inode 号从 0x3f41 到 0x7e80 等。

inode 表后面的数据块表是一个逻辑块的数组,其中的逻辑块可分配给任意一个文件,用于保存文件的内容或索引表。

12.2.2　EXT 管理结构

与 VFS 不同,EXT 文件系统的管理信息永久地驻留在块设备之中。为了便于使用,EXT 将自己的管理信息包装在多个结构中,包括超级块结构、块组结构、inode 结构、目录项结构等。随着 EXT 的升级,它的管理结构也在不断变化,但维持了向后的兼容性。事实上,在设计之初,EXT 就在其管理结构中留出了足够的空闲空间,利用这些空间可以定义许多新的特性,如日志等。所有版本的 EXT 使用的是同样的管理结构,新版本增加的特性全都位于老版本的填充部分。下面列出的管理结构来源于 EXT2 文件系统,是 EXT 管理结构的基础与核心。

在 EXT 管理结构中,类型_le32 和_u32 是 32 位无符号整数、_le16 和_u16 是 16 位无符号整数、_u8 是 8 位无符号整数。

1. 超级块结构

超级块结构描述整个 EXT 文件系统的状态,包括逻辑块的大小、总块数和空闲块数、总 inode 数和空闲 inode 数、标识、版本号、安装时间、修改时间等。EXT2 用结构 ext2_super_block 定义其超级块,其主要内容如下:

```
struct ext2_super_block {
    _le32   s_inodes_count;              // EXT inode 结构的总数
    _le32   s_blocks_count;              // 逻辑块总数
```

```
    _le32   s_r_blocks_count;              // 预留的逻辑块数
    _le32   s_free_blocks_count;           // 空闲的逻辑块数
    _le32   s_free_inodes_count;           // 空闲的 EXT inode 数
    _le32   s_first_data_block;            // 第一个逻辑块的编号
    _le32   s_log_block_size;              // 逻辑块的大小
    _le32   s_log_frag_size;               // 片段的大小
    _le32   s_blocks_per_group;            // 每个块组中的逻辑块数
    _le32   s_frags_per_group;             // 每个块组中的片段数
    _le32   s_inodes_per_group;            // 每个块组中的 EXT inode 数
    _le32   s_mtime;                       // 安装时间
    _le32   s_wtime;                       // 最后一次写操作的时间
    _le16   s_mnt_count;                   // 安装次数
    _le16   s_max_mnt_count;               // 最大安装次数
    _le16   s_magic;                       // 魔数
    _le16   s_state;                       // 状态，上次是否被正常卸载
    _le16   s_errors;                      // 发生错误时的处理方式，如只读重装
    _le16   s_minor_rev_level;             // 次版本号
    _le32   s_lastcheck;                   // 上一次检查的时间
    _le32   s_checkinterval;               // 两次检查间的最大时间间隔
    _le32   s_creator_os;                  // 创建该实例的操作系统
    _le32   s_rev_level;                   // 主版本号
    _le16   s_def_resuid;                  // 可使用预留块的用户 UID
    _le16   s_def_resgid;                  // 可使用预留块的用户 GID
    _le32   s_first_ino;                   // 第一个非预留的 EXT inode 号
    _le16   s_inode_size;                  // EXT inode 结构的长度
    _le16   s_block_group_nr;              // 该超级块所在的块组号
    _le32   s_feature_compat;              // 兼容特性集
    _le32   s_feature_incompat;            // 非兼容特性集
    _le32   s_feature_ro_compat;           // 只读的兼容特性集
    _u8     s_uuid[16];                    // 128 位的 uuid
    char    s_volume_name[16];             // 卷名
    char    s_last_mounted[64];            // 上一次安装时的安装点
    _le32   s_algorithm_usage_bitmap;      // 压缩算法专用位图
    _u8     s_prealloc_blocks;             // 预分配块数
    _u8     s_prealloc_dir_blocks;         // 为目录预分配的块数
        ⋮
};
```

魔数 s_magic 是 EXT 文件系统的标识，其值为 0xEF53。

逻辑块的大小 s_log_block_size 是个指数，真正的块大小为 $2^{s\_log\_block\_size}$KB。逻辑块的

大小是在文件系统创建时决定的，可选的值有三个，分别是 1 KB、2 KB 和 4 KB。块大小是 EXT 文件系统的核心参数，是所有管理结构建立的基础，不允许动态修改。

为了便于管理，EXT 文件系统预留了几个 inode 结构，其中第 1 号为坏块 inode、第 2 号为根 inode、第 4 号为 ACL DATA、第 8 号为 JOURNAL 等。可分配给用户使用的第一个 EXT inode 号记录在 s_first_ino 中。

EXT 文件系统在不断变化，新的特征不断被引入。为了维护系统的兼容性，需要记录本 EXT 实例适用与不适用的特征，为此 EXT 在其超级块中定义了三个位图，其中 s_feature_compat 是可在本实例上使用的特征(如日志、扩展属性等)、s_feature_incompat 是不可在本实例上使用的特征(如压缩、恢复等)、s_feature_ro_compat 是只可在本实例上以只读方式使用的特征(如超大文件、BTREE 目录等)。

图 12.9 所示是超级块结构的一个实例片段，其意义可对照定义解析出来，如总 EXT inode 数为 0x000BDC00、总块数为 0x0017AF90、空闲块数为 0x000EB2C4、空闲 EXT inode 数为 0x000977A4、块大小为 4 KB、单个块组中的逻辑块数为 0x8000、单个块组中的 EXT inode 数为 0x3f40、第一个可分配的 EXT inode 号为 0x0000000B 等。

0000	00 DC 0B 00	90 AF 17 00	2D 2F 01 00	C4 B2 0E 00
0010	A4 77 09 00	00 00 00 00	02 00 00 00	02 00 00 00
0020	00 80 00 00	00 80 00 00	40 3F 00 00	8D AA 63 43
0030	8D AA 63 43	EE 00 FF FF	53 EF 01 00	01 00 00 00
0040	90 6A 42 3F			01 00 00 00
0050	00 00 00 00	0B 00 00 00	80 00 00 00	24 00 00 00
0060	06 00 00 00	01 00 00 00	E4 D4 10 0A	D2 71 11 D7
0070	8F 8A 8B 08	59 99 0B 39	00 00 00 00	00 00 00 00

图 12.9　EXT 超级块结构的一个实例

2. 块组结构

块组负责逻辑块和 EXT inode 的实际管理，如分配、回收等，因此需在其中记录各逻辑块和 EXT inode 结构的状态。EXT2 用结构 ext2_group_desc 定义单个块组的管理信息。块组表实际是一个 ext2_group_desc 结构的数组。

```
struct ext2_group_desc {
    _le32 bg_block_bitmap;        // 块位图所在的逻辑块号
    _le32 bg_inode_bitmap;        // EXT inode 位图所在的逻辑块号
    _le32 bg_inode_table;         // EXT inode 表所在的逻辑块号
    _le16 bg_free_blocks_count;   // 组中当前空闲的逻辑块数
    _le16 bg_free_inodes_count;   // 组中当前空闲的 EXT inode 数
    _le16 bg_used_dirs_count;     // 组中当前包含的目录数
    _le16 bg_pad[7];              // 填充
};
```

图 12.10 所示是块组结构的一个实例，其意义可对照定义解出，如块位图在第 2 块上、EXT inode 位图在第 3 块上、EXT inode 表从第 4 块开始，块组中剩余的空闲块数为 0x2578、

空闲 EXT inode 数为 0x3D12，其中有 0x0019 个目录。

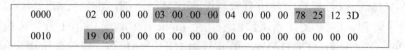

0000	02 00 00 00	03 00 00 00	04 00 00 00	78 25	12 3D
0010	19 00	00 00 00 00	00 00 00 00	00 00 00 00	00 00

图 12.10　EXT 块组结构的一个实例

3. EXT inode 结构

EXT 的 inode 结构就是所谓的文件控制块，用于记录文件系统中一个实体的所有管理信息，如属主、权限、大小、修改时间、存储位置等。

用户看到的文件是一组连续的字节，但物理文件系统看到的文件却是一组逻辑块，可能连续，也可能不连续。物理文件系统的一个主要管理工作是记录各文件块的存储位置，或者说记录各文件块与逻辑块之间的映射关系。记录映射关系的方法很多，如串联结构、索引结构等，最直观的方法是为每个文件建立一个类似于页表的索引表，在其中记录文件块与逻辑块之间的映射关系，如图 12.11 所示。

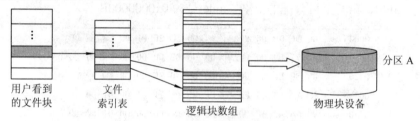

图 12.11　文件块与逻辑块之间的映射

显然，文件索引表应该是动态可调的，其大小应与文件大小一致。由于 EXT 所管理的文件可能很大，因而其索引表也可能很大，而且可能会动态地扩展与收缩，所以定义连续的、单级大索引表是不现实的，应该借鉴进程虚拟内存的管理经验，为文件建立多级索引表，类似于页目录/页表。然而目前的计算机系统都未对文件索引表的查找提供硬件支持，因而随着索引级数的增加，文件访问的性能必然会直线下降。为了提高文件访问的性能，应该尽可能降低索引表的级数。为了兼顾文件大小和访问性能，EXT 为每个文件都定义了一个索引表集合，其中包括一个三级索引表、一个二级索引表和一个一级索引表，还包含若干个直接索引，如图 12.12 所示。

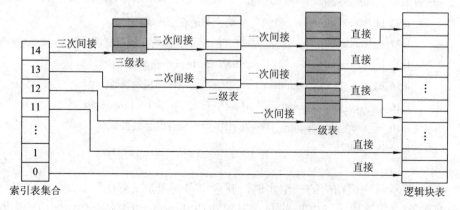

图 12.12　EXT 的文件索引表集合

缺省情况下，EXT 的索引表集合由 15 个指针构成，每个指针都指向一个逻辑块(内容为逻辑块号)。第 0～11 个指针所指的逻辑块中存储的是文件内容，这 12 个指针被称为直接指针；第 12 个指针所指的逻辑块中存储的是一个一级索引表，其中的每个指针都指向一个用于存储文件内容的逻辑块，第 12 个指针被称为一次间接指针；第 13 个指针所指的逻辑块中存储的是一个二级索引表，其中的每个一次间接指针都指向一个一级索引表，第 13 个指针被称为二次间接指针；第 14 个指针所指的逻辑块中存储的是一个三级索引表，其中的每个二次间接指针都指向一个二级索引表，第 14 个指针被称为三次间接指针。

当文件的长度少于或等于 12 块时，可以通过索引表集合中的前 12 个直接指针记录它的文件块与逻辑块的映射关系。当文件长度超过 12 块时，可通过索引表集合中的一级、二级或三级索引表记录它的文件块与逻辑块的映射关系。除前 12 个直接指针之外，索引表集合中的一级、二级和三级索引表都是在文件扩张的过程中逐步建立的。

若逻辑块的大小为 4 KB，指针的长度为 4 字节，则理论上一个索引表集合所描述的文件长度可达 4 TB(12×4 KB + 1024×4 KB + $1024 \times 1024 \times 4$ KB + $1024 \times 1024 \times 1024 \times 4$ KB)。给出一个文件块号 m，查它的索引表集合，可找到与之对应的逻辑块号。

① 如果 m<12，则索引表集合中的第 m 个指针的内容就是逻辑块号。

② 如果 m<1024 + 12，则一级索引表中第 m−12 指针的内容就是逻辑块号。

③ 如果 m<1024^2 + 1024 + 12，则用 m−1024−12 查二级索引表可得逻辑块号。

④ 如果 m<1024^3 + 1024^2 + 1024 + 12，则用 m−1024^2−1024−12 查三级索引表可得逻辑块号。多级索引表的查找方法与多级页表的查找方法相同。

EXT 的索引表集合是一种较好的文件描述方式，既可表示大文件，又照顾到了小文件。由于大部分文件的长度都比较小，可用直接指针描述其映射关系，无需建立索引表，节约了存储空间。利用索引表集合，EXT2 定义了它的 inode 结构，称为 ext2_inode。块组中的 EXT inode 表实际就是一个 ext2_inode 结构的数组。下面是 ext2_inode 结构的一种简化版本。

```
struct ext2_inode {
    _le16  i_mode;              // 文件模式，如图 11.3 所示
    _le16  i_uid;               // 属主 UID 的低 16 位
    _le32  i_size;              // 文件大小，单位为字节
    _le32  i_atime;             // 最近一次存取时间
    _le32  i_ctime;             // 最近一次修改 EXT inode 结构的时间
    _le32  i_mtime;             // 最近一次修改文件内容的时间
    _le32  i_dtime;             // 文件删除的时间
    _le16  i_gid;               // 属主 GID 的低 16 位
    _le16  i_links_count;       // 文件的硬链接数
    _le32  i_blocks;            // 文件实际占用的扇区数
    _le32  i_flags;             // 文件标志
    _le32  i_reserved1;         // 填充
    _le32  i_block[15];         // 文件索引表集合
    _le32  i_generation;        // 文件版本
```

_le32	i_file_acl;	// 文件存取控制表
_le32	i_dir_acl;	// 目录存取控制表
_le32	i_faddr;	// 文件片段地址
_u8	i_frag;	// 文件片段数
_u8	i_fsize;	// 片段大小
_u16	i_pad1;	// 填充
_le16	i_uid_high;	// 属主 UID 的高 16 位
_le16	i_gid_high;	// 属主 GID 的高 16 位
_u32	i_reserved2;	// 填充

```
};
```

在普通文件的 ext2_inode 结构中，i_block[]用于记录各文件块的存储位置。在设备特殊文件的 ext2_inode 结构中，i_block[]用于记录设备号。在符号链接的 ext2_inode 结构中，i_block[]用于记录目标实体的路径名。

图 12.13 所示是 EXT inode 结构的一个实例，所表示的实体为系统的根目录，其意义可对照定义解出，如它的 UID 和 GID 都是 0(根用户)、大小为 1 块(8 扇区)、存储位置为 0x000001FE。

```
0000    ED 41 00 00 00 10 00 00— 10 AE 63 43 9A AA 63 43

0010    0C AA 63 43 00 00 00 00 00 00 00 13 00 08 00 00 00

0020    6D 00 00 00 00 00 00 00— FE 01 00 00 00 00 00 00
```

图 12.13　EXT inode 结构的一个实例片段

4. 目录项结构

有了 EXT inode 表之后，只要知道实体的 EXT inode 号(在表中的索引)，就可找到它的 EXT inode 结构，也就是说可用 EXT inode 号唯一地标识实体。用 EXT inode 号标识实体对操作系统内核是方便的，但却难以被用户接受。用户更希望用名称标识实体，并希望能够根据需要对实体进行分类、组织，因而 EXT 引入了目录。

目录是一种特殊类型的文件，其正文是一组目录项。目录项的主要内容有两个，一是实体的名称，二是实体的 EXT inode 号。给出一个实体名，可从目录文件中找到与之对应的目录项，从中可获得实体的 EXT inode 号，进而可找到实体的 EXT inode 结构。因而目录项所描述的实际是实体名称与 EXT inode 之间的映射关系，称为硬链接。一个 EXT inode 号可以出现在多个目录项中，从而可为实体定义多个硬链接，或多个路径名。结构 ext2_inode 中的域 i_links_count 记录着实体的硬链接数或路径名数。EXT2 用结构 ext2_dir_entry_2 定义其目录项。

```
struct ext2_dir_entry_2 {
```

_le32	inode;	// EXT inode 号
_le16	rec_len;	// 目录项长度
_u8	name_len;	// 名称长度
_u8	file_type;	// 实体类型

```
        char      name[255];     // 实体名称
    };
```

缺省情况下，实体名称的长度可达 255 个字符。若按最大长度定义各目录项，目录文件就是一个目录项的数组，虽然实现简单，但却会浪费存储空间，原因是大部分实体的名称都比较短。为了节省存储空间，EXT 允许按名称的实际长度定义目录项，因此才有了结构中的目录项长度 rec_len 和名称长度 name_len 域。由于各目录项的长度可能不等，因而目录文件不是严格意义上的结构数组，而是目录项的集合，对实体名称的搜索必须顺序进行。

另外，出于对齐的需要，目录项长度 rec_len 常被规约成 4 的倍数。

域 file_type 中记录的是实体的类型，应该与 ext2_inode 结构中的 i_mode 一致，其中 1 为普通文件、2 为目录文件、3 为字符设备特殊文件、4 为块设备特殊文件、5 为命名管道、6 为 Socket、7 为符号链接。

图 12.14 所示是根目录文件的一个片段，其意义可对照定义解出，如第一个目录项的名称是"."、EXT inode 号是 2(根目录)，第二个目录项的名称是".."、EXT inode 号是 2，第三个目录项的名称是"mnt"、EXT inode 号是 0x00007E81 等。

```
0000    02 00 00 00 0C 00 01 02 2E 00 00 00 02 00 00 00    ................
0010    0C 00 02 02 2E 2E 00 00 81 7E 00 00 0C 00 03 02    .........~......
0020    6D 6E 74 00 01 FA 01 00 0C 00 03 02 75 73 72 00    mnt..........usr.
0030    C1 B7 02 00 0C 00 04 02 68 6F 6D 65 01 F7 02 00    .........home....
```

图 12.14　EXT 目录文件的实例片段

5. EXT 专用管理结构

上述四类结构可描述 EXT 在块设备上的所有管理信息。当 EXT 文件系统被安装时，VFS 会请求 EXT 读入其超级块，以构造通用的 super_block 结构。当 EXT 中的实体名称被解析时，VFS 会请求 EXT 读入其目录项和 EXT inode，以构造通用的 dentry 和 VFS inode 结构。然而 VFS 的管理结构中仅包含一些通用的信息，EXT 专用的管理信息，如块组结构、文件索引表集合等，无法填入其中却又会被经常使用，因而需要再定义一些专用结构，并将它们与 VFS 的通用结构绑定在一起，以方便 EXT 的管理。EXT 主要定义了两个专用管理结构，一是 ext2_sb_info，二是 ext2_inode_info。

结构 ext2_sb_info 的内容来源于 EXT 的超级块和块组表，包括每块组中的 EXT inode 数、每块组中的块数、EXT inode 结构的大小、第一个非预留的 EXT inode 号、空闲块数、空闲 EXT inode 数、块组结构数组、预分配窗口红黑树等，另有一个指向超级块结构 ext2_super_block 的指针。VFS super_block 与 ext2_sb_info 的绑定方法比较直接，让 super_block 中的指针 s_fs_info 指向 ext2_sb_info 即可。在 EXT 文件系统活动期间，它的 super_block 和 ext2_sb_info 会常驻内存。

结构 ext2_inode_info 的内容来源于 EXT 的 inode 结构，主要是文件的索引表集合。VFS inode 结构中预留了一个指针 i_private，可用于绑定文件的 ext2_inode_info 结构。但 EXT 采用了另一种绑定方法，它直接将 VFS inode 嵌入在 ext2_inode_info 中。只要文件的 VFS inode 存在，它的 ext2_inode_info 就会存在。

12.2.3　EXT 逻辑块管理

在格式化刚完成之时，EXT 在块设备上仅建立了超级块、块组表、inode 表、inode 位图、块位图等管理结构，数据块表中的逻辑块大都处于空闲状态。在向文件写入数据的过程中，若发现某文件块所对应的逻辑块为空，EXT 会自动为其分配逻辑块，并在文件的索引表集合中记录文件块与逻辑块的映射关系。在文件收缩长度或被删除时，EXT 会释放它所占用的逻辑块。逻辑块的分配与释放是 EXT 的核心管理工作之一。

EXT 所管理的逻辑块只能分配给文件，包括普通文件、目录和符号链接。设备特殊文件、命名管道文件和 Socket 文件中没有任何数据，不需要逻辑块。由于 EXT 用索引表描述文件块与逻辑块之间的映射关系，因而文件在块设备上可以不连续。但若文件的存放过于散乱，对它的存取，尤其是顺序存取，必然会引起过多的磁头移动，会影响文件的访问性能。因而逻辑块分配的基本原则是尽力维持文件在块设备上的连续性。

大部分文件会在写操作过程中顺序地、逐步地增长，所以可以以块为单位逐步为其分配逻辑块，分配的步骤大致如下：

(1) 确定搜索的起点，如与前一个文件块邻接的逻辑块。

(2) 确定搜索起点所在的块组，读入其块位图。

(3) 从起点开始，顺序搜索块位图，找一个标志为 0 的位，将其置 1，将与之对应的逻辑块分配给文件。如所选块组中没有空闲块，则搜索下一个块组。

上述分配方法虽然简单，但当多个文件并发增长时，很难保证文件在块设备上的连续性。为解决这一问题，EXT 引入了预分配(pre-allocation)机制，其思路是为启用该机制的每个文件都预定一个逻辑块的分配区间，称为预分配窗口。EXT 保证各文件的预分配窗口互不重叠，但不保证其中的逻辑块都是空闲的。当需要为文件按序分配逻辑块时，EXT 会首先在它的预分配窗口中寻找空闲块。当预分配窗口中的逻辑块全被用完之后，EXT 会为文件再寻找新的预分配窗口。

显然，预分配窗口是提供给逻辑块分配算法的一种暗示。即使有多个文件并发地申请逻辑块，只要依照预分配窗口的暗示，EXT 就能尽力保证单个文件的连续性，如图 12.15 所示。值得注意的是，预分配窗口中的逻辑块并未真正分配给文件。

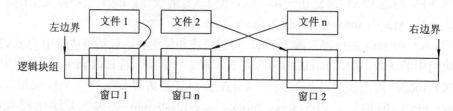

图 12.15　EXT 的文件预分配窗口

为了实现预分配机制，EXT 为每个文件定义了一个 ext2_block_alloc_info 结构。文件 ext2_inode_info 结构中的域 i_block_alloc_info 指向它的 ext2_block_alloc_info 结构。

```
struct ext2_reserve_window {
        ext2_fsblk_t              _rsv_start;        // 窗口的开始块号
        ext2_fsblk_t              _rsv_end;          // 窗口的终止块号
```

```
        };
        struct ext2_reserve_window_node {
                struct rb_node              rsv_node;            // 红黑树节点
                _u32                        rsv_goal_size;       // 期望的窗口尺寸
                _u32                        rsv_alloc_hit;       // 窗口的命中率
                struct ext2_reserve_window rsv_window;
        };
        struct ext2_block_alloc_info {
                struct ext2_reserve_window_node       rsv_window_node;
                _u32       last_alloc_logical_block;             // 上次分配的文件块号
                ext2_fsblk_t     last_alloc_physical_block;      // 上次分配的逻辑块号
        };
```

属于一个 EXT 文件系统的所有 ext2_block_alloc_info 结构被组织成一棵红黑树，树根记录在结构 ext2_sb_info 的 s_rsv_window_root 域中，如图 12.16 所示。

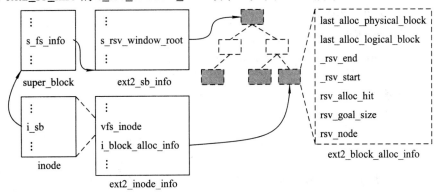

图 12.16　预分配窗口管理结构

结构 ext2_block_alloc_info 是动态建立的，其值不需要保存到文件中。初始情况下，域 rsv_goal_size 的值是 8(期望的窗口尺寸是 8 个逻辑块)，其余各域的值都是 0。

当下列情况下之一发生时，EXT 会为文件建立新的预分配窗口：

(1) 需要为文件分配逻辑块但还未为其建立预分配窗口(_rsv_end 为 0)。

(2) 已无法从文件的预分配窗口中分配出新的逻辑块。

(3) EXT 建议的分配位置不在当前的预分配窗口之内。

在建立预分配窗口之前，EXT 已确定了窗口所在的块组(其中肯定有空闲块)和在块组中的建议开始位置(新窗口应在该位置之后)。如果老窗口的命中率超过了 50%，可将新窗口的期望尺寸 rsv_goal_size 扩大一倍，但扩展后的尺寸不应超过 1027 个逻辑块。在创建新窗口时需要搜索红黑树 s_rsv_window_root，以保证新窗口不会与已有的窗口重叠，同时还要搜索块位图，以保证新窗口中有空闲块。如果创建成功，需要调整新窗口在红黑树中的位置。如果创建失败，需要将老窗口关闭(EXT 在为文件选定新块组之后会再次为其创建预分配窗口)。

如果文件当前使用的预分配窗口过小，不能满足分配需求，则要将其向后扩展。当然，扩展后的窗口不能与系统中其它的预分配窗口重叠。

　　即使为文件创建了预分配窗口，在为其分配逻辑块时也要搜索和设置块位图，预分配窗口的作用仅仅是限定了搜索的范围。如果未为文件创建预分配窗口，搜索范围将扩展到块组的右边界。每次成功分配之后，都要将分配的块数累加到窗口的域 rsv_alloc_hit 中(用于计算命中率，新窗口的 rsv_alloc_hit 为 0)。

　　为文件分配逻辑块的目的是为了保存其文件块，因而在分配之前应该已经知道文件块的块号。在一次分配中，可以仅为一个文件块分配逻辑块，也可以同时为多个连续的文件块分配逻辑块。当然，一次分配的多个逻辑块可能是不连续的。在成功分配逻辑块之后，需要修改文件的索引表集合，以反映文件块与逻辑块间的映射关系。当文件块号大于 12 时，由于需要修改的一级、二级或三级索引表可能还未建立，因而可能还需要申请额外的逻辑块以便建立文件索引表。在一次分配中，额外申请的逻辑块数不会超过 3 块(当第一次使用三级索引表时，需为其建立一个三级表、一个二级表和一个一级表)。

　　EXT 的逻辑块分配过程如下：

　　(1) 根据文件块号，算出新文件块在各级索引表中的位置。如果索引表已分配但不在内存，还要将其从块设备中读入。

　　(2) 如果申请逻辑块的文件是普通文件且还未为其创建预分配窗口，则临时为其创建一个 ext2_block_alloc_info 结构，并将其初始化。

　　(3) 搜索索引表，确定需要分配的逻辑块数，包括用于建立索引表的逻辑块数。

　　(4) 为新文件块确定一个建议的分配位置(或定一个建议的逻辑块号)。

　　① 如果已为文件建立了预分配窗口且文件在顺序增长(新文件块号等于 last_alloc_logical_block+1)，那么最佳的分配位置应该是窗口中的下一个逻辑块(last_alloc_physical_block+1)。

　　② 如果未为文件建立预分配窗口或文件不是顺序增长的，那么最佳的分配位置应该是与新文件块之前的文件块邻接的逻辑块。

　　③ 如果新文件块在某个索引表中，但新文件块之前的文件块在该表中都是空的(文件有空洞)，那么较佳的分配位置应该是与索引表邻接的逻辑块。

　　④ 如果新文件块的块号是 0，或它所在的索引表还未建立，那么应将分配位置定在文件 EXT inode 所在块组，具体的逻辑块号可根据某种原则选择。

　　(5) 确定建议分配位置所在的块组，获得它的管理结构 ext2_group_desc 和块位图。如果块组中剩余的空闲块数少于窗口的期望尺寸 rsv_goal_size，则弃用预分配窗口。

　　(6) 搜索块位图中的特定区间，找标志为 0 的位并将其置 1，表示与之对应的逻辑块已被分配。如果需要分配多个逻辑块，此后的多个连续的 0 都要置 1。

　　① 如果不用预分配窗口，搜索区间是[建议分配位置，块组的右边界]。

　　② 如果使用预分配窗口，搜索区间是[建议分配位置，窗口的右边界]。预分配窗口可能需要新建或扩展。

　　(7) 如果分配失败，则废弃此前选定的建议位置，而后顺序搜索其它的块组，试图在其中建立预分配窗口并分配逻辑块。如果仍然失败，则取消预分配窗口，而后重新尝试分配。如果仍然不能成功，说明块设备已满，无法为文件分配逻辑块。

　　(8) 如果分配成功，则做如下善后处理：

① 递减块组中的空闲块数、超级块中的空闲块数。

② 将块组、块位图等所在的物理页标识为脏页，以便写出。

③ 用分配到的逻辑块构造索引表，并为新建的索引表分配物理内存。

④ 将文件块与逻辑块之间的映射关系填入索引表，并将被修改的各索引表页标识为脏页。

⑤ 修改预分配窗口的参数，在 last_alloc_logical_block 中记录此次分配的最后一个文件块的块号，在 last_alloc_physical_block 中记录此次分配的最后一个逻辑块的块号。

⑥ 更新 VFS inode 结构中的 i_ctime 域，并将该 VFS inode 标识为脏。

当文件长度收缩时，需要释放它的部分或全部的文件块。EXT 允许一次释放一组连续的文件块。由于要释放的文件块可能位于不同的索引表中，因而释放过程会被分成若干部分，每一部分由若干个连续的文件块组成，它们要么在 0 到 11 之间，要么位于同一个一级索引表中。在释放文件块时需完成如下工作：

(1) 搜索索引表集合，找到与各文件块对应的逻辑块，将这些逻辑块在块位图中的标志位清 0，表示它们已空闲，并将块位图所在的物理页标识为脏页。

(2) 若某索引表中的文件块已被全部释放，则释放该索引表所占用的逻辑块。

(3) 累加块组表中的空闲逻辑块数 bg_free_blocks_count，将 VFS inode 标识为脏。

(4) 释放文件的预分配窗口(将窗口设成初始状态，并将其从红黑树中摘下)。

12.2.4　EXT inode 管理

EXT 在格式化过程中一次性地创建了所有的 inode 结构，这些 EXT inode 结构被分别组织在各个块组的 EXT inode 表中。格式化完成之后，除了预留的几个 EXT inode 之外，其余的 EXT inode 结构都是空闲的。当用户创建新实体时，EXT 需要为其分配 EXT inode 结构；当用户删除已存在的实体时，EXT 需要释放它所占用的 EXT inode 结构。

为了描述各 EXT inode 结构的使用情况，EXT 在每个块组中都定义了一个 EXT inode 位图，其中的一位对应该块组中的一个 EXT inode 结构。若一个块组中有 k 个 EXT inode 结构，那么 EXT 中的第 m 号 EXT inode 所对应的标志位是第$(m-1)/k$ 块组中的第$(m-1)\%k$ 位，第 n 块组中的第 i 位描述的是 EXT 中第 $n*k+i+1$ 号 EXT inode 结构的使用情况。

利用 EXT inode 位图可以实现简单的 EXT inode 管理算法。只要 EXT 文件系统中还有空闲的 EXT inode 结构，顺序搜索各块组中的 EXT inode 位图，肯定能在其中找到 0 标志位，将该标志位置 1，将与之对应的 EXT inode 分配出去即可。如果整个 EXT 文件系统中都没有空闲的 EXT inode 结构，说明文件系统已满，分配操作失败。释放 EXT inode 的操作更加简单，将与之对应的标志位清 0 即可。

上述算法虽然简单，但效果不是十分理想，原因是忽略了块设备(如磁盘)的实际运作情况。事实上，为了提高块设备的访问效率，应将一个实体的所有信息尽可能集中地存放在一起，包括实体父目录的 EXT inode、实体自身的 EXT inode 及实体的数据块等。设实体父目录的 inode 号为 d，父目录所在块组号为 g，每组中的 EXT inode 数为 k，EXT 实际上按下述顺序分配其 inode 结构：

(1) 如果第 g 块组中有空闲的 EXT inode 且有空闲的逻辑块，则在该块组中分配 EXT inode。

(2) 搜索编号为$((g+d)\%k+\sum 2^i)\%k(i>=0$ 且$(g+d)\%k+\sum 2^i<2*k)$的各块组，如果某块组中有空闲的 EXT inode 且有空闲的逻辑块，则在该块组中分配 EXT inode。

(3) 搜索编号为$(g+i)\%k(i>=0$ 且 $i<k)$的各块组，如果某块组中有空闲的 EXT inode，则在该块组中分配 EXT inode。

上述方法基本可以保证新实体所在的块组中有空闲的逻辑块，因而可基本保证尽量集中存放实体的管理信息与数据块。然而上述改进未照顾到目录实体的特殊情况。事实上，新建的目录实体迟早会成为其它实体的父目录，在其附近极有可能还需创建其它的实体，因而目录实体所在块组中应有足够多的空闲 EXT inode。针对目录实体的特殊情况，EXT 提出了两种改进的分配方法。

改进一：

(1) 根据 EXT 文件系统中的空闲 inode 总数和块组总数，算出每块组的平均空闲 EXT inode 数 avefreei。

(2) 遍历各块组，从空闲 EXT inode 数不小于 avefreei 的块组中选择一个空闲逻辑块数最多的块组，在该块组中为新目录实体分配 EXT inode。

改进二(又称为 Orlov 算法)：

(1) 设每块组中的 EXT inode 数为 k、逻辑块数为 b，系统中的块组总数为 g、目录总数为 d。

(2) 根据 EXT 中的空闲 EXT inode 总数、空闲逻辑块总数，算出每块组的平均空闲 EXT inode 数 avefreei、平均空闲逻辑块数 avefreeb 及每目录中的平均逻辑块数 bpd。

(3) 如果父目录是根目录，则遍历各块组，从空闲 EXT inode 数不小于 avefreei 且空闲逻辑块数不小于 avefreeb 的各块组中选择一个已用目录数(记录在块组结构的 bg_used_dirs_count 域中)最少的块组，在该块组中为新目录实体分配 EXT inode。

(4) 如果父目录不是根目录，则：

① 在 EXT 的 ext2_sb_info 结构中为每个块组增加一个负债值 debt。当在某块组中分配一个目录 inode 时，将其 debt 加 1；当在某块组中分配一个非目录 inode 时，将其 debt 减 1。debt 的值在 0 到 255 之间，初值为 0。

② 算出几个基准线：

● 最大目录数 maxd=d/g+k/16。

● 最小 EXT inode 数 mini= avefreei−k/4。

● 最小逻辑块数 minb= avefreeb−b/4。

● 最大负债值(每组中的目录数)maxt=b/max(bpd,256)。maxt 在 1 到 255 之间，小于 1 取 1，大于 k/64 取 k/64。

③ 从父目录所在的块组开始，顺序向后搜索各块组，找 debt 小于 maxt 且目录数小于 maxd，且空闲 EXT inode 数不小于 mini，且空闲逻辑块数不小于 minb 的块组。搜索的结果有二：

● 找到了满足条件的块组，则在其中为新目录实体分配 EXT inode。

● 找不到满足条件的块组，需再次从父目录所在的块组开始顺序向后搜索各块组，在第一个遇到的空闲 EXT inode 数不小于 avefreei 的块组中为新目录实体分配 EXT inode。

在成功分配和释放 EXT inode 之后，需要调整 EXT inode 所在块组及整个 EXT 超级块中的统计信息，如空闲 EXT inode 数、已用目录数等。

12.2.5　EXT 文件系统类型

EXT2 注册的文件系统类型是 ext2_fs_type，其中的 get_sb 操作由函数 ext2_get_sb()实现。当 EXT2 文件系统被安装时，函数 ext2_get_sb()会被执行，完成如下工作：

(1) 打开 EXT2 所在块设备，获得与之对应的 block_device 结构，见 12.1.3 节。

(2) 创建一个 super_block 结构，让它的 s_bdev 指向块设备的 block_device 结构，将它的 s_blocksize 设为逻辑块设备的块尺寸 bd_block_size。

(3) 创建一个 ext2_sb_info 结构，让新建 super_block 的 s_fs_info 指向该结构。

(4) 将逻辑块设备的第 0 页读入内存(其中包含着系统超级块的信息)。

(5) 解析超级块页，从中获得魔数、缺省安装方式、兼容与非兼容特性、块大小、EXT inode 结构长度、第一个非预留的 EXT inode 号、每块组中的 EXT inode 数、每块组中的块数、状态等信息，进行必要的检查并将它们填入 super_block 和 ext2_sb_info 结构的相应域中。缺省情况下，EXT2 启用了预分配机制。

(6) 申请一块内存空间，将 EXT 文件系统的块组表全部读入内存。

(7) 为文件系统创建一个空的预分配窗口树。

(8) 将超级块操作集设为 ext2_sops。

(9) 从块设备中将第 2 号 EXT inode 读入内存，用其中的信息创建一个 VFS inode 结构和一个名为"/"的 dentry 结构，作为该物理文件系统的根目录。

EXT2 的 kill_sb 操作由通用函数 kill_block_super()实现，所完成的工作见 11.2.3 节。

12.2.6　EXT 超级块操作集

EXT2 的超级块操作集为 ext2_sops，其中实现了如下几个操作：

(1) 操作 ext2_alloc_inode()创建一个新的 VFS inode 结构。在 EXT2 文件系统中，由于 VFS inode 已被嵌入在 ext2_inode_info 结构中，因而该操作实际创建的是一个新的 ext2_inode_info 结构。

(2) 操作 ext2_destroy_inode()销毁一个 ext2_inode_info 结构。

(3) 操作 ext2_clear_inode()释放文件的预分配窗口。

(4) 操作 ext2_write_inode()写出一个脏的 VFS inode。如果与 VFS inode 对应的 EXT inode 结构不在内存，需先将其读入。EXT inode 结构中的内容需根据 VFS inode 重新修订，而后再写回到与之对应的逻辑块中。

(5) 操作 ext2_delete_inode()删除一个 EXT inode，其工作包括三部分，一是释放属于该文件的所有内存页，二是释放属于该文件的所有逻辑块，三是释放 EXT inode(清除它在 inode 位图中的标志位)。

(6) 操作 ext2_write_super()写出脏的 EXT 超级块。需要写出的内容包括空闲块数、空闲 EXT inode 数、状态等。块位图、EXT inode 位图、EXT inode 等是单独写出的。

(7) 操作 ext2_put_super()释放 EXT 超级块。包括三部分，一是将 VFS 超级块中的信息转存到 ext2_super_block 结构中，二是将包含 ext2_super_block 结构的内存页写回到块设备中，三是释放为该文件系统建立的块组表、ext2_sb_info 等数据结构。

(8) 操作 ext2_sync_fs()同步 EXT 文件系统，实际是将 EXT 文件系统的超级块写回到块设备中，与 ext2_write_super 操作类似。

(9) 操作 ext2_statfs()获取 EXT 文件系统的状态信息，如块大小、数据块数、空闲块数、可用块数(不含预留块)、EXT inode 总数、空闲 EXT inode 数等。

(10) 操作 ext2_remount()重装 EXT 文件系统，主要是修改超级块中的安装方式。

12.2.7　EXT inode 操作集

EXT 实现的 inode 操作集主要负责 inode 本身的管理，如创建、删除、查找、移动等，其基础是建立与 EXT inode 对应的 VFS inode 结构。如果 EXT inode 不存在，建立操作由函数 ext2_new_inode()实现，所需完成的工作大致包括三部分：

(1) 执行超级块操作集中的 alloc_inode 操作，创建一个新的 VFS inode 结构。

(2) 在 EXT 文件系统中分配一个新的 EXT inode 结构，获得它的 inode 号。

(3) 填写 VFS inode 中的域，如 i_mode、i_uid、i_gid、i_ino 等，并将其加入到在用 inode 队列 inode_in_use、超级块的 inode 队列 s_inodes 和 inode_hashtable 中。

如果 EXT inode 已存在，建立操作由函数 ext2_iget()实现。函数 ext2_iget()先查 VFS 的 inode 缓存 inode_hashtable。如果所需的 VFS inode 已在其中且其上无 I_NEW 标志，说明该 VFS inode 已被建立，可以直接使用。只有当所需的 VFS inode 不在 inode_hashtable 中时才需要为其建立新的 VFS inode 结构。新 VFS inode 的建立过程如下：

(1) 执行超级块操作集中的 alloc_inode 操作，创建一个新的 VFS inode 结构，将其插入到在用 inode 队列 inode_in_use、超级块的 inode 队列 s_inodes 和 inode_hashtable 中。

(2) 算出 EXT inode 所在的块组及在块组的 inode 表中的位置，将包含该 EXT inode 结构的逻辑块读入内存，将 EXT inode 中的模式、UID、GID、大小、时间等信息转存到 VFS inode 结构中，将索引表信息转存到 ext2_inode_info 结构中。

(3) 根据实体的模式为新 VFS inode 指定操作集，如表 12.1 所示。如果实体为字符或块设备，还需将其设备号填入到 VFS inode 的 i_rdev 域中。

表 12.1　VFS inode 中的操作集

实体模式	inode_operations	file_operations	address_space_operations
目录	ext2_dir_inode_operations	ext2_dir_operations	ext2_aops
普通文件	ext2_file_inode_operations	ext2_file_operations	ext2_aops
符号链接	ext2_symlink_inode_operations	NULL	ext2_aops
字符设备	ext2_special_inode_operations	def_chr_fops	NULL
块设备	ext2_special_inode_operations	def_blk_fops	def_blk_aops
命名管道	ext2_special_inode_operations	def_fifo_fops	NULL
Socket	ext2_special_inode_operations	bad_sock_fops	NULL

当用户不再使用某个 VFS inode 时，它会执行 iput()操作，递减其引用计数。当 VFS inode 是引用计数变成 0 时，VFS 会检查它的硬链接数。如果 VFS inode 中的硬链接数不是 0，VFS 会将属于该 VFS inode 的所有脏页写出、将属于它的所有缓存页释放、将 VFS inode 结构写出、将该 VFS inode 结构从各种队列中摘除并销毁。如果 VFS inode 中的硬链接数为 0，VFS

会执行超级块操作集中的 delete_inode 操作，删除与之对应的 EXT inode，并将该 VFS inode 结构从各种队列中摘除、销毁。

EXT 实现了多种 inode_operations，其中的主要操作如下：

(1) 操作 ext2_lookup()在给定目录中查找一个指定名称的 EXT 实体。由于目录文件是一个 ext2_dir_entry_2 结构的集合，各结构的长度可能不同且未经排序，因而需要逐项比对各 ext2_dir_entry_2 结构中的 name 域。如果在其中找到了匹配的目录项，则可获得它的 EXT inode 号，并可通过函数 ext2_iget()为其建立 VFS inode。

(2) 操作 ext2_link()创建一个新的 EXT 硬链接。为 EXT 实体创建新的硬链接实际就是在指定目录中为其增加一个目录项。

(3) 操作 ext2_unlink()删除一个 EXT 硬链接。删除操作主要涉及到对父目录文件的修改，即依次前移后面的各目录项。为了减少目录项移动的次数，EXT 采用了一种简单的做法。事实上，只要增加前一个目录项的长度，让它涵盖要删除的目录项，该目录项就不会再被查到，它所代表的硬链接也就会被屏蔽。当 VFS inode 被释放时，如果它的硬链接数已变成 0，与之对应的 EXT inode 才会被真正删除。

(4) 操作 ext2_mkdir()创建一个 EXT 子目录。创建子目录的工作大致需要四步：

① 在 EXT 中创建一个目录类型的新 EXT inode。

② 为新的 EXT inode 分配一个逻辑块，在其中插入两个目录项，一个名为"."表示自身，另一个名为".."表示父目录。

③ 用新子目录的名称和 EXT inode 号在父目录中为其创建一个目录项。

④ 创建一个 VFS inode 用于表示新的子目录并将其与已建的 dentry 绑定。

(5) 操作 ext2_rmdir()删除一个 EXT 子目录。要删除的子目录必须是空的，其中只能有"."和".."两项。在父目录文件中，将要删 EXT 子目录的目录项长度累加到前一个目录项中，即可删除该 EXT 子目录。

(6) 操作 ext2_create()创建新的 EXT 文件。创建新文件的操作大致可分为三步，一是在 EXT 中创建一个文件类型的新 EXT inode，二是在父目录中为其增加一个目录项，三是为其创建一个新的 VFS inode 并将其与已建的 dentry 绑定。

(7) 操作 ext2_mknod()创建设备特殊文件。创建设备特殊文件与创建普通文件的做法基本相同，只有指定的操作集不同。

(8) 操作 ext2_symlink()创建符号链接。创建符号链接的工作包括四项，一是在 EXT 中创建一个符号链接类型的 EXT inode，二是在符号链接文件中写入目标实体的路径名，三是在父目录中为其增加一个目录项，四是创建一个新的 VFS inode 并将其与已建的 dentry 绑定。如果目标实体的路径名较短(不超过 15×4 字节)，可将其直接存储在索引表集合中，否则将其存储在一个独立的逻辑块中。

(9) 操作 ext2_follow_link()读出符号链接中的路径名。

(10) 操作 ext2_rename()移动一个 EXT 实体。移动实体的主要工作有两项，一是在新目录中为实体创建一个目录项，二是在老目录中将指向实体的目录项删除。

(11) 操作 ext2_setattr()设置 EXT 实体的属性，如 UID、GID、尺寸、模式、访问时间等。如果实体的新尺寸小于老尺寸，还要释放实体尾部的逻辑块。

12.2.8　EXT 文件操作集

EXT 实现的文件操作集主要负责文件内容的读写。与 inode 操作集类似，EXT 也实现了多种文件操作集。在 EXT 实现的普通文件和目录文件操作集中，大部分操作(如 llseek、read、write、aio_read、aio_write、mmap 等)采用的都是 VFS 的通用函数。由于对文件内容的读写操作需要经过文件缓存，而缓存与 EXT 文件系统之间的数据交换由 EXT 的地址空间操作集实现，因而 EXT 的普通文件与目录文件的操作集基本上是对其地址空间操作集的包装，见 11.5.4 节。

符号链接文件的创建与读出由 inode 操作集中的 symlink 和 follow_link 实现，符号链接文件的内容不许修改，因而不需要写操作。事实上，符号链接文件不需要文件操作集。

命名管道文件的操作集中只有一个 open 操作 fifo_open()。当命名管道被打开时，VFS 会执行该操作集中的 open 操作，见 11.4.2 节。函数 fifo_open()主要完成两项工作：

(1) 如果还未为该命名管道建立管理结构 pipe_inode_info，则为其新建一个。

(2) 根据用户的打开方式，为其 file 结构更换操作集，见 10.2.3 节。

Linux 提供了三种命名管道操作集(与匿名管道的操作集相同)，包括只读操作集、只写操作集和读写操作集。

字符设备特殊文件的操作集中也只有一个 open 操作 chrdev_open()。当字符设备被打开时，VFS 会执行该 open 操作。函数 chrdev_open()的主要工作是用字符设备驱动程序自己实现的文件操作集替换缺省的、只有一个 open 操作集的文件操作集。此后，VFS 会将对字符设备特殊文件的 I/O 操作请求转交给字符设备驱动程序，见 11.4.3 节。事实上，Linux 的每个字符设备驱动程序都会实现一个 file_operations 结构，该结构被包装在 cdev 结构中。在字符设备初始化时，其驱动程序会向字符设备管理层注册自己的 cdev 结构。字符设备管理层按主设备号将所有的 cdev 结构组织在一个称为 cdev_map 的 kobj_map 结构中，如图 12.2 所示。函数 chrdev_open()根据设备的主设备号查 cdev_map，即可找到字符设备的 cdev 结构，并进而找到驱动程序实现的文件操作集。

块设备特殊文件的操作集比较完整，其中定义了 open、release、llseek、read、write、aio_read、aio_write、mmap、fsync 等操作，但采用的都是通用函数。

块设备特殊文件的 open 操作用于获得与之关联的 block_device 结构，见 12.1.3 节。

块设备特殊文件的 release 操作用于块设备关闭时的善后处理。当最后一个使用者关闭块设备时，其 release 操作会将属于它的所有脏页全部写出、将属于它的所有缓存页全部释放、将与 block_device 绑定的物理块设备和分区释放，而后执行 gendisk 中的 release 操作，从而关闭物理块设备。

块设备特殊文件的读写操作与普通文件相似，但更加简单。由于块设备特殊文件的文件块号与逻辑块号是一一对应的，不需要经过索引表的转换，所以对块设备特殊文件的读写操作等价于对逻辑块设备的读写操作。当然，对块设备特殊文件的读写操作也要经过文件缓存。由图 12.4 可知，一个块设备仅有一个文件缓存，不管它有多少个特殊文件。

12.2.9　EXT 地址空间操作集

EXT 的地址空间操作是对结构 address_space_operations 的实现，其主要作用是将对文件块的 I/O 操作请求转化成对逻辑块的 I/O 操作请求，并将这种操作请求通过 bio 结构递交给块设备管理层。

文件块读操作由函数 ext2_readpage() 和 ext2_readpages() 实现，其作用是将文件中的一页或连续的多页读入到指定的内存页中。EXT 的这两个函数实际是对 VFS 通用操作 mpage_readpage() 和 mpage_readpages() 的包装，所完成的主要工作如下：

(1) 将文件页号(已记录在 page 结构的 index 域中)转化成文件块号，查文件的索引表集合，将文件块号转化成逻辑块号。

(2) 创建一个 bio 结构，描述此次读操作，并将其提交给块设备管理层。如果需要读入多个文件块且这些块在设备上是连续的，应尽量将它们合并到一个 bio 结构中。

(3) 当请求被成功处理后，文件块的内容肯定已被读入到内存页中，bio 的善后处理程序会设置内存页上的 PG_uptodate 标志、清除其上的 PG_locked 标志、唤醒等待使用这些内存页的进程，并会释放 bio 结构。

文件块写操作由函数 ext2_writepage() 和 ext2_writepages() 实现，其作用是将内存中的文件页写到块设备中。EXT 的这两个函数是对 VFS 通用操作 block_write_full_page() 和 mpage_writepages() 的包装，所完成的工作如下：

(1) 将文件页号转化成文件块号，查文件的索引表集合，将文件块号转化成逻辑块号。如果某文件块所对应的逻辑块号为空，还需为其分配逻辑块。

(2) 设置文件页上的 PG_writeback 标志，表示这些页正在写出过程中。

(3) 创建一个描述此次写操作的 bio 结构，将其提交给块设备管理层。如果需要写入多个文件块且这些块在设备上是连续的，则应尽量将它们合并到一个 bio 结构中。

(4) 当请求被成功处理之后，文件页的内容肯定已被写入到块设备中，bio 的善后处理程序会清除文件页上的 PG_writeback 标志，并唤醒在文件页上等待的进程。

两阶段写操作由函数 ext2_write_begin() 和 ext2_write_end() 实现。当进程在打开文件上执行 write 类系统调用时，这两个函数会先后被执行，见 11.5.4 节。

函数 ext2_write_begin() 完成文件写操作的前期准备工作，大致如下：

(1) 算出文件读写头所在的文件页。如果文件页不在缓存中，还要为其申请物理页。新申请到的物理页要被同时加入到页缓存和 LRU 队列中。

(2) 将文件页号转化成文件块号，将文件块号转化成逻辑块号。如果某文件块所对应的逻辑块号为空，还要在块设备中为其分配逻辑块。

(3) 初始化物理页。如果物理页的内容不是最新的且要写入的数据不能覆盖整个物理页，则要生成逻辑块的读请求，以便将文件页的内容读到物理页中。

函数 ext2_write_end() 完成文件写操作的善后处理工作，大致如下：

(1) 设置页上的 PG_uptodate 标志，表示页的内容是最新的。

(2) 如果写入后的文件长度增加了，则更新其 VFS inode 结构中的 i_size 域。

(3) 清除物理页上的 PG_locked 标志，唤醒在文件页上等待的进程。

思 考 题

1. 用特殊文件描述块设备会带来什么好处?

2. 给出一个分区的设备特殊文件,如何找到它的分区描述信息?

3. 外存管理的常用方法有哪些? EXT 采用的外存管理方法有什么特点?

4. 文件的常用物理组织结构有哪些? EXT 采用的物理组织结构有什么特点?

5. EXT 的目录是一种文件,能否用普通文件的操作方式读写 EXT 的目录文件?

6. 在 EXT 文件系统中,简述目录解析的过程。

7. 在 EXT 文件系统中,为什么需要提供多种 inode 操作集?

8. 在 EXT 文件系统中,设块的大小为 4096 字节,文件的大小为 100 MB,该文件要用到数组 i_block[] 的第几个指针?

参 考 文 献

[1] Linux 内核源代码[EB/OL]. [2009.08-2011.10]. http://www.kernel.org.

[2] 郭平，朱郑州，王艳霞. 计算机科学与技术概论[M]. 北京：清华大学出版社，2008.

[3] Silberschatz Abraham, Galvin Perter Baer, Gagne Greg. Operating System Concepts(Sixth Edition)[M]. 北京：高等教育出版社，2002.

[4] Tanenbaum Andrew S, Woodhull Albert S. Operating System Design and Implementation. 3rd ed. [M]. 北京：清华大学出版社，2008.

[5] Raymond Eric S. Unix 编程艺术[M]. 北京：电子工业出版社，2006.

[6] 郭玉东. Linux 操作系统结构分析[M]. 西安：西安电子科技大学出版社，2002.

[7] 毛德操，胡希明. Linux 内核源代码情景分析[M]. 杭州：浙江大学出版社，2001.

[8] 李云华. 独辟蹊径品内核：Linux 内核源代码导读[M]. 北京：电子工业出版社，2009.

[9] 赵炯. Linux 内核完全注释[M]. 北京：机械工业出版社，2004.

[10] Wolfgang Mauerer. 深入 Linux 内核架构[M]. 北京：人民邮电出版社，2010.

[11] KerrisK Michael. The Linux Programming interface. A Linux and UNIX® System Programming Handbook[M]. No Starch Press，2010.

[12] Mel Gorman. Understanding The Linux Virtual Memory Manager[M]. Pearson Education，2004.

[13] Love Robert. Linux Kernel Development. Third Edition[EB/OL]. [2010-01-12]. http://www.linuxfoundation.org/sites/main/files/publications/whowriteslinux.pdf.

[14] Kroah-Hartman Greg, Corbet Jonathan. Linux Kernel Development[EB/OL]. [2008-10-16]. http://www.linuxfoundation.org/sites/main/files/publications/whowriteslinux.pdf.

[15] Gancarz Mike. Linux and the Unix Philosophy[M]. Butterworth-Heinemenn, 2003.

[16] Raymond Eric S. The Cathedral and the Bazaar (2nd ed.)[M]. O'Reilly & Associates，1999.

[17] Intel 64 and IA-32 Architectures Software Developer's Manual[EB/OL]. [2009-10-20]. http://www.intel.com/content/dam/doc/manual/64-ia-32-archtectures-software-developer-vol-1-2a-2b-3a-3b-manual.pdf.

[18] Advanced Configuration and Power Interface Specification. Revision 4.0[EB/OL]. [2009-06-16]. http://acpi.info/DOWNLOADS/ACPIspec40.zip.

[19] Intel 82093AA I/O ADVANCED PROGRAMMABLE INTERRUPT CONTROLLER (I/O APIC)[EB/OL]. [2001-01-01] http://www.intel.com/design/chipsets/specupdt/ 29071001.pdf.

[20] IA-PC HPET (High Precision Event Timers) Specification. 1.0a. October 2004[EB/OL]. [2004-10-10]. http://www.intel.com/hardwaredesign/hpetspec_1.pdf.

[21] Executable and Linking Format (ELF) Specification. Version 1.2[EB/OL]. [1995-05-09]. http://www.skyfree.org/linux/references/ELF_Foamat.pdf.

[22] Using the GNU Compiler Collection [EB/OL]. [2009-8-25]. http://gcc.gnu.org/onlinedocs/ gcc.4.4.1/gcc.pdf.

[23]   gas[EB/OL]. [2009-8-25]. http://sourceware.org/binutils/docs/as/index.html.

[24]   ld[EB/OL]. [2009-8-25]. http://sourceware.org/binutils/docs/ld/index.html.

[25]   Diamond David, Torvalds Linus. Just for Fun：Linus Torvalds 自传[EB/OL]. [2009-10-30].
        http://www.linuxdiyf.com/viewarticale.php?id=162837.

[26]   GNU Operating System[EB/OL]. [2009-07-28]. http://www.gnu.org.

[27]   Gite Vivek. Linux kernel version history and distribution time line[EB/OL]. [2007-06-05].
        http://www.cyberciti.boz/tips/linux-kernel-history-and-distribution-time-line.html.

[28]   Linux distribution[EB/OL]. [2009-08-15]. http://en.wikipedia.org/wiki/linux_distribution.

[29]   Top Ten Distributions[EB/OL]. [2009-08-15]. http://distrowatch.com.

[30]   Operating system Family[EB/OL]. [2009-08-15]. http://www.top500.org.

[31]   Greg KH. HOWTO do Linux kernel development[EB/OL]. [2005-10-16]. http:
        //permalink.gmane.org/ gmane.linux.kernel/349656.

[32]   Gleixner Thomas, Niehaus Douglas. Hrtimers and Beyond: Transforming the Linux Time
        Subsystems[EB/OL]. [2006-07-19] http://www.linuxsymposium.org/archives/OLS/Reprints-
        2006/gleixner-reprint.pdf.

[33]   Stultz John, Aravamudan Nishanth, Hart Darren. We Are Not Getting Any Younger: A New
        Approach to Time and Timers [EB/OL]. [2005-07-20] http://www.linuxsymposium.org/
        2005/linuxsymposium_procv1.pdf

[34]   蔡曙山. 论虚拟化[J]. 浙江社会科学, 2006,07.

[35]   张和君, 张跃. Linux 动态链接机制研究及应用[J]. 计算机工程, 2006,11.

[36]   McKenney Paul. Hierarchical RCU[EB/OL]. [2008-11-04]. http://www.360doc.com/
        content/09/0807/14/36491_4728367.shtml.

[37]   McKenney Paul. What is RCU, Really? [EB/OL]. [2007-11-17]. http://lwn.net/Articles/
        262464.

[38]   Gleixner Thomas, Molnar Ingo. Linux Generic IRQ Handling[EB/OL]. [2010-05-01].
        http://www.chineselinuxuniversity.net/kerneldocs/genericirq/index.html.

[39]   刘明. Linux 调度器发展简述[EB/OL]. [2010-03-01]. http://home.eeworld.com.cn/my/
        space.php?uid=78817&do=blog&id=33334.

[40]   程任全. 使用/sys 文件系统访问 Linux 内核[EB/OL]. [2009-01-08]. http:// www.ibm.com/
        develoiperworks/cn/linux/l-cn-sysfs/?ca=drs-tp4608.

[41]   qtdszws. Ld.so 分析 [EB/OL]. [2010-05-01]. http://blog.chinaunix.net/space.php?uid=
        725631&do=blog&id=253179.